T0245438

CAMBRIDGE LIBRARY COLLECTION

Books of enduring scholarly value

Botany and Horticulture

Until the nineteenth century, the investigation of natural phenomena, plants and animals was considered either the preserve of elite scholars or a pastime for the leisured upper classes. As increasing academic rigour and systematisation was brought to the study of 'natural history', its subdisciplines were adopted into university curricula, and learned societies (such as the Royal Horticultural Society, founded in 1804) were established to support research in these areas. A related development was strong enthusiasm for exotic garden plants, which resulted in plant collecting expeditions to every corner of the globe, sometimes with tragic consequences. This series includes accounts of some of those expeditions, detailed reference works on the flora of different regions, and practical advice for amateur and professional gardeners.

Catalogus bibliothecæ historico-naturalis Josephi Banks

Following his stint as the naturalist aboard the *Endeavour* on James Cook's pioneering voyage, Sir Joseph Banks (1743–1820) became a pre-eminent member of the scientific community in London. President of the Royal Society from 1778, and a friend and adviser to George III, Banks significantly strengthened the bonds between the practitioners and patrons of science. Between 1796 and 1800, the Swedish botanist and librarian Jonas Dryander (1748–1810) published this five-volume work recording the contents of Banks's extensive library. The catalogue was praised by many, including the distinguished botanist Sir James Edward Smith, who wrote that 'a work so ingenious in design and so perfect in execution can scarcely be produced in any science'. Volume 2 (1796) focuses on books relating to animals, including humans, particularly their physiology, maladies and economic functions.

Cambridge University Press has long been a pioneer in the reissuing of out-of-print titles from its own backlist, producing digital reprints of books that are still sought after by scholars and students but could not be reprinted economically using traditional technology. The Cambridge Library Collection extends this activity to a wider range of books which are still of importance to researchers and professionals, either for the source material they contain, or as landmarks in the history of their academic discipline.

Drawing from the world-renowned collections in the Cambridge University Library and other partner libraries, and guided by the advice of experts in each subject area, Cambridge University Press is using state-of-the-art scanning machines in its own Printing House to capture the content of each book selected for inclusion. The files are processed to give a consistently clear, crisp image, and the books finished to the high quality standard for which the Press is recognised around the world. The latest print-on-demand technology ensures that the books will remain available indefinitely, and that orders for single or multiple copies can quickly be supplied.

The Cambridge Library Collection brings back to life books of enduring scholarly value (including out-of-copyright works originally issued by other publishers) across a wide range of disciplines in the humanities and social sciences and in science and technology.

Catalogus bibliothecæ historico-naturalis Josephi Banks

VOLUME 2:
ZOOLOGI

JONAS DRYANDER

CAMBRIDGE
UNIVERSITY PRESS

CAMBRIDGE
UNIVERSITY PRESS

University Printing House, Cambridge, CB2 8BS, United Kingdom

Published in the United States of America by Cambridge University Press, New York

Cambridge University Press is part of the University of Cambridge.
It furthers the University's mission by disseminating knowledge in the pursuit of
education, learning and research at the highest international levels of excellence.

www.cambridge.org
Information on this title: www.cambridge.org/9781108069519

This edition first published 1796
This digitally printed version 2014

ISBN 978-1-108-06951-9 Paperback

CATALOGUS

BIBLIOTHECÆ

HISTORICO NATURALIS

JOSEPHI BANKS

BARONETI, BALNEI EQUITIS,

REGIÆ SOCIETATIS PRÆSIDIS, CÆT.

AUCTORE

JONA DRYANDER, A. M.

REGIÆ SOCIETATIS BIBLIOTHECARIO.

TOMUS II.

ZOOLOGI.

LONDINI:

TYPIS GUL. BULMER ET SOC.

1796.

ELENCHUS SECTIONUM.

A 2

PARS II. PHYSICA.

a

PARS III. MEDICA.

PARS IV. ŒCONOMICA.

1. Bibliothecæ Zoologicæ.

Franciscus Ernestus BRÜCKMANN.
 Bibliotheca animalis, oder verzeichniss der meisten schriften so von thieren und deren theilen handeln.
  Pagg. 277.   Wolffenbüttel, 1743. 8.
 Bibliothecæ animalis continuatio.
  Pagg. 178.   ib. 1747. 8.
George Christoph KREYSIG.
 Bibliotheca scriptorum venaticorum, continens auctores, qui de venatione, sylvis, aucupio, piscatura, et aliis eo spectantibus, commentati sunt.
  Pagg. 190.   Altenburgi, 1750. 8.
Johann Friedrich BLUMENBACH.
 Anzeige verschiedner vorzüglicher abbildungen von thieren in älteren kupferstichen und holzschnitten.
  Götting. Magaz. 2 Jahrg. 4 Stück, p. 136—156.
Petrus BODDAERT.
 Notice des principaux ouvrages zoologiques enluminés, impr. avec sa Table des planches enluminées de M. Daubenton.
  Pagg. xv.   Utrecht, 1783. fol.

Friedrich Albrecht Anton MEYER.
 Zoologische Annalen. 1 Band, vom jahre 1793.
  Pagg. 412. tabb. æneæ 6.   Weimar, 1794. 8.

2. Lexica Zoologica.

Vocabularium (latino-germanicum) msc. an. circiter 1420, ex Biblioth. Carthusiæ in Prussia. impr. cum J. T. Klein historiæ avium prodromo; p. 235—238.
                              Lubecæ, 1750. 4.
Leodegarius A QUERCU.
 Piscium, volatilium, gressibilium, frequentiorum apud
                     B

Gallias nomina (latina et gallica). impr. cum Brohon
de stirpibus; sign. Dij—Dvj.   Cadomi, 1541. 8.
——————— impr. cum illius epitome de stirpibus in Ru-
ellium; sign. Biiij—Ciiij.   Parisiis, 1544. 8.
M. D. L. C. D. B. (DE LA CHENAYE DES BOIS. Hall.
bibl. anatom. 2. p. 558.)
Dictionnaire raisonné et universel des animaux.
                              Paris, 1759. 4.
    Tome 1. A—C. pagg. 816. Tome 2. D—L. pagg.
    729. Tome 3. M—R. pagg. 731. Tome 4. S—Z.
    pagg. 640.
ANON.
Encyclopedie methodique. Histoire naturelle des ani-
maux. Tome 1. pagg. 691.   Paris, 1782. 4.
          2. pagg. 712.   1784.
Playcard-Augustin-Fidele RAY.
Zoologie universelle et portative.
Pagg. 710.   Paris, 1788. 4.

3. *De Animalibus colligendis et servandis.*

Rene Antoine Ferchault DE REAUMUR.
Moyens d'empecher l'evaporation des liqueurs spiritu-
euses, dans lesquelles on veut conserver des produc-
tions de la nature de differens genres.
    Mem. de l'Acad. des Sc. de Paris, 1746. p. 483—538.
Claud. Nic. LE CAT.
An account of glasses of a new contrivance for preserving
pieces of natural history in spirituous liquors.
    Philosoph. Transact. Vol. 46. n. 491. p. 6—8, and p.
    88.
ANON.
Von verwahrung der vögel und thiere mit einem sonderli-
chen balsamischen geiste.
    Hamburg. Magaz. 16 Band, p. 92—95.
Lewis NICOLA.
An easy method of preserving subjects in spirits.
    Transact. of the American Society, Vol. 1. p. 244—
    246.
——————: Methode facile pour conserver les sujets dans
l'esprit de vin.
    Journal de Physique, Tome 2. p. 60, 61.
——————: Leichte art, körper in weingeist zu erhalten.
    Crell's Entdeck. in der Chemie, 12 Th. p. 179—
    181.

MAUDUIT.
Sur la maniere de conserver les animaux dessechés.
Journal de Physique, Tome 2. p. 390—412.
Sur la maniere de se procurer les differentes especes
d'animaux, de les preparer et de les envoyer des pays
que parcourent les voyageurs. ibid. p. 473—512.
———— initium hujus libelli, ad pag. 481. germanice:
über die besten arten, vierfussige und säugende m.er-
thiere in liqueurs zu versenden, ohne das sie schaden
leiden.
Naturforscher, 8 Stück, p. 289—296.
Reponse à une lettre de M. Becoeur, inserée dans le Jour-
nal Encyclopedique.
Journal de Physique, Tome 3. p. 360—367.
NICOLAS.
Supplement à la reponse de M. Mauduit, à une lettre de
M. Becoeur. ibid. Tome 4. p. 150—154.
————: Ueber das verfahren des Hrn. Mauduit bey
dem beizen der ausgebälgten thiere.
Crell's chemische Annalen, 1786. 1 Band, p. 465.
MAUDUIT.
Reponse à la seconde critique de M. Becoeur.
Journal de Physique, Tome 4. p. 397—400.
Charles BONNET.
Sur les moyens de conserver diverses especes d'insectes et
de poissons dans les cabinets d'histoire naturelle ; sur le
bel azur dont les champignons se colorent à l'air, et sur
les changemens de couleurs, de divers corps, par l'action
de l'air ou de la lumiere.
Journal de Physique, Tome 3. p. 296—301.
———— dans ses Oeuvres, Tome 5. part. 1. p. 12—23.
Georg Friedrich PACIUS.
Zwo vortheilhafte arten vögel und kleine vierfüssige thiere
auszustopfen.
Naturforscher, 2 Stück, p. 87—89.
Carl Peter THUNBERG.
Anmärkningar om Asterier.
Vetensk. Acad. Handling. 1783. p. 244—246.
————: Ueber die aufbereitung des Medusenhaupts
und anderer thiere.
Lichtenberg's Magaz. 3 Band. 4 Stück, p. 85—87.
J. A. CHAPTAL!
Lettre contenant un procedé pour preparer des oiseaux,
de petits quadrupedes, et autres animaux, par le moyen
de l'ether.

Journal de Physique, Tome 27. p. 61, 62.

———— : Ueber das aufbereiten der vögel, kleiner vier-
füssiger und anderer thiere mittelst des æthers.
Voigt's Magaz. 4 Band. 2 Stück, p. 69—72.

MANESSE.

Traité sur la maniere d'empailler et de conserver les animaux, les pelleteries et les laines.

Pagg. 196.   Paris, 1787. 12.

Philippe PINEL.

Memoire sur les moyens de preparer les quadrupedes et les
oiseaux destinés à former des collections d'histoire naturelle.

Journal de Physique, Tome 39. p. 138—151.

4. *Elementa Zoologica et Genera Animalium.*

Jacobus Theodorus KLEIN.

Tabula generalis methodi Zoologicæ.

in ejus naturali dispositione echinodermatum, p. 65—
73.   Gedani, 1734. 4.

———— in eodem libro, edito a N. G. Leske, p. 52—
60.   Lipsiæ, 1778. 4.

———— latine et gallice, cum ejus ordre naturel des oursins, p. 176—207.   Paris, 1754. 8.

Carolus A LINNE.

Genera animalium ex editione 12ma systematis naturæ.

Pagg. 74.   Edinburgi, 1771. 8.

Martinus Thrane BRÜNNICH.

Zoologiæ fundamenta, latine et danice.

Pagg. 253.   Hafniæ et Lipsiæ, 1772. 8.

Anders Jahan RETZIUS.

Inledning til djur-riket efter C. von Linnés lärogrun-
der.   Stockholm, 1772. 8.

Pagg. 234. tabb. æneæ 4.

Paulus DE CZENPINSKI.

Dissertat o inaug. sistens totius regni animalis genera, Lin-
næana methodo, præfixa cuilibet classi terminorum explicatione.

Pagg. 122.   Viennæ, 1778. 8.

Moriz Balthasar BORKHAUSEN.

Versuch einer erklärung der zoologischen terminologie.

Pagg. 391.   Frankfurt am Main, 1790. 8.

5. *Systemata Animalium.*

Gualterus CHARLETON.

Onomasticon zoicon, plerorumque animalium differentias et nomina propria pluribus linguis exponens.

Londini, 1668. 4.

Pagg. 195; cum tabb. æneis; præter mantissam anatomicam et de fossilium generibus, de quibus aliis locis.

——————: Exercitationes de differentiis et nominibus animalium. Oxoniæ, 1677. fol.

Pagg. 119 et 69; cum figg. æri incisis; præter mantissam anatomicam et fossilia.

(Alex. DE LA CHENAYE DES BOIS. Boehmer 2. 1. 39.)
Systeme naturel du Regne animal.

Tome 1. contenant les classes des Quadrupedes, Oiseaux, Amphibies, suivant la methode de M. Klein; et l'ordre des Poissons suivant la division d'Artedi. Pagg. 400. tabb. æneæ 4.

Tome 2. contenant la classe des Insectes, et celle des Vers, suivant la methode de M. Linnæus. Pagg. 303. tab.

5, 6.   Paris, 1754. 8.

Johann Samuel HALLE.

Die Naturgeschichte der thiere in sistematischer ordnung.

1 Band. Die Vierfüssigen thiere, welche lebendige jungen zur welt bringen, nebst der geschichte des menschen.

Pagg. 619. tabb. æneæ 11.   Berlin, 1757. 8.

2 Band. Die Vögelgeschichte.

Pagg. 661. tabb. 8.   1760.

Carolus LINNÆUS.

Animalium specierum methodica dispositio, secundum decimam systematis naturæ editionem.

Pagg. 253.   Lugduni Bat. 1759. 8.

The animal kingdom, being a translation of that part of the systema naturæ, as lately published by Prof. Gmelin, together with numerous additions by Rob. Kerr.

Vol. 1. p. 1—644; cum tabb. æneis. London, 1792. 4.

Föreläsningar öfver djur-riket, hållne år 1748; uppteknade af Lars Montin. (Desinunt in piscibus.)

Manuscr. autogr. Pagg. 262.   4.

Johann Peter EBERHARD.

Versuch eines neuen entwurfs der thiergeschichte.

Pagg. 318. tabb. æneæ 2.   Halle, 1768. 8.

Nathanael Gotfried LESKE.

Anfangsgründe der naturgeschichte. 1 Theil. Algemeine natur- und tiergeschichte.

Pagg. 560. tabb. æneæ 10.   Leipzig, 1779. 8.

*   *   *   *

Gemeinnüzzige naturgeschichte des thierreichs, von *Georg Heinrich* BOROWSKI.
1 Band, pagg 84, 98, 78, et 72. tabb. æneæ color. 48.
                                                Berlin, 1780. 8.
2 Band, pagg. 196. tab. 49—96.   1781.
3 Band, pagg. 224. tab. 97—144.   1782.
4 Band, pagg. 152. tab. 145—180.   1783.
5 Band, fortgesezt von *   pagg. 176. tab. 181—228.
                                                    1784.
6 Band, fortgesezt von *Johann Friedrich Wilhelm* HERBST. pagg. 278. tab. 229—276.   1784.
7 Band, pagg. 180. tab. 277—324.   1786.
8 Band, pagg. 200. tab. 325—372.   1787.
9 Band, pagg. 214. tab. 373—420.   1788.
10 Band, pagg. 134. tab. 421—454.   1789.
Johann Georg LENZ.
Anfangsgründe der thiergeschichte.
   Pagg. 479. tabb. æneæ 7.   Jena, 1783.   8.

6. *De Methodis Zoologicis Scriptores Critici.*

Jacobus Theodorus KLEIN.
Summa dubiorum circa classes Quadrupedum et Amphibiorum in Linnæi systemate naturæ. Gedani, 1743 4.
   Pagg. 30: præter tractatus de crustatis et de ruminantious, de quibus infra.
———— : Doutes ou observations sur quelques animaux des classes des Quadrupedes et Amphibies du systeme de la nature de M. Linnæus.   Paris, 1754. 8.
   Pagg. 56; præter reliquos tractatus.
ANON.
Vorschlag zu natürlichen charaktern in bestimmung der ordnung und geschlechter der thiere.
Physikal. Belustigung. 3 Band, p. 1373—1385.
Johannes Daniel TITIUS.
De divisione animalium generali programma.
   Pagg. 16.   Wittebergæ, 1760. 4.

7. *Affinitates Animalium.*

Johannes HERMANN.
Dissertatio: Affinitatum animalium tabula brevi commentario illustrata. Resp. Ge. Chph. Würtz.
   Pagg. 15; præter tabulam.   Argentorati, 1777. 4.

Tabula affinitatum animalium uberiore commentario il‧
lustrata.   ib. 1783.   4.
Pagg. 370; præter tabulam, eandem ac in priori libello.
Samuel Ödmann.
Tal om djur-rikets slägtskaper.
Pagg. 44.   Stockholm, 1785.   8.

8. *Historiæ Animalium.*

Aristoteles.
De historia animalium libb. 9, latine, Theodoro Gaza in‧
terprete.   Venetiis, 1476. fol.
Una cum libris de partibus et generatione animalium,
Quinquerniones 27.
——————— in Aristotelis et Theophrasti historiis editis per
And. Cratander, pag. 1—160.
                                       Basileæ, 1534. fol.
——————— cum expositione Aug. Niphi.
                                       Venetiis, 1546. fol.
Pagg. 314; præter libros de generatione et partibus, de
quibus infra.
——————— in Aristotelis et Theophrasti historiis, p. 1—
244.   Lugduni, 1552.   8.
——————— accedit lib. 10. Joanne Bernardo Feliciano in‧
terprete. in Tomo 4to Operum ejus, p. 1—398.
                                       ib. 1579.   12.
—— græce et latine, T. Gaza interprete; accedit lib. 10.
cum versione Jul. Cæs. Scaligeri. in Operibus ejus ex
bibliotheca Is. Casauboni, Tomo 1. p. 470—592.
                                       ib. 1590. fol.
——————— cum 10. græce et latine, interprete Jul. Cæs.
Scaligero, cum ejusdem commentariis; edidit cum ani‧
madversionibus Phil. Jac. Maussacus.
Pagg. 1248.   Tolosæ, 1619. fol.
—— en Grec et en François, avec des notes par M. Ca‧
mus.   Paris, 1783. 4.
Tome 1. pagg. 758. Tome 2. pagg. 850.
Historia general de aves y animales, traduzida de latin, y
anadida de otros muchos autores Griegos y Latinos,
que trataron deste mesmo argumento, por *Diego* de
Funes y Mendoça.
Pagg. 441.   Valencia, 1621. 4.
Christophorus Guarinonius.
Commentaria in primum librum Aristotelis de historia ani‧
malium. Pagg. 331.   Francoforti, 1601. 4.

Cæsar ODONUS.
Aristotelis sparsæ de animalibus sententiæ in continuatam
seriem ad propria capita revocatæ.
Foll. 146. Bononiæ, 1563, 4.

Claudius AELIANUS.
De natura animalium libb. xvii, græce et latine, Petro
Gillio et Conr. Gesnero interpretibus.
in Operibus ejus per C. Gesnerum, p. 1—365.
Tiguri, 1556. fol.
———— Pagg. 1018. Genevæ, 1611. 16.
———— Pagg. totidem. ib. 1616. 16.
———— cum animadversionibus Conr. Gesneri, Dan.
Wilh. Trilleri, et Abr. Gronovii, qui edidit.
Londini, 1744. 4.
Pagg. 603. Pars altera, pag. 605—1128.
———— cum priorum interpretum et suis animadver-
sionibus edidit Jo. Gottlob Schneider.
Pagg. 585 et 228. Lipsiæ, 1784. 8.
———— latine, Petr. Gillio interprete.
Lugduni, 1562. 8.
Pagg. 496; præter descriptionem elephanti et Deme-
trium de cura accipitrum et de cura canum, de qui-
bus infra.
———— ————— ib. 1565. 8.
Eadem editio, novo titulo.
Ex Æliani historia per *Petrum* GYLLIUM latini facti,
itemque ex Porphyrio, Heliodoro, Oppiano, tum
eodem Gyllio aucti libb. xvi, de vi et natura animalium. Lugduni, 1533. 4.
Pagg. 542; præter libellum de nominibus piscium, de
quo infra.
Carolus Gottlob KUEHN.
De via ac ratione qua Cl. Ælianus Sophista in historia animalium conscribenda usus est.
Pagg. xviii. Lipsiæ, 1777. 4.
Heinrich SANDER.
Von Æliani beiträgen zur naturgeschichte.
in seine kleine Schriften, 1 Band, p. 84—100.

PHILE.
Περὶ ζώων ἰδιότητος. græce.
Plagg. 5. Venetiis, 1533. 8.
———— : de animalium proprietate, cum auctario

Joach. Camerarii, græce et latine, interprete Greg.
Bersmano.
Pagg. 189.   Lipsiæ, 1575.   4.
————— —————   H. Commelin. 1596.   8.
Pagg. 159.
————— græce et latine, interprete Greg. Bersmanno ;
edidit cum animadversionibus Jo. Corn. de Pauw.
Pagg. 347.   Trajecti ad Rhenum, 1730.   4.
ALBERTUS MAGNUS.
De animalibus libb. xxvi.
Foll. 205.   Venetiis, 1519.   fol.
ANON.
Der dieren palleys.   Antwerpen, 1520.   fol.
Duerniones 30 ; cum figg. ligno incisis.
Libellus de natura animalium perpulchre moralizatus ad
unumquodque propositum.   Savone, 1524.   4.
Duerniones 4 ; cum figg. ligno incisis.
Conradus GESNERUS.
Historiæ Animalium
Lib. 1. de Quadrupedibus viviparis.
       Pagg. 1104.   Tiguri, 1551.   fol.
————— Pagg. 967.   Francofurti, 1620.   fol.
Lib. 2. de Quadrupedibus oviparis.
       Pagg. 110.   Tiguri, 1554.   fol.
————— Pagg. 119.   Francof. 1586.   fol.
————— Pagg. 119.   ib. 1617.   fol.
Appendix historiæ Quadrupedum viviparorum et ovi-
parorum.
————— Pagg. 27.   Tiguri, 1554.   fol.
Lib. 3. de Avium natura.
       Pagg. 779.   ib. 1555.   fol.
————— Pagg. 806.   Francof. 1604.   fol.
(ad calcem libri annus adest impressionis, 1585.)
————— Pagg. 732.   ib. 1617.   fol.
Lib. 4. de Piscium et Aquatilium Animantium natura.
       Pagg. 1297.   Tiguri, 1558.   fol.
————— Pagg. 1052 et 30.   Francof. 1620.   fol.
Lib. 5. de Serpentium natura, ex schedis Gesneri com-
positus per Jac. Carronum, adjecta Scorpionis historia
a Casp. Wolphio e paralipomenis Gesneri conscripta.
Foll. 85 et 11.
            Tiguri, 1587.   fol.
————— Pagg. 170.   Francof. 1621.   fol.
Thierbuch, das ist ein kurtze bschreybung aller vierfüs-
sigen thieren, durch Cunrat Forer in das Teutsch ge-

bracht, und in ein kurtze komliche ordnung gezo-
gen.   Foll. clxxij.   Zürych, 1563.   fol.
Vogelbuch, durch Rudolff Heüsslin in das Teutsch ge-
bracht, und in ein kurtze ordnung gestelt.
           Foll. cclxiij.   ib. 1557.   fol.
Fischbuch, durch Cunrat Forer in das Teutsch gebracht.
           Foll. ccij.   ib. 1563.   fol.
    Omnes cum figuris ligno incisis.
Edoardus Wotton.
    De differentiis animalium libb. x.
           Foll. 220.   Parisiis, 1552.   fol.
Otho Werdmyller.
    Similitudinum ab omni animalium genere desumtarum
    libb. 6. impr. cum J. Fabricii differentiis quadrupedum;
    pag. 119—358.   Tiguri, 1555.   8.
Geofroy Linocier.
    L'histoire des Animaux à quatre pieds.
    L'histoire des Oyseaux.
    L'histoire des Poissons.
    L'histoire des Serpens,
    recueillies de Gesnerus et autres auteurs. impr. avec son
    histoire des plantes; p. 705—925.   Paris, 1584.   12.
    Cum figuris ligno incisis.
    ————— Seconde edition.   imprimée avec son histoire
    des plantes.   ib. 1619.   12.
    Pagg. 221; cum figuris ligno incisis.
Ulysses Aldrovandus.
    De Quadrupedibus solidipedibus volumen; Jo. Corn.
    Uterverius collegit.   Bononiæ, 1616.   fol.
           Pagg. 495; cum figg. ligno incisis.
    ————— Francofurti, 1623.   fol.
           Pagg. 233. tabb. ligno incisæ 2.
    Quadrupedium omnium bisulcorum historia; Jo. C. Uter-
    verius colligere incepit, Thom. Dempsterus absolvit.
                                Bononiæ, 1621.   fol.
           Pagg. 1040; cum figg. ligno incisis.
    De Quadrupedibus digitatis viviparis libb. 3, et oviparis
    libb. 2; Barth. Ambrosinus collegit.   ib. 1637.   fol.
           Pagg. 718; cum figg. ligno incisis.
    Ornithologiæ libb. 12.   ib. 1599.   fol.
           Pagg. 893; cum figg. ligno incisis.
    ————— Francof. 1610.   fol.
           Pagg. 427. tabb. æneæ 13.
    Tomus alter.   Bononiæ, 1634.   fol.
           Pagg. 862; cum figg. ligno incisis.

——————— Francof. 1610. fol.
Pagg. 373. tabb. æneæ 15.
(In utroque Tomo duo (x) addita sunt, ut annus
impressionis 1630 fieret.)
Tomus tertius. Bononiæ, 1603. fol.
Pagg. 560; cum figg. ligno incisis.
——————— Francofurti, 1613. fol.
Pagg. 209. tabb æneæ 21.
Serpentum et Draconum historiæ libb. 2. Bartholom. Am-
brosinus concinnavit. ib. 1640. fol.
Pagg. 427; cum figg. ligno incisis.
De Piscibus libb. 5. et de Cetis lib. 1. J. C. Uterverius
collegit. Bononiæ, 1613. fol.
Pagg. 732; cum figg. ligno incisis.
De animalibus insectis libb. 7. ib. 1602. fol.
Pagg. 767; cum figg. ligno incisis.
——————— Pagg. 299. tabb. æneæ 15. Francof. 1618. fol.
De reliquis animalibus exsanguibus libb. 4. nempe de
Mollibus, Crustaceis, Testaceis, et Zoophytis.
Bononiæ, 1606. fol.
Pagg. 593; cum figg. ligno incisis.
Edward Topsell.
The historie of fourefooted Beastes, collected out of all the
volumes of C. Gesner, and all other writers to this pre-
sent day. London, 1607. fol.
Pagg. 758; cum figg. ligno incisis.
The historie of Serpents, or the second booke of living
creatures. ib. 1608. fol.
Pagg. 315; cum figg. ligno incisis.
——————— ———————: The history of four-footed Beasts and
Serpents. ib. 1658. fol.
Pagg. 818; cum figg. ligno incisis; præter Mouffetum
de Insectis.
Anon.
C. Plinii schriften in vier deelen onderscheyden, het eer-
ste van de Menschen, het tweede van de Viervoetighe
dieren, het derde van de Voghelen, ooc van de kruy-
pende Wormen, ende mede van andere kleyne dieren,
het vierde van de Visschen, uyt den Hoochduytsche
sprake overgheset.
In calce libri : Eynde des vierde ende leste boecks, uut
C. Plinio, ende andere Latinsche ende Griecksche
Physicis. Arnhem, 1617. 4.
Pagg. 612. cum figg. ligno incisis.
——————— : C. Plinii vyf boecken, van de Menschen, van

de Viervoetige en kruypende dieren, van de Vogelen,
van de kleyne beestjes of ongedierten, van de Visschen,
oesters, kreeften, &c. hier zijn bygevoeght, de schriften
van verscheyden andere oude autheuren, de natuur der
dieren aengaende.   Amsterdam, 1703.   8.
            Pagg. '568; cum figg. æri incisis.
Archibald SIMSON.
Hieroglyphica animalium terrestrium, volatilium, natati-
lium, reptilium, insectorum, vegetivorum, metallorum,
lapidum, &c. quæ in Scripturis Sacris inveniuntur et
plurimorum aliorum, cum eorum interpretationibus.
                    Edinburgi, 1622.   4.
Lib. 1. de animalibus terrestribus pagg. 97. Lib. 2.
    de volatilibus pagg. 102. Lib. 3. de natatilibus
    pagg. 19.
Plures non adsunt; an prodierunt, nos latet.
Wolfgangus FRANZIUS.
Historia animalium, in qua animalium proprietates ad
usum εἰκονολογικὸν accommodantur.
Edit 5.   Pagg. 638.   Amstelædami, 1643.   12.
———————— Pagg. 638.   ib. 1653.   12.
———————— Pagg. 779.   ib. 1665.   12.
———————— cum commentario et supplemento Jo. Cypri-
ani.   Dresdæ, 1687.   8.
            Pagg. 720.
—————— ——————   Francof. et Lipsiæ, 1712.   4.
Pars 1 et 2. pagg. 1836.   Reliquæ 3 desiderantur.
Johannes JONSTON.
Historiæ Naturalis
De Quadrupedibus libri 4.
            Pagg. 163. tabb. æneæ 80.
De Avibus libb. 6.
            Pagg. 160. tabb. 62.
De Piscibus et Cetis libb. 5.
            Pagg. 160. tabb. 47.
De Exsanguibus aquaticis libb. 4.
            Pagg. 58. tabb. 20.
De Insectis libb. 3.
            Pagg. 147. tabb. 28.
De Serpentibus libb. 2.
            Pagg. 37. tabb. 12.
                    Amstelædami, 1657.   fol.
——————— : Theatrum universale omnium animalium, lo-
cupletavit H. Ruysch. Tomi 2.   ib. 1718.   fol.
Pagg. et tabb. æneæ totidem, præter tab. 48vam pis-

cibus additam, et collectionem novam piscium Amboi-
nensium, pagg. 40. tabb. 20.

Johannes SPERLING.
  Zoologia physica.   Lipsiæ, 1661. 8.
  Pagg. 466; præter Kirchmajeri dissertationes, de quibus
  infra sect. 11.

Ambroise PARE'.
  Traicté des animaux, le livre 2. de ses Oeuvres; p. 38—
  56.   Lyon, 1664. fol.

Geronimo CORTE'S.
  Tratado de los animales terrestres, y volatiles, y sus pro-
  priedades.   Valencia, 1672. 8.
  Pagg. 542; cum figg. ligno incisis, pessimis.

P. NYLAND et *J.* VON HEXTOR.
  Schauplatz irdischer geschöpfe, hiebevor in Niderländi-
  scher sprache hervorgegeben, nunmehr in unser Hoch-
  teutsche sprache übergesetzet.   Osnabrück, 1678. 4.
  1 Theil, de hominibus, non hujus loci. 2 Theil, pagg.
  308; cum figuris ligno incisis.

Emanuel KÖNIG.
  Regnum animale, physice, medice, anatomice, harmonice,
  mechanice, theoretice, practice evisceratum.
  Pagg. 173.   Coloniæ Munatianæ, 1682. 4.
  ————— Editio altera, pagg. 355.   ib. 1698. 4.

ANON.
  Neues thier-buch, oder merkwürdige beschreibung der
  thieren und vögeln. 1. 2. Theil.   Prag, 1718. 4.
  Pagg. 216; cum figg. æri incisis.

Valentinus KRÄUTERMANN.
  Das in der Medicin gebräuchlichste regnum animale.
  Pagg. 464.   Arnstadt und Leipzig, 1728. 8.

* * *
Histoire naturelle generale et particuliere, avec la description du cabinet du Roi, par M. M. DE BUFFON
  et DAUBENTON.
  Tome 1. pagg 612. mappæ geogr. 2.   Paris, 1749. 4.
    2. pagg. 603. tabb. æneæ 8.
    3. pagg. 530. tabb. 14.
    4. pagg. 544. tabb. 23.   1753.
    5. pagg. 311. tabb. 52.   1755.
    6. pagg. 343. tabb. 57.   1756.
    7. pagg. 378. tabb. 48.   1758.
    8. pagg. 402. tabb. 54.   1760.
    9. pagg. 375. tabb. 41.   1761.
   10. pagg. 368. tabb. 57.   1763.

Tome 11. pagg. 450. tabb. 43.   1764.
    12. pagg. 451. tabb. 57.   1764.
    13. pagg. 441. tabb. 59.   1765.
    14. pagg. 411. tabb. 41.   1766.
    15. pagg. 207 et cccxxiv. tabb. 18.   1767.
Tome 15. de l'edition de Hollande, dans lequel sont con-
    tenus les additions de l'editeur de Hollande (M. AL-
    LAMAND.) Pagg. 126 et 106. tabb. 16.
                              Amsterdam, 1771. 4.
    Additiones hæ insertæ sunt Tomo 3tio supplementi,
    editionis Parisinæ.
Supplement par M DE BUFFON.
Tome 1. pagg. 542. tabb. æneæ 16.   Paris, 1774. 4.
    2. pagg. 564.   1775.
    3. pagg. 330. tabb. 64.   1776.
    4. pagg. 582. tabb. 6.   1777.
    5. pagg. 615. tabb. 6. mappæ 2.   1778.
    6. pagg. 405. tabb. 49.   1782.
    7. pagg. 364. tabb. 82.   1789.
Histoire naturelle des Oiseaux (par M. M. DE BUFFON
    et GUENEAU DE MONTBEILLARD.)
Tome 1. pagg. 496. tabb. 29.   1770.
    2. pagg. 560. tabb. 27.   1771.
    3. pagg. 502 et xcvj. tabb. 31.   1775.
    4. pagg. 590. tabb. 27.   17 8.
    5. pagg. 546. tabb. 22.   1778.
    6. pagg. 702. tabb. 25.   1779.
    7. pagg. 554. et xcvj. tabb. 31.   1780.
    8. pagg. 498. tabb. 39.   1781.
    9. pagg. 438, xxx et 284. tabb. 31. 1783.
Histoire naturelle des Oiseaux par le Comte de Buffon,
    and les planches enluminées, systematically disposed.
    (by *Thomas* PENNANT.)
            Pagg. 122. tab. ænea 1.
                              London, 1786. 4.
Histoire naturelle des Quadrupedes Ovipares et des Ser-
    pens, par M. le Comte DE LA CEPEDE.
Tome 1. pagg. 651. tabb. 41.   Paris, 1788. 4.
    2. pagg. 527. tabb. 22.   1789.
Georg Abraham MERCKLEIN.
    Das dem Menschen sehr nüzliche thierreich, oder be-
    schreibung und abbildung der thiere, deren wir uns so-
    wohl zur nahrung als arzeney bedienen.
                              Nürnberg, 1751. 8.
    Pagg. 732; cum tabb. æneis.

Anon.
A description of 300 Animals. 7th edition.
   Pagg. 212 ; cum tabb. æneis.   London, 1753.   12.
Frederick Watson.
The animal world displayed, or the nature and qualities
of living creatures described.
   Pagg. 302. tabb. æneæ 18.   London, 1754.   8.
Th. v. B.
Beschryving der dieren, en van zeldzaame visschen en ge-
korvene diertjes.
                             Amsterdam, 1770.   8.
   Pagg. 170. tabb. æneæ 10.
Anon.
Beauties of natural history, or elements of Zoography.
   Pagg. 340 ; cum tabb. æneis.   London, 1777.   12.
(D'Obsonville.)
Essais philosophiques sur les mœurs de divers animaux
etrangers.
   Pagg. 430.   Paris, 1783.   8.

9. *Icones Animalium.*

Conradus Gesnerus.
Icones Animalium Quadrupedum viviparorum et ovipa-
rorum, quæ in historia animalium describuntur, cum
nomenclaturis singulorum.
   Pagg. 64.   Tiguri, 1553.   fol.
———————— Editio secunda.
   Pagg. 127.   ib. 1560.   fol.
Icones Avium omnium, quæ in historia avium describun-
tur, cum nomenclaturis singulorum.
   Pagg. 127.   ib. 1555.   fol.
———————— Editio secunda.   ib. 1560.   fol.
   Pagg. 237.
Nomenclator Aquatilium animalium. Icones animalium
Aquatilium cum nomenclaturis singulorum.
   Pagg. 374.   ib. 1560.
   Omnes cum figg. ligno incisis.
  *   *   *
Thierbuch. Figuren von allerley thieren, durch *Jost*
Amman unnd *Hans* Bocksperger, sampt einer be-
schreibung—in reimen gestellt durch *Georg* Schal-
lern.   Franckfort am Mayn, 1592.   4.
Alphabet. 1. plagg. 4 ; cum figg. ligno incisis.

(Icones Animalium.)

A. BLOEMAERT inven. Bl. Bolsuerd sculp. C. I. Visscher excudebat, 1632.

Tabb. æneæ 14, (mammalium 10, avium 4.) long. 4½ unc. lat. 5½ unc.

(Icones Animalium.)

A. BRUYN fe. C. I. Visscher excu.

Tabb. æneæ 12, (mammalium cum distichis latinis 10, insectorum 2.) long. 5 unc. lat. 7 unc.

A booke of Beasts lively drawne.

London, printed by P. Stent.   fol.

Tabb. æneæ 18, variæ magnitudinis.

Nova raccolta de li animali piu curiosi del mondo, disegnati et intagliati da *Antonio* TEMPESTA, e dati in luce per Gio. Jacomo Rossi.   Roma, 1650.   4.

Tabb. æneæ 204, longit. 4 unc. latit. 5½ unc.

Johann Elias RIDINGER.

Tabulæ æneæ 12. longit. 15 unc. latit. 21 unc. exhibentes Animalia in Paradiso.

Vorstellung der wundersamsten Hirschen sowohl als anderer besonderl. Thiere, welche von grossen Herrn selbst gejagt, geschossen, lebendig gefangen oder gehalten worden. (Cobres, p. 458.)

Augsburg, 1768.   fol.

Tabb. æneæ 100, longit. 14 unc. latit. 11 unc. sed desunt in nostro exemplo tabb. ultimæ 8, et titulus.

* * *

Various Birds and Beasts drawn from the life by *Francis* BARLOW.   London.

Tabb. æneæ 67, variæ magnitudinis: 16 priores longit. 8 unc. latit. 12 unc. plures longit. 5 unc. latit. 7 unc. quædam adhuc minores.

(Icones Animalium.)

Clau. FESSARD sculp.   (Paris,) 1767.

Tabb. æneæ 36, longit. 6 unc. lat. 8 unc.

DAUBENTON *le jeune.*

(Planches enluminées d'histoire naturelle.)

Tabb. æneæ color. 1008, longit. 9 unc. latit. 7 unc. sed charta maxima impressæ.

Petrus BODDAERT.

Table des planches enluminées d'histoire naturelle de M. D'Aubenton, avec les denominations de M. M. de Buffon, Brisson, Edwards, Linnæus, et Latham.

Pagg. 58.   Utrecht, 1783.   fol.

Thomas PENNANT vide supra pag. 14.

ANON.

Angenehmes und lehrreiches geschenk für die jugend,
herausgegeben von der gemeinschaftlichen Handlung
der kaiserl. privil. franziscischen Reichs-Akademie
F. K. V. W. in Augsburg. 1783. 4.
Pagg. 100. tabb. æneæ 23 longit. 16 unc. lat. 11. unc.
Erste fortsetzung. pagg. 33. tabb. avium 24.

Icones animalium, quas in Cookii secundo itinere delineavit *Georgius* FORSTER; quarum quædam plumba-
gine delineatæ, quædam pictæ: harum plurimæ nondum absolutæ.
Voll. 2. foll. 261. fol.
Icones pictæ Avium et Piscium 46, quas in Cookii ulti-
mo itinere delineavit *Gulielmus* WEBBER. fol.
Icones pictæ animalium 115, quas in eodem itinere delineavit *Gulielmus* ELLIS. fol.

10. *Descriptiones Animalium miscellæ.*

Fabius COLUMNA.

Aquatilium et terrestrium aliquot animalium observationes. impr. cum ejus minus cognitarum stirpium
εκφρασι.
Pagg. lxxi. Romæ, 1616. 4.

Johanne SPERLING

Præside Disputatio de Leone, Aquila, Delphino et Dra-
cone.
Resp. Seb. Nethenus. (1641.)
Plagg. 3. (recusa) Wittebergæ, 1665. 4.

George EDWARDS.

A natural history of uncommon Birds, and of some other
rare and undescribed Animals. London, 1743. 4.
Part 1. pagg. 52. tabb. æneæ color. totidem.
2. pag. 53—128. tab. 53—105. 1747.
3. pag. et tab. 106—157. 1750.
4. pag. 158—248. tab. 158—210. 1751.
Gleanings of natural history, in english, and translated in
french by J. du Plessis and Edm. Barker.
Part 1. pagg. 108. tab. 211—260. ib. 1758. 4.
2. pag. 109—220. tab. 261—310. 1760.
3. pag. 221—347. tab. 311—362. 1764.
A catalogue in generical order of the Birds, Beasts, Fishes,
Insects, Plants, contained in Edwards's natural history.

TOM. 2. C

Printed with his Essays upon natural history; p. 202—
231.   London, 1770. 8.
(Est catalogus idem ac in calce voluminis ultimi, p.
327—347.)
Anecdotes, and additional accounts of some subjects in natural history. ibid. p. 172—196.
Addenda. printed with some memoirs of the life of G.
Edwards; p. 27—38; cum tabb. æneis 4.
                                  ib. 1776. 4.
A catalogue of the Birds, Beasts, Fishes, Insects, Plants,
&c. contained in Edwards's natural history, with their
latin names, by Sir C. Linnæus. ibid. pagg. 15.

Johann Daniel MEYER.
Angenehmer und nüzlicher zeitvertreib mit betrachtung
curioser vorstellungen allerhand thiere, so wohl nach
ihrer gestalt, als auch nach der structur ihrer scelete.
1 Theil. pagg. 56. tabb. æneæ color. 100.
                          Nürnberg, 1748. fol.
2 Theil. pagg. 28. tabb. 100.
3 Theil. pagg. 10. tabb. 40.   1756.

Bernhard Christian OTTO.
Die Meyerschen abbildungen der thiere gröstentheils
mit den thieren selbst verglichen, und nach dem Linné
und andern schriftstellern benannt.
Naturforscher, 23 Stuck, p. 175—200.

Dominicus VANDELLI.
Dissertationes de nonnullis Insectis terrestribus, et Zoophytis marinis, et de Vermium terræ reproductione,
atque Tænia Canis.
impr. cum ejus dissertatione de Aponi Thermis; p.
67—166. tab. ænea 2—5.   Patavii, 1798. 8.

Petrus Simon PALLAS.
Miscellanea zoologica, quibus novæ imprimis atque ob-
scuræ Animalium species describuntur, et observationi-
bus iconibusque illustrantur.
Pagg. 224. tabb. æneæ 14.   Hagæ Com. 1766. 4.
Spicilegia zoologica, quibus novæ imprimis et obscuræ
Animalium species iconibus, descriptionibus atque com-
mentariis illustrantur.   Berolini, 1767. 4.
Fascic. 1. pagg. 44. tabb. æneæ 3.
        2. pagg. 32. tabb. 3.
        3. pagg. 35. tabb. 4.
        4. pagg. 23. tabb. 3.
        5. pagg. 34. tabb. 5.   1769.

Fascic. 6. pagg. 36. tabb. 5.
  7. pagg. 42. tabb. 6.
  8. pagg. 54. tabb. 5.   1770.
  9. pagg. 86. tabb. 5.   1772.
  10. pagg. 41. tabb. 4.   1774.
His 10 fasciculis præfixus titulus generalis Tomi 1.
Fascic. 11. pagg. 86. tabb. 5.   1776.
  12. pagg. 71. tabb. 3.   1777.
  13. pagg. 45. tab. 4—6.   1779.
  14. pagg. 94. tabb. 4.   1780.

Joannes Antonius SCOPOLI.
 Observationes zoologicæ.
 in ejus anno 5to historico-naturali, p. 70—128.

Peter BROWN.
 New illustrations of zoology; in english and french.
 Pagg. 136. tabb. æneæ color. 50. London, 1776. 4.

Joh. Christ. Polykarp ERXLEBEN.
 Einige bemerkungen zur naturgeschichte. in seine physikalisch-chemische Abhandlungen, p. 349—352.

Martinus SLABBER.
 Natuurkundige verlustigingen, behelzende microscopise
 waarneemingen van in- en uitlandse water- en land-
 dieren.   Haarlem, 1778. 4.
 Pagg. 166. tabb. æneæ color. 18.

Matthew MARTIN.
 Observations on marine Vermes, Insects, &c.
 Fascic. 1. pagg. 11. tab. ænea 1. Exeter, 1786. 4.
   2. pag. 13—26. tab. 1.   1787.

Franz von Paula SCHRANK.
 Microskopische unterhaltungen.
 Moll's Oberdeutsche Beyträge, p. 138—148.
 Mikroskopische wahrnemungen.
 Naturforscher, 27 Stück, p. 26—37.

DE LA MARTINIERE.
 Memoires sur quelques Insectes.
 Journal de Physique, Tome 31. p. 207—209; p. 264
 —266, & p. 365, 366.

Charles CATTON, *jun.*
 Animals drawn from nature, and engraved in aqua-
 tinta.   London, 1788. fol. obl.
 Tabb. æneæ 36. long. 7 unc. latit. 11. unc. textus foll.
 totidem.

John WALCOTT.
 The figures, description, and history of exotic animals,
 comprised under the classes Amphibia and Pisces of

C 2

Linnæus.   No. 1. and 2.   London, 1788.   4,
Foll. 46; cum figg. æri incisis.
Archibald MENZIES.
Descriptions of three new animals, found in the Pacific
Ocean.
Transact. of the Linnean Soc. Vol. 1. p. 187, 188.
DALDORF.
Uddrag af hans dagbog paa en reise fra Kiöbenhavn til
Tranquebar, sidst i aaret 1790 og först i aaret 1791.
Naturhist. Selsk. Skrivt. 2 Bind, 2 Heft. p. 147—167.

ANON.
Descriptiones et Icones animalium in itinere ad Canton
Chinæ observatorum.
Manuscr. autogr. e bibliotheca Joh. Fothergill, M. D.
   Vol. 1. descriptionum foll. 181. Vol. 2. iconum
   foll. 79.   8.
   Hoc est mscr. quod citat Broussonet in Ichthyologia
   sub Clupea Thrissa.

11. *Collectiones Opusculorum Zoologicorum.*

Georgius Casparus KIRCHMAJER.
Dissertationum zoologicarum de Basilisco, Unicornu,
Phoenice, Behemoth et Leviathan, Dracone ac Aranea,
hexas. impr. cum Sperlingii zoologia physica.
   Plagg. 11.   Wittebergæ, 1661. 8.
———————: De Basilisco——Araneo, Tarantula, et
Ave Paradisi Dissertationes aliquot. Editio altera.
   Pagg. 168.   Wittebergæ, 1669. 8.
———————: Disputationes zoologicæ de Basilisco—
Aranea.
   Pagg. 112.   Jenæ, 1736. 4.
In editione altera est libellus de Ave Paradisi, quæ non
   adest in tertia, cujus editori altera illa ignota fuit.
Jacob Christian SCHÆFFER.
Abhandlungen von Insecten.
   1 Band. pagg. 402. tabb. æneæ color. 16.
                               Regensburg, 1764. 4.
   2 Band. pagg. 344. tabb. 18.   1764.
   3 Band. pagg. 158. tabb. 14.   1779.
Francesco SERAO.
Opuscoli di fisico argomento.
   Pagg. 99. tab. ænea 1.   Napoli, 1766. 4.

Blasius MERREM.
Vermischte abhandlungen aus der thiergeschichte.
Pagg. 172. tabb. æneæ 7.   Göttingen, 1781. 4.
Petrus CAMPER.
Natuurkundige verhandelingen over den Orang Outang
en eenige andere Aap-soorten, over den Rhinoceros met
den dubbelen horen, en over het Rendier.
Amsterdam, 1782. 4.
Pagg. 235. tabb. æneæ 9.
————————: Naturgeschichte des Orang-Utang und
einiger andern Affenarten, des Africanischen Nashorns,
und des Rennthiers; übersezt von J. F. M. Herbell..
Pagg. 224. tabb. æneæ 8 (9).   Düsseldorf, 1791. 4.
Johann Gottlob SCHNEIDER.
Sammlung vermischter abhandlungen zur aufklärung der
Zoologie und der handlungsgeschichte.
Berlin, 1784. 8.
Pagg. 348. tabb. æneæ 3, quarum 1 coloribus fucata.

12. *Observationes Zoologicæ miscellæ.*

Fridericus LACHMUND.
(Observationes variæ zoologicæ.)
Ephemer. Acad. Nat. Curios. Dec. 1. Ann. 4 & 5. p.
239—243.
Nicolaus EGLINGER.
In positionum Botanico-anatomicarum centuria, Resp.
Joh. Casp. Bauhino, Thes. 51—76. huc faciunt.
Basileæ, 1685. 4.
Johannes Georgius GOCKELIUS.
De mirabilibus quorundam animalium.
Ephemer. Acad. Nat. Curios. Dec. 2. Ann. 5. app. p.
101—124.
Benjamin BULLIVANT.
Letter concerning some natural observations he had made
in New England.
Philosoph. Transact. Vol. 20. n. 240. p. 167, 168.
Johanne Ludovico HANNEMANN
Præside exercitatio de tribus naturæ regnis. Pars 1. (Reg-
num Animale.) Resp. Jo. Augustin. Faschius.
Pagg. 20.   Kilonii, 1705. 4.
Richard RICHARDSON.
Several observations in natural history, made at North-
Bierley in Yorkshire.
Philosoph. Transact. Vol. 28. n. 337. p. 167—171.

ANON.
Herbstbelustigungen in betrachtungen kleiner creaturen.
Nordische Beyträge, 1 Bandes, 3 Th. p. 65—94.
Johan Carl WIICKE.
Rón i natural-historien.
Vetensk. Acad. Handling. 1761. p. 285—292.
Claudio TROZELIO
Præside aphorismi nonnulli ex Zoologia generali. Resp.
Laur. Gabr. Forsmarck.
Pagg 13.   Londini Goth. 1767. 4.
Carl von LINNE'.
Tvänne anmärkningar i natural historien.
Vetensk. Acad Handling. 1768. p. 146, 147.
Otto Friedrich MÜLLER.
Beobachtungen über einige chaotische thiere, Gewürme
und Insecten, mit anmerkungen von J. A. E. Goeze.
Naturforscher, 7 Stück, p. 97—104.
Extrait d'une lettre.
Journal de Physique, Tome 12. p. 400—406.
ROUME DE SAINT-LAURENT.
Observations sur plusieurs objets d'histoire naturelle.
ibid. Tome 6. p. 51—54.
Johann Gottfried KÖHLER.
Microscopische beobachtungen einiger kleinen Wasser-
thiere.
Naturforscher, 10 Stück, p. 102—107.
                 16 Stück, p. 71, 72.
Franz von Paula SCHRANK.
Auszug eines briefes.
Schriften der Berlin. Gesellsch. Naturf. Fr. 1 Band. p.
379—382.
Zoologische beobactungen.
Naturforscher, 18 Stück, p. 66—85.
Carl HABIIZL.
Auszug aus einem schreiben an Herrn Pallas.
Pallas neue Nord. Beyträge, 4 Band, p. 393—397.
Lazaro SPALLANZANI.
Lettera al Sig. Marchese Lucchesini.
Opuscoli scelti, Tom. 6. p. 73—104.
DEFAY.
Auszug aus einem brief. Schrift. der Berlin. Gesellsch.
Naturf. Fr. 6 Band, p. 427—431.
Johann Gottlob SCHNEIDER.
Litterärische beyträge zur naturgeschichte aus den alten,

vorzüglich aber aus den schrifstellern des 13ten jahr-
hunderts.
Leipzig. Magaz. 1786. p. 199—236.
Pieter Boddaert.
Verscheiden waarneemingen.
Algem. geneeskund. Jaarboek. 4 Deel, p. 43—52.

13. *Vivaria et Musea Zoologica.*

Musæum Fuirenianum. in Th. Bartholini Domo Anatomica, p. 41—47.   Hafniæ, 1662. 8.
Catalogus rerum naturalium, ad Anatomen et Zootomen
spectantium in Musæo Th. Bartholini. ibid. p. 49—62.
(Museum Gottwaldianum.   Gedani, 1714.) fol.
Tabb. æneæ 109. Exemplar completum, e Bibliotheca
F. H. W. Martini. Præter tabulas descriptas a Cobres,
p. 806 seqq. habet etiam 8 conchyliorum, desideratas
in ejus exemplo, viz. tab. ii. & iii. caps. vii.; tab. i.
& v. caps. viii.; tab. vi. caps. ix.; tab. ii. & iv. caps.
x.; tab. ii. caps. xi.
Franciscus Ernestus Brückmann.
Animalia rariora viridarii Viennensis Eugenii Principis
Sabaudiensis.
Epistola itineraria 9. Centuriæ 1.
Plag. 1.   Wolffenbuttelæ, 1729. 4.
Carolus Linnæus.
Dissertatio: Museum Adolpho-Fridericianum.   Resp.
Laur. Balk.
Pagg. 48. tabb. æneæ 2.   Holmiæ, 1746. 4.
——————— Amoenit. Academ. Vol. 1.
            Edit. Holm. p. 277—326.
            Edit. Lugd. Bat. p. 556—610.
            Edit. Erlang. p. 277—327.
Dissertatio: Surinamensia Grilliana.
Resp. Petr. Sundius.
Pagg. 34. tab. ænea 1.   Holmiæ, 1748. 4.
——————— Amoenit. Academ. Vol. 1.
            Edit. Holm. p. 483—508.
            Edit. Lugd. Bat. p. 489—519.
            Edit. Erlang. p. 483—508.
Dissertatio: Chinensia Lagerstroemiana.
Resp. Joh. Laur. Odhelius.
Pagg. 36. tab. ænea 1.   Holmiæ, 1754. 4.
——————— Amoenit. Academ. Vol. 4. p. 230—260.
Museum Adolphi Friderici Regis. latine et svethice.
Pagg. 96. tabb. æneæ 33.   Holmiæ, 1754. fol.

Tomi 2di Prodromus. impr. cum sequenti libro. pagg. 110.

Museum Ludovicæ Ulricæ Reginæ.

Pagg. 720.   ib. 1764. 8.

ANON.

Anzeige einiger thierstücke in den Leidenschen Kabinettern.

Hamburg. Magaz. 24 Band, p. 437—447.

———————— Neu. Hamburg Magaz. 117 Stück, p. 269—282.

Laurentius Theodorus GRONOVIUS.

Zoophylacii Gronoviani Fasciculus 1.

Pagg. 136 tabb. æneæ 13.   Lugd. Bat. 1763.   fol.

Fasciculus 2. pag. 137—236. tab. 14—17. 1764.

           3. pag. 237—380. tab. 18—20. 1781.

ANON.

A catalogue of Birds, Insects, &c. now exhibiting at Spring-gardens.

Pagg. 19.   (London) 1764. 8.

Collectio hæc Museum Britannicum intravit.

Morten Thrane BRÜNNICH.

Dyrenes historie og dyre-samlingen udi universitetets Theater. 1 Bind.   Kiöbenhavn, 1782. 4.

Pagg. 76. tabb. æneæ color. 7 ; præter præfationem, de qua Tomo 1.

Juan Bautista BRU.

Coleccion de laminas que representan los animales y monstruos del Real Gabinete de historia natural de Madrid, con una descripcion individual de cada uno.

                Madrid, 1784. fol.

Tomo 1. pagg. 78. tabb. æneæ color. 35. Adsunt etiam tabb. 36—101. absque textu.

Martinus HOUTTUYN.

Musæi Houttuiniani Pars 1. quæ spectat regnum animale.

Pagg. 178.   Amsterdam, (1786.) 8.

Petrus Gustavus LINDROTH.

Museum naturalium Grillianum Söderforssiense.

(Mammalium, Avium, et Testaceorum.)

Pagg. 21.   Holmiæ, 1788. 4.

George SHAW.

Museum Leverianum, containing select specimens from the Museum of the late Sir Ashton Lever, with descriptions in latin and english.

Pagg. 248 ; cum tabb. æneis color. (London) 1792. 4.

Ant. Aug. Henr. LICHTENSTEIN.
Catalogus rerum naturalium rarissimarum Hamburgi d.
xxi. Oct. 1793. auctionis lege distrahendarum.
Sectio 1. pagg. 60.   Hamburg.   8,
Sectio 2. d. xxx. Junii, 1794. pagg. 118.
Sectio 3. d. iii. Febr. 1796. pagg. 222.

14. *Zoologi Topographici.*
Europæ.

Thomas PENNANT.
Catalogue of the European Quadrupeds, Birds, and Reptiles extra-britannic.
in his British Zoology, 1770. Vol. 4. p. 87—96.
1776. Vol. 2. p. 639—650.

15. *Magnæ Britanniæ.*

Thomas PENNANT.
British Zoology.
Class 1. Quadrupeds. 2. Birds. London, 1766. fol.
Pagg. 162. tabb. æneæ color. 132.
———————————————— ib. 1768. 8.
Vol. 1. pagg. 232. tabb. æneæ color. 5.
Vol. 2. pag. 233—522. tab. 6—17.
Class 3. Reptils. 4. Fish.
Vol. 3. pagg. 358. tabb. æneæ 17. Chester, 1769.
British Zoology, illustrated by plates and brief explana-
tions.   London, 1770.
(Vol. 4.) pagg. 96. tabb. 103.
—————————— Fourth edition.   ib. 1776. 4.
Vol. 1. Class 1. Quadrupeds. 2. Birds.
Pagg. 352. tabb. æneæ 59.
Vol. 2 Class 2. Division 2. Waterfowl.
Pag. 355—674 tab. 60—103 et 10.
Vol. 3. Class 3. Reptiles. 4. Fish. Pagg. 371. tabb. 73.
Vol. 4. Class 5. Crustacea. 6. Vermes.
Pagg. 136. tabb. 93.   1777.
Explanation of the plates contained in the first publica-
tion of the British Zoology.
Pagg. 16.   London, 1763. 8.

R. FERRYMAN.
A catalogue of British Quadrupeds and Birds, contained
in the museum of the Rev. R. Ferryman.
Pagg. 12.   Bristol, 1789. 8.

A catalogue of British Quadrupeds and Birds, contained
in the British zoological museum, Oxford-street.
Pagg. 24. London, 1795. 8.
William BOYS.
A list of the Beasts, Birds, Amphibious Animals, Fishes,
Worms, and some of the Insects, that have fallen under
the inspection of the author, or his friends, at *Sandwich*,
or in its neighbourhood.
In his collections for a history of Sandwich, p. 847—
864; cum tabb. æneis 2. Canterbury, 1792. 4.
Thomas PENNANT.
A sketch of *Caledonian* zoology. in Lightfoot's Flora
Scotica, Vol. 1. p. 1—66.

16. *Belgii.*

Laurentius Theodorus GRONOVIUS.
Animalium in Belgio habitantium Centuria 1. & 2. Act.
Helvet. Vol. 4. p. 243—270.
Cent. 3. et 4. ibid. Vol. 5. p. 120—153.
Cent. 5. ibid. p. 353—382.
(Desinit in Asteriade.)
Observationes de animalculis aliquot marinæ aquæ inna-
tantibus, atque in littoribus Belgicis obviis.
ibid. Vol. 4. p. 35—40.
Descriptiones 2 priores (Beroes et Medusæ) Belgice
adsunt in Uitgezogte Verhandelingen, 3 Deel, p. 464
—468.

17. *Galliæ.*

Pierre Joseph BUC'HOZ.
Aldrovandus *Lotharingiæ,* ou catalogue des animaux,
quadrupedes, reptiles, oisseaux, poissons, insectes, ver-
misseaux, et coquillages, qui habitent la Lorraine et les
Trois-evechés.
Pagg. 324. Paris, 1771. 8.

18. *Hispaniæ.*

Joannes Philippus BREYNIUS.
De Insectis (et Vermibus) quibusdam rarioribus in His-
pania observatis.
Philosoph. Transact. Vol. 24. n. 301. p. 2050—2055.

———— Ephemer. Acad. Nat. Curios. Cent. 5 & 6.
app. p. 101—105.
Ignatius D'Asso.
Specimen zoologiæ *Aragoniæ.* impr. cum ejus introduc-
tione in Oryctographiam Aragoniæ ; p. 51—151.

19. *Italiæ.*

Francesco Cetti.
I Quadrupedi di *Sardegna.*
Pagg. 218. tabb. æneæ 4.   Sassari, 1774. 8.
Appendice alla storia naturale dei Quadrupedi di Sar-
degna. Pagg. 63.   1777.
Gli Uccelli di Sardegna. Pagg. 334. tabb. 6. 1776.
Anfibi e Pesci di Sardegna. Pagg. 208. tabb. 5. 1777.
Martinus Thrane Brünnich.
Spolia e *Mari Adriatico* reportata. impr. cum ejus Ich-
thyologia Massiliensi; p. 85—110.

20. *Germaniæ.*

Johann Matthæus Bechstein.
Gemeinnüzige naturgeschichte Deutschlands nach allen
drey reichen.
1 Band. Säugthiere. pagg. 841. tabb. æneæ 16.
                                        Leipzig, 1789. 8.
2 Band. Raubvögel, Waldvögel, Wasservögel. pagg.
840. tabb. 18.   1791.
3 Band. Sumpf-und Hausvögel. pagg. 800. t.bb. 12.
                                             1793.
4 Band. Singvögel. pagg. 946. tabb. 19.   1795.
Guilielmus Henricus Kramer.
Elenchus animalium per *Austriam Inferiorem* observatorum. impr. cum ejus elencho vegetabilium Austriæ;
p. 308—400.   Viennæ, 1756. 8.
Blasius Merrem.
Verzeichniss der rothblütigen thiere in den gegenden um
Göttingen und *Duisburg,* von ihm wahrgenommen.
Beobacht. der Berlin. Gesellsch. Naturf. Fr. 3 Band,
p. 187—196.
Philippus Conradus Fabricius.
De animalibus quadrupedibus, avibus, amphibiis, pisci-
bus et insectis *Wetteraviæ* indigenis.
Pagg. 56.   Helmstadii, 1749. 8.

Job. Godofred. Büchner.
De rarioribus quibusdam animalibus in *Voigtlandia*
quondam natis ac degentibus.
Act. Acad. Nat. Curios. Vol. 4. p. 261—271.
Caspar Schwenckfeld.
Theriotropheum *Silesiæ.*
Pagg. 563.　　　　　　　　Lignicii, 1603. 4.

21. *Imperii Danici.*

Otto Fridericus Müller.
Zoologiæ Danicæ prodromus, seu animalium Daniæ et
Norvegiæ indigenarum characteres, nomina et syno-
nyma imprimis popularium.
Pagg. 274.　　　　　　　　Havniæ, 1776. 8.
Zoologiæ Danicæ, seu animalium Daniæ et Norvegiæ ra-
riorum ac minus notorum icones.
Fascic 1. tabb. æneæ 40.　　　　　ib. 1777. fol.
Zoologia Danica, eller Danmarks og Norges sieldne og
ubekiendte dyrs historie. 1 Bind.　　ib. 1781. fol.
Pagg. 170. tabb. æneæ color. 40, eædem ac prioris
libri.
————————: Zoologia Danica, seu animalium Daniæ
et Norvegiæ rariorum ac minus notorum descriptiones
et historia.
Vol. 1. pagg. 103.　　　Havniæ et Lipsiæ, 1779. 8.
Vol. 2. pagg. 124.　　　Lipsiæ, 1784. 8.
Petrus Ascanius.
Figures enluminées d'histoire naturelle.
1 Cahier.　　　　　　Copenhague, 1767. fol. obl.
Coll. 56. tabb. æneæ color. 10.
————————: Icones rerum naturalium, ou figures en-
luminées d'histoire naturelle du Nord.
1 Cayer.　　　　　　　ib. 1772. fol.
Pagg. 8. tabb. æneæ eædem ac in priori, sed textus
diversus.
2 Cayer. pagg. 8. tab. 11—20.
3 Cayer. pagg. 6. tab. 21—30.　　　1775.
4 Cayer. pagg. 6. tab. 31—40.　　　1777.
Christopher Hammer.
Fauna *Norvegica,* eller Norsk dyr-rige.
Pagg. 248.　　　　　　Kiöbenhavn, 1775. 8.
Joannes Ernestus Gunnerus.
(Animalia varia Norvegiæ descripta.)

Norske Videnskabers Selskabs Skrifter,
2 Deel, p. 235—339.
3 Deel, p. 1—14. & p. 33—144.
4 Deel, p. 1—80. & p. 87—112.
Nogle smaa rare Norske Söedyr beskrevene.
Kiöbenh. Selsk. Skrifter, 10 Deel, p. 166—176.
Petrus Ascanius.
Beskrivelse over en Norsk Sneppe og et Södyr.
Norske Vidensk. Selsk. Skrift. 5 Deel, p. 153—158.
Otho Fabricius.
Fauna *Groenlandica,* systematice sistens animalia Groen-
landiæ occidentalis hactenus indagata.
Pagg. 452. tab. ænea 1.   Hafniæ & Lipsiæ, 1780. 8.

22. *Sveciæ.*

Carolus Linnæus.
Animalia per Sveciam observata.
Act. Liter. et Scient. Sveciæ, 1736. p. 97—138.
———————— impr. cum ejus oratione de peregrinationibus
intra patriam; p. 37—94.   Lugduni Bat. 1743. 8.
Fauna Svecica, sistens animalia Sveciæ regni.
Lugduni Bat. (Holmiæ) 1746. 8.
Pagg. 411. tabb. æneæ 2.
———————————— Editio altera.   Holmiæ, 1761. 8.
Pagg. 579. tabb. æneæ 2.

23. *Borussiæ.*

Johann Conrad Eichhorn.
Beyträge zur naturgeschichte der kleinsten Wasserthiere,
die mit keinem blossen auge können gesehen werden,
und die sich in den gewässern in und umb *Danzig* be-
finden.
Pagg. 94. tabb. æneæ 8.   Danzig. 4.
Zugabe zu meinen beyträgen zur naturgeschichte der
kleinsten wasserthiere.
Pagg. 24. tab. ænea 1.   ib. 1783. 4.
Otto Friedrich Müller.
Synonymen aus dem unsichtbaren Thierreiche.
Naturforscher, 9 Stück, p. 205—214.
(Synonyma ad librum Eichhornii.)

24. *Imperii Russici.*

Petrus Simon PALLAS.
Descriptiones Quadrupedum et Avium, anno 1769. ob-
servatarum.
Nov. Comment. Ac. Petropol. Tom. 14. pars 1. p.
548—592.
Iwan LEPECHIN.
Descriptiones quorundam animalium. ib. p. 498—511.
Descriptiones Avium (et Piscis.) ib. Tom. 15. p. 485—
493.
Johann Gottl. GEORGI.
Der *Baikalische* Pan. in seine Reise im Russischen reich,
1 Band, p. 155—193.

25. *Orientis.*

Fredric HASSELQUIST:
(Animalia varia descripta.)
Act. Societ. Upsal. 1744—1750. p. 15—35.
Petrus FORSKÅL.
Descriptiones animalium, quæ in itinere Orientali obser-
vavit; edidit Carst. Niebuhr.   Havniæ, 1775. 4.
Pagg. 19, xxxiv, et 140; præter Materiam Medicam
Kahirinam, de qua Tomo 1:
Icones rerum naturalium, quas in itinere Orientali de-
pingi curavit; edidit C. Niebuhr.   ib. 1776. 4.
Pagg. 15. tabb. æneæ 43, quarum 23 posteriores huc
spectant, priores plantarum exhibent figuras.
——————   ib. 1776. fol.
Pagg. 14. tabb. æneæ 43, coloribus optime fucatæ.
Exemplar splendidum, e bibliotheca Comitis Adami
Gottlob Moltke.

26. *Indiæ Orientalis.*

Indian Zoology, in english and french, (by *Thomas* PEN-
NANT.)   London. fol.
Pagg. 14. tabb. æneæ color. 12. Opus incompletum,
absque titulo.
——————: Beyträge zur Thiergeschichte von Ost-
indien. Naturforscher, 1 Stück, p. 264—276.
Textus ex versione C. G. von Murr, absque figuris.
——————: Zoologia Indica selecta, autore *J. R.*
FORSTER; latine et germanice.

Specimen Faunulæ Indicæ, autore *T.* PENNANT.
(Mammalia et aves.) Halæ, 1781. fol.
Pagg. 42. tabb. æneæ color. 15.
——————: Indian Zoology. Second edition; in
English.
The Indian Faunula. (Regnum animale integrum.)
Pagg. 161. tabb. æneæ 16. London, 1790. 4.
Adest etiam tabula nondum edita.
Volumen continens 40 ectypa picta iconum, quas in India
Orientali pingi curavit Johannes Gideon Loten, e qui-
bus exscriptæ sunt figuræ operis præcedentis. fol.
James PETIVER.
Animals sent to him from Fort St. George by Edward
Bulkeley.
Philosoph Transact. Vol. 22. n. 271. p. 859—862.
Animals received from several parts of India. ibid. n. 276.
p. 1023—1029.
Some animals observed in the Philippine Isles by G. J.
Kamel. ibid. Vol. 23. n. 277. p. 1065—1068.
Georgius Josephus KAMEL.
De Quadrupedibus *Philippensibus* tractatus. ibid. Vol.
25. n. 305. p. 2197—2204.
Observationes de Avibus Philippensibus. ibid. Vol. 23.
n. 285. p. 1394—1399.
De Monstris, item de Serpentibus, &c. Philippensibus.
ibid. Vol. 25. n. 307. p. 2266—2276.
De variis animalibus Philippensibus. ibid. Vol. 26. n.
318. p. 241—248.
De Piscibus, Moluscis, et Crustaceis Philippensibus. ibid.
Vol. 24. n. 302. p. 2043 bis—2080 bis.
De Araneis et Scarabæis Philippensibus. ibid. Vol. 27.
n. 331. p. 310—315.
De Conchyliis turbinatis, bivalvibus et univalvibus Phi-
lippensibus. ibid. Vol. 25. n. 311. p. 2397—2403.

27. *Chinæ.*

John Reinhold FORSTER.
Faunula Sinensis, or an essay towards a Catalogue of the
Animals of China. Printed with Osbeck's voyage to
China, Vol. 2. p. 321—338.
Michael BOYM.
Ad calcem ejus Floræ Sinensis adsunt etiam animalium
quorundam descriptiones, cum iconibus.

28. *Novæ Cambriæ.*

George SHAW.
    Zoology of New Holland.   The figures by James Sower-
    by. Vol. 1. pag. 1—33. tab. æn. color. 1—12.
                                        London, 1794. 4.

29. *Insularum Oceani Pacifici.*

William ANDERSON.
    Characteres breves avium adhuc incognitarum in itinere
    nostro annis 1772—1775 visarum.
    Mscr. autogr. Pagg. 13.   4.
    Characteres et historia animalium hactenus incognitorum,
    in itinere nostro 1776 (&c.) visorum.
    Mscr. autogr. Pagg. 38.   4.

30. *Americæ Septentrionalis.*

John Reinhold FORSTER.
    A catalogue of the animals of North America.
                                        London, 1771. 8.
    Pagg. 34; præter regulas colligendarum rerum na-
        turalium, de quibus Tomo 1.
    Account of Quadrupeds and Birds from *Hudson's Bay.*
    Philosoph. Transact. Vol. 62. p. 370—433.
    Account of Fishes sent from Hudson's Bay. ibid. Vol. 63.
        p. 149—160.
ANON.
    Ueber einige Nordamerikanische vögel, schlangen und
    andere kriechende thiere; aus den reisen eines Eng-
    länders.
    Lichtenberg's Magaz. 3 Band. 3 Stück, p. 63—77.
James PETIVER.
    An account of Animals and Shells, sent from *Carolina.*
    Philosoph. Transact. Vol. 24. n. 299. p. 1952—1960.
MAUDUIT.
    Lettre sur quelques objets du regne animal, apportés de
    la *Louisiane.*
    Journal de Physique, Tome 4. p. 384—397.

31. *Americæ Meridionalis et Insularum adjacentium.*

Gregorio DE BOLIVAR.
    Notizie d'alcuni animali del Mondo Nuovo.

Tozzetti dei progressi delle scienze in Toscana, Tomo
2. Part. 1. p. 246—258.

(James PETIVER.)
A relation of divers West-India animals, as beasts, lizards,
serpents, scorpions, crabs, spiders, beetles, bees, and
other insects, especially such as are peculiar to the
American Islands.
Memoirs for the Curious, 1707. p. 353—356.

Maria Sibilla MERIAN.
De generatione et metamorphosibus Insectorum *Surina-
mensium*; adjunguntur Bufones, Lacerti, Serpentes,
Araneæ, aliaque istius regionis animalcula. latine et
gallice.
Pagg. et tabb. æneæ 72.   Hagæ Com. 1726. fol.

(James PETIVER.)
Madam Merian's history of Surinam Insects, abbreviated
and methodized, with some remarks.
Memoirs for the Curious, 1708. p. 287—294. and p.
327—334.

BAJON.
Memoires sur les animaux de *Cayenne.*
dans ses memoires pour servir à l'histoire de Cayenne,
Tome 1. p. 340—405. & Tome 2. p. 177—286.
——————: Beyträge zur thiergeschichte von Süd-
Amerika.
Leipzig. Magaz. 1787. p. 1—62.

(Thomas Pattinson YEATS.)
A catalogue of a collection of Birds, Quadrupeds, &c.
from Cayenne, sold by auction, April, 1782.
Pagg. 22.   (London.) 8.

Alexandre BRONGNIART.
Catalogue des Mammiferes envoyés de Cayenne, par M.
Le Blond.
Actes de la Soc. d'Hist. Nat. de Paris, Tome 1. p. 115.

Louis Claude RICHARD *et J. P.* BERNARD.
Catalogue des Oiseaux envoyés de Cayenne, par M. Le
Blond. ib. p. 116—119.

Guillaume Antoine OLIVIER.
Catalogue de Insectes envoyés de Cayenne, par M. Le
Blond. ib. p. 120—125.

Jean Guillaume BRUGUIERE.
Catalogue des Coquilles envoyées de Cayenne, par M. Le
Blond. ib. p. 126.

Johann Gottlob SCHNEIDER.
Nachricht von den originalzeichnungen von Marcgrafs
Brasilischer zoologie.
Leipzig. Magaz. 1786. p. 270—278.

32. *Septentrionis.*

Thomas PENNANT.
Arctic Zoology.
Vol. 1. pagg. CC & 185. tabb. æneæ 8.
London, 1784. 4.
Vol. 2. pag. 187—586. tab. 9—23. 1785.
Supplement to the Arctic Zoology. 1787.
Pagg. 163 ; cum mappis geograph. æri incisis 2.

33. *Zoo-theologi.*

Leonhardus BOHNER.
Dissertatio de varietate in formis animalium externis tan-
quam indice existentiæ divinæ. Resp. Frid. Matthæus
Lufft.
Pagg. 32. Altorfii, 1725. 4.
A. K. M. J.
Over de Wapenen der Dieren tegen hunne Vyanden.
Nieuwe geneesk. Jaarboek. 3 Deel, p. 276—278.
William JONES.
Considerations on the nature and œconomy of Beasts and
Cattle; a Sermon.
Pagg. 24. London, 1785. 4.

Johann Heinrich ZORN.
Petino-theologie, oder versuch die menschen, durch na-
here betrachtung der Vögel, zur bewunderung ihres
Schöpfers aufzumuntern.
1 Theil. pagg. 616. Pappenheim, 1742. 8.
2 Theil. pagg. 734. Schwabach, 1743. 8.
Andreas MALM.
Ornithotheologiæ Pars Prior. Dissertatio Præside Car.
Fr. Mennander.
Pagg. 12. Aboæ, 1751. 4.
Pars Posterior. Præside Petro Kalm.
Pagg. 36. 1754.
Johann August UNZER.
Physicotneologische betrachtungen einiger Vögel.
in seine physical. Schriften, 1 Samml. p. 356—371.

———————— Neu., Hamburg. Magaz. 83 Stück, p. 454
—470.

Carolo Friderico MENNANDER
Præside, Dissertatio: Ichthyotheologiæ primæ lineæ. Resp.
Nic. Malm. Pagg. 37. Aboæ, 1751. 4.
Johann Gottfried Ohnefurcht RICHTER.
Ichthyotheologie, oder versuch die menschen, aus betrach-
tung der Fische, zur bewunderung ihres Schöpfers zu
führen.
Pagg. 912; cum tabb. æneis. Leipzig, 1754. 8.
——————: Vischkundige onderwyser, in eene beschryv-
ing der Visschen, den mensch opleidende tot verheer-
lyking van God.
Pagg. 319. Dordrecht, 1780. 4.

Friedrich Christian LESSER.
Insecto-theologia, oder versuch, wie ein mensch durch
betrachtung derer Insekten zu erkenntnis der allmacht
Gottes gelangen könne.
Dritte auflage. Pagg. 495. Leipzig, 1758. 8.
——————: Theologie des Insectes, avec des remarques
de M. P. Lyonnet. La Haye, 1742. 8.
Tome 1. pagg. 350. Tome 2. pagg. 317. tab. ænea 1.
Samuel Gustavus WILCKÉ.
Dissertatio exhibens primas Entomotheologiæ lineas.
Resp. Bernh. Ern. Crüger.
Pagg. 20. Gryphiswaldiæ, 1763. 4.
Ernst Ludewig RATHLEF.
Akridotheologie, oder historische und theologische be-
trachtungen über die Heuschrekken.
Hannover, 1748. 8.
Pagg. 204; præter libellum de Selavis, de quo infra.
2 Theil. ib. 1750. 8.
Pagg. 300. tab. ænea 1; præter continuationem li-
belli de Selavis.
Johann Gottlieb WALPURGER.
Der grosse Gott im kleinen, an dem edlen geschöpfe der
Bienen, nebst einer abhandlung von dem ungeziefer
überhaupt.
Pagg. 384. Chemniz, 1762. 8.
Adam Gottlob SCHIRACH.
Melittotheologia; die verherrlichung des Schöpfers aus der
wundervollen Biene. Dresden, 1767. 8.
Pagg. 231. tabb. æneæ 4.
D 2

Friedrich Christian LESSER.
Testaceo-theologia, oder beweis des daseyns und der ei-
genschaften eines göttlichen wesens, aus betrachtung
der Schnecken und Muscheln.
Zweyte auflage.   Leipzig, 1756. 8.
Pagg. 1120. cum tabb. æneis.
Zufällige gedanken über die Schnecken und Muscheln.
Physikal. Belustigung. 3 Band, p. 1043—1054.
(Johann Hieronymus CHEMNIZ.)
Kleine beyträge zur Testaceotheologie, oder zur erkäntniss
Gottes aus den Conchylien.   Frankfurt, 1760. 4.
Pagg. 106. tab. ænea 1 ; præter epistolam de Museis
Vindobonensibus, de qua Tomo 1.

34. *In Historiam Creationis Animalium Commen-*
tatores.

Abrahamus MILIUS.
De origine animalium.
Pagg. 68.   Genevæ, 1667. 12.
Christiano FASELTO
Præside, Exercitatio de primo Avium ortu.
Resp. Sam. Aster.
Plagg. 2.   Wittebergæ, 1669. 4.
Gottfried WEGNER.
Dissertatio de origine Avium, ex Gen. 1 : 20.
                        recusa Francof. ad Oderam 1690. 4.
Pagg. 44.
Joh. Christ. BAUERUS.
Formatio Avium e terra, occasione loci Gen. 2 : 19. Resp.
Sal. Hermannus.
Pagg. 22.   Lipsiæ, 1706. 4.
Bartholomæus de MOOR.
Oratio de Piscium et Avium creatione.
Pagg. 68.   Harderovici, 1716. 4.
Jacobus Theodorus KLEIN.
De origine Avium ; utrum e terra an vero ex aqua sur-
rexerint. est Pars 1. ejus Prodromi historiæ Avium,
p. 1—12.   Lubecæ, 1750. 4.
——————: Ursprung der Vögel. 1 Abschnitt seiner
historie der Vögel, p. 5—11.
                                     Danzig, 1760. 4.

35. *In Historiam Diluvii Commentatores Zoologici.*

Athanasius KIRCHER.
 Arca Noë.   Amstelodami, 1675. fol.
 Pagg. 240 ; cum tabb. æneis, et figuris animalium ligno
     incisis.
Eugenius Joannes Christophorus ESPER.
 De animalibus oviparis et sanie frigida præditis in cata-
     clysmo, quem subiit orbis terrarum, plerisque salvis,
     Programma.
 Pagg. 20.   Erlangæ, 1783. 4.

36. *Animalia Biblica.*

Petro KALM
 Præside, Dissertatio de usu quem præstat Zoologia, in
     Hermeneutica sacra. Resp. Er. Gyllensten.
 Pagg. 12.   Aboæ, 1769. 4.

Hermann Heinrich FREY.
 Θηϱοβιβλια, biblisch thierbuch.   Leipzig, 1595. 4.
 Foll. 383 ; cum figg. ligno incisis.
 Οϱνιϑοβιβλια, biblish vogelbuch.   ib. 1595. 4.
 Foll. 190 ; cum figg. ligno incisis.
 Ιχϑυοβιβλια, biblisch fischbuch.   ib. 1594. 4.
 Foll. 65 ; cum figg. ligno incisis.
Samuel BOCHARTUS.
 Hierozoicon s. de Animalibus Sacræ Scripturæ.
                                              Londini, 1663. fol.
 Pars prior, coll. 1094. Pars posterior, coll. 888.
Johannes Henricus URSINUS.
 Animalia Biblica. est liber 4tus ejus Miscellaneorum, p.
     97—250.   Norimbergæ, 1666. 8.
Joannes Henricus MAJUS.
 Animalium in Sacro Codice memoratorum historia.
 Pagg. 960.   Francof. et Spiræ (1685.) 8.
Joanne STEUCHIO
 Præside, Dissertatio : Hierozoicon, seu brevis delineatio
     præcipuorum animalium biblicorum. Resp. Joh. Palm-
     root.
 Pagg. 33.   Upsaliæ, 1718. 8.
Fridericus Jacobus SCHODER.
 Hierozoici ex S. Bocharto, itinerariis variis aliisque com-
     mentariis compositi

Specimen 1. Pagg. 164.   Tubingæ, 1784.   8.
Specimen 2. Pagg. 94.   1785.
Specimen 3. Pagg. 100.   1786.
Godofredus Müller.
Θηρολογια biblica, continens quadrupedum terrestrium in
sacris literis contentorum explicationem.
Pagg. 668.   Wittebergæ, 1676.   8.
Salomon van Til.
Zoologia s. commentarius historico-emblematicus, de ani-
malibus quadrupedibus, in Sacra Scriptura memoratis.
impr. cum ejus de Tabernaculo Mosis; p. 139—227,
et pagg. 88.   Dordraci, 1714.   4.
Andreas Norrelius.
Diatriba de Avibus esu licitis.
Pagg. 119.   Upsaliæ, 1746.   4.
Joannes Bustamantinus.
De Reptilibus vere animantibus S. Scripturæ, Libb. 6.
                                  Lugduni, 1620.   8.
Tom. 1. pagg. 844.   Tom. 2. pag. 851—1382.

Carolo Aurivillio
Præside, Dissertatio de nominibus animalium, quæ legun-
tur Es. xiii : 21.   Resp. Petr. Holmberger.
Pagg. 14.   Upsaliæ, 1776.   4.
Joanne Ernesto Fabro
Præside, Dissertatio de animalibus quorum fit mentio Ze-
phan. ii : 14.   Resp. Ern. Lud. Friederici.
Pagg. 28.   Goettingæ, 1769.   4.

Heinrich Sander.
Vom *Einhorn*, besonders vom Einhorn in der Bibel.
in seine kleine Schriften, 1 Band, pag. 101—115.
Georgius Casparus Kirchmajer.
Disputatio de *Behemoth* et *Leviathan*.   Resp. Chr. Lau-
rentius.   inter ejus Disputationes zoologicas,
                      Wittebergæ, 1661. sign. G 1—H 6.
                      ibid. 1669. p. 77—104.
                      Jenæ, 1736. p. 59—78.
Glemens Schade.
Dissertatio de Behemoth, Job. xl.   Resp. Can. Juulstrupius.
Pagg. 22.   Havniæ, 1704.   4.
Joh. Guil. Baiero
Præside, Dissertatio : Behemoth et Leviathan, Elephas et
Balæna e Job. xl. xli.   Resp. Ge. Steph. Stieber.
Pagg. 48.   Altdorfii, 1708.   4.

Theodorus HASÆUS.

De Liviathan Jobi et *Ceto Jonæ* disquisitio.
> Pagg. 265. tabb. ligno incisæ 4.   Bremæ, 1723. 8.

Siegismundus Augustus PFEIFFER.

Dissertatio apologetica pro stabiliendo themate, Piscem Jonæ deglutitorem fuisse Balænam, opposita C. F. Paullini ut et J. H. Majo, aliisque Lamiæ propugnatoribus.
> Plagg. 3.   Lubecæ, 1697. 4.

Johannes BEENIUS.

Piscis ille grandissimus, qui Jonam integrum devoravit. Resp. Sever. Arctander.
> Plag. dimidia.   Hafniæ, 1698. 4.

Christianus ROEDE.

Dissertatio de Pisce, qui Jonam deglutivit, cujusnam speciei fuerit? Resp. Frid. Colbiörnsen.
> Pagg. 16.   Hafniæ, 1744. 4.

Johanne Christiano HEBENSTREIT

Præside, Dissertatio: *Aquilæ* natura, e sacris litteris, inprimis ex Deut. 32 : 11. Ezech. 17 : 3. Psalm. 103 : 5, et hæ vicissim ex historia naturali et monumentis veterum illustratæ. Resp. Jo. Erdm. Valterus.
> Pagg. 18.   Lipsiæ, 1747. 4.

Olaus RUDBECK *filius.*

Ichthyologiæ Biblicæ Pars 1. De Ave *Selav.* Dissertatio, Resp. Andr. Brodd.
> Pagg. 148; cum figg. ligno incisis. Upsaliæ, 1705. 4.

Partem 2dam vide inter Scriptores de plantis biblicis.

Ernst Ludewig RATHLEF.

Muthmassung das die Selaven, welche die Israeliten in der wüsten gegessen, die vögel Seleuciden gewesen.
> gedr. mit sein. Akridotheologie, 1 Theil, p. 205—233.
> 2 Theil, p. 301—340.

Georgius Wolffgangus WEDELIUS.

Propempticon de Paulo a Vipera demorso.
> Pagg. 8.   Jenæ, 1710. 4.

Jo. Caspar FABER.

De Locustis biblicis, et sigillatim de חרגל סלעם ארבה et חגב sive de avibus quadrupedibus, ex Levit. xi : 20, 21 & 22. Dissertatio. Resp. Sam. Axt.
> (P. Pr.) Plagg. 2.   Vitembergæ, 1710. 4.
> (P. Post.) Plagg. 2.   1711.

37. *De Animalibus veterum Auctorum Scriptores Critici.*

Blasius MERREM.
Disputatio de animalibus Scythicis apud Plinium. (Lib.
8. cap. 5.)
Pagg. 22. Goettingæ, 1781. 4.
———— Ludwig delect. Opusculor. Vol. 1. p. 82—
105.
Jacobus Theodorus KLEIN.
Commentariolum in locum Plinii hist. nat. libr. 9. cap.
33. de Concharum differentiis. impr cum ejus methodo
Ostracologica.
Pagg. 16. Lugd. Bat. 1753. 4.
Paulo LINSIO
Præside, Dissertatio de Coralio, juxta ductum Plinii hist.
nat. lib. 32. c. 2. Resp. Jo. Frank.
Plagg. 3. Jenæ, 1675. 4.
CHEVALIER.
Lettre sur le Remora et les Halcyons. impr. avec ses lettres
sur les maladies de St. Domingue; p. 231—254.
Paris, 1752. 8.
Johannes HERMANN.
Programma, 1782. d. 27 Maji.
Plagg. 2. Argentorati, fol.
(Αλωπηξ Aristotelis, inter animalia volantia, esse Sciu-
rum Petauristam)
Programma, 1782. d. 31 Octob.
Plag. 1. ib. fol.
(Phattagen Æliani esse Manem tetradactylam.)
Jean Etienne GUETTARD.
Sur l'oiseau appellé Alcyon.
dans ses Memoires, Tome 4. p. 204—233.
Samuel ÖDMANN.
Undersokning om de gamle auctorers Catarrhactes.
Vetensk. Acad. Handl. 1786. p. 73—78.
MILLIN *de Grandmaison.*
Dissertation sur le Thos.
Journal de Physique, Tome 31. p. 438—447.

38. *Animalium Historia superstitiosa et fabularis.*
Michael MAJER.
Tractatus de volucri arborea, absque patre et matre, in in-

sulis Orcadum, forma Anserculorum proveniente, seu
de ortu miraculoso potius, quam naturali vegetabilium,
animalium, hominum, et supranaturalium quorun-
dam.
Pagg. 180.   Francofurti, 1619.   8.
Benedictus HOPFERUS.
Dissertatio de quæst. an animalia in igne generentur vel
vivant, et in specie de Pyrausta et Salamandra.
Resp. Val. Schmidt.
Plagg. 5.   Lipsiæ, 1662.   4.
Franciscus MONCÆJUS.
Disquisitio de Magia divinatrice et operatrice.
Pagg. 184.   Francof. et Lips. 1683.   4.
Est J. Prætorii Alectryomantia alio titulo.
Hyacinthus GIMMA.
De Animalibus fabulosis.
In dissertationibus ejus Academicis Tom. 1. p. 224—
351. Tom. 2. p. 172—328.
                                   Neapoli, 1714 & 1732.   4.
Ignazio MONTI.
Dialoghi ameni e critici.   Dialogo primo.   Le Lucertole
acquatiche.
Pagg. 62.   Pavia, 1764.   8.

39.   *Animalia fabulosa.*

Christianus Franciscus PAULLINI.
De singulari monstro marino.
Ephemer. Acad. Nat. Curios. Dec. 1. Ann. 8. p. 79,
80.
Carol. August. A BERGEN.
De Microcosmo, bellua marina omnium vastissima.
Nov. Act. Acad. Nat. Curios. Tom. 2. p. 143—150.
Johann August UNZER.
Nachrichten von einem bisher wenig bekannten See-un-
geheuer.
in seine physical. Schriften, 1 Samml. p. 268—284.
Johann Hieronymus CHEMNIZ.
Die würklichkeit des Nordischen Kraken wird geleugnet.
Naturforscher, 13 Stuck, p. 33—52.
Johann Ernst GUNNERUS.
Critiske tanker om Kraken, Söeormen og nogle flere vid-
under i havet.
Norske Vidensk. Selsk. Skrifter, Nye Saml. 1 Bind, p.
1—44.

Thomas BARTHOLINUS *et P. J.* SACHS *a Lewenheimb.*
De Sirene Danica.
Ephemer. Acad. Nat. Curios. Dec. 1. Ann. 1. p. 73—
77, et addenda p. 5—8.
————: Of the Mermaid. Acta germanica, p. 118—121.
Joanne BILBERG
Præside, Dissertatio : Sirenum μυθιςορια.
Resp. Jon. Columbagrius.
Pagg. 31.   Upsaliæ, 1687. 8.
Antonius VALLISNERI.
Sirenis manus et costæ.
Ephemer. Acad. Nat. Curios. Cent. 7 & 8. p. 412—415.
ANON.
The true representation of the strange and wonderful sea-
monster called a Merman, lately taken near Exeter,
drawn from nature immediately after it was caught,
1737.
Tab. ænea long. 11. unc. lat. 7. unc.

Andrea BACCI.
Discorso dell' *Alicorno.*
Pagg. 80.   Fiorenza, 1573. 4.
———— Pagg. 159.   ib. 1582. 8.
———— stamp. con il suo libro delle 12 pietre pretiose ;
p. 39—110.   Roma, 1587. 4.
Ambroise PARE'.
Discours de la Licorne.
impr. avec son discours de la Mumie ; fol. 15—37.
Paris, 1582. 4.
———— dans ses Oeuvres, p. 509—521.
Replique à la response faicte contre son discours de la Li-
corne. Foll. 7.   ib. 1584. 4.
———— dans ses Oeuvres, p. 522—524.
Laurentius CATELANUS.
Von der natur, tugenden, eigenschaften und gebrauch des
Einhorns ; in französischer sprach beschrieben ; von
Ge. Fabro. übersezt. Franckfurt am Mayn, 1625. 8.
Pagg. 149; cum figg. æri incisis.
Casparus BARTHOLINUS.
De Unicornu ejusque affinibus et succedaneis Opusculum.
inter ejus Opuscula 4 singularia.
Foll. 48.   Hafniæ, 1628. 8.
Thomas BARTHOLINUS.
De Unicornu observationes novæ.   Patavii, 1645. 8.
Pagg. 304; cum figg. æri incisis.

———— auctiores edidit filius Casp. Bartholinus.
 Pagg. 381; cum figg. æri inc. Amstelæd. 1678. 12.
Johannes Christianus STOLBERGK.
 Exercitatio de Unicornu. Resp. Chr. Sagittarius.
  Plagg. 2½. Lipsiæ, 1652. 4.
Antonius DEUSINGIUS.
 Dissertatio de Unicornu. Groningæ, 1659. 12.
 Pagg. 49; præter Dissertationem de lapide Bezaar, de
  qua infra.
 ———— in ejus Dissertation. selectis, p. 231—319 & p.
  641—644.
Georgius Casparus KIRCHMAJER.
 Disputatio de Unicornu. Resp. Jo. Frid. Hubrigk.
 inter ejus Disputationes zoologicas,
                Wittebergæ, 1661. sign. C 1—E 1.
                ib. 1669. p. 27—54.
                Jenæ, 1736. p. 21—41.
Franciscus Christophorus BERENS.
 Dissertatio de Monocerote. Resp. Joh. Henr. Homilius.
  Plag. 1½. Lipsiæ, 1667. 4.
Simone Friderico FRENZELIO
 Præside, Disquisitio de Unicornu. Resp. Chr. Vater.
  Plagg. 3. Wittebergæ, 1679. 4.
Cornelius STALPART VAN DER WIEL.
 De Unicornu Dissertatio. impr. cum ejus Observationum
  rariorum Cent. priori; p. 463—516.
Heinrich SANDER.
 Vom Einhorn. vide supra pag. 38.
Peter CAMPER.
 Aus einem schreiben an die Naturforschende Gesellschaft.
  Beobacht. der Berlin. Gesellsch. Naturf. Fr. 1 Band, p.
  219—226.

Antonius DEUSINGIUS.
 De *Agno vegetabili* et de Anseribus Scoticis.
  impr. cum ejus Diss. de Mandragoræ pomis; p. 34—52.
                Groningæ, 1659. 12.
 ———— in ejus Dissertation. selectis, p. 598—616.
Engelbertus KÆMPFER.
 Agnus Scythicus; s. fructus Borometz.
  in ejus Amoenitat. exoticis, p. 505—508.
Johannes Philippus BREYNIUS.
 Dissertatiuncula de Agno vegetabili Scythico, Borametz
  vulgo dicto.
  Philosoph. Transact. Vol. 33. n. 390. p. 353—360.

Franciscus Ernestus Brückmann.
De planta agnifera.
Epistola itineraria 24. Cent. 3. p. 298—301.
Jacob Theodor Klein.
Von der erdichteten thierpflanze, Borametz und Agnus
vegetabilis Scythicus genannt.
Abhandl. der Naturf. Gesellch. zu Danzig, 3 Theil, p.
219—225.

Cornelius Vogel.
Schediasma de *Gryphibus.* Resp. Paul. Conr. Schröter.
Plag. 1½. Lipsiæ, 1670. 4.
Franciscus Ernestus Brückmann.
De Gryphi ungue, a Duce Henrico Leone ex terra sancta
Brunsvigam allato.
Epistola itineraria 74. Cent. 2. p. 916—924.

Nicolaus Aagaard.
Dissertatio gemina 1. de usu syllogismi in Theologia. 2.
de nido *Phoenicis* ex carmine Lactantii. Resp. Petr.
Holmius.
Plagg. 2¼. Hafniæ, 1647. 4.
Georgius Casparus Kirchmajer.
Disputatio de Phoenice. Resp. Petr. Oheimb.
Plagg. 2. Wittebergæ, 1660. 4.
———— inter ejus Disputationes zoologicas,
Wittebergæ, 1661. sign. E 2—F 8.
ib. 1669. p. 54—77.
Jenæ, 1736. p. 42—58.
Caspar-Christophorus Dauderstadius.
Disputatio de Phoenice. Resp. Chr. Hænel.
Plagg. 3. Lipsiæ, 1665. 4.
Johannes Philippus Pfeiffer.
Dissertatio de Phoenice ave. Resp. Chrph. Gorlovius.
Pagg. 47. Regiomonti, 1673. 4.
Fridericus Seuberlich.
De Phoenice, ave fictitia, Dissertatio prior. Resp. Dan.
Hintz.
Plag. 1½. Regiomonti, 1696. 4.
Carolo Friderico Mennander
Præside, Dissertatio de Phoenice ave. Resp. Jac. Zideen.
Pagg. 22. Aboæ, 1748. 4.
Johann Reinhold Forster.
De Paradiseis et Phoenice. in Zoologia indica selecta,
p. 26—38. Halæ, 1781. fol.

————: On the Birds of Paradise and the Phoenix.
in the Indian Zoology, p. 13—27. London. 1790. 4.
Joachimo FELLERO
Præside, Schediasma de avibus noctu lucentibus. Resp.
Corn. Vogel. (1669.)
Plagg. 2. recusa Lipsiæ, 1672. 4.

Georgius Caspar KIRCHMAJER.
De *Dracone* Disputatio. Resp. And. Chph. Müller.
Plagg. 2. Wittebergæ, 1660. 4.
———— inter ejus Disputationes zoologicas,
Wittebergæ, 1661. sign. H 7—K 1.
ib. 1669. p. 104—124.
Jenæ, 1736. p. 79—93.
De Draconibus volantibus Dissertatio epistolica.
Plagg. 2½. Wittebergæ, 1675. 4.
Petro LAGERLÖF
Præside, Dissertatio de Draconibus. Resp. Dan. Norlind.
Pagg. 44. Upsaliæ, 1685. 8.
Esaias FLEISCHERUS.
Dissertatio de Dracone.
Pagg. 12. Hafniæ, 1686. 4.

Johannes Jacobus WAGNER.
De *Coronis Serpentum* vulgo dictis; cum scholio L.
Schröckii.
Ephemer. Acad. Nat. Curios. Dec. 2. Ann. 5. p. 211
—213.
Johannes Philippus BREYNIUS.
De Coronis Serpentum. ibid. Cent. 7 & 8. p. 1—4.
Hans LÖNBORG.
Beretning om en græselig Orm, som skal være seet i Tön-
ning Sogn, i Skanderborg Amt i Nörre Jylland.
Plag. dimidia. Kiöbenhavn, 1722. 4.

Georgius Casparus KIRCHMAJER.
Disputatio de Basilisco. Resp. Aug. Cademannus. inter
ejus Disputationes zoologicas,
Wittebergæ, 1661. sign. A 1—B 8.
ib. 1669. p. 1—27.
Jenæ, 1736. p. 1—20.
Friderico MADEWISIO
Præside, Dissertatio de Basilisco ex ovo Galli decrepiti
oriundo. Resp. Joh. Döllenius.
Plagg. 3. Jenæ, 1671. 4.

Georgius Wolfgang WEDEL.
De Basilisco.
Ephemer. Acad. Nat. Curios. Dec. 1. Ann. 3. p. 172
—175.
Cornelius STALPART VAN DER WIEL.
Non dari Basiliscum infestiorem demonstrat.
in ejus observation. rarior. Cent. post. p. 480—512.

Edward MAY.
A relation of a strange monster or serpent found in the
left ventricle of the heart of J. Pennant.
Pagg. 40. tabb. ligno incisæ 2.   London, 1639. 4.
Thomas DENT and *Mark* LEWIS.
Two letters concerning a sort of worms found in the
tongue, and other parts of the body.
Philosoph. Transact. Vol. 18. n. 213. p. 219—223.
August Christian KÜHN.
Beobachtungen über den Tollwurm der Hunde.
Naturforscher, 16 Stück, p. 89—121.
Johann Christian SCHÆFFER.
Die eingebildeten Würmer in Zähnen.
in seine Abhandl. von Insecten, 2 Band, p. 201—240.
Johann August Ephraim GÖZE.
Untersuchung der sogenannten Leichenwürmer.
Naturforscher, 11 Stück, p. 96—104.
Michael ETMÜLLER.
De Crinonibus seu Comedonibus infantum.
Act. Eruditor. Lips. 1682. p. 316, 317.
Joanne Philippo EYSELIO
Præside, Dissertatio de Comedonibus, von Mitt-essern.
Resp. Joh. Chph. Lentinn.
Plagg. 5.   Erfurti, 1711. 4.
Justo VESTI
Præside, Dissertatio proponens Vermem Umbilicalem.
Resp. Paul. Sim. Scheel.
Plagg. 2.   Erfordiæ, 1710. 4.

40. *Animalia dubia.*

Jean Etienne GUETTARD.
Sur un corps qui pourroit etre un Polype terrestre.
dans ses Memoires, Tome 1. pag. 80—90.
——————: Beobachtungen über ein gewisses körper-
chen, welches wohl ein Erdpolyp seyn könnte.
gedr. mit Trembley's geschichte einer Polypenart, übersezt von Göze, p. 559—572.

41. *Mastologi.*

Systemata Mammalium.

Johannes RAJUS.

Synopsis methodica animalium Quadrupedum et Serpentini generis.　　　Londini, 1693.　8.

　　Pagg. priores 246 de quadrupedibus viviparis; reliquæ de quadrupedibus oviparis et serpentibus, de quibus infra.

Edward TYSON.

A new division of terrestrial brute animals, particularly of those that have their feet formed like hands.

Philosoph. Transact. Vol. 24. n. 290. p. 1566—1573.

Jacobus Theodorus KLEIN.

Quadrupedum dispositio brevisque historia naturalis.

　　Pagg. 127. tabb. æneæ 5.　　　Lipsiæ, 1751.　4.

BRISSON.

Regnum animale in classes ix. distributum, cum duarum primarum classium, Quadrupedum scilicet et Cetaceorum particulari divisione. latine et gallice.

　　Pagg. 382. tab. ænea 1.　　　Parisiis, 1756.　4.

—————— latine.　　　Lugduni Bat. 1762.　8.

　　Pagg. 296.

Thomas PENNANT.

Synopsis of Quadrupeds.　　　Chester, 1771.　8.

　　Pagg. 382. tabb. æneæ 31.

——————: History of Quadrupeds.

　　　　　　　　　　London, 1781.　4.

　　Vol. 1. pagg. 284. tabb. æneæ 32. Vol. 2. pag. 285 —566. tab. 33—52.

—————————— The third edition.

　　　　　　　　　　ibid. 1793.　4.

　　Vol. 1. pagg. 306. tabb. æneæ 60. Vol. 2. pagg. 324. tab. 61—109.

Thomas MARTYN.

Elements of natural history. Vol. 1. part 1. Mammalia.

　　Pagg. 70.　　　　Cambridge, 1775.　8.

Johann Leonhard FRISCH.

Das natur-system der Vierfüssigen thiere, in tabellen.

　　Pagg. 33.　　　　Glogau, 1775.　4.

Johann Christian Daniel SCHREBER.

Die Säugthiere in abbildungen nach der natur, mit beschreibungen.

1 Theil. (Primates.) pagg. 190. tabb. æneæ color. 6z.
(68.)   Erlangen, 1775. 4.
2 Theil. (Bruta.) pag. 191—280. tab. 63—80. (69—
88.)
3 Theil. (Feræ.) pag. 281—590. tab. 81—165. (89—
199.)   1778.
(Desiderantur tab. 195. Simia Mormon, et 197. Simia Paniscus.)
4 Theil. (Glires.) pag. 591—636. tab. 166—240.
(200—298.)   1792.
Desideratur tab. (284.) ccxxxv. A. Lepus variabilis
æstivus.)
Adsunt etiam, absque textu, tabb. 242—260, 262—
273, 275—228, 230, 232—328, 330, 332—344, 346,
347. Harum 246, 249, 252, 257, 263, 270, 281, 286,
287, 290, 291, 299, 300, 302, 337, binæ ; 294 ternæ; 248 quaternæ; 247 quinæ. Supplementi tabb.
lviii. B. clix. B. C. D. et clxx. B.

Magnus ORRELIUS.
Inledning til djur-känningen.   Stockholm, 1776. 8.
Pagg. 594; cum figg. ligno incisis.

Joannes Christianus Polycarpus ERXLEBEN.
Systema regni animalis. Classis 1. Mammalia.
Pagg. 636.   Lipsiæ, 1777. 8.

Petrus Benedictus Christianus GRAUMANN.
Introductio in historiam naturalem animalium Mamma-
lium.
Pagg. 90.   Rostochii, 1778. 8.

Joannes SEVERINUS.
Tentamen zoologiæ Hungaricæ, seu historiæ animalium,
quorum magnam partem alit Hungaria.
Pagg. 111.   Posonii, 1779. 8.

Gottl. Conr. Christ. STORR
Præside, Dissertatio: Prodromus methodi Mammalium.
Resp. Frid. Wolffer.
Pagg. 43; præter tabb. 4.   Tubingæ, 1780. 4.
—————— Lndwig delect. Opuscul. Vol. 1. p. 37—
81.

Christoph. Wilhelm. Jac. GATTERER.
Breviarium zoologiæ. Pars 1. Mammalia.
Pagg. 227.   Gottingæ, 1780. 8.

J. P. Berthout VAN BERCHEM.
Tableau des animaux Quadrupedes, rangés suivant l'ordre
de leurs rapports; et explication raisonnée de ce tableau.
Mem. de la Soc. de Lausanne, Tome 1. p. 9—50.

Petrus BODDAERT.
  Elenchus animalium. Vol. 1. Quadrupedia.
    Pagg. 174. Rotterodami, 1785. 8.
Georgius SHAW.
  Speculum Linnæanum, sive zoologiæ Linnæanæ illus-
  tratio. latine et anglice. Figuras effinxit Jac. Sowerby.
                                   Londini, 1790. 4.
  Plagg. 4. tabb. æneæ color. 8. Primates tantum conti-
  net; plura non prodierunt.

42. *De Methodis Mammalium Scriptores Critici.*

Joannes Christianus Polycarpus ERXLEBEN.
  Dijudicatio systematum animalium Mammalium; Disser-
  tatio, Præside Abr. Gotth. Kæstner.
    Pagg. 14. Gottingæ, 1767. 4.
  —————— Ludwig delect. Opuscul. Vol. 1. p. 23—36.
Christoph Gottlieb VON MURR.
  Nachricht von den verschiedenen methoden, die Vierfüs-
  sigen thiere zu classificiren.
  Naturforscher, 1 Stück, p. 277—283.

43. *Historiæ Mammalium.*

Joannes FABRICIUS.
  Differentiæ animalium Quadrupedum secundum locos
  communes. Tiguri, 1555. 8.
    Pagg. 117. præter Werdmyllerum de similitudinibus
    animalium, de quo supra p. 10.
Andres Ferrer DE VALDECEBRO.
  Govierno general, moral y politico, hallado en las fieras,
  y animales sylvestres. Madrid, 1680. 4.
  Pagg. 368; cum figg. æri incisis.
Petro HAHN
  Præside, Dissertatio physiologica de Quadrupedibus. Resp.
  Joh. Justander.
    Pagg. 17. Aboæ, 1688. 8.
(Magnus ORRELIUS.)
  Historia animalium, eller beskrifning öfver djur- riket.
                                   Stockholm, 1750. 4.
  Plagg. 104; cum figg. ligno incisis.
George Louis le Clerc Comte DE BUFFON.
  Histoire naturelle generale et particuliere. Quadrupedes.
  Tome 1. pagg. 335. tabb. æneæ 13. Paris, 1777. 4.
    2. pagg. 291. tabb. 57. 1781.

TOM. 2. E

Tome 3. pagg. 415. tabb. 61.   1784.
  4. pagg. 534. tabb. 62.   1785.
  5. pagg. 553. tabb. 75.   1786.
  6. pagg. 480. tabb. 51.   1787.
  7. pagg. 234. et ccclxxiv. tabb. 38.   1788.
  8. pagg. 364. tabb. 82.   1789.
Editionem priorem vide supra p. 13.
Anon.
A general history of Quadrupeds. The figures engraved
on wood by T. Bewick.   Newcastle, 1790. 8.
Pagg. 456; cum figg. ligno incisis, bonis.
———————— The second edition. ib. 1791. 8.
Pagg. 483; cum figg. ligno incisis.

44. *Icones Mammalium.*

Animalium Quadrupedum omnis generis veræ et artifi-
ciosissimæ delineationes, pictore *Marco* Gerardo
Brugense, Ao 1583.
Tabb. æneæ 21, long. 3½ unc. latit. 8 unc.
Animalium Quadrupedum varii generis effigies, tabellis
æneis incisa per *Nicolaum* de Bruin. tot Amsterdam,
gedrukt by Claes Janss. Visscher, 1621.
Tabb. æn. 12, long. 3 unc. latit. 5 unc. quarum quædam annum habent 1594.
Diversa animalia Quadrupedia, ad vivum delineata a *Ja-
cobo* Cupio, atque æri insculpta a R. Persyn, jam vero
in lucem edita per Nicolaum Joannis Visscherum anno
1641.
Tabb. æn. 13, long. 5 unc. lat. 7½ unc.
Animalium Quadrupedum omnis generis delineationes in
æs incisæ et editæ ab *Adriano* Collardo.
Tabb. æneæ 20, long. 5 unc. lat. 7½ unc. In nostro
exemplo deest tab. 7ma.
Johann Elias Ridinger.
Betrachtung der wilden thiere, mit beygefügter vortreff-
lichen poesie des Herrn Barth. Heinr. Brockes.
Tabb. æneæ 40.   Augsburg, 1736. fol. obl.
Entwurf einiger thiere.
1 Theil. (Hunde.) Tabb. æneæ 18, long. 6½ unc. lat.
 5½ unc. textus fol. 1.   ib. 1738.
2 Theil. tab. 19—38. textus fol. 1.
3 Theil. tab. 39—56. textus fol. 1.
4 Theil. tab. 57—72. textus fol. 1. 1740.
5 Theil. tab. 73—89. textus fol. 1.

Entwurf einiger Pferde. 6 Theil.
Tabb. 22. textus foll. 3. 1755.
Entwurf einiger Maulthiere und Esel. 7 Theil.
Tab. 23—36. textus foll. 2. 1754.
Gründliche beschreibung und vorstellung der wilden
thiere, nach ihrer natur, geschlecht, alter und spuhr.
Tabb. æneæ 4. long. 24 unc. lat. 18 unc. cum textu
æri inciso, in folio ejusdem magnitudinis.
2 Theil. Augsburg, 1738.
Tab. 5—8; cum textu impresso, fol. 1.
Abbildung der jagtbaren thiere, mit derselben angefügten
fahrten und spuhren, wandel, gänge, absprünge, wen-
dungen, widergängen, flucht. ib. 1740.
Tabb. æn. 23, long. 14 unc. lat. 11 unc. præter titulum impressum, et textum, fol. 1.
Neues zeichnungsbuch darinn wilde und zahme thiere
auch federwild vorgestellet worden. ib. 1742.
Tabb. æneæ 12, long. 9½ unc. lat. 6 unc. (Quadrupedia tantum.)

* * *

A book of beasts, drawn from nature by M. OUDRI,
& grav'd by P. Garon, published by J. Rocque.
(London) 1750.
Tabb. æneæ 10, (præter titulum) long. 8 unc. lat. 12 unc.

45. *Descriptiones Mammalium miscellæ, et Obser-vationes de Mammalibus.*

Samuel DALE.
Descriptions of the Moose-Deer of New-England, and a
sort of Stag in Virginia, with some remarks relating to
Mr. Ray's description of the flying Squirrel of Ame-
rica.
Philosoph. Transact. Vol. 39. n. 444. p. 384—389.
Georgius Wilhelmus STELLER.
De bestiis marinis.
Nov. Comment. Acad. Petropol. Tom. 2. p. 289—398.
——————: Ausführliche beschreibung von sonderbaren
Meerthieren.
Pagg. 218, tab. ænea 1. Halle, 1753. 8.
—————— alia versio Germanica, in Hamburg. Magaz.
11 Band, p. 132—187, p. 264—303, & p. 451—500.
James PARSONS.
A dissertation upon the class of the Phocæ marinæ.
Philosoph. Transact. Vol. 47. p. 109—122

Joannes Georgius GMELIN.
  Animalium.quorumdam quadrupedum descriptio.
  Nov. Comment. Acad. Petropol. Tom. 5. p. 338—372.
Petrus Simon PALLAS.
  Observationes circa Myrmecophagam africanam et Di-
    delphidis novam speciem orientalem, e litteris Cel.
    Petri Camper excerptæ et illustratæ.
  Act. Acad. Petropol. 1777. Pars post. p. 223—231.
Friedrich August ZORN *von Plobsheim.*
  Gedanken über künftig etwa noch zu entdeckende neue
    vierfüssige thiergeschlechte und gattungen.
  Neu: Samml. der Naturf. Gesellsch. in Danzig, 1 Band,
    p. 209—233.
Heinrich SANDER.
  Beyträge zur naturgeschichte der Säugthiere.
  Naturforscher, 14 Stück, p. 41—47.
          16 Stück, p. 82—88.
  ——————— ——— in seine kleine Schriften, 1 Band,
    p. 134—146.
C. J. F. VON DIESSKAU.
  Zoologische bemerkungen.
  Naturforscher, 15 Stück, p. 152—156.
ANON. 1
  2 Theil. 3 Classe. 1 Capitul vom Ziebeth-thier.
    Pagg. 7. tab. ænea color. 1.
  4 Classe. 1 Capitel. vom Bieber.
    Pagg. 7. tab. ænea color. 1.   fol.
  Pars libri, cujus plura forte non prodierunt.

46. *De Mammalibus Scriptores Topographici.*

Eberhardus Augustus Guilielmus ZIMMERMAN.
  Specimen zoologiæ geographicæ, Quadrupedum domicilia
    et migrationes sistens.   Lugduni Bat. 1777. 4.
  Pagg. 685 ; cum tabula mundi geographico-zoologica,
    æri incisa, color.
  Geographische geschichte des Menchen, und der all-
    gemein verbreiteten Vierfüssigen thiere.
    1 Band. pagg. 308.   Leipzig, 1778. 8.
    2 Band. pagg. 432.   1780.
    3 Band. pagg. 278 ; cum tab. eadem.   1783.
  ——————— : Zoologie geographique. Premier article.
    l'Homme.   Cassel, 1784. 8.
    Pagg. 258.

Tabula mundi Geographico-Zoologica. (nova editio superioris tabulæ.)
Tab. ænea color. long. 20 unc. lat. 27 unc.
Kurze erklärung der Zoologischen weltkarte.
Pagg. 32. Leipzig, 1783. 8.
—————: Tabulæ mundi Geographico-Zoologicæ explicatio brevis.
Pagg. 28. ib. 1783. 8.

47. *Daniæ.*

Urbanus Bruun AASKOW.
Tentaminis Tetrapodologiæ Danicæ Particula 2. Resp.
Er. Topp. pag. 33—58. Havniæ, 1766. 8.

48. *Historia Naturalis Hominis.*

ANON.
Ob der Mensch in die erste ordnung der vierfüssigen thiere gehöre.
Physikal. Belustigung. 3 Band, p. 1417—1421.
DE P * * * *(Cornelius* DE PAUW.)
Recherches philosophiques sur les Americains, ou memoires pour servir à l'histoire de l'espece humaine.
Berlin, 1770. 12.
Tome 1. pagg. 326. Tome 2. pagg. 366.
Dom PERNETY.
Dissertation sur l'Amerique et les naturels de cette partie du monde. imprimée avec le livre suivant. pagg. 136.
DE P * * *
Defense des recherches philosophiques sur les Americains.
Tome 3. pagg. 256. Berlin, 1770. 12.
James BURNET *(Lord* MONBODDO)
In his book of the origin and progress of language, Vol.
1. p. 217—269. treats of the natural history of Man.
Edinburgh, 1774. 8.
Also in his antient Metaphysics, Vol. 3.
London, 1784. 4.

49. *Hominum Varietates.*

Haraldo VALLERIO
Præside, Dissertatio de varia hominum forma externa.
Resp. Petr. Ström.
Pagg. 43. Upsalis, 1705. 4.

John MITCHELL.
　　An essay upon the causes of the different colours of people
　　　in different climates.
　　　　Philosoph. Transact. Vol. 43. n. 474. p. 102—150.
Pierre Louis Moreau de MAUPERTUIS.
　　Varietés dans l'espece humaine. 2 partie de sa Venus
　　　physique. dans ses oeuvres Tome 2. p. 97—130.
ANON.
　　The three Cherokees, came over from the head of the
　　　river Savanna to London 1762.
　　　　Tab. ænea, long. 9 unc. lat. 12 unc.
　　(Omai.)
　　　　N. Dance del. F. Bartolozzi sculp. 1774.
　　　　Tab. ænea, long. 21 unc. lat. 13 unc.
　　Omai, a native of the Island of Ulietea.
　　　　Painted by Sir Joshua Reynolds. Engraved by John
　　　　　Jacobi. 1780.
　　　　Tab. ænea, long. 24. lat. 15 unc.
Joannes HUNTER.
　　Disputatio de hominum varietatibus, et harum causis.
　　　　Pagg. 46.　　　　　　　　Edinburgi, 1775. 8.
Joannes Fridericus BLUMENBACH.
　　De generis humani varietate nativa, Dissertatio inaug.
　　　　Pagg. 100. tabb. æneæ 2.　　　Goettingæ, 1775. 8.
　　　――――――― Editio tertia.
　　　　Pagg. 326. tabb. æneæ 2.　　　　ib. 1795. 8.
　　Von den Negern.
　　　　Voigt's Magaz. 4 Band. 3 Stück, p. 1—12.
　　Ueber Menschen-racen und Schweine-racen. ibid. 6 Band.
　　　1 Stück, p. 1—13.
　　Decas collectionis suæ craniorum diversarum gentium il-
　　　lustrata.
　　　　Pagg. 30. tabb. æneæ 10.　　　Gottingæ, 1790. 4.
　　　――――――― Commentat. Soc. Gott. Vol. 10. p. 3—27.
　　Decas altera.　　　　　　　Gottingæ, 1793. 4.
　　　　Pagg. 15. tab. 11—20.
　　　――――――― Commentat. Soc. Gotting. Vol. 11. p. 59
　　　—71.
　　Decas tertia.　　　　　　　Gottingæ, 1795. 4.
　　　　Pagg. 16. tab. 21—30.
J. C. M. RADERMAKER.
　　Proeve nopens de verschillende gedaante en koleur der
　　　menschen.
　　　　Verhandel. van het Bataviaasch Genootsch. 2 Deel, p.
　　　　　213—228.

Nauton.
Essai sur la cause physique de la couleur des differens habitans de la terre.
Journal de Physique, Tome 18. p. 165—184.

Petrus Camper.
Tabula ænea, long. 16 unc. lat. 10 unc. cujus
Fig. 1. repræsentat cranium juvenis ex Sinu Georgico,
Fig. 2. viri adulti cranium ex Caraibensium insula Sti.
Vincentii. P. Camper delin. Oxon. 28. Oct. et Londini 16. Nov. 1785. J. Newton sculpsit.

Edvardus Sandifort.
In Musei Anatomici Academiæ Lugduno-Batavæ Vol. 1.
tabb. æneis 9 exhibet Crania variarum gentium.
Lugduni Bat. 1793. fol.

50. *Color niger Æthiopum.*

Johannes Ludovicus Hannemann.
Curiosum scrutinium nigredinis posterorum Cham i. e.
Æthiopum.
Plagg. 6. Kilonii, 1677. 4.

Johannes Nicolaus Pechlin.
De habitu et colore Æthiopum, qui vulgo Nigritæ, liber.
Pagg. 208. Kilonii, 1677. 8.

Reinboldus Wagner.
Observationes de colore Æthiopum.
Nov. Literar. Mar. Balth. 1700. p. 207—209.

Abraham Bäck.
Rön om Negrernas svarta hud.
Vetensk. Acad. Handling. 1748. p. 9—15.
—————: De cute nigra Æthiopum.
Analect. Transalpin. Tom. 2. p. 86—89.

La Mothe.
Versuch einer erklärung der ursache der farbe bey den
Schwarzen überhaupt, und bey den weissen oder buntfleckigen negern, insonderheit; aus der Bibliotheque impartiale übersezt, und mit anmerkungen erläutert von J. G. Krüniz.
Hamburg. Magaz. 19 Band, p. 376—407.

Demanet.
Dissertation physique et historique sur l'origine des Negres, et la cause de leur couleur. dans son histoire de l'Afrique Françoise, Tome 2. p. 203—330.
Paris, 1767. 12.

Petrus CAMPER.
Rede über den ursprung und die farbe der Schwarzen. in seine kleinere Schriften, 1 Band. 1 Stück, p. 24—49.

51. *Color Hominum anomalus.*

J. W. C.
Beytrag zur geschichte der gefleckten menschen.
Naturforscher, 16 Stück, p. 169—173.
           22 Stück, p. 123—126.
John MORGAN.
Some account of a motley coloured, or pye negro girl and mulatto boy.
Transact. of the Amer. Society, Vol. 2. p. 392—395.
DE CASTILLON.
Deux descriptions de cette espece d'hommes, qu'on appelle negres-blancs.
Hist. de l'Acad. de Berlin, 1762. p. 99—105.
DICQUEMARE.
Observation sur une Negresse blanche.
Journal de Physique, Tome 9. p. 357—360.
Dondose. ibid. Tom. 32. p. 301—304.
Josua VAN IPEREN.
Beschryvinge van eenen witten neger van het eiland Bali.
Verhandel. van het Bataviaasch Genootsch. 1 Deel, p. 307—332.
Beschryvinge van eene blanke Negerin uit de Papoesche eilanden. ibid. 2 Deel, p. 229—244.
Friedrich Heinrich LOSCHGE.
Beytrag zur geschichte der ungewöhnlichen farben des menschen.
Naturforscher, 23 Stück, p. 213—224.
ARTHAUD.
Observations sur les Albinos et sur deux enfans pies.
Journal de Physique, Tome 35. p. 274—278.

52. *Gigantes.*

Christiano HOFFMANN
Præside, Disputatio de Gigantum ossibus. Resp. Theoph. Müller.
Plagg. 4.   Jenæ, 1670. 4.
Tiburz TIBURTIUS.
Berättelse om ovanligt stora människo-ben, som blifvit fundne på Wreta klosters kyrkogård.
Vetensk. Acad. Handling. 1765. p. 317—319.

Roland Martin.
Anmärkning vid föregående berättelse. ib. p. 319—322.
Charles Clarke.
An account of the very tall men, seen near the streights of Magellan, in the year 1764, by the equipage of the Dolphin.
Philosoph. Transact. Vol. 57. p. 75—79.
Anon.
Lettre au Docteur Maty, sur les Geants Patagons.
Pagg. 138.   Bruxelles, 1767. 12.
Philip Carteret.
A letter on the inhabitants of the coast of Patagonia.
Philosoph. Transact. Vol. 60. p. 20—26.
Changeux.
Sur les Nains et sur les Geants, et sur les vraies limites de la taille humaine.
Journal de Physique, Tome 13. p. 167—192.
Johann Heinrich Merck.
Nachricht von einigen zu Alsfeld im Hessen-darmstädtischen gefundenen ausserordentlichen menschenknochen.
Hessische Beyträge, 1 Band, p. 35—39.
*Gaetano d'*Ancora.
Saggio di riflessioni su l'istoria, e la natura de' Giganti.
Mem. della Società Italiana, Tomo 6. p. 371—388.

53. *Homines præter modum crassi.*

T. Coe.
A letter concerning Mr. Bright, the fat Man at Malden.
Philosoph. Transact. Vol. 47. p. 188—193.
————————: Lettera intorno ad un uomo di enorme grassezza.
Scelta di Opusc. interess. Vol. 30. p. 40—48.
* * *
Mr. Edward Bright, late of Malden in Essex.
Ogborne pinxit. Ja. M'Ardell fecit. 1750.
Tab. ænea, long. 14 unc. lat. 10 unc.
Archetypus tabulæ 2. in Houttuyn's natuurlyke historie, 1 Deels 1 Stuk.
Mr. Edward Bright late of Maldon in the county of Essex. Printed for Carington Bowles.
Tab. ænea, long. 13 unc. lat. 9½ unc.
Mr. Edward Bright late of Maldon in Essex.
Published for J. Hinton. 1751.
Tab. ænea, long. 7½ unc. lat. 4 unc.

Edmund ALMOND and *Thomas* DAWKES.
Some account of the gigantic boy at Willingham near
Cambridge.
Philosoph. Transact. Vol. 43. n. 475. p. 249—254.
———————: Einige nachrichten von einem riesenmäs-
sigen knaben zu Willingham.
Hamburg. Magaz. 1 Band, p. 223—228.
Thomas DAWKES.
Prodigium Willinghamense, or memoirs of the life of a
boy, who before he was three years old, was 3 feet 8
inches high, and had the marks of puberty.
Pagg. 66.   London, (1747.) 8.
Abraham Gotthelf KÄSTNER.
Abmessung eines ausserordentlich dicken kindes.
Hamburg. Magaz. 11 Band, p. 356—363.
* * *

Mrs. Everitt and her son, the gigantic infant. London,
published 21. Jan. 1780 by M. A. Rigg.
Tab. ænea, long. 11 unc. lat. 8 unc.

54. *Nani.*

August Christian KÜHN.
Kurze geschichte einer Zwergfamilie.
Schrift. der Berlin. Gesellsch. Naturf. Fr. 1 Band, p.
367—372.
———————: Berigt van eene familie van Dwergen.
Nieuwe geneeskund. Jaarboeken, 5 Deel, p. 169—172.

55. *Homines feri.*

Peter, the wild youth, found in the woods of Hamelin in
Germany about Christmas 1725. J. Simons fecit.
Tab. ænea, long. 14 unc. lat. 10 unc.
Johann Friedrich BLUMENBACH.
Vom wilden Peter, der 1724 bey Hameln eingefangen
worden, und 1785 ohnweit Great Berkhamstead in
Hertfordshire gestorben.
Voigt's Magaz. 4 Band. 3 Stück, p. 91—99.
Madam H——T.
An account of a savage girl, caught wild in the woods of
Champagne, translated from the french.
Pagg. 63.   Edinburgh, 1768. 12.

56. *Homines fabulosi.*

Casparus BARTHOLINUS.
De Pygmæis opusculum. inter ejus opuscula 4 singularia.
Foll 29.   Hafniæ, 1628. 8.
Gottlob Friedrich SELIGMANN.
De Dubiis hominibus iis, in quibus forma humana et bru-
tina mista fertur, Diss. pro loco.
Plagg. 2.   Lipsiæ, 1679. 4.
Edward TYSON.
A philological essay concerning the Pygmies, the Cyno-
cephali, the Satyrs, and Sphinges of the ancients,
wherein it will appear, that they were all, either Apes
or Monkeys, and not Men, as formerly pretended.
Printed with his Anatomy of a Pygmie.
Pagg. 58.   London, 1699. 4.
Hyacinthus GIMMA.
De hominibus fabulosis. in Dissertationibus ejus acade-
micis, Tom. 1. p. 1—68. et Tom. 2. p. 141—172.
                                      Neapoli, 1714. & 1732. 4.
Georg FORSTER.
Ueber die Pygmäen.
Hessische Beyträge, 1 Band, p. 1—17.
Johann LAMPE.
Noch etwas über die Pygmäen. ibid. p. 576—585.

57. *Monographiæ Primatum.*

Simiæ variæ.

Kurze naturgeschichte der Affen überhaupt.
Berlin. Sammlung. 1 Band, p. 378—386.
Naturgeschichte unterschiedener kleiner Affenarten. ibid.
4 Band, p. 72—93.
Petrus CAMPER.
Natuurkundige verhandeling over den Orang-outang en
eenige andere Aapen.   Amsterdam, 1782. 4.
Pagg. 120. tabb. æneæ 5 ; præter tractatus de Rhino-
cerote et Tarando, de quibus infra.
————————: Naturgeschichte des Orang-utang und eini-
ger andern Affen, übersezt von J. F. M. Herbell.
                                      Düsseldorf, 1791. 4.
Pag. 109—224, tab. 1—4. Reliqua vide infra.

Antonius Augustus Henricus LICHTENSTEIN.
Commentatio philologica de Simiarum, quotquot veteri-
bus innotuerunt, formis, earumque nominibus.
Pagg. 80. Hamburgi, 1791. 8.

58. *Simia Troglodytes* et *Satyrus.*

Nicolaus TULPIUS.
Satyrus Indicus.
in ejus Observat. medicis, p. 283—291.
* * *
Chimpanzee.
H. Gravelot ad vivum delin. Scotin sculp. 1738.
Tab. ænea, long. 16 unc. lat 8 unc.
——————: Animalis rarioris, Chimpanzee dicti, ex regno
Angola Londinum advecti, brevior descriptio.
Nov. Act. Eruditor. Lips. 1739. p. 564, 565. tab. 5.
Carolus LINNÆUS.
Dissertatio: Anthropomorpha. Resp. Chr. Eman. Hop-
pius. Upsaliæ, 1760. 4.
Pagg. 16. (Tabula deest.)
—————— Amoenit. Academ. Vol. 6. p. 63—76.
—————— Continuat. alt. select. ex Am. Ac. Dissertat.
p. 131—145.
DE P * * * (*Cornelius* DE PAUW.)
De l'Orang-outang. dans le Tome 2. de ses recherches sur
les Americains, p. 47—83.
James BURNET (*Lord* MONBODDO.)
Of the Orang Outang. in his book on the origin and pro-
gress of language, Vol. 1. p. 270—313.
Arnout VOSMAER.
Beschryving van de Aap-soort, genaamd Orang-outang,
van het eiland Borneo. Amsterdam, 1778. 4.
Pagg. 23. tabb. æneæ color. 14, 15.
——————: Description de l'espece de Singe, nommé
Orang-outang, de l'isle de Borneo.
Pagg. 23. tabb. æneæ 14, 15. ib. 1778. 4.
Fredrik Baron VAN WURMB.
Beschryving van de groote Borneoosche Orang outang.
Verhandel. van het Bataviaasch Genoosch. 2 Deel, p.
245—261.
——————: Beschreibung des grossen Orangutangs der
insel Borneo.
Lichtenberg's Magaz. 1 Band. 4 Stück, p. 1—13.

ANON.
Nachtrag zur beschreibung des grossen Orangutangs der insel Borneo, ibid. 6 Band. 2 Stück, p. 1—13.

59. *Simia Lar*.

Stephen DE VISME.
Description of a singular species of Monkeys without tails, found in the interior part of Bengal.
Philosoph. Transact. Vol. 59. p. 72, 73.
——————: Eine besondere Affenart ohne schwanz, die in dem innern theile von Bengalen gefunden worden.
Naturforscher, 7 Stück, p. 268—271.
Josua VAN IPEREN et *Fredrik* SCHOUWMAN.
Beschryvinge van de Wou-wouwen.
Verhandel. van het Bataviaasch Genootsch. 2 Deel, p. 383—415.
——————: Beschreibung der Wauwauwen.
Lichtenberg's Magaz. 2 Band. 1 Stück, p. 1—17.

60. *Simia Mormon*.

Baron Clas ALSTRÖMER.
Beskrifning på en sällsam Babian, Simia Mormon.
Vetensk. Acad. Handling. 1766. p. 138—147.
——————: Beschreibung eines seltsamen Pavians.
Berlin. Sammlung. 1 Band, p. 387—398.

61. *Simia Porcaria*.

Peter BODDAERT.
Abhandlung über den Affen mit dem schweinskopfe.
Naturforscher, 22 Stück, p. 1—22.
Verhandeling over en beschryving van den tot noch toe onbekenden Verkens-Aap.
Algem. geneeskund. Jaarboeken, 3 Deel, p. 281—294.

62. *Simia Hamadryas*.

Tabula ænea, long. 9 unc. lat. 7 unc. Muller direxit.
Archetypus tabulæ 10. in Schreber's saugthiere.

63. *Simia Cynocephalos.*

Alexandre BRONGNIART.
Description du Singe cynocephale.
Journal d'Hist. Nat. Tome 1. p. 402—406.

64. *Simia Diana.*

Carl LINNÆUS.
Markattan Diana.
Vetensk. Acad. Handling. 1754. p. 210—217.

65. *Simia Æthiops.*

Blasius MERREM.
Beschreibung des weissäugigten Affen (Simia Æthiops
Linn.)
Leipzig. Magaz. 1787. p. 438—446.

66. *Simia Paniscus.*

Arnout VOSMAER.
Beschryving van den Amerikaanschen Bosch-duivel.
        Amsterdam, 1768. 4.
 Pagg. 12. tab. ænea color. 5ta.
 ————————: Description d'une espece de Singe d'Ame-
rique, nommé Quatto.   ib. 1768. 4.
 Pagg. 12. tab. ænea 5ta.

67. *Simia trepida.*

Arnout VOSMAER.
Beschryving van eene Amerikaansche Slinger-aap-soort,
 genaamd de Fluiter. Amsterdam, 1770. 4.
 Pagg. 6. tab. ænea color. 7ma.
 ————————; Description d'une espece de Singe voltigeur
Americain, nommé le Siffleur. ib. 1770. 4.
 Pagg. 6. tab. ænea 7ma.

68. *Simia Jacchus.*

James PARSONS.
An account of a very small Monkey.
Philosoph. Transact. Vol. 47. p. 146—150.

Martinus HOUTTUYN.
  Beschryving van een zonderling klein Brasiliaansch Monkje.
    Uitgezogte Verhandelingen, 9 Deel, p. 214—221.
SIRET.
  Observation sur l'Ouistiti, espece de Sagouin.
    Journal de Physique, Tome 12, p. 453, 454.
Peter Simon PALLAS.
  Nachricht über ein paar Americanische Sagoinchen,
    welche in St. Petersburg ihr geschlecht fortgepflanzt
    haben.
  in seine Neu. Nord. Beyträge, 2 Band, p. 41—47.

69. *Lemur (Tardigradus Coucang* Boddaerti.)

Arnout VOSMAER.
  Beschryving van een vyfvingerige Luiaard-soort in Ben-
    gaalen vallende.   Amsterdam, 1770. 4.
  Pagg. 20. tab. ænea color. 6ta.
  ————: Description d'une espece de Paresseux penta-
    dactyle, qui se trouve au Bengale.   ib. 1770. 4.
  Pagg. 19. tab. ænea 6ta.

70. *Lemur Mongoz.*

Johann Ernst Immanuel WALCH.
  Beschreibung eines Monkos.
    Naturforscher, 8 Stück. p. 26—38.

71. *Lemur Catta.*

Der Maukauko.
    Berlin. Sammlung. 5 Band, p. 376—380.
Johann HERMANN.
  Beschreibung eines Lemur Catta.
    Naturforscher, 15 Stück, p. 139—151.

72. *Lemur volans.*

Petrus Simon PALLAS.
  Galeopithecus volans Camellii descriptus.
    Act. Acad. Petropol. 1780. Pars pr. 1. p. 208—222.

73. *Vespertiliones varii.*

Johanne MULLERO
Præside, Disquisitio physica de Vespertilionibus. Resp.
Joh. Ge. Schiebel.
Plag. 1¼. Wittebergæ, 1675. 4.
Louis Jean Marie DAUBENTON.
Memoire sur les Chauve-Souris.
Mem. de l'Acad. des Sc. de Paris, 1759. p. 374—398.
ANON.
Beobachtung von den Surinamischen Fledermäussen.
Berlin. Sammlung. 1 Band, p. 53—57.
Von der Roussette, Rougette und dem Vampir. ibid. 2
Band, p. 423—437.
SPALLANZANI, VASSALLI, ROSSI, SPADONI, ODIER, SÉ-
NEBIER, CALDANI.
Lettere sopra il sospetto di un nuovo senso nei Pipistrelli.
Opuscoli Scelti, Tomo 17. p. 7—35 ; p. 120—133. et
p. 145—157.
Il y en a une notice dans le nouv. Journal de Physique,
Tome 1. p. 318—321.

74. *Vespertilio murinus.*

Johannes Adamus LIMPRECHT.
De Vespertilione mortuo.
Act. Acad. Nat. Curios. Vol. 1. p. 329—333.
De Vespertilione vivo. ibid. p. 457—462.
Johannes Leonhardus FRISCH.
De Vespertilionum latibulis majoribus in montium spe-
luncis. ibid. p. 462—465.
Daines BARRINGTON.
Essay on the Bat, or Rere-mouse. in his Miscellanies, p.
163—169.

75. *Monographiæ Brutorum.*

Bradypus ursiformis Shaw.

Jean Claude DELAMETHERIE.
Description d'un grand quadrupede inconnu jusqu'ici aux
naturalistes.
Journal de Physique, Tome 40. p. 136—138.

Lettre de M. de Luc, contenant des notices sur ce quadru-
pede. ibid. p. 404, 405.
François SWEDIAUR.
Note sur un animal quadrupede inconnu, qu'on montre à
Londres.
Journal de Fourcroy, Tome 3. p. 163—165.

76. *Manis pentadactyla.*

Joban Fredric DALMAN.
Manis, ett Ostindiskt djur, beskrifvit.
Vetensk. Acad. Handling. 1749. p. 265—269.
————: Manis, animal Indicum, descriptum.
Analect Transalpin. Tom. 2. p. 201—204.
John Henry HAMPE.
An account of a new species of the Manis, or Scaly Lizard.
Philosoph. Transact. Vol. 60. p. 36—38.
Matthew LESLIE.
On the Pangolin of Bahar.
Transact. of the Soc. of Bengal, Vol. 1. p. 376—378.
Jean Reinold FORSTER.
Memoire sur le Badjar-cît, ou le Vadjra-cıta, espece de
quadrupede couvert d'ecailles.
Mem. de l'Acad. de Berlin, 1788, 9. p. 90—93.

77. *Dasypus novemcinctus.*

William WATSON.
An account of an American Armadilla.
Philosoph. Transact. Vol. 54. p. 57, 58.
————: Das americanische. Armadill.
Naturforscher, 2 Stück, p. 201, 202.

78. *Rhinoceros unicornis.*

A natural history of four-footed animals. Of the Rhinoceros. Pagg. 12. Tab. ænea 1.   (1739.)   4.
PINOKEPOC. An exact figure of the Rhinoceros that is
now to be seen in London. Published October 10.
1739.
Tab. ænea, long. 13 unc. lat. 13 unc.
Waare afbeelding van een leevendighe Renoceros of Naas-
hooren, die int Jaar 1741 als het drie jaar oud is geweest
door den Capteyn Douwemout van der. meer uyt Ben-

galen in Holland is overgebragt. Gestocken door H.
Oster Poet Ext. 25 May, 1741.
Tab. ænea, long. 16 unc. lat. 22 unc.
———— alia adest editio ejusdem tabulæ, literis inscrip-
tionis melius sculptis quam in priori, et absque nomine
sculptoris.
———— alia iterum editio adest hac inscriptione: Ve-
ritable portrait d'un Rhinoceros vivant que l'on voit à
la Foire Saint Germain à Paris.
James PARSONS.
A letter containing the natural history of the Rhinoceros.
Philosoph. Transact. Vol. 42. n. 470. p. 523—541.
————: Die natürliche historie des Nashorns, übersetzt
von G. L. Huth.   Nürnberg, 1747. 4.
Pagg. 16. tabb. æneæ, 3.
Carolus Augustus a BERGEN.
Oratio de Rhinocerote.
Plagg. 4.   Francofurti ad Viadr? (1746.)   4.
Fridericut Gottbilf FREYTAG.
Rhinoceros e veterum scriptorum monimentis descriptus.
Pagg. 38. cum fig. æri incisa.   Lipsiæ, 1747. 8.
Jobannes Matthæus BARTH.
Schreiben, darinne von einem vor wenig wochen hieher
gebrachten Rhinocerote oder Nashorn nachricht gege-
ben, und zugleich untersucht wird, ob dieses thier der
Hiob xl : 10. beschriebene Behemoth.
Plag. 1.   Regensburg, 1747. 4.
Samuel GMELIN.
Over den Rhinoceros of Neushoorn.
Verhandel. van de Maatsch. te Haarlem, 9 Deel. 3
Stuk, p. 632—636.
(Asiaticum et Africanum ejusdem speciei esse.)
Heinrich SANDER.
Nachricht vom Rhinoceros in Versailles.
Naturforscher, 13 Stück, p. 1—10.
———— in seine kleine Schriften, 1 Band, pag. 116—
125.
ANON.
Erläuterung einiger merkwürdigkeiten des Nasenhorns.
Neu. Hamburg. Magaz. 117 Stück, p. 258—268.

79. *Rhinocerotis nova species.*

William BELL.
Description of the double horned Rhinoceros of Sumatra.
Philosoph. Transact. 1793. p. 3—6.

80. *Rhinoceros bicornis.*

Lucas SCHRÖCK.
De gemino Rhinocerotis cornu.
  Ephemer. Acad. Nat. Curios. Dec. 2. Ann. 5. p. 468,
  469.
James PARSONS.
A letter on the double horns of the Rhinoceros.
  Philosoph. Transact. Vol. 56. p. 32—34.
Andreas SPARRMAN.
Beskrifning om Rhinoceros bicornis.
  Vetensk. Acad. Handling. 1778. p. 303—313.
Description de l'organe de generation du Rhinoceros à
  deux cornes.
  Hist. de l'Acad. de Petersbourg, 1779. P. pr. p. 64, 65.
Petrus CAMPER.
Natuurkundige verhandeling over den Rhinoceros met den
  dubbelen horen.
  impr. cum ejus Verhandeling over den Orang outang;
  p. 121—187; cum tabb. æneis 3.
                                        Amsterdam, 1782. 4.
——————: Naturgeschichte des Afrikanischen Nas-
horns. gedr. mit seine Naturgeschichte des Orang-utang; p. 9—68. tabb. 5—7.   Düsseldorf, 1791. 4.

81. *Elephas maximus.*

Petrus GILLIUS.
Descriptio nova Elephanti. impr. cum ejus versione Æli-
  ani; p. 497—525.   Lugduni, 1562, & 1565. 8.
——————— (seorsim edita.)
  Pagg. 38.   Hamburgi, 1614. 8.
Christoval ACOSTA.
Tractado del Elephante y de sus calidades. impr. cum ejus
  tractatu de las Drogas; p. 417—448.
                                        Burgos, 1578. 4.
——————: Trattato dell'Elefante e delle sue qualita.
impr. cum ejus tractatu delle Droghe; p. 320—342.
                                        Venetia, 1585. 4.
Joachimus PRÆTORIUS.
Historia Elephanti.
  Foll. 51.   Hamburgi, 1607. 8.
                    F 2

Anon.
Disours apologetique en faveur de l'instinc et naturel admirable de l'Elephant.
Pagg. 40.   Rouen, 1627. 8.
Casparus Horn.
Elephas, das ist, historischer und philosophischer discurs von dem Elephanten.
Pagg. 160.   Nürnberg, (1629.) 4.
Salomon de Priezac.
L'histoire des Elephants.
Pagg. 198. tab. ænea 1.   Paris, 1650. 12.
Justus Lipsius.
Elephas brutum non-brutum, Cent. 1. miscell. epist. L.
ex Plinio et aliis curate descriptus,Vratislaviæ nundinis a.
1650 Johannæis, quibus ejusmodi talis, ex Zeilan advectus, spectaculo producebatur, exprimi seorsim curavit, cum notis Valent. Kleinwechterus.
Plagg. 3.   Vratislaviæ. 4.
Johannes Philippus Oheim.
Dissertatio: Elephas. Resp. Jac. Falckner.
Plagg. 2½   Lipsiæ, 1652. 4.
Balthasare Stolberg
Præside, Disputatio de Elephanto. Resp. Joh. Gotofr. Meisnerus.
Plagg. 2½.   Wittebergæ, 1665. 4.
Anon.
A true and perfect description of the strange and wonderful Elephant sent from the East-Indies, and brought to London on Tuesday the 3d of August 1675, with a discourse of the nature and qualities of Elephants in general.
Pagg. 8.   4.
Johannes Ludovicus Hannemann.
Mirabilia Elefantum.
Ephemer. Acad. Nat. Curios. Dec. 2. Ann. 8. p. 356 — 365.
Laurentio Norrmanno
Præside, Dissertatio: Elephas breviter delineatus. Resp. Gabr. Mozelius.
Pagg. 22.   Upsaliæ, 1693. 8.
Jean Jansen.
Curieuse Elephanten-beschreibung.
Pagg. 72 ; cum tabb. æneis.   1695. 8.
Joanne Christophoro Sturmio
Præside, Dissert. de Elephante. Resp. Jo. Henr. Burckard.
Pagg. 36.   Altdorfii, 1696. 4.

Ferdinandus POSTHIUS.
Elephas rationis compos prætensus, sed rationis expers de-
prehensus.
Pagg. 28.   Coloniæ Brandenb.   4.
STRACHAN.
An account of the taking and taming of Elephants in
Zeylon.
Philosoph. Transact. Vol. 23. n. 277. p. 1051—1054.
Georgius Christophorus PETRI AB HARTENFELSS.
Elephantographia curiosa, s. Elephanti descriptio.
Erfordiæ, 1715.   4.
Pagg. 284. cum tabb. æneis.
————— Editio altera, auctior et emendatior.
Lipsiæ et Erfordiæ, 1723.   4.
Est eadem editio, additis oratione panegyrica auctoris
de Elephantis, et Epistola Justi Lipsii de Elephantis,
pagg. 20; cum indice speciali.
Partis Iæ cap. 3um ad 9num, cum initio Iomi, re-
cusa in Valentini Amphitheatro Zootomico, P. I.
p. 1—26.
Gisbertus CUPERUS.
De Elephantis in nummis obviis exercitationes duæ.
Hagæ Comitum, 1719.   fol.
Coll. 284; cum figuris æri incisis.
Petro EKERMAN
Præside, Dissertatio de Elephante turrito. Resp. Joh. Twet.
Pagg. 20.   Upsaliæ, 1751.   4.
ANON.
Sur un Elephant qui a vecu à Naples plusieurs années.
Hist. de l'Acad. des Sc. de Paris, 1754. p. 66—70.
—————: Beright van eenige byzonderheden, raakende
en Olyphant, die eenige jaaren te Napels heeft geleefd.
Uitgezogte Verhandelingen, 8 Deel, p. 253—261.
The true portrait of the young male elephant lately
brought from Bengall, by Capt. Brook Samson, in the
Harwicke East Indiaman, and presented to his Majesty
by that gentleman, on September 27, 1763.
Published by J. Spilsbury.   London, 1763.
Tabb. ænea, long. 15 unc. lat. 9 unc.
Francesco SERAO.
Descrizione dell' Elefante. in ejus Opuscoli di fisico ar-
gomento, p. 1—62.
ANON.
Naturgeschichte des Elephanten.
Pagg. 26.   Wien, 1776.   8,

Geschichte des Elephanten.
  Pagg. 45. tab. ænea 1.   Berlin, 1777. 8.
D. H. GALLANDAT.
  Beschryving van een zonderling stuk Yvoor, en aanmer-
    kingen, betrekkelyk tot de natuurlyke historie van den
    Olyphant,
  Verhandel. van het Genootsch. te Vlissingen, 9 Deel,
    p. 351—391.
Eberhard August Wilhelm ZIMMERMANN.
  Description d'un embryon d' Elephant, accompagnée de
    quelques nouvelles observations sur l'histoire naturelle
    de ce quadrupede.
  Pagg. 20. Tab. ænea 1.   Erlang, 1783. 4.
John CORSE.
  An account of the method of catching wild Elephants at
    Tipura.
  Transact. of the Soc. of Bengal, Vol. 3. p. 229—248.

82. *Trichecus Rosmarus.*

Theodorus HASÆUS.
  Dissertatio de Manmuth sive Maman. in ejus Dissertatio-
    num philologicarum sylloge, p. 451—509.
Molineux (Lord) SHULDHAM.
  Account of the Sea-Cow, and the use made of it.
  Philosoph. Transact. Vol. 65. p. 249—251.
  —————— : Description de la Vache-marine, et de l'usage
    qu on en fait.
  Journal de Physique, Supplem. Tome 13. p. 166, 167.
FOUGEROUX *de Bondaroy.*
  Sur l'usage qu'on pourroit faire des peaux de Vaches
    marines.
  Mem. de l'Acad. des Sc. de Paris, 1785. p. 30—32.

83. *Trichecus Manatus.*

Theodorus HASÆUS.
  Dissertationes de Manathi. in ejus Dissertationum philolo-
    gicarum sylloge, p. 510—608.

84. *Monographiæ Ferarum.*

Phocæ variæ.

Carolo Frederico MENNANDER
Præside, Dissertatio de arte adipem Phocarum coquendi in Ostrobotnia. Resp. Joh. Tengström.
Pagg. 23. Aboæ, 1747. 4.
James PARSONS.
A dissertation upon the class of Phocæ marinæ.
Philosoph. Transact. Vol. 47. p. 109—122.
VILLENEUVE.
Nachricht von einem Seelöwen. (e Gallico, in Mercure de France.) Hamburg. Magaz. 19 Band. p. 58—64.
Iwan LEPECHIN.
Phocarum species descriptæ.
Act. Acad. Petrol ol. 1777. Pars pr. p. 257—266.
————: Description des differentes especes de Phoques.
Journal de Physique, Tome 26. p. 132—139.
Samuel ÖDMAN.
Anmärkningar om Skälslägtet i Öster-sjön.
Vetensk. Acad. Handling. 1784. p. 82—87.
E. ROSTED.
Om Steen-Kobben. Norske Vidensk. Selsk. Skrift. nye Saml. 2 Bind, p. 183—200.
Otho FABRICIUS.
Udförlig beskrivelse over de Grönlandske Sæle.
Naturhist. Selsk. Skrivt. 1 Bind, 1 Heft, p. 79—157.
2 Heft, p. 73—170.

85. *Phoca vitulina.*

Philippo Jacobo HARTMANN
Præside, Disquisitio de Phoca, sive Vitulo marino. Resp. Mich. Frid. Thormann.
Pagg. 30. Regiomonti, 1683. 4.
Bernhard Sigfrid ALBINUS.
De Phoca. in ejus Academ. Annotat. Lib. 3. p. 64—71.

86. *Phoca Monachus.*

Johann HERMANN.
Beschreibung der Münchs-Robbe. Beschäft. der Berlin.
Ges. Naturf. Fr. 4 Band, p. 456—509.

87. *Phoca barbata.*

James PARSONS.
   Some account of the Phoca, shewed at Charingcross, in
      Eeb. 1742-3.
   Philosoph. Transact. Vol. 42. n. 469. p. 383—386.

88. *Canes varii.*

John HUNTER.
   Observations tending to shew that the Wolf, Jackal, and
      Dog, are all of the same species.
   Philosoph. Transact. Vol. 77. p. 253—266.
                           79. p. 160, 161.

89. *Canis familiaris.*

Johannes CAJUS.
   De Canibus Britannicis libellus.
                              Londini, 1570. 8.
      Foll. 13; præter libros de rarioribus animalibus, et de li-
         bris propriis, de quibus Tomo 1.
   ———— impr. cum Cynographia Paullini; p. 231—243.
   ———— impr. cum Gratii Cynegetico; p. 145—170.
                              Londini, 1699. 8.
   ———— inter Rei Venaticæ Scriptores; p. 571—582.
                           Lugduni Bat. 1728. 4.
   ———— recognovit S. Jebb.
                              Londini, 1729. 8.
      Pagg. 36; præter libros de rarioribus animalibus et de
         libris propriis.
Andreas CIRINO.
   De natura et solertia Canum liber.
      Pagg. 347.   Panormi, 1653. 4.
Thomas BARTHOLINUS.
   De Canibus. in ejus Act. Hafniens. Vol. 3. p. 158—163.
Martinus BOHEMUS.
   Christlicher und nüzlicher bericht von Hunden, heraus-
      gegeben durch Joh. Casp. Crusius.
      Pagg. 72 et 28.   Leipzig, (1677.) 4.
Christianus Franciscus PAULLINI.
   Cynographia curiosa s. Canis descriptio.
      Pagg. 258.   Norimbergæ, 1685. 4.

Andrea SPOLE
Præside, Dissertatio de sagacitate Canum. Resp. Laur.
Odhelius.
Pagg. 24.   Upsalæ, 1692.   8.
Jobann Elias RIDINGER.
Neues thier reis-büchl. 1 Theil, allerley art Hunde vor-
stellend.   Augspurg, 1728.
Tabb. æneæ 12. long. 7 unc. lat. 9 unc.
Carolus LINNÆUS.
Dissertatio : Cynographia. Resp. Eric M. Lindecrantz.
Pagg. 23. tab. ligno incisa 1.   Upsaliæ, 1753.   4.
—————— : Canis familiaris.
Amoenit. Academ. Vol. 4. p. 43—63.
Jodocus Leopold FRISCH.
Von den Ursachen der vielerley bildungen und grössen der
Hunde.
Naturforscher, 7 Stück, p. 52—96.
Henric Christopher GLAHN.
Om den Grönlandske Hund.
Norske Vidensk Selsk. Skrift. nye Saml. 1 Bind, pag.
485—496.

———

Mr. Lever's Dog from Bengal.   T. F. (Drawn and etched
by Sir Thomas Frankland, Bart.) 1778.
Tab. ænea, long. 6 unc. lat. 9 unc. eademque color.
(Mr. Gooch's Dog, etched by himself.) J. G. 1779.
Tab. ænea, long. 5 unc. lat. 7 unc.
(Miss Letty Cotton's Dog, taken in a french prize. Drawn
and etched by George Steevens, Esq.)
Tab. ænea, long. 7½ unc. lat. 10 unc.

90. *Canis Lupus.*

Costanzo FELICI.
Del Lupo, e virtù e proprietà sue. impr. cum trattato del
grand' animale d' Apoll. Menabeni; p. 126—155.
                                             Rimino, 1584.   8.
Petro JAHN
Præside, Disputatio de Lupo.   Resp. Joh. Wolf.
Plagg. 2.   Wittebergæ, 1673.   4.
Johanne Rudolpho SALTZMANN
Præside, Dissertatio de Lupo.   Resp. Andr. Rübner.
Pagg. 32.   Argentorati, 1688.   4.

Christianus Franciscus PAULLINI.
Lycographia s. de natura et usu Lupi libellus.
    Pagg. 214.   Francofurti, 1694. 8.

91. *Canis Hyæna.*

De Hyæna der ouden.
Uitgezogte Verhandelingen, 8 Deel, p. 43—66.
Sendschreiben eines naturforschers in Languedoc, worin-
nen die Hyäne physikalisch beschrieben ist; aus dem
französischen übersezt.
    Pagg. 42. tab. ænea 1.   Frankf. u. Leipz. 1765. 8.
Beschreibung der Hyäne, eines afrikanischen raubthieres.
Berlin. Sammlung. 2 Band, p. 186—197.
Ericus SKIÖLDEBRAND.
De Hyæna narratio.
    Nov. Act. Societ. Upsal. Vol. 1. p. 77—80.

92. *Canis aureus.*

Arnout VOSMAER.
Beschryving van eenen Oostindischen Bosch-hond in Cey-
lon vallende.   Amsterdam, 1773. 4.
    Pagg. 6. tab. æn. color. 12ma.
———— : Description d'un Chien sauvage Indien, qui
se trouve dans l'isle de Ceylan.   ib. 1773. 4.
    Pagg. 6. tab. ænea 12ma.
Anton Johann GÜLDENSTÆDT.
Schacalæ Historia.
    Nov. Comm. Acad. Petropol. Tom. 20. p. 449—482.
———— : Histoire du Schacal.
Journal de Physique, Tome 29. p. 353—373.

93. *Canis Corssak.*

Carl HABLIZL.
Naturgeschichte des Korssaks.
Pallas neue Nord. Beyträge, 1 Band, p. 29—38.

94. *Canis Lagopus.*

Otho FABRICIUS.
Field-ræven, (Canis Lagopus) beskreven.
    Danske Vidensk. Selsk. Skrivt. nye Saml. 3 Deel,
        p. 423—448.

95. *Canis Cerdo.*

Eric SKIÖLDEBRAND.
Beskrifning på et litet djur ifrån Africa, hörande til Räf-
slägtet.
Vetensk. Acad. Handling. 1777. p. 265—267.
————: Beschreibung eines kleinen seltnen thieres aus
Afrika, das zum Fuchsgeschlecht gehöret.
Lichtenberg's Magaz. 2 Band. 1 Stück, p. 92—94.

96. *Feles variæ.*

La Panterre. Peint d'après nature à la menagerie du Roy.
J. B. OUDRY pinx. F. Basan sculp.
Tab. ænea, long. 13 unc. lat. 19 unc.
Le Chat Panterre, peint d'après nature à la menagerie du
Roy. *J. B.* OUDRY pinx. F. Basan sculp.
Tab. ænea, long. 12 unc. lat. 15 unc.
Jean Claude DE LA METHERIE.
Description d'une Panthere noire.
Journal de Physique, Tome 33. p. 45.
* * *
Painted, engraved, and published by Geo. Stubbs. 1791.
Tab. ænea, long. 7 unc. lat. 9 unc.

97. *Felis Leo.*

Petro WOLFART
Præside, Dissertatio de Leone. Resp. Joh. Henr. Herbst.
Pagg. 24.   Cassellis, 1711. 4.
* * *
Recueil de Lions, dessinez d'après nature par divers mai-
tres, et gravez par *Bernard* PICART.
Amsterdam, 1729.
Pagg. 6. tabb. æneæ 30, long. 5 unc. lat. 7 unc. et
tabb. 12, long. 2½ unc. lat. 4½ unc.

98. *Felis Catus.*

Christianus Benedictus CARPZOVIUS.
Καττολογια, das ist, kurze Kazen-historie.
Pagg. 96. tabb. æneæ 5.   Leipzig, 1716. 8.

99. *Felis (Catus γ. japonensis* Boddaerti.)

Arnout VOSMAER.
Beschryving van eene Oostindische Bosch-kat, in Japan
vallende.　　　　　　　　　　Amsterdam, 1773. 4.
Pagg. 6. tab. æn. color. 13tia.
―――――: Description d'un Chat sauvage Indien, qui se
trouve au Japon.
Pagg. 6. tab. æn. 13tia.　　　　　　ib. 1773. 4.

100. *Felis capensis.*

John Reinhold FORSTER.
Natural history and description of the Tyger-cat of the
Cape of Good Hope.
Philosoph. Transact. Vol. 71. p. 1―6.

101. *Felis Manul.*

Petrus Simon PALLAS.
Felis Manul, nova species asiatica, descripta.
Act. Acad. Petropol. 1781. Pars pr. p. 278―291.

102. *Felis Chaus.*

Anton Johann GÜLDENSTÆDT.
Chaus, animal Feli affine, descriptum.
Nov. Comment. Acad. Petropol. Tom. 20. p. 483
―500.
―――――: Beschryving van den Chaus.
Geneeskund. Jaarboek. 1 Deel, p. 271―277.

103. *Felis Caracal.*

James PARSONS.
Some account of the animal sent from the East Indies, by
General Clive, which is now in the Tower of London.
Philosoph. Transact. Vol. 51. p. 648―652.

104. *Viverra Ichneumon.*

Johannes WERNER.
Ichneumon ex variis autoribus conquisitus.
　　　　　　　　　　　　　Regiomonti, 1582. 4.
Plagg. 7 ; cum fig. ligno incisa.

ANON.
Naturgeschichte der Indianischen Maus, oder des Ichneumons.
Berlin. Sammlung. 4 Band, p. 370—380.
SONNINI DE MANONCOUR.
Remarques sur la Mangouste, ou l'Ichneumon d'Egypte.
Journal de Physique, Tome 26. p. 326—330.
——————: Ueber den Mungo oder die Pharaonsmaus.
Voigt's Magaz. 4 Band. 2 Stück, p. 64—69.
——————: Aanmerkingen over de Mangouste, of Ichneumon van Egypte.
Algem. geneeskund. Jaarboek. 3 Deel, p. 359—364.

105. *Viverra Mungo.*

Michael Fridericus LOCHNERUS.
Mungos animalculum et radix descripta.
 Pagg. 32.   Norimbergæ, 1715. 4.
——————— Ephem. Acad. Nat. Cur. Cent. 3 et 4.
 App. p. 57—88.
——————— Valentini historia Simplicium, p. 534—544.
Arnout VOSMAER.
Beschryving van den Oostindischen Krokodillen-dooder,
 genaamd Ichneumon, in Bengaalen vallende.
                              Amsterdam, 1772. 4.
 Pagg. 10. tab. æn. color. 11ma.
———————: Description de l'Ichneumon Indien, du
Bengale.   ib. 1772. 4.
 Pagg. 10. tab. æn. 11ma.

106. *Viverra Nasua.*

George MACKENZIE.
A letter concerning the Coati Mondi of Brasil.
Philosoph. Transact. Vol. 32. n. 377. p. 317—322.

107. *Viverra Narica.*

Carl von LINNE'.
Djuret Narica beskrifvit.
 Vetensk. Acad. Handling. 1768. p. 140—145.
———————: Beschreibung eines seltnen thieres, Narica
genannt.
Berlin. Sammlung: 3 Band, p. 199—205.

108. *Viverra Mapurito.*

Joseph Celestino MUTIS.
Djuret Viverra Putorius beskrifvet.
Vetensk. Acad. Handling. 1770. p. 67—77.

109. *Viverra Zibetha.*

Petrus CASTELLUS.
De Hyæna odorifera Zibèthum gignente exetasis.
Pagg. 79. tabb. æneæ 4.   Francofurti, 1668.   12.
————— impr. cum Jonstone de Quadrupedibus ; p. 151
—163.   Amstelædami, 1657. fol.
————— cum eodem.   ib. 1718. fol.

110. *Viverra Genetta.*

Andreas SPARRMAN.
Anmärkningar vid Viverra Genetta.
Vetensk. Acad. Handling. 1786. p. 67—70.

111. *Viverra tigrina.*

Arnout VOSMAER.
Beschryving van eene Afrikaansche Kat-soort, genaamd de
   Bizaam-kat.   Amsterdam, 1771. 4.
Pagg. 6. tab. æn. color. 8va.
————— : Description d'un Chat Africain, nommé Chat-
   Bizaam.
Pagg. 6. tab. æn. 8va.   ib. 1771. 4.

112. *Viverra caudivolvula.*

Arnout VOSMAER.
Beschryving van een Amerikaansche Wezel, Potto ge-
   naamd.   Amsterdam, 1771. 4.
Pagg. 6. tab. ænea color. 9na.
————— : Description d'une espece de Belette Ameri-
   caine, nommée Potto.
Pagg. 6. tab. æn. 9na.   ib. 1771. 4.

113. *Viverra mellivora.*

Anders SPARRMAN.
Beskrifning på Viverra Ratel.
Vetensk. Acad. Handling. 1777. p. 147—150.

114. *Mustela Lutreola* et *nivalis.*

Johan LECHE.
Beskrifning öfver et litet djur, som på Finska kallas Tuh-
curi, samt anmärkning om et annat djur, af Hermelin-
slägtet.
Vetensk. Acad. Handling. 1759. p. 302—305.

115. *Mustela sarmatica.*

Anton Johann GÜLDENSTÆDT.
Peregusna, nova Mustelæ species.
Nov. Comm. Ac. Petropol. Tom. 14. Pars 1. p. 441
—455.

116. *Mustela vulgaris.*

Magno RYDELIO
Præside, Dissertatio de Mustela domestica. Resp. Andr.
Wiesel.
Pagg. 23.   Lund, 1718. 8.

117. *Mustela nivalis.*

Carl Niclas HELLENIUS.
Beskrifning öfver Snömusen.
Vetensk. Acad. Handling. 1785. p. 212—220.

118. *Ursus Arctos.*

Gothofredus VOIGT.
Disputatio de Catulis Ursarum. Resp. Chr. Behr.
Plagg. 2.   Wittebergæ, 1667. 4.
Laurentio ROBERG
Præside, Dissertatio Ursum breviter delineans. Resp.
Jac. Sjöberg.   Upsaliæ, 1702. 4.
Pagg. 33; cum fig. ligno incisis.
Carl Ulysses von SALIS-MARSCHLINS.
Beyträge zur naturgeschichte der Bären in Bündten und
Veltlin.
Höpfner's Magaz. zur Naturk. Helvet. 2 Band, p. 133
—144.

119. *Ursus maritimus.*

The white Bear from Hudson's Bay.   Impensis Tho
Pennant Arm. 1766.   P. Mazell sculp.
Tab.(ænea, long. 10 unc. lat 14 unc. eademque color.
Figura hæc, diminuta, edita in Pennant's history of Qua-
drupeds, 1781. tab. 33. fig. 1.

120. *Ursus Meles.*

De Das beschreeven en afgebeeld.
Uitgezogte Verhandelingen, 8 Deel, p. 367—386.

121. *Ursus Lotor.*

Carl LINNÆUS.
Beskrifning på ett Americanskt djur.
   Vetensk. Acad. Handling. 1747. p. 277—289.
———— : Ursus Americanus, cauda elongata.
   Analect. Transalpin. Tom. 2. p. 35—42.
Christianus Ludovicus ROLOFF.
Description d'un quadrupede d'Amerique, rapporté par
M. Linnæus au genre des Ours.
   Hist. de l'Acad. de Berlin, 1756. p. 149—162.
Joh. Dom. SCHULTZE.
Bemerkungen über den Waschbären.
   Pagg. 8.   Hamburg, 1787. 8.

122. *Ursus Gulo.*

Apollonio MENABENI.
Historia Gulonis, sive Filfros animalis. impr. cum ejus
Tractatu de magno animali ; p. 70—73.
                                 Coloniæ, 1581. 8.
———— : Historia dell' animale detto Gulone, o vero Fil-
fros. impr. cum ejus Trattato del grand' animale ;
p. 120—125.   Rimino, 1584. 8.
Olof GENBERG.
Berattelse om en Järf, som blifvit fångad, da han var
unge.
   Vetensk. Acad. Handling. 1773. p. 215—222.
Johan LINDWALL.
Beskrifning pa djuret Järf. ib. p. 222—230.

Jonas HOLLSTEN.
Anmärkningar om Järfven. ib. p. 230—236.

123. *Didelphis brachyura.*

Petrus Simon PALLAS.
Didelphis brachyura descripta.
Act. Acad. Petrop. 1780. Pars post. p. 235—247.

124. *Didelphis macrotarsus.*

Bernhard Sebastian NAU.
Beschreibung des Tarsiers.
Naturforscher, 25 Stück, p. 1—6.

125. *Talpa europæa.*

Jacobus THOMASIUS.
De visu Talparum Dissertatio. Resp. Joach. Corthum.
(1659.)
Plagg. 3$\frac{1}{2}$.   recusa Atenburgi, 1671. 4.
——— Alia editio ejusdem anni, revera diversa.
Plagg. 3$\frac{1}{2}$.
———: Das wieder gefundene gesicht der sonst blin-
den Maulwürffe.
Pagg. 31.   Dresd. u. Leipzig, 1702. 8.
Christianus Franciscus PAULLINI.
Talpa. Pagg. 214.   Francof. et Lipsiæ, 1689. 12.
Christophorus Jani LIDOVIUS.
Disquisitio de Talparum oculis et visu. Resp. Joh. Frid.
Hornemann.
Pagg. 12.   Havniæ, 1712. 4.
Johann August UNZER.
Gedanken von den Maulwürfen.
in seine physical. Schriften, 1 Band, p. 416—425.
——— Neu. Hamburg. Magaz. 103 Stück, p. 45—56.
DE LA FAILLE.
Essai sur l'histoire naturelle de la Taupe, et sur les diffe-
rens moyens que l'on peut employer pour la detruire.
Pagg. 122. tabb. æneæ 2.   Rochelle, 1769. 8.

TOM. 2.   G

126. *Talpa europæa* ε. *cinerea.*

J. W. C. A. Freyberr von Hüpsch.
Beobachtung einer bisher unbekannten art von Maul-
würfen.
Naturforscher, 3 Stück, p. 98—102.

127. *Talpa aurea.*

Arnout Vosmaer.
Beschryving van de groenglanzige Mol.
Amsterdam, 1787. 4.
Pagg. 12. tab. ænea color. 20ma.

128. *Sorices varii.*

Louis Jean Marie Daubenton.
Sur les Musaraignes.
Mem. de l'Acad. des Sc. de Paris, 1756. p. 203—213.
Daines Barrington.
Account of a Mole from North America.
Philosoph. Transact. Vol. 61. p. 292, 293.
Petrus Simon Pallas.
Sorices aliquot illustrati.
Act. Acad. Petropol. 1781. Pars post. p. 314—348.
Ericus Laxmann.
Sorex cæcutiens.
Nov. Act. Acad. Petropol. 1785. p. 285, 286.

129. *Sorex moschatus.*

Joannes Georgius Gmelin.
Mus aquaticus exoticus Clus. Auctar.
Nov. Comm. Acad. Petropol. Tom. 4. p. 383—388.
Anon.
Nachricht von der Bisam-Raze.
Berlin. Sammlung. 2 Band, p. 321.
Anton Johann Güldenstädt.
Beschreibung des Desmans.
Beschäft. der Berlin. Ges. Naturf. Fr. 3 Band, p. 107
—137.

130. *Sorex fodiens.*

Samuel ÖDMANN.
Sorex fodiens, Vatten-Näbbmusen, funnen i Sverige, beskrifven. Vetensk. Acad. Handling. 1788. p. 312—316.

131. *Erinaceus auritus.*

Samuel Gottlieb GMELIN.
Erinaceus auritus. Nov. Comm. Acad. Petropol. Tom.
14. Pars 1. p. 519—524.

132. *De Gliribus Scriptores.*

Petrus Simon PALLAS.
Novæ species Quadrupedum e Glirium ordine, cùm illus-
trationibus variis complurium ex hoc ordine animalium.
Pagg. 388. tabb. æneæ 27 (39). Erlangæ, 1778. 4.
Blasius MERREM.
Versuch einer neuen bestimmung der geschlechten und
arten der Nager. in seine vermischte Abhandlungen
aus der Thiergeschichte, p. 1—75.

133. *Monographiæ Glirium.*

Hystrix cristata.

Comte DE TURIN.
Observation sur le Porc-epi.
Journal de Physique, Tome 11, p. 265—268.

134. *Hystrix dorsata.*

René Antoine Ferchault DE REAUMUR.
Observations sur le Porc-epic, extraites de memoires et de
lettres de M. Sarrazin.
Mem. de l'Acad. des Sc. de Paris, 1727. p. 383—395.

135. *Hystrix torosa* Merrem.

Blasius MERREM.
Beschreibung einer neuen art von Stachelschweinen.
Leipzig. Magaz. 1786. p. 197, 198.

136. *Cavia Aguti.*

Carl von Linne'.

Mus Aguti, eller beskrifning på et Brasiliskt djur, Aguti.
Vetensk. Acad. Handling. 1768. p. 26—30.

137. *Cavia Cobaya.*

Carolus Linnæus.

Dissertatio de Mure Indico. Resp. Joh. Just. Nauman.
Pagg. 23. tab. ænea 1.   Upsaliæ, 1754. 4.
————: Mus Porcellus.
Amoenit. Academ. Vol. 4. p. 190—209.

138. *Castor Fiber.*

Joannes Marius.

Castorologia, aucta a Jo. Franco.
Pagg. 223. tabb. æneæ 2.   Augustæ Vindel. 1685. 8.
————: Traité du Castor, traduit par M. Eidous.
Pagg. 280. tabb. æneæ 3.   Paris, 1746. 12.

Johanne Christiano Frommann

Præside, Disputatio de Castore vel Fibro. Resp. Joh.
Bernh. a Bibra.
Plagg. 9.   Coburgi, 1686. 4.

Laurentio Norrmanno

Præside, Dissertatio: Castor breviter delineatus. Resp.
Joh. Biurberg.
Pagg. 80; cum figg. ligno incisis. Upsaliæ, 1687. 8.

Sarrasin.

Lettre touchant l'anatomie (et les moeurs) du Castor.
Mem. de l'Acad. des Sc. de Paris, 1704. p. 48—66.
———— impr. avec le traité du Castor de J. Marius;
p. vi—liv.

Cromwell Mortimer.

The Anatomy of a female Beaver, and an account of Castor found in her.
Philosoph. Transact. Vol. 38. n. 430. p. 172—183.

Nils Gisler.

Berättelse om Bäfverns natur, hushållning och fångande.
Vetensk. Acad. Handling. 1756. p. 207—221.

Jonas Hollsten.

Anmärkningar om Bäfvern. ib. 1768. p. 281—287.

Christoph GOTTWALDT.
Physikalisch-anatomische bemerkungen über den Biber.
    Pagg. 31. tabb. æneæ 7.   Nürnberg, 1782.   4.
Joannes Guilielmus LINCK.
Historia naturalis Castoris et Moschi. Diputatio. Resp.
    Frid. Ænoth. Dürr.   Lipsiæ, 1786.   4.
    Pagg. 54, quarum 27 priores de Castore agunt; tabb.
    æneæ 2.
B. DELAGRANGE.
Observations sur le Castor, suivies de l'analyse chimique
    du Castoreum.
    Journal de Physique, Tome 40. p. 65—72.

139. *Mus zibethicus.*

René Antoine Ferchault DE REAUMUR.
Extrait de divers memoires de M. Sarrazin sur le Rat
    musqué.
    Mem. de l'Acad. des Sc. de Paris, 1725. p. 323—345.

140. *Mus Rattus.*

Godofredus WEGNER.
Tractatus de Rattis, damnoso truculentoque inter mures
    populo, quo Neostadium Eberswaldense, in Mesomar-
    chia Brandenburgica oppidum, initio hujus seculi, mi-
    rabili ratione, liberatum est.
    Pagg. 111.   Gedani, 1699.   4.
Franciscus Ernestus BRÜCKMANN.
De terra Ulricana. in ejus Epistola itineraria 6. Centuriæ
    1. p. 6—8.   Wolffenbüttelæ, 1729.   4.
De terra St. Ulrici. Epistola itineraria 99. Centuriæ 2. p.
    1230—1240.

141. *Mus Pumilio.*

Andreas SPARRMAN.
Mus Pumilio, en ny råtta ifrån det södra af Africa, be-
    skrifven.
    Vetensk. Acad. Handling. 1784. p. 236, 237.

142. *Mus amphibius.*

Peter Simon PALLAS.
Ueber die am Wolgastrom bemerkten wanderungen der
grossen Wassermäuse.
in seine neue Nordische Beyträge, 1 Band, p. 335—
338.

143. *Mus Lemmus.*

Olaus WORM.
Historia animalis quod in Norvagia e nubibus decidit.
Pagg. 66. cum figg. æri incisis.   Hafniæ, 1653. 4.
————— in Museo Wormiano, p. 321—334.
                              Lugduni Bat. 1655. fol.
ANON.
A relation of the small creatures called Sable-mice, which
have lately come in troops into Lapland, about Thorne.
Philosoph. Transact. Vol. 21. n..251. p. 110—112.
Carl LINNÆUS.
An närkning öfver de djuren, som sägas komma neder
utur skyarna i Norige.
Vetensk. Acad. Handling. 1740. p. 320—325.
—————: Annotationes de animalibus, quæ in Norvegia
ex nubibus decidere dicuntur.
Analect. Transalpin. Tom. 1. p. 68—73.
—————: Anmerkung über die thiere, von denen in
Norwegen gesagt wird, dass sie aus den Wolken kom-
men.
Berlin. Magaz. 4 Band, p. 627—633.
Pehr HÖGSTRÖM.
Anmärkning öfver de djuren som sägas komma ned ut-
ur skyarne i Norige.
Vetensk. Acad. Handling. 1749. p. 14—23.
—————: De animalibus, quæ in Norvagia ex nubibus
decidere creduntur.
Analect. Transalpin. Tom. 2. p. 160—165.
Johann August UNZER.
Gesamlete nachrichten von den reisen der Mäuse.
in seine physical. Schriften, 1 Samml. p. 285—298.
Hans STRÖM.
Om Lemenden, (Mure norvegico.)
Norske Vidensk. Selsk. Skrift. nye Saml. 2 Bind, p.
369—374.

144. *Mus Cricetus.*

Gabriel CLAUDERUS.
Cricetus providus sibi contra famem hyemalem promus-
condus, singularibus a natura organis ad hæc instructus.
Ephem. Acad. Nat. Cur. Dec. 2. Ann. 5. p. 376, 377.
——— Valentini Amphitheatr. zootomic. Pars 1. p.
154.
Joannes Christianus HILDEBRAND.
Syncope aut sopor Cricetorum per plures continuans
menses, sine putredinis labe et vitæ dispendio.
Nov. Act. Acad. Nat. Cur. Tom 3. p. 135—140.
———: Wahrnehmung von den Hamstern.
Neu. Hamburg. Magaz. 25 Stück, p. 87—96.
F. G. SULZER.
Versuch einer naturgeschichte des Hamsters.
Göttingen und Gotha, 1774. 8.
Pagg. 212. tabb. æneæ 5, quarum 2da coloribus fucata.

145. *Mus Aspalax.*

Erik LAXMANN.
Beskrifning på Djuret Mus Myospalax.
Vetensk. Acad. Handling. 1773. p. 134—139.

146. *Mus Typhlus.*

Nachricht von einem neu entdeckten besondern thiere.
Berlin. Sammlung. 2 Band, p. 322, 323.
Anton Johann GÜLDENSTÆDT.
Spalax, novum Glirium genus.
Nov. Comm. Acad. Petropol. Tom. 14. Pars 1. p. 409
—440.

147. *Mus quidam.*

Samuel KÖLISER *de Keres-Eer.*
Mures agrestes.
Ephem. Acad. Nat. Cur. Cent. 9 & 10. p. 427, 428.

148. *Arctomys Marmota.*

Jacobus Theodorus KLEIN.
Brevis historia naturalis Muris alpini.
Philosoph. Transact. Vol. 45. n. 486. p. 180—186.

———— impr. cum ejus Prodromo historiæ avium; p. 230—234.

ANON.
Abhandlung von den Murmelthieren; aus dem Nouvelliste Oeconomique et Literaire übersezt.
Hamburg. Magaz. 26 Band. p. 419—431.

Christoph GIRTANNER.
Histoire naturelle de la Marmotte.
Journal de Physique, Tome 28. p. 218—222.
————: Natuurlyke historie van de Marmot.
Algem. geneeskund. Jaarboek. 4 Deel, p. 261—267.
————: Naturgeschichte des Murmelthiers.
Höpfners Magaz. für die naturk. Helvet. 4 Band. p. 374—381.
———— ———— Voigt's Magaz. 4 Band. 2 Stück, p. 17—27.

149. *Arctomys Bobac.*

J. B. DUBOIS.
Observations sur le Bobak de Pologne, et histoire de ce quadrupede.
Hist. de l'Acad. de Berlin, 1778. p. 57—66.
————: Beschryving van den Bobak van Poolen.
Geneeskund. Jaarboek. 4 Deel, p. 425—429.

Peter Simon PALLAS.
Abänderungen des Bobak oder Russischen Murmelthiers.
in seine neue Nordische Beyträge, 2 Band, p. 343, 344.

Graf VON MATTUSCHKA.
Auszug aus einigen briefen.
Schr. der Berlin. Ges. Naturf. Fr. 6 Band, p. 400—403.
Nachtrag zur naturgeschichte der Marmotta Bambuc.
Beobacht. derselb. Gesellsch. 3 Band, p. 88—91.

150. *Arctomys Citillus.*

Anton Johann GÜLDENSTÆDT.
Mus Suslica. Nov. Comm. Acad. Petropol. Tom. 14. Pars 1. p. 389—402.

151. *Sciuri varii.*

Naturgeschichte der Eichhörnchen.
Berlin. Sammlung. 2 Band, p. 591—615.

152. *Sciurus carolinensis.*

Louis Bosc.
Sciurus carolinensis.
Journal d'Hist. Nat. Tome 2. p. 96—98.

153. *Sciurus bicolor.*

Andreas Sparrman.
Beskrifning på Sciurus bicolor, et nytt species Ikorn, från
Java.
Götheb. Wet. Samh. Handl. Wetensk. Afdeln. 1 Styck.
p. 70, 71.

154. *Sciurus volans.*

Jacobus Theodorus Klein.
De Sciuro volante Dissertatio.
Philosoph. Transact. Vol. 38. n. 427. p. 32—38.
Anon.
Geschichte des Polatuche oder fliegenden Eichhorns.
Berlin. Sammlung. 3 Band, ·p. 432—439.

155. *Sciurus Petaurista.*

Arnout Vosmaer.
Beschryving van den Oostindischen vliegenden Eekhoorn.
Amsterdam, 1767. 4.
Pagg. 12. tab. ænea color. 4ta.
————: Description d'une espece de grand Ecureuil
volant des Indes Orientales.
Pagg. 11. tab. ænea 4ta. ib. 1767. 4.

156. *Dipodes varii.*

Beschreibung der Egyptischen Bergratte, und vom Spring-
oder Erdhasen.
Berlin. Sammlung. 4 Band, p. 542—551.
John Reinold Forster.
Beskrifning på Yerbua capensis, med anmärkningar om
genus Yerbuæ.
Vetensk. Acad. Handling. 1778. p. 108—119.
Andreas Sparrman.
Tilläggning om Yerbua capensis. ib. p. 119, 120.

157. *Dipus Jaculus.*

Franciscus Ernestus BRÜCKMANN.
　Mus Persicus.
　　Epistola itineraria 19. Cent. 2. p. 175—178.
Fredric HASSELQUIST.
　Egyptiska Bärg-råttan beskrifven.
　　Vetensk. Acad. Handling. 1752. p. 123—128.
　　————: Mus Ægypti, pedibus posticis longissimis.
　　Analect. Transalpin. Tom. 2. p. 412—415.
SONNINI DE MANONCOURT.
　Observations sur les Gerboises.
　　Journal de Physique, Tome 31. p. 329—336.
　　————: Beobachtungen über den Springhaasen.
　　Voigt's Magaz. 6 Band. 3 Stück, p. 70—83.

158. *Lepores varii.*

Daines BARRINGTON.
　Investigation of the specific characters, which distinguish
　　the Rabbit from the Hare.
　　Philosoph. Transact. Vol. 62 p. 4—14.
　　————: Sur les differences caracteristiques du Lievre
　et du Lapin.
　　Journal de Physique, Supplem. Tome 13. p. 255—259.

159. *Lepus timidus* et *variabilis.*

Wolffgangus WALDUNGUS.
　Lagographia. Natura Leporum.　　Ambergæ, 1619. 4.
　　Pagg. 83; cum figg. ligno incisis.
Johannes Jacobus WAGNERUS.
　Lepus candidus.
　　Ephem. Acad. Nat. Cur. Dec. 2. Ann. 9. p. 57—59.
Christianus Franciscus PAULLINI.
　Lagographia curiosa s. Leporis descriptio.
　　Pagg. 408.　　　　　　Augustæ Vindel. 1691. 8.
Joann. Bernh. DE FISCHER.
　De albis Leporibus.
　　Act. Acad. Nat. Curios. Vol. 10. p. 71—76.
　Anmerkung von den weissen haaren der Thiere, mit zu-
　　säze von Titius.
　　Titius gemeinnüz. Abhandl. 1 Theil, p. 8—14.

Fr. Chr. J E T Z E.
Betrachtung über die weissen Hasen in Liefland.
                                   Lübek, 1749. 8.
   Pagg. 48; præter appendices, de quibus aliis locis.
A N O N.
Eenige onbekende eigenschappen van de Haazen.
Algem. geneeskund. Jaarboek. 1 Deel, p. 186—192.

160. *Lepus americanus.*

Johann David S c h ö p f.
Der Nord-Amerikanische Haase.
Naturforscher, 20 Stück, p. 32—39.

161. *Lepus pusillus.*

Petrus Simon P a l l a s.
Descriptio Leporis pusilli.
Nov. Comment. Ac. Petropol. Tom. 13. p. 531—538.

162. *Hyrax capensis.*

Arnout V o s m a e r.
Beschryving van een Africaansch Basterd-mormeldier.
   Pagg. 8. tab. æn. color. 3tia.   Amsterdam, 1767. 4.
————— : Description d'une espece de Marmote-Bâ-
tarde d'Afrique.   ib. 1767. 4.
   Pagg. 8. tab. æn. 3tia.
Wilhelm Graf v o n M e l l i n.
Der Klipdas. Schrift. der Berlin. Ges. Naturf. Fr. 3
Band, p. 271—284.

163. *Monographiæ Pecorum.*

Camelorum genus.

A. K. M. J.
Beschryving der Kameelen.
Nieuwe geneeskund. Jaerboek. 3 Deel, p. 272—276.

164. *Camelus Bactrianus.*

Joannes AMMAN.
Descriptio Cameli Bactriani, binis in dorso tuberibus;
scriptis D. G. Messerschmidii collecta.
Comm. Acad. Petropol. Tom. 14. p. 326—368.

165. *Moschus Moschiferus.*

Georgius SEGER.
De Capreæ Moschiferæ exuviis.
Ephem. Acad. Nat. Cur. Dec. 1. Ann. 6 & 7. p. 169
—171.
Lucas SCHRÖCKIUS,
De animali Moschifero. ib. Ann. 8. p. 81—87.
Historia Moschi.
Pagg. 224. tabb. æneæ 3.   Aug. Vindel. 1682. 4.
Joannes Georgius GMELIN.
Descriptio animalis Moschiferi, Kabarga dicti.
Nov. Comm. Ac. Petropol. Tom. 4. p. 393—410.
Louis Jean Marie DAUBENTON.
Observations sur l'animal qui porte le Musc.
Mem. de l'Acad. des Sc. de Paris, 1772. 2 Part. p.
215—220.
————— Journal de Physique, Tome 1. p. 63—67.
Petrus Simon PALLAS.
Moschi historia naturalis. Spicilegiorum zoologicorum
Fasciculus 13. vide supra pag. 19.
Joannes Guilielmus LINCK.
Historia naturalis Castoris et Moschi. vide supra pag. 85.

166. *Cervus Alces.*

Apollonius MENABENI.
Tractatus de magno animali, quod Alcen nonnulli vocant;
accessit Remb. Dodonæi de Alce Epistola.
Pagg. 88.   Coloniæ, 1581. 8.
————— : Trattato del grand'animale ó gran bestia,
tradotto da Costanzo Felici.
Pagg. 155.   Rimino, 1584. 8.
Johannes WIGAND.
De Alce vera historia.   Regiomonti, 1582. 4.
Pagg. 11, cum figura Alcis ligno incisa, in titulo.

————— impr. cum ejus historia Succini; fol. 37 verso—
47.   Jenæ, 1590. 8.

Andrea Bacci.

Historia della gran bestia, detta Alce. stamp. con il suo libro delle 12 pietre pretiose; p. 111—130.

Roma, 1587. 4.

Uldarico Heinsio

Præside, Dissertatio de Alce. Resp. Pantal. Lentnerus.

Plagg. 8; cum figg. æri incisis. Jenæ, 1681. 4.

———— impr. cum L. ab Hulden de Rangifero.

Pagg. 52; cum figg. æri incisis. ib. 1696. 4.

Johannes Fridericus Leopold.

Dissertatio inaug. de Alce.

Plagg. 5½. Basileæ, 1700. 4.

————Valentini Amphitheatr. zootom. P. 1. p. 57—71.

Paul Dudley.

A description of the Moose-Deer in America.

Philosoph. Transact. Vol. 31. n. 368. p. 165—168.

D. W.

Kurze beschreibung eines Elendthieres, weiblichen geschlechts.

Voigt's Magaz. 9 Band. 3 Stück, p. 18—21.

167. *Cervus Elaphus.*

Florianus Mejer.

Ελαβοδιδασκαλος, h. e. icones, sive piæ meditationes et commonefactiones insignes de Cervo.

Plagg. 6½. Brunsvigæ, 1604. 4.

Johannes Georgius Agricola.

Cervi cum integri et vivi natura et proprietas, tum excoriati et dissecti in Medicina usus, das ist: Beschreibung des ganzen lebendigen Hirschens, seiner natur und eygenschafften.

Pagg. 244. Amberg, 1617. 4.

Wernero Rolfinck

Præside, Ελαφολογια, s. Dissertatio de natura Cervi. Resp. Godifr. Moebius.

Plagg. 3½. Jenæ, 1639. 4.

Johannes Andreas Graba.

Ελαφογραφια, s. Cervi descriptio physico-medico-chymica.

Pagg. 312. Jenæ, 1667. 8.

Johanne Vallerio

Præside, Dissertatio de Cervis. Resp. Henr. Joh. Carlborg.

Pagg. 52. Upsalis, 1718. 8.

Friedrich August Ludvig von Burgsdorf.
Beyträge zur naturgeschichte des Rothhirsches.
Schrift. der Berlin. Ges. Naturf. Fr. 6 Band, p. 411—
415.
Wilhelm Graf von Mellin.
Merkwürdige beobachtungen am Hirschgeschlecht.
Beobacht. derselb. Gesellsch. 4 Band, p. 360—366.

Vitus Riedlinus.
De Cornuum Cervinorum ramis.
Ephem. Acad. Nat. Cur. Cent. 5 & 6. p. 122, 123.
Georgius Ernestus Stahl.
Programma de Cornu Cervi deciduo.
Plag. 1.   Halis, 1699. 4.
Justo Vesti
Præside, Dissertatio de Cornu Cervi, ejusque vi Bezoardica. Resp. Joh. Ern. Muller.
Plagg. 3.   Erfordiæ, 1704. 4.

Gabriel Clauderus.
Cervus castratus in venatione lethaliter globulo transfossus.
Ephem. Acad. Nat. Cur. Dec. 2. Ann. 7. p. 323—325.
Joel Langelottus.
De Cerva Cornuta. ib. Dec. 1. Ann. 9. & 10. p. 225—
229.

168. *Cervus Tarandus.*

Apollonius Menabeni.
Historia sive tractatus de Cervo Rangifero. impr. cum ejus tractatu de magno animali; p. 57—69.
Coloniæ, 1581. 8.
————: Historia del Cervo Rangifero. impr. cum ejus trattato del grand' animale; p. 101—119.
Rimino, 1584. 8.
Julio Micrander
Præside, Dissertatio delineationem Rangiferi exhibens.
Resp. Petr. O. Graan.
Pagg. 22.   Upsaliæ, 1685. 4.
Philippus ab Hulden.
Rangifer, tam in genere, quam in specie secundum partes ipsius consideratus.   Jenæ, 1696. 4.
Pagg. 34; præter Heinsium de Alce, de quo supra p. 93.

Carolus LINNÆUS.
    Dissertatio: Cervus Rheno. Resp. Carol. Frider. Hoff-
    berg.   Upsaliæ, 1754. 4.
    Pagg 24; cum fig. ligno incisa.
    ————: Cervus Tarandus.
    Amoenit. Academ. Vol. 4. p. 144—168.
    ————: On the Rhendeer, translated by F. J. Brand;
    in his select Dissertations, p. 167—214.
Petrus CAMPER.
    Observations sur le Renne. dans l'histoire naturelle de
    Buffon, edition d'Amsterdam, Tome 15. additions, p.
    53—56.
    ———— dans le Tome 3. du supplement à l'histoire na-
    turelle de Buffon, p. 138—144.
    ————: Beobachtungen über das Rennthier.
    in seine klein. Schriften, 2 Band. 2 Stück, p. 40—48.
    Natuurkundige verhandeling over het Rendier. impr. cum
    ejus Verhandeling over den Ourang outang; p. 189—
    235. cum tab. ænea 1.   Amsterdam, 1782. 4.
    ————: Naturgeschichte des Rehn-oder Rennthiers.
    gedr. mit seine Naturgeschichte des Orang-utang; p.
    69—108. tab. 8.
Jonas HOLLSTEN.
    Afhandling om Renen.
    Vetensk. Acad. Handling. 1774. p. 124—147.
ANON.
    Von einigen besonderheiten der Rennthiere.
    Neu. Hamburg. Magaz. 87 Stück, p. 204—217.
Wilhelm Graf VON MELLIN.
    Naturgeschichte des Rennhirsches.
    Schrift. der Berlin. Ges. Naturf. Fr. 1 Band, p. 1—35.
                      4 Band, p. 128—146.
Daines BARRINGTON.
    Essay on the Rein-deer. in his Miscellanies, p. 152—162.
Johan Michael LUND.
    Afhandling om Reensdyrene.
    Danske Landhuush. Selsk. Skrift. 3 Deel, p. 245—
    287.

169. *Cervus Dama.*

Wilhelm Graf VON MELLIN.
    Oekonomische naturgeschichte des Damwildprets.
    Schr. der Berlin. Ges. Naturf. Fr. 2 Band, p. 162—213.

170. *Cervus Capreolus.*

Eberhard Friedrich STADEL.
Beschreibung und abzeichnung eines Rehbocks, welcher statt der Geweyhe mit einem besondern aufsaz in gestalt einer Perücke gezieret ist.
Physikal. Belustigung. 2 Band, p. 5—10.
Wilhelm Graf VON MELLIN.
Aus einem schreiben an den G. F. R. von Burgsdorf.
Beobacht. der Berlin. Ges. Naturf. Fr. 2 Band, p. 195, 196.

171. *Camelopardalis Giraffa.*

Antonius CONSTANTIUS.
(Literæ ad Principem Faventinorum de Camelopardali Fani viso anno 1486; cum versione gallica.)
Journal des Sçavans, Juillet 1784. p. 491—494.
————— Esprit des Journaux, 1784. Tome 10. p. 330 —336.
ANON.
Beschreibung der Giraffe oder des Kameel-Parders.
Berlin. Sammlung. 1 Band, p. 611—618.
Philip CARTERET.
A letter on a Camelopardalis, found about the Cape of Good Hope.
Philosoph. Transact. Vol. 60. p. 27—29.
Arnout VOSMAER.
Beschryving van het Kameel-paard.
Amsterdam, 1787. 4.
Pagg. 44. tab. ænea color. 21ma.
Thomas MAUDE.
Observations on a subject in natural history.
Pagg. 35.   London, 1792. 4.
Libelli hujus 24 tantum exempla impressa.

172. *Antiloparum genus.*

Petrus Simon PALLAS.
De Antelopibus. Spicilegiorum zoologicorum Fasciculus 1. vide supra pag. 18.
Ad genus Antiloparum complementum. Spicilegiorum zoologicorum Fasciculus 12.

173. *Antilope Rupicapra.*

Johannes Jacobus HARDER.
De Rupicaprarum interaneis et Ægagropilis.
Ephem. Acad. Nat. Cur. Dec. 2. Ann. 1. append.
(Plagg. 2.)
———— Valentini Amphitheatr. zootom. Pars 1. p.
111—115.
Adam LEBWALD *von und zu Lebenwald.*
Damographia, oder Gemsen-beschreibung.
Pagg. 55. tabb. æn. 2. Saltzburg, (1693 *Boehm.*) 4.
Carl Ulysses VON SALIS-MARSCHLINS.
Beyträge zur naturgeschichte der Gemsen in Bündten und
Veltlin.
Höpfner's Magaz. für die Naturk. Helvet. 2 Band, p.
111—132.

174. *Antilope Tragocamelus.*

James PARSONS.
An account of a quadruped brought from Bengal.
Philosoph. Transact. Vol. 43. n. 476. p. 465—467.

175. *Antilope picta.*

William HUNTER.
An account of the Nyl-ghau.
Philosoph. Transact. Vol. 61. p. 170—181.
————: Description du Nyl-ghau.
Journal de Physique, Supplem. Tome 13. p. 224—230.
————: Beschreibung des Nyl-gau, mit einem vorbe-
richt aus dem Universal Magazine übersezt.
Naturforscher, 7 Stück, p. 236—267.

176. *Antilope Saiga.*

Samuel Gottlieb GMELIN.
Capra Saiga.
Nov. Comm. Ac. Petrop. Tom. 14. Pars 1. p. 512—
519.

177. *Antilope subgutturosa.*

Anton Johann GÜLDENSTÆDT.
Antilope subgutturosa descripta.
Act. Acad. Petropol. 1778. Pars pr. p. 251—274.

178. *Antilope Euchore* Forst. et Schreb.

Andreas SPARRMAN.
Luftspringare Gazellen beskrefven.
Vetensk. Acad. Handling. 1780. p. 275—281.
Arnout VOSMAER.
Beschryving eener nieuwe soort van kleenen Hartebok,
aan de Kaap de Goede Hoop bekend onder de benaam-
ing van Pronkbok.
Pagg. 14. tab. ænea color. 19na.
Amsterdam, 1784. 4.
——————: Description d'une nouvelle espece de petite
Gazelle, connue aux colonies Hollandoises du Cap de
Bonne-Esperance sous le nom de Pronk-bok.
Pagg. 14. tab. ænea 19na.   ib. 1784. 4.

179. *Antilope Bubalis.*

Anders SPARRMAN.
Hartebeesten, et djur af Gazelle-slägtet, beskrifvet.
Vetensk. Acad. Handling. 1779. p. 151—155.

180. *Antilope Gnu.*

Anders SPARRMAN.
Om djuret t' Gnu.   ib. p. 75—79.
Arnout VOSMAER.
Beschryving van een nieuw viervoetig dier, aan de Kaap
de Goede Hoop geheeten Boschbuffel, en by de Hot-
tentotten aldaar genaamd Gnou.
Pagg. 14. tab. æn. color. 18va.   Amsterd. 1784. 4.
——————: Description d'un nouveau quadrupede, appellé
Gnou chez les Hottentots.
Pagg. 13. tab. ænea 18va.   ib. 1784. 4.

181. *Antilope Gazella.*

Johannes Daniel MAJOR.
De cornu Capri Bezoardici.
Ephem. Acad. Nat. Cur. Dec. 1. Ann. 8. p. 1—4 &
p. 188—190.

182. *Antilope Oreas.*

Andreas SPARRMAN.
Eland, en sort Gazelle, beskrifven.
Vetensk. Acad. Handling. 1779. p. 155—157.
Arnout VOSMAER.
Beschryving van het Africaansch dier, aan de Kaap de
Goede Hoop bekend onder de verkeerde benaaming
van Eland, doch by de Hottentotten aldaar genaamd
Canna. Amsterdam, 1783. 4.
Pagg. 12. tab. ænea color. 17ma.
——: Description d'un animal appellé Canna chez
les Hottentots. ib. 1783. 4.
Pagg. 12. tab. ænea 17ma.

183. *Antilope Grimmia.*

Arnout VOSMAER.
Beschryving van het Guineesche Juffer-Bokje.
Pagg. 8. tab. æn. color. 2da. Amsterdam, 1766. 4.
——: Description du petit Bouc Damoiseau de Gui-
née. Pagg. 8. tab. ænea 2da. ib. 1767. 4.

184. *Antilope sylvatica.*

Anders SPARRMAN.
Antilope sylvatica, et nytt djur af Gazelle-slägtet.
Vetensk. Acad. Handling. 1780. p. 197—203.

185. *Antilope Strepsiceros.*

Cosmus COLINI.
Description d'un Cerf du Cap de bonne esperance.
Comment. Acad. Palat. Vol. 1. p. 487—491.

Arnout Vosmaer.
Beschryving van een der grootste soort van Harte-bokken,
genaamt Coudou, van de Kaap de Goede Hoop.
Pagg. 15 tab. ænea color. 16ta.   Amsterd. 1783.   4.
— ———: Description d'un animal, qui porte le nom de
Coudou.
Pagg. 14. tab. ænea 16ta.   ib. 1783.   4.

186. *Capra Ægagrus.*

J. P. Berthout von Berchem.
Betrachtungen über den wilden ursprung der Hausziege.
Höpfner's Magaz. für die Naturk. Helvet. 2 Band, p.
23—34.

187. *Capra Ibex.*

Christoph Girtanner.
Observations sur le Bouquetin.
Journal de Physique, Tome 28. p. 223—227.
———: Waarneemingen over den Steenbok.
Algem. geneeskund. Jaarboek. 4 Deei, p. 267—274.
———: Bemerkungen über den Steinbock.
Höpfner's Magaz. für die Naturk. Helvet. 4 Band, p.
381—389.
———: Beobachtungen über den Steinbock.
Voigt's Magaz. 4 Band. 2 Stück, p. 27—37.
Nachtrag. ibid. 5 Band. 3 Stück, p. 89—91.
Berthout van Berchen.
Lettre à M. de la Metherie.
Journal de Physique, Tome 29. p. 73—76.
(Observationibus his opposita.)
C. Girtanner.
Lettre à M. de la Metherie. ibid. p. 136, 137.
(Respondet oppositionibus.)
Berthoud van Berchem.
Observations sur le Bouquetin des Alpes de Savoie, et sur
celui de Siberie. ib. p. 285—287.
———: Waarneemingen over den Steenbok.
Algem. geneeskund. Jaarboek. 5 Deel, p. 212—216.
Beschreibung und naturgeschichte des Steinbocks der Sa-
voischen alpen.
Höpfner's Magaz. für die Naturk. Helvet. 4 Band, p.
333—368.

188. *Capra caucasica.*

Petrus Simon PALLAS.
Capra caucasica, e schedis A J. Güldenstædt.
Act. Acad. Petropol. 1779, Pars post. p. 273—281.
————: Beschreibung des Kaukasischen Steinbocks.
in seine neue Nord. Beyträge, 4 Band, p. 386—392.
———— ———— Lichtenberg's Magaz. 2 Band. 4 Stück,
p. 44—48.

189. *Ovis Aries.*

Carolus LINNÆUS.
Dissertatio Oves breviter adumbrans. Resp. Isac. Pal-
mærus. Pagg. 24. Upsaliæ, 1754. 4.
————: Amoenit. Academ. Vol. 4. p. 169—189.
Petrus Simon PALLAS.
Ovis fera Sibirica, vulgo Argali dicta. Ovium domestica-
rum varietates Asiaticæ
in ejus Spicilegiis zoologicis, Fascic. 11. p. 3—31 & p.
58—83.
————: An account of the different kinds of Sheep
found in the Russian dominions, and among the Tartar
hordes of Asia. Edinburgh, 1794. 8.
Pagg. 74. tabb. æneæ 4; præter appendices infra di-
cendas.
Adamo FABBRONI.
Dell' Ariete gutturato.
Pagg. 84. tab. ænea 1. Firenze, 1792. 8.

190. *Ovis Ammon.*

Le Mouflon, peint d'après nature à la menagerie du Roy.
J. B. Oudry pinx. F. Basan sculp.
Tab. ænea, long. 13 unc. lat. 15 unc.
Johannes Georgius GMELIN.
Rupicapra cornubus arietinis.
Nov. Comm. Acad. Petropol. Tom. 4. p. 338—392.

191. *Ovis Strepsiceros.*

Anmerkung von thieren mit schraubenförmigen gewun-
denen hörnern, sonderlich vom Schraubhorn-Widder.
Beschäft. der Berlin. Ges. Naturf. Fr. 4 Band, p. 624
—628.

192. *Boum genus*, et præcipue *Bos grunniens.*

Petrus Simon PALLAS.
Description du Bufle à queue de cheval, precedée d'ob-
servations generales sur les especes sauvages du gros be-
tail.
Act. Acad. Petropol. 1777. Pars post. p. 232—257.
————— Journal de Physique, Tome 21. p. 260—274
—————: Beschreibung des Tangutischen Büffels mit
dem pferdeschweif.
in ejus neue Nord. Beyträge, 1 Band, p. 1—28.
—————: Beschryving van den Buffel met den paarden-
staart.
Nieuwe geneesk. Jaarboek. 2 Deel, p. 291—310.

193. *Bos Taurus* α. *ferus.* a. *Urus.*

Christianus MASECOVIUS.
Dissertatio prior de Uro. Resp. Car. Dav. Lokk.
Pagg. 30. tab. ænea 1.
Dissertatio posterior. Resp. Frid. Nagel. Pag. 31—56.
Regiomonti, 1705. 4.
* * *
The Buffalo. J. E. Ridinger ad vi. del. J. S. Müller sculp.
1749.
Tab. ænea, long. 13 unc. lat. 16 unc.

194. *Bos Taurus* α. *ferus.* c. *Bison.*

Nachricht vom Bison, oder dem Buckelochsen.
Berlin. Sammlung. 5 Band, p. 36—44.

195. *Bos Taurus* β. *domesticus.*

Petrus CLANT.
Encomium Bovis, cantatum Harlemi in aula principis.
Pagg. 12. Harlemi, 1714. 4.
* * *
The Blackwell Ox. Geo. Cuit pinx. Bailey sculp. 1780.
Tab. ænea color. long. 13 unc. lat. 16 unc.
The wild Bull, of the ancient Caledonian breed, now in
the park at Chillingham-Castle, Northumberland, 1789.
T. Bewick, Newcastle, 1789.
Tab. ligno incisa, long. 7 unc. lat. 9 unc.

To Sir Joseph Banks, Bart. this print of the Lincolnshire
Ox, is humbly dedicated by——J. Gibbons.
G. Stubbs pinx. G. T. Stubbs sculp. 1791.
Tab. ænea, long. 15 unc. lat. 19 unc.

196. *Bos Taurus β. domesticus. b. indicus.*

Der kleine indianische Büffelochs.
Berlin. Sammlung. 4 Band, p. 310—313.

197. *Bos americanus.*

Americanischer Aur-ochs. Bos Bison. Nach der natur
gezeichnet und gegraben von J. R. Holzhalb in Zürich
1768.
Tab. ænea, long. 11 unc. lat. 14 unc.
Arnout Vosmaer.
Beschryving van den Amerikaanschen gebulten Stier, ge-
naamd Bison.   Amsterdam, 1772. 4.
Pagg. 10. tab. ænea color. 10ma.
———: Description du Boeuf bossu d'Amerique, nommé
Bison.   ib. 1772. 4.
Pagg. 10. tab. ænea 10ma.

198. *Bos moschatus.*

Johann Hermann.
Beytrag zur geschichte des Bisamochsen aus der Hudson's-
bay.
Naturforscher, 19 Stück, p. 91—95.

199. *Bos caffer.*

Anders Sparrman.
Bos caffer, et nytt species af Buffel.
Vetensk. Acad. Handling. 1779. p. 79—84.
———: De Kaapsche Buffel.
Nieuwe geneeskund. Jaarboek. 5 Deel, p. 221—225.

200. *Monographiæ Belluarum.*

Equus Caballus.

(Icones Equorum.)
  Anthoni Tempest invent. Eg. v. Paendren schulpt.
  C. J. Visscher excudebat.
  Tabb. æneæ 30, longit. 6 unc. latit. 7 unc.
Magnus Gabriel CRÆLIUS.
  Dissertatio de generosis Equis. Pars prior, Præside J. Val-
    lerio.
  Pagg. 34.   Upsaliæ, 1716. 8.
  Pars posterior, Præside F. Törner.
    Pag. 35—86.   ib. 1718. 8.
Johann Elias RIDINGER.
  (Tabulæ æneæ 28, long. 10 unc. lat. 13 unc. exhibentes
    Equos e diversis regionibus.)

201. *Equus Hemionus.*

Petrus Simon PALLAS.
  Equus Hemionus, Mongolis Dshikketæi dictus.
    Nov. Comm. Acad. Petropol. Tom. 19. p. 394—417.
  ——————: Naturgeschichte und beschreibung des wilden
    Halbesels Dshiggetäi.
  in seine neue Nord. Beyträge, 2 Band, p. 1—21.

202. *Equus Asinus.*

Christianus Franciscus PAULLINI.
  De Asino liber historico-physico-medicus.
    Pagg. 281.   Francofurti, 1695. 8.
Petrus Simon PALLAS.
  Observations sur l'Ane dans son etat sauvage, ou sur le
    veritable Onagre des anciens.
    Act. Acad. Petropol. 1777. Pars post. p. 258—277.
  —————— Journal de Physique, Tome 21. p. 321—332.
  ——————: Bemerkungen über den Onager der alten, oder
    den eigentlichen wilden Esel.
  in seine neue Nord. Beyträge, 2 Band, p. 22—40.

203. *Equus Zebra.*

The portraiture of the Zebra, or wild Ass, drawn from the life. This beautifull animal was brought from the Cape of Good Hope by Sir Tho. Adams in the Terpsicore Man of War, and presented to her Majesty, 1762. J. Roberts ad vivum delin.
Tabula ænea, long. 7 unc. lat. 9 unc.

204. *Hippopotamus amphibius.*

Kurze beschreibung des Nilpferdes.
    Berlin. Sammlung. 1 Band, p. 514—520.
Andreas SPARRMAN.
Beskrifning på Hippopotamus amphibius.
    Vetensk. Acad. Handling. 1778. p. 329—334.
Johann Hieronymus CHEMNITZ.
Om Hippopotamus.
    Danske Vidensk. Selsk. Skrift. Nye Saml. 2 Deel, p. 510—524.
————: Nachrichten vom Hippopotamus.
    Naturforscher, 21 Stück, p. 84—106.
SONNINI DE MANONCOUR.
Note sur les Hyppopotames.
    Journal de Physique, Tome 28. p. 65—67.
————: Anmerkungen über die Nilpferde.
    Voigt's Magaz. 4 Band. 1 Stück, p. 32—36.
————: Aantekeningen over het Rivier-paard.
    Algem. geneeskund. Jaarboek. 4 Deel, p. 282—285.
Johann Gottlob SCHNEIDER.
Historia Hippopotami veterum critica. in ejus Historia piscium naturali et literaria, p. 247—270. et p. 316—321.

205. *Tapir Americanus.*

By her Majesty's authority is to be seen at Charing Cross two Kaamas's, male and female, lately arrived from the Bear-Bishes (Berbyce.)
Folium impressum formæ octavæ, cum figura animalis ligno incisa. Ex annotatione manuscripta patet animalia hæc viva Londini ostensa fuisse mense Januario 1702-3.

206. *Sus Scrofa.*

Carolus LINNÆUS.
Dissertatio de Pinguedine animali. Resp. Jac. Lindh.
Pagg. 32. Upsaliæ, 1759. 4.
———: Sus Scrofa.
Amoenit. Academ. Vol. 5. p. 461—483.

207. *Sus æthiopicus.*

Arnout VOSMAER.
Beschryving van een Africaansch breedsnuitig Varken.
Pagg. 15. tab. æn. color. 1. Amsterdam, 1766. 4.
———: Description d'une nouvelle espece de Sanglier
d'Afrique.
Pagg. 15. tab. ænea 1. ib. 1767. 4.

208. *Sus Babyrussa.*

Carl August VON BERGEN.
Nachricht vom kopfe des Babyroussa.
Hamburg. Magaz. 11 Band, p. 188—199.

209. *De Cetis Scriptores.*

Thomas BARTHOLINUS.
Cetorum genera. in ejus Historiis anatomicis, Cent. 4.
p. 272—285.
De Oculo Balænæ et Dentibus.
in ejus Actis Hafniens. Vol. 2. p. 67—70.
ANON.
Strange news from the deep, being a full account of a
large prodigious Whale, lately taken in the river Wiv-
ner, within six miles of Colchester.
Pagg. 8. 1677. 4.
Polycarpus LYSERUS.
Disputatio de Cetis.
Plagg. 2½. Lipsiæ, 1680. 4.
Daniele ACHRELIO
Præside: Cetographia, sive dissertatio historico-physica
de Cetis. Resp. Elis. Hwal. Aboæ, 1683. 8.
Pagg. 103. tabb. ligno incisæ 6.
Andreas CLEYERUS.
De Ceto minore ambrophago.
Ephemer. Acad. Nat. Curios. Dec. 2. Ann. 8. p. 69.

Robertus SIBBALDUS.

Phalainologia nova s. Observationes de Balænis in Scotiæ littus nuper ejectis.   Edinburgi, 1692. 4.

Pagg. 44. tabb. æneæ 3.

———— Pagg. 105. tabb. æneæ 3. Londini, 1773. 8.

ANON.

Fuldkommen beskrivelse og en smuck viise paa dend underlige Fisk, som anno 1720 den 31 Dec. ved Wischhaffen — — omkring Hamborg er bleven död opfangen. Af Tydsken udsat paa Dansk.

Plag. dimidia, cum fig. ligno incisa.   1721. 4.

Paul DUDLEY.

An essay upon the natural history of Whales, with a particular account of the Ambergris found in the Sperma Ceti Whale.

Philosoph. Transact. Vol. 33. n. 387. p. 256—269.

Jacobus Theodorus KLEIN.

Historiæ Piscium naturalis Missus 2. de Piscibus per pulmones spirantibus, ad justum numerum et ordinem redigendis.

Pagg. 38. tabb. æneæ 4.   Gedani, 1741. 4.

Wigfusus JONÆUS.

Dissertatio de piscatura, cujus Particula prima, de quibusdam Balænis in mari Islandico captis vel ad littora ejectis, earumque usu, præcipue occasione libri, dicti Su Konunglega Skuggsja, sive Speculum regale. Resp. Joh. Jonæus.

Pagg. 10.   Hafniæ, 1762. 4.

Johann Gottlob SCHNEIDER.

Kritische sammlung von alten und neuern nachrichten zur naturgeschichte der Wallfische. in seine Abhandlungen zur aufklärung der zoologie, p. 175—303. & p. 335—348.

Petrus CAMPER.

. Kort berigt wegens den Dugon van den Graave de Buffon. Den 11 Juny, 1786.   8.

Pagg. 9. Editus fuit libellus in Diario: Vaderlandsche Letteroeffeningen.

———— : Kurze nachricht vom Dugon des Grafen von Buffon.

in seine klein. Schriften, 3 Band. 1 Stück, p. 20—31.

John HUNTER.

Observations on the structure and oeconomy of Whales.

Philosoph. Transact. Vol. 77. p. 371—450.

210. *Monographiæ Cetorum.*

Monodon Monoceros.

Nicolaus TULPIUS.
    Unicornu marinum.
      in ejus Observat. medicis, p. 394—400.
Olaus WORM.
    An os illud quod vulgo pro cornu Monocerotis venditatur,
      verum sit Unicornu ?
      in Th. Bartholini Cista medica, p. 394—398.
Paulus Ludovicus SACHSIUS.
    Monocerologia, seu de genuinis Unicornibus dissertatio.
      Pagg. 182. tab. ænea 1.   Raceburgi, 1676. 8.
Salomon REISELIUS.
    De Unicornu marino duplici.
      Ephem. Acad. Nat. Cur. Dec. 3. Ann. 7 & 8. p. 350
        —352.
Tycho Lassen TYCHONIUS.
    Monoceros piscis haud monoceros, ad veram formam nu-
    peri e mari Gronlandico hospitis depictus et descriptus.
    Resp. Just. Henr. Weichhart.   Havniæ, 1706. 4.
    Pagg. 12. cum figg. æri incisis.
    Exercitatio 2. Resp. Joh. P. Gyrsting.
      Pag. 13—20.   1707.
    Duabus his dissertatiunculis continetur initium tantum
    tractationis, viz. Prologus et Cap. 1mi §. 1ma, nec
    integra.
Sam. Theod. QUELLMALTZ.
    Unicornu marinum.
      Commerc. literar. Norimberg. 1736. p. 171—173.
Johannes Georgius STEIGERTHAL.
    Account of a Narhual or Unicorn Fish, lately taken in the
    river Ost.
      Philosoph. Transact. Vol. 40. n. 447. p. 147—149.
John Henry HAMPE.
    A description of the same Narhual. ib. p. 149, 150.

211. *Balæna Mysticetus.*

Andrea DROSSANDER
    Præside, Dissertatio de Balæna. Resp. Sal. Drake.
      Pagg. 62. tab. ænea 1.   Upsalæ, 1694. 8.

Otho FABRICIUS.
Om Hvalaaset. Danske Vidensk. Selsk. Skrift. Nye Saml.
1 Deel, p. 557—578.

212. *Balæna rostrata.*

Johann Hieronymus CHEMNITZ.
Von der Balæna rostrata, oder dem Schnabelfische.
Beschäft. der Berlin. Ges. Naturf. Fr. 4 Band, p. 183
—189.
NIVELET.
Beschreibung eines fisches aus der ordnung der Cetaceen.
(E gallico in Esprit des Journaux.)
Voigt's Magaz. 6 Band. 2 Stück, p. 75—78.
BAUSSARD.
Memoire sur deux Cetacées, echoués vers Honfleur.
Journal de Physique, Tome 34. p. 201—206.

213. *Physeteres varii.*

Ware afbeeldinge van de Pot-walvisch, gestrandt by Noort-
wijck op zee, den 28 December 1614. Esijas vanden
Velde inventor. C. J. Visscher excud.
Tab. ænea, long. 7 unc. lat. 12 unc.
Puro e distinto ragguaglio del gran pesce chiamato Bale-
notto Buffalino, detto anco Capo d'Olio, preso in vici-
nanza del Porto di Pesaro il giorno delli 18. Aprile,
1715.   Venezia, 1715. fol.
Pag. 1; cum figura Physeteris ligno incisa.
Johannes Jacobus BAJER.
De pisce prægrandi Mular.
Act. Acad. Nat. Curios. Vol. 3. p. 2—6.
* * *
A proportional view of the large Sperma Ceti Whale run
aground on Blyth Sand, and there killed himself the
30th of January, 1762. Sold by W. Tringham.
Tab. æneo, long. 8 unc. lat. 14 unc.
James ROBERTSON.
Description of the blunt-headed Cachalot.
Philosoph. Transact. Vol. 60. p. 321—324.

214. *Delphinus Phocæna.*

Johann Leonhard FRISCH.
De Phocæna in Pomeraniæ lacu quodam inventa.
Miscellan. Berolinens. Tom. 6. p. 124.

215. *Ornithologi.*

De Avibus servandis.

René Antoine Ferchault DE REAUMUR.
Divers means for preserving from corruption dead Birds,
intended to be sent to remote countries.
Philosoph. Transact. Vol. 45. n. 487. p. 304—320.
Excerpta germanice, in Physikal. Belustigung. 1 Band,
p. 315—317.
Thomas DAVIES.
A method of preparing Birds for preservation.
Philosoph. Transact. Vol. 60. p. 184—187.
Tesser Samuel KUCKHAN.
Letters on the preservation of dead Birds. ib. p. 302—320.
————: Lettres sur la maniere d'embaumer les Oi-
seaux.
Journal de Physique, Tome 2. p. 147—154.
ANON.
Von der besten art Vögeln in sammlungen aufzubehalten.
(ex Anglico in Gentleman's Magazine.)
Naturforscher, 1 Stück, p. 262, 263.
Die beste art und weise die Vögel auszustopfen und auf-
zubehalten.
Neu. Hamburg. Magaz. 104 Stück, p. 162—173.
Johann Carl Friedrich MEYER.
Aus einem schreiben vom Sept. 1774. Beschäft. der Ber-
lin. Ges. Naturf. Fr. 1 Band, p. 423—425.
ANON.
Metodi per impagliare gli Uccelli, e conservare i loro ca-
daveri destinati per le collezioni di storia naturale.
Scelta di Opusc. interess. Vol. 26. p. 111—114.

216. *Elementa Ornithologica, Genera Avium,*

et de Avibus in genere.

Petro HAHN
Præside, Dissertatio de Avibus. Resp. Car. N. Höök.
Pagg. 16.   Aboæ, 1687. 8.
Johanne SCHWEDE
Præside, Dissertatio de natura Avium. Resp. Ol. Celsius.
Pagg. 41.   Upsalæ, 1690. 8.

Paulus Henricus Gerardus MOEHRINGIUS.
 Avium genera. Pagg. 88.   Auricæ, 1752.   8.
 ——————: Geslachten der Vogelen, uit het latyn vertaald,
 en met Aantekeningen vermeerderd door C. Nozeman,
 met eene Voorreden en Aantekeningen door A. Vosmaer.
 Pagg. 97.   Amsteldam, 1758.   8.
Joannes Georgius WEINMANN.
 Exemplar curatioris Avium descriptionis. in ejus Disserta-
 tione, (Præside P. F. Gmelin,) Fasciculo plantarum
 patriæ urbis; p. 30, 31.   Tubingæ, 1764.   4.
Carolus VON LINNE'.
 Dissertatio: Fundamenta Ornithologica.   Resp. Andr.
 Petr. Bäckman.
 Pagg. 28. tab. ænea 1.   Upsaliæ, 1765.   4.
 —————— Amoenitat. Academ. Vol. 7. p. 109—128.
Thomas PENNANT.
 Genera of Birds. Pagg. 66.   Edinburgh, 1773.   8.
 —————— Pagg. 68. tabb. æneæ 16. London, 1781.   4.
 Pars præfationis editionis primæ, germanice versa a C.
 G. von Murr, adest in Naturforscher, 1 Stück, p. 284
 —294.
Jacobus Christianus SCHÆFFER.
 Elementa Ornithologica.   Ratisbonæ, 1774.   4.
 Tabb. æneæ color. 70, cum pagg. textus totidem.

217. *Systemata Ornithologica.*

Franciscus WILLUGHBY.
 Ornithologiæ libb. 3; recognovit, digessit, supplevit J.
 Rajus.   Londini, 1676. fol.
 Pagg. 307. tabb. æneæ 77.
 ——————: Ornithology, translated into English, and en-
 larged with many additions, by J. Ray.
 Pagg. 441. tabb. æneæ 78.   London, 1678. fol.
Martin LISTER.
 A letter to Mr. Ray, concerning some particulars that
 might be added to the Ornithology.
 Philosoph. Transact. Vol. 15. n. 175. p. 1159—1161.
Johannes RAJUS.
 Synopsis methodica Avium.
 Pagg. 198. tabb. æneæ 2.   Londini, 1713.   8.
 ——————: L'histoire naturelle eclaircie dans une de ses
 parties principales, l'Ornithologie, ouvrage traduit du
 Latin, augmenté par M. Salerne.   Paris, 1767.   4.
 Pagg. 464. tabb. æneæ 31.

Jacobus Theodorus KLEIN.
Historiæ Avium prodromus. Pars 2. Ordo Avium; pag.
13—153. Lubecæ, 1750. 4.
————— : Verbesserte und vollständigere historie der
Vögel, herausgegeben von G. Reyger. 2 Abschnitt.
Ordnung der Vögel. pag. 12—170. Danzig, 1760. 4.
Partem 1. vide supra pag. 36, partem 3. infra.
Stemmata Avium. latine et germanice.
Pagg. 48. tabb. æneæ 40. Lipsiæ, 1759. 4.
Johann BECKMANN.
Linneische synonymie zu J. T. Kleins verbesserter historie
der Vögel.
Naturforscher 1 Stück, p. 65—78.
Carolus LINNÆUS.
Het natuurlyk samenstel der Vogelen.
Uitgezogte Verhandelingen, 5 Deel, p. 149—206.
(Ex editione 10ma Systematis naturæ versa.)
BRISSON.
Ornithologia. latine et gallice. Paris. 1760. 4.
Vol. 1. pagg. 526 et lxxiij. tabb. æneæ 37.
2. pagg. 516 et lxvij. tabb. 46.
3. pagg. 332. tabb. 18.
Pars 2. pag. 333—734 et xcj. tab. 19—37.
4. pagg. 576 et liv. tabb. 46.
5. pagg. 544 et lv. tabb. 42.
6. pagg 543 et lxv. tabb. 47.
Supplementum. pagg. 146 et xxij. tabb. 6.
————— latine. (in compendium redacta.)
Lugduni Bat. 1763. 8.
Tom. 1. pagg. 500. Tom. 2. pagg. 527.
John LATHAM.
A general synopsis of Birds. London, 1781. 4.
Pagg. 416. tabb. æneæ color. 16.
Vol. 1. part 2. pag. 417—788. tab. 17—35. 1782.
2. part 1. pagg. 366. tab. 36—50. 1783.
2. pag. 367—808. tab. 51—69.
3. part 1. pagg. 328. tab. 70—95. 1785.
2. pag. 329—628. tab. 96—106.
Supplement. Pagg. 298. tab. 107—119. 1787.
Index Ornithologicus, sive systema Ornithologiæ.
Vol. 1. pagg. 466. Vol. 2. pag. 467—920. ib. 1790. 4.

218. *Historiæ Avium.*

Gybertus LONGOLIUS.
Dialogus de Avibus, et earum nominibus Græcis, Latinis,
et Germanicis.
    Plagg. 7.   Coloniæ, 1544.   8.
Guilielmus TURNER.
Avium præcipuarum, quarum apud Plinium et Aristote-
lem mentio est, historia.
    Plagg. 10.   Coloniæ, 1544.   8.
Pierre BELON.
L'histoire de la nature des Oyseaux, avec leurs descrip-
tions et naïfs portraicts retirez du naturel.
    Pagg. 381 ; cum figg. ligno incisis. Paris, 1555.   fol.
Francisco MARCUELLO.
Primera parte de la historia natural, y moral de las Aves.
                                      Zaragoça, 1617.   4.
    Foll. 260 ; cum figg. ligno incisis, rudibus.
Andres Ferrer DE VALDECEBRO.
Govierno general, moral, y politico, hallado en las Aves
mas generosas, y nobles.   Barcelona, 1696.   4.
    Pagg. 432 ; cum figg. ligno incisis, rudibus.
ANON.
A new general history of Birds.   Salop, 1744.   12.
    Vol. 1. pagg. 340. Vol. 2. pagg. 314 ; cum figg. ligno
    incisis.
The natural history of Birds, by T. Telltruth.
                                      London, 1778.   16.
    Pagg. 123 ; cum figg. ligno incisis.

219. *Icones Avium.*

Avi n vivæ icones, in æs incisæ et editæ ab *Adriano*
COLLARDO.
    Tabb. æneæ 16, longit. 5 unc. latit. 7 unc.
————— : Avium vivæ icones, Adr. Collardo inventore,
    et excusum apud C. J. Visscher anno 1625. Tabb. 18.
Avium iconum editio secunda. Adr. Collaert fecit et ex-
cud.   Tabb. 16.
Volatilium varii generis effigies. *N.* DE BRUYN inv.
Claes Janss. Visscher excu.
    Tabb. æneæ 12, longit. 3 unc. latit. 5 unc.

Verscheide Vogels uit alle de vier waerelds gewesten, en eenige Hollandse in't bezonder na't leven getekend; uitgegeeven door Carel Allard. Amsterdam.
Tabb. æneæ 16, long. 6 unc. lat. 7 unc.

Recueil d'Oyseaux les plus rares, tirez de la menagerie Royalle du parc de Versailles, desinez et gravez par *N.* ROBERT. 1676.
Tabb. æneæ 12, long. 9 unc. lat. 12½ unc.

Suite des Oyseaux les plus rares qui se voyent à la menagerie Royalle du parc de Versailles, desseignés et gravés par Nicolas Robert.
Tabb. 6, ejusdem magnitudinis.

Tabb. 6 aliæ ejusd. magn. Robert delineavit et excudit.

Tabb. æneæ 10, long. 8½ unc. lat. 7 unc. Avium figuras exhibentes, cum nominibus gallicis et latinis. G. V. lk ex.

(Icones Avium.)
Peter CASTEELS pinxit et fecit. Londini. Printed for John Bowles and Son.
Tabb. æneæ 12, long. 11 unc. lat. 13 unc.

(Icones Avium, cum nominibus anglicis.)
Designed by *Charles* COLLINS. H. Fletcher and J. Mynde sc. 1736.
Tabb. æneæ 8, long. 14 unc. lat. 18 unc.

220. *Descriptiones Avium miscellæ.*

Eleazar ALBIN.
A natural history of Birds.   London, 1731.   4.
        Pagg. 96. tabb. æneæ color. 101.
    Vol. 2. pagg. 92. tabb. 104.   1734.
    Vol. 3. pagg. 95. tabb. 101.   1738.

Johann Leonhard FRISCH.
Vorstellung der Vögel Deutschlandes, und beyläufig auch einiger fremden.   Berlin, 1739—1763. fol.
Tabb. æneæ color. 241 (255.) Textus foll. 43.

Johann Matthæus BECHSTEIN.
Vergleichung derjenigen abbildungen, welche in Frisch's vorstellung der Vögel Deutschlands enthalten sind, mit der 13ten ausgabe von Linnés natursysteme, nebst einigen bemerkungen über die von diesen Vögeln gegebene naturgeschichte.
in seine Naturgeschichte Deutschlands, 3 Band, p. 583 —741.

Petrus BARRERE.
Ornithologiæ specimen novum, sive series Avium in Rus-
cinone, Pyrenæis montibus, atque in Gallia Æquinoc-
tiali observatarum.
Pagg. 84. tab. ænea 1. Perpiniani, 1745. 4.
George EDWARDS.
A letter concerning the Pheasant of Pensylvania, and the
Otis minor.
Philosoph. Transact. Vol. 48. p. 499—503.
Josephus Theodorus KOELREUTER.
Aves Indicæ rarissimæ et incognitæ.
Nov. Comm. Acad. Petropol. Tom. 11. p 429—440.
Samuel Gottlieb GMELIN.
Rariorum Avium expositio. ib. Tom. 15. p. 439—484.
ANON.
Nouvelles especes d'Oiseaux qui n'ont pas encore été de-
crites.
Journal de Physique, Introduct. Tome 1. p. 679—682.
Anton Johann GÜLDENSTÆDT.
Sex Avium descriptiones.
Nov. Comm. Acad. Petropol. Tom. 19. p. 463—475.
J. E. I. WALCH et *J. C. D.* SCHREBER.
Beyträge zur exotischen Ornithologie.
Naturforscher, 11 Stück, p. 1—10.
13 Stück, p. 11—15.
17 Stück, p. 12—23.
18 Stück, p. 1—7.
Heinrich SANDER.
Beyträge zur geschichte der Vögel. ib. 11 St. p. 11—25.
13 Stück, p. 179—200.
18 Stück, p. 232—242.
——— ——— ——— in seine kleine Schriften, 1 Band,
p. 164—210.
Georg Friedrich GÖTZ.
Anmerkungen zu des Hrn. Prof. Sanders zweytem beytrag
zur geschichte der Vögel.
Naturforscher, 15 Stück, p. 157—162.
Naturgeschichte einiger Vögel.
Pagg. 119. tabb. æneæ color. 6.
Hanau u. Dessau, 1782. 8.
Fortgesezte beyträge zur Ornithologie.
Naturforscher, 19 Stück, p. 78—90.
Peter Simon PALLAS.
Beschreibung zweyer Südamerikanischer Vögel.
in seine Neu. Nord. Beyträge, 3 Band, p. 1—7.

I 2

———— Lichtenberg's Magaz. 2 Band, 1 Stück, p.
116—121.

Joseph MÄRTER.
Beschreibung einiger Vögeln, von den küsten der Südsee.
Physik. Arbeiten der eintr. Freunde in Wien, 1 Jahrg.
1. Quart. p. 75, 76.
2. Quart. p. 47, 48.

Joseph Franz VON JACQUIN.
Beyträge zur geschichte der Vögel.
Pagg. 45. tabb. æneæ color. 19.   Wien, 1784.   4.

Blasius MERREM.
Beyträge zur besondern geschichte der Vögel.
1 Heft. pagg. 24. tabb. æneæ color. 6.
Goettingen, 1784.   4.
————: Avium rariorum et minus cognitarum icones
et descriptiones.
Fascic 1. pagg. 20. tabb. æneæ color. 6.
2. pag. 21—45. tab. 7—12.   Lipsiæ, 1786.   4.

Friedrich GRILLO.
Ornithologische bemerkungen.
Naturforscher, 22 Stück, p. 127—144.
25 Stück, p. 13—23.

Joachim Johann Nepomuk SPALOWSKY.
Beytrag zur naturgeschichte der Vögel.
Pagg. 20. tabb. æneæ color. 43.   Wien, 1790.   4.
Zweyter beytrag. Pagg. 20. tabb. 40.   1791.
Dritter beytrag. Pagg. 39. tabb. 45.   1792.

221. *Observationes Ornithologicæ miscellæ.*

Johannes Wolfgangus MAJER.
Dissertatio de Avibus literigerulis. Resp. Joh. Sim.
Dilger.
Plagg. 3½.   Jenæ, 1683.   4.
Disputatio posterior. Resp. Joh. Mart. Heym. 1684.
Plagg. 4.

Güntherus Christophorus SCHELHAMMER.
Aves erectæ incedentes.
Ephem. Ac. Nat. Cur. Dec. 2. Ann. 9. p. 249—
251.

SONNINI DE MANONCOUR.
Observation sur les Coqs et Poules de l'Amerique Meri-
dionale.
Journal de Physique, Tome 6. p. 128, 129.

Bernhard Christian OTTO.
Auszug aus einem Schreiben.
Beschäft. der Berlin. Ges. Nat. Fr. 3 Band, p. 453—459.
MOREL.
Notes sur les oiseaux monstrueux nommés Drønte, Dodo, Cygne capuchoné, Solitaire et Oiseau de Nazare.
Journal de Physique, Tome 12. p. 154—157.
NICOLAS.
Observations sur quelques varietés dans les Oiseaux.
Journal de Physique, Tome 13. p. 228—230.
———: Bemerkingen omtrent sommige verscheidenheden in de Vogelen.
Geneeskundige Jaarboeken, 5 Deel, p. 62—66.
Philippe Picot DE LAPEIROUSE.
Beskrifningar och rättelser, hörande till historien om Foglarne; öfversatte, med anmärkningar af C. P. Thunberg.
Vetensk. Acad. Handling. 1782. p. 104—120.
August Christian KÜHN.
Beyträge zu der geschichte der Vögel.
Lichtenberg's Magaz. 1 Band, 3 Stück, p. 59—69.
Franz von Paula SCHRANK.
Zoologische wahrnehmungen.
Schrift. der Berlin. Ges. Nat. Fr. 3 Band, p. 194—198.
DEFAY.
Lettre sur un phenomene d'histoire naturelle.
Journal de Physique, Tome 25. p. 293—295.
———: Ueber die fortpflanzung einiger zahm gemachten, sonst in freyheit lebenden thiere.
Lichtenberg's Magaz. 3 Band, 1 Stück, p. 61—65.
Gustaf VON CARLSON.
Tal med strödde anmärkningar öfver Foglarnes seder och hushållning.
Pagg. 22.   Stockholm, 1789. 8.
William MARKWICK.
On the migration of certain Birds, and on other matters relating to the feathered tribes.
Transact. of the Linnean Soc. Vol. 1. p. 118—130.

222. *Vivaria et Musea Ornithologica.*

Joannes Antonius SCOPOLI.
Descriptiones Avium musei proprii, et rariorum in vivario
Imperatòris, et in museo Comitis Turriani.
Annus ejus 1mus historico-naturalis. (vide Tomum 1.)
Additamenta in Anno 5to, p. 7—11.
ANON.
Catalogue des Oiseaux de la collection de M. le Baron de
Faugeres.
Pagg. 94.   Paris, 1782. 8.
Andreas SPARRMAN.
Museum Carlsonianum, novas et selectas Aves exhibens.
Fasciculus 1. Foll. 25. tabb. æneæ color. 25.
Holmiæ, 1786. fol.
2. Fol. et tab. 26—50.   1787.
3. Fol. et tab. 51—75.   1788.
4. Fol. et tab. 76—100.   1789.
W. HAYES.
Portraits of rare and curious Birds, with their descrip-
tions, from the menagery of Osterly Park, in the county
of Middlesex.   London, 1794. 4.
Pag. 1—40. tabb. æneæ color. totidem.

223. *Ornithologi Topographici.*

Magnæ Britanniæ.

John RAY.
A Catalogue of English Birds. in his Collection of Eng-
lish words not generally used, p. 81—96.
London, 1674. 8.
————: Catalogus Avium Britannicarum.
in Willoughby Ornithologia, p. 17—23.
————: A catalogue of English Birds.
in Willoughby's Ornithology, p. 21—28.
(*Marmaduke* TUNSTALL.)
Ornithologia Britannica, seu Avium Britannicarum cata-
logus, sermone latino, anglico, et gallico redditus.
London, 1771. fol.
Pagg. 4; cum figuris Turdi Cincli æri incisis.

(Thomas PENNANT.)

Aves Britannicæ.   fol.

Folium 1 ; præfixa figura Coraciæ garrulæ æri incisa.

——— Idem catalogus præfixa figura Ardeæ Garzettæ.

A catalogue of British Birds. Pagg. 8.   8.

John LATHAM.

A list of the Birds of Great Britain. in his Synopsis of
Birds, Supplement, p. 281—298.

William LEWIN.

The Birds of Great-Britain, with their Eggs, accurately
figured.   London, 1789. 4.

Vol. 1. pagg. 41. tabb. pictæ avium 41, ovorum 7.

Vol. 2. pagg. 46. tab. avium 42—86, ovorum 8—13.
                                         1790.

Vol. 3. pagg. 42. tab. avium 87—127. ovorum 14—18.
                                         1791.

Vol. 4. pagg. 39. tab. avium 128—165. ovorum 19—28.
                                         1792.

Vol. 5. pagg. 38. tab. avium 166—201. ovorum 29—37.
                                         1792.

Vol. 6. pagg. 34. tab. avium 202—235. ovorum 38—47.
                                         1793.

Vol. 7. pagg. 33. tab. avium 236—265. ovorum 48—52.
                                         1794.

Thomas LORD.

Oecumenical history of British Birds.

                              London, 1791.   fol.

Tab. æn. color. 1—96. Textus folia totidem.

224. *Belgii.*

Nederlandsche Vogelen, beschreeven door *Cornelius*
NOZEMAN, en verder, na zyn Ed. overlyden, door
Martinus HOUTTUYN ; getekend, in't koper geb-
ragt, en natuurlyk gekoleurd door, en onder opzicht van
Christiaan SEPP *en zoon.*   Amsterdam, 1770. fol.

1 Deel. pagg. 92. tabb. æneæ color. 50.

2 Deel. pag. 93—194. tabb. 50.   1789.

Tomi 3. adsunt pag. 195—272, cum tabb. 39.

Ger. Nicolaus HEERKENS.

Aves Frisicæ. (Alauda, Loxia, Pica, Hirundo, Anser, Regulus, Coturnix, Sturnus, Turdus, Merula, carmine
descriptæ.)

Pagg. 298.   Rotterrodami, 1787. 8.

225. *Italiæ.*

Philippus Aloysius GILIJ.
Agri Romani historia naturalis, sive methodica synopsis
naturalium rerum in agro Romano existentium Pars 1.
Regnum Animale. Tomus 1. Ornithologia, in qua de
priori avium classe.
Pagg. 176. tabb. æneæ 24.　　　Romæ, 1781. 8.
Comte MOROZZO.
Description d'un Cygne sauvage pris en Piemont le 29
Dec. 1788, suivie d'une notice de quelques autres oi-
seaux etrangers, qui ont paru dans l'hiver du 1788—
1789.
Mem. de l'Acad. de Turin, Vol. 4. p. 99—107.

226. *Germaniæ.*

Franciscus Ernestus BRÜCKMANN.
Aves sylvæ Hercynicæ.
Epistola itineraria 17. Cent. 2. p. 143—162.
Aves in Germania obviæ. Epistola 18. p. 163—174.
Johannes Henricus ZORN.
Epistola de Avibus Germaniæ, præsertim sylvæ Hercynicæ.
Pagg. 16.　　　Pappenheim, 1745. 4.
P. F. GRANDIDIER.
Versuch einer Hessischen Ornithologie.
Hessische Beyträge, 2 Band, p. 106—111.
Johann Gottlob SCHNEIDER.
Physiologische und literarische bemerkungen aus der na-
turgeschichte der einheimischen Vögel.
Leipzig. Magazin, 1786. p. 460—503.
Bernhard Sebastian NAU.
Beiträge zur nähern kentniss der naturgeschichte ein-
heimischer Vögel.
Naturforscher, 25 Stück, p. 7—12.

227. *Imperii Danici.*

Martin Thrane BRÜNNICH.
Ornithologia Borealis.
Pagg. 80. tab ænea 1.　　　Hafniæ, 1764. 8.
Johann Dieterich PETERSEN.
Verzeichniss Balthischer Vögel, alle auf *Christiansöe* ge-
schossen, zubereitet und ausgestopft.
Pagg. 12.　　　Altona, 1766. 4.

Hans Sᴛʀöᴍ.
Om et par rare Fugle.
Norske Vidensk. Selsk. Skrift. 5 Deel, p. 539—546.

228. *Sveciæ.*

Pehr G. Tᴇɴɢᴍᴀʟᴍ.
Ornithologiska anmärkningar, gjorde vid *Almare-Stäk*
i Upland.
Vetensk. Acad. Handling. 1783. p. 43—55.
Samuel Öᴅᴍᴀɴɴ.
Specimen Ornithologiæ *Wermdöensis.*
Nov. Act. Societ. Upsal. Vol. 5. p. 56—84.

229. *Borussiæ.*

Friedrich Samuel Boᴄᴋ.
Preussische Ornithologie.
Naturforscher, 8 Stück, p. 39—61. Accipitres.
9 Stück, p. 39—60. Picæ.
12 Stück, p. 131—144. Anseres.
13 Stück, p. 201—223. Grallæ.
17 Stück, p. 66—116. Gallinæ et Pas-
seres.

230. *Curlandiæ.*

Johann Melchior Gottlieb Bᴇsᴇᴋᴇ.
Beyträge zur naturgeschichte der Vögel Kurlands.
Beob. der Berlin. Ges. Nat. Fr. 1 Band, p. 446—465.

231. *Africæ.*

Soɴɴᴇʀᴀᴛ.
Descriptions de deux Pigeons et d'une Mesange du Cap
de Bonne-Esperance.
Journal de Physique, Tome 4. p. 466—471.
René Louiche Dᴇsғoɴᴛᴀɪɴᴇs.
Memoire sur quelques nouvelles especes d'Oiseaux des
côtes de Barbarie.
Mem. de l'Acad. des Sc. de Paris, 1787. p. 496—505.

Paul Erdmann Isert.
Kurze beschreibung und abbildung einiger Vögel aus Guinea.
Beob. der Berlin. Ges. Naturf. Fr. 3 Band, p. 16—20. & p. 332—334.
———— : Description du Musophage violet.
Journal de Physique, Tome 34. p. 458—460.
Est versio prioris partis hujus commentationis.

232. *Aves canoræ.*

Instruction pour elever, nourrir, dresser, instruire et penser toutes sortes de petits Oyseaux de voliere, que l'on tient en cage pour entendre chanter. Paris, 1674. 12.
Pagg. 67 ; præter libellum de morbis canum, non hujus loci.
Nicolaus Baerius.
Ornithophonia, sive harmonia melicarum Avium, carmine latino-germanico decantatarum.
Pagg. 384 ; cum figg. ligno incisis. Bremæ, 1695. 4.
Carlo Taglini.
Sopra un aggradevole armoniosa cantilena di un Fringuello marino.
in ejus Lettere scientifiche, p. 95—124.
Eleazar Albin.
A natural history of English Song-Birds.
3d edition.   London, 1759. 8.
Pagg. 96 ; cum tabb. æneis.
———— : A natural history of singing Birds, and particularly that species of them most commonly bred in Britain ; by a Lover of Birds. (omisso Albini nomine.)
Pagg. 120 ; cum tabb. æneis. Edinburgh, 1776. 12.
Anon.
Unterricht von den verschiedenen arten der Canarienvögel und der Nachtigallen.
Frankf. und Leipzig, 1772. 8.
Pagg. 208. tabb. æneæ color. 10.
Daines Barrington.
Experiments and observations on the Singing of Birds.
Philosoph. Transact. Vol. 63. p. 249—291.
———— in Pennant's British Zoology, Vol. 2. p. 561—
600.   Warrington, 1776. 4.

————: Experiences et observations sur le chant des Oiseaux.
Journal de Physique, Tome 3. p. 393—408.
————: Esperienze ed osservazioni sul canto degli Uccelli.
Scelta di Opusc. interess. Vol. 11. p. 3—36.
Of the small Birds of flight.
Pennant's British Zoology, Vol. 2. p. 552—560.

233. *Monographiæ Accipitrum.*

Vultur Gryphus.

Hans SLOANE.
An account of a prodigiously large feather of the bird Cuntur.
Philosoph. Transact. Vol. 18. n. 208. p. 61, 62.

234. *Vultur Papa.*

Naturgeschichte des Geyerkönigs.
Berlin. Sammlung 4 Band, p. 173—179.
Johann Julius WALBAUM.
Von dem Geyerkönig. Beobacht. der Berlin. Gesellsch.
Naturf. Fr. 3 Band, p. 246—256.

235. *Vultur Percnopterus.*

Fredric HASSELQUIST.
Beskrifning på Egyptiska Bärg-falken.
Vetensk. Acad. Handling. 1751. p. 196—205.
————: Falco capite nudo, montes Ægypti inhabitans.
Analect. Transalpin. Tom. 2. p. 349—354.

236. *Falconum genus.*

Blasius MERREM.
Bestimmung der kennzeichen der Adler und Falken.
in seine vermischte Abhandl. aus der Thiergeschichte, p. 76—168.

237. *Falcones varii.*

Constantino ZIEGRA

Præside, Dissertatio: Rex avium Aquila. Resp. Joach.
Ern. Helwigius.
Plagg. 3.   Wittebergæ, 1667. 4.

Johanne Friderico CHRISTIO

Præside, Dissertatio: Aquilæ juventas secundum verba
Horatii Libro 4. Oda 4. temporibus suis contra inter-
pretum errores restituta. Resp. Joh. Erdm. Valterus.
Pagg. 29.   Lipsiæ, 1746. 4.

Jacob von der Lippe PARELIUS.

Om Graa-Falken og Slagörnen eller Skiorvingen.
Norske Vidensk. Selsk. Skrift. 4 Deel, p. 417—422.

ANON.

Description de l'Epervier cendré de Cayenne.
Journal de Physique, Introd. Tome 2. p. 145—147.

Joseph MAYER.

Beschreibung des Mäusehabichts. Abhandl. einer Privatgesellsch. in Böhmen, 6 Band, p. 313—316.

238. *Falco Serpentarius.*

Arnout VOSMAER.

Beschryving van eenen Afrikaanschen Roof-vogel, de Sa-
gittarius genaamd.
Pagg. 8. tab. ænea color. 8va. Amsterdam, 1769. 4.
—————: Description d'un Oiseau de proie, nommé le
Sagittaire.
Pagg. 8. tab. ænea 8va.   ib. 1769. 4.

George EDWARDS.

Description of a Bird from the East Indies.
Philosoph. Transact. Vol. 61. p. 55, 56.

239. *Falco Albicilla.*

Samuel ÖDMANN.

Falco Albicilla, Svet. Hafs-örn.
Nov. Act. Societ. Upsal. Vol. 4. p. 229—238.

240. *Falco Haliætus.*

Samuel ÖDMANN.

Fiskljusens hushållning och historia.
Vetensk. Acad. Handling. 1784. p. 301—309.

241. *Striges Svecicæ.*

Pebr Gustaf TENGMALM.
Utkast til Uggelslägtets, i synnerhet de Svenska arternas,
natural-historia.
Vetensk. Acad. Handling. 1793. p. 229—240, et p.
266—296.

242. *Strix Bubo.*

Giovanni Serafino VOLTA.
Saggio sopra la storia naturale del Gran-Gufo d'Italia,
detto comunemente Bubone.
Opuscoli scelti, Tomo 4. p. 164—173.
O. L. CRONSTEDT.
Anmärkning om Berg-ufven (Strix Bubo.)
Vetensk. Acad. Handling. 1789. p. 157—160.

243. *Strix Aluco.*

Pebr Gustaf TENGMALM.
Anmärkningar vid Strix Aluco. ib. 1782. p. 138—143.

244. *Lanius Collurio.*

Pebr Gustaf TENGMALM.
Anmärkningar vid Lanius Collurio. ib. 1781. p. 98—105.

245. *Monographiæ Picarum.*

Psittacus in genere.

Christianus SCHMIDICHEN.
Dissertatio de Psittaco. Resp. Is. Thilo.
Plag. 1½. Lipsiæ, 1659. 4.

246. *Psittacus grandis.*

Arnout VOSMAER.
Beschryving van eene Oost-indische Papegaay-soort, de
groote purper-roode Loeri genaamd, in Ceylon vallende.
Pagg. 10. tab. ænea color. 7ma. Amsterdam, 1769. 4.

———: Description d'une espece de Perroquet des Indes, nommé le grand Lory rouge-pourpré.
Pagg. 10. tab. ænea 7ma.   Amsterdam, 1769. 4.

247. *Ramphastos piscivorus.*

Naturgeschichte des grossschnablichten Pfeffervogels.
Berlin. Sammlung. 5 Band, p. 294—302.

248. *Buceros africanus.*

Hydrocorax indicus. Rhinoceros avis. Le calao des Indes.
J. V. D. Schley sculp.   T. Haak excudit.
Tab. ænea color. long. 17 unc. lat. 12 unc.
Geoffroy, *fils.*
Buceros africanus, le Calao d'Afrique.
    Actes de la Soc. d'Hist. Nat. de Paris, Tome I. p. 18
    —20.

249. *Buceros Rhinoceros.*

Cajetanus Monti.
De rostro Rhinocerotis.
    Comment. Instituti Bonon. Tom. 3. p. 298—302.

250. *Corvus erythrorhynchus.*

Description d'un Geai de la Chine.
Journal de Physique, Tome 2. p. 146.

251. *Coracias Garrula.*

Die blaue Holzkrähe, sogenannte Mandelkrähe, oder Birkheher.
    Neu. Hamburg. Magaz. 116 Stück, p. 105—110.
Carl Niclas Hellenius.
    Beskrifning öfver Blåkråkans seder och hushållning.
    Vetensk. Acad. Handling. 1787. p. 308—316.

252. *Oriolus Galbula.*

Carl Linnæus.
Sommar- Guling beskrifven. ib. 1750. p. 127—132.

————: Ampelis flava, artubus nigris, rectricibus
quinque exterioribus retrorsum flavis.
Analect. Transalpin. Tom. 2, p. 277—280.
Andreas SPARRMAN.
Anmärkningar vid Oriolus Galbula.
Vetensk. Acad. Handling. 1786. p. 70—73.

253. *Paradisearum genus.*

Johann Reinhold FORSTER.
De Paradiseis et Phoenice, vide supra pag. 44.
Alexander CORNABE.
Beschryvinge van de Paradys Vogel.
Verhandel. van het Bataviaasch Genootsch. 5 Deel, p.
14—16.

254. *Paradisea apoda.*

Melchior GUILANDINUS.
Manuco Diattæ, hoc est aviculæ Dei descriptio. impr.
cum ejus de stirpibus epistolis; fol. 45—48.
                                    Patavii, 1558. 4.
Georgius Casparus KIRCHMAJER.
De Ave Paradisi sive Manucodiata. inter ejus Disserta-
tiones de Basilisco, &c. p. 153—168.
                                    Wittebergæ, 1669. 8.

255. *Paradisea regia.*

Daniele GRÜZMANN
Præside, Dissertatio: Aves Paradisiacæ, et primario ha-
rum Rex. Resp. Nic. Bonenberg. (1667.)
                                    recusa Jenæ, 1688. 4.
Plagg. 3; cum fig. ligno incisa.

256. *Cuculus canorus.*

Martino HEINSIO
Præside, Disputatio de impio alite Cuculo. Resp. Heinr.
Thomæ.
Plagg. 3½.   Wittebergæ, 1638. 4.
Gabriel CLAUDERUS.
Pullorum Cuculi exclusio vera.
Ephem. Ac. Nat. Cur. Dec. 2. Ann. 7. p. 330, 331.

Conrad Michaël VALENTINI.
Cuculus a Rubecula enutritus.
Act. Acad. Nat. Curios. Vol. 1. p. 285.
Andrea GRÖNWALL
Præside, Dissertatio de ingrato Cuculo. Resp. Thom.
Jerlinus.
Pagg. 16.   Holmiæ, 1731. 8.
Baron Carl Wilhelm CEDERHJELM.
Anmärkning om Göke- ägg.
Vetenṣk. Acad. Handling. 1741. p. 70—72.
ANON.
Warum der Kukuk seine eyer nicht selbst ausbrütet.
Berlin. Magaz. 4 Band, p. 397—399.
Anton Joseph LOTTINGER.
Le Coucou, discours apologetique.
Pagg. 78.   Nancy, 1775. 8.
————: Der Kukuk, oder nachrichten über die natur-
geschichte dieses vogels.
Pagg. 80.   Strasburg, 1776. 8.
ANON.
Beytrag zur naturgeschichte des Kukuk.
Lichtenberg's Magaz. 1 Band. 2 Stück, p. 15—17.
Daines BARRINGTON.
Essay on the prevailing notions with regard to the Cuc-
kow. in his Miscellanies, p. 245—261.
Edward JENNER.
Observations on the natural history of the Cuckoo.
Philosoph. Transact. Vol. 78. p. 219—237.
————: Observations sur l'histoire naturelle du Cou-
cou.
Journal de Physique, Tome 38. p. 161—171.
————: Osservazioni sulla storia naturale del Cuculo.
Opuscoli scelti, Tomo 14. p. 154—164.
Johann Matthæus BECHSTEIN.
Von den Kuckucken in Deutchland.
Voigt's Magaz. 6 Band. 1 Stück, p. 60—72.

257. *Cuculus indicator.*

Andreas SPARRMAN.
The history of the Honey-Guide.
Philosoph. Transact. Vol. 67. p. 43—47.

258. *Picus major.*

Paulus Henricus Gerhardus Möhring.
Probe von Möhrings ornithologia Jeverana.
Meyer's zoolog. Annalen, 1 Band, p. 406—412.

259. *Picus tridactylus.*

Carl Linnæus.
Beskrifning på en ny Fogel: Picus pedibus tridactylis.
Vetensk. Acad. Handling. 1740. p. 214—216.
————: Picus pedibus tridactylis descriptus.
Analect. Transalpin. Tom. 1. p. 35, 36.

260. *Alcedines variæ.*

Franciscus Ernestus Brückmann.
De Halcyone, Epistola itineraria 4. Cent. 2. p. 17—24.
Arnout Vosmaer.
Beschryving van een Amerikaanschen langstaartigen Ys-
  Vogel.   Amsterdam, 1768. 4.
  Pagg. 9. tab. ænea color. 2da.
————: Description d'un Alcyon d'Amerique à longue
  queue.   ib. 1768. 4.
  Pagg. 9. tab. ænea 2da.
Beschryving van een Amerikaansch Ys-Vogeltje.
  Pagg. 6. tab. ænea color. 3tia.   ib. 1768. 4.
————: Description d'un petit Alcyon d'Amerique.
  Pagg. 6. tab. ænea 3tia.   ib. 1768. 4.
Heinrich Sander.
Von den Eisvögeln, insbesondere vom Haubeneisvogel.
  in seine kleine Schriften, 1 Band, pag. 155—164.

261. *Alcedo Ispida.*

Constantino Ziegra
  Præside, Dissertatio de Halcyone.   Resp. Ge. Beckerus.
  Plagg. 3.   Wittebergæ, 1677. 4.
Johann Leonhard Frisch.
  Observationes, quæ descriptioni Ispidæ sive Halcyonis
  addi possunt.
  Miscellan. Berolinens. Cont. 2. p. 40—42.

Tom. 2.   K

Balthasar SPRENGER.
Halcyonis post mortem observata incorruptibilitas.
in ejus Opusculis Physico-Mathematicis, p. 1—24.
Hannoveræ, 1753. 8.

262. *Alcedo tridactyla.*

Arnout VOSMAER.
Beschryving van twee kortstaartige Oost-indische Ys-Vo-
geltjes.   Amsterdam, 1768. 4.
Pagg. 7. tab. ænea color. 4ta.
——————: Description de deux petits Alcyons des Indes
Orientales, à queue courte.
Pagg. 7. tab. ænea 4ta.   ib. 1768. 4.

263. *Merops Novæ Seelandiæ.*

The Poa. Robt. Laurie del. et fec.
Tab. ænea, long. 14 unc. lat. 10 unc.

264. *Certhia coccinea.*

George FORSTER.
Beschreibung des rothen Baumläufers von der insel O-
Waihi.
Götting. Magaz, 1 Jahrg. 6 Stück, p. 346—351.

265. *Certhia muraria.*

Georg Friedrich GÖTZ.
Beytrag zur naturgeschichte des Mauerspechts.
Naturforscher, 17 Stück, p. 40—44.
—————— in seine Naturgesch. einiger Vögel, p. 80—85.

266. *Trochili varii.*

ANON.
Description d'un Oiseau-mouche.
Journal de Physique, Tome 9. pag. 466, 467.
DE BADIER.
Sur la nourriture des Colibris et des Oiseaux-mouches.
ib. Tome 11. p. 32, 33.
Louis BOSC.
Description d'une nouvelle espece de Grimpereau.
Journal d'Hist. Nat. Tome 1. p. 385, 386.

267. *Trochilus Colubris.*

(HAMERSLY. vide n. 202. p. 815.)
Description of the American Tomineius, or Humming
Bird.
Philosoph. Transact. Vol. 17. n. 200. p. 761, 761.
Petrus Henricus TESDORPF.
Versuch einer beschreibung des Colibrit.
Pagg. 32. Leipzig und Lübeck, 1754. 4.

268. *De Anseribus Scriptores.*

Johan Ernst GUNNERUS.
Om nogle Lom-artede Fugle.
Norske Vidensk. Selskab. Skrift. 1 Deel, p. 236—270.

269. *Monographiæ Anserum.*

Anas Cygnus.

Thomas BARTHOLINUS.
Cygni anatome ejusque cantus. Resp. Joh. Jac. Bewer-
linus.
Plagg. 4. tab. ænea 1. Hafniæ, 1650. 4.
———— edidit Casparus filius.
Pagg. 96. tab. ænea 1. ib. 1668. 8.
Joachimus FELLERUS
Et Ge. Gerhardus Cygnorum cantum defendere cona-
buntur.
Plagg. 2. Lipsiæ, 1660. 4.
Gothofredus VOIGTIUS.
De cantione Cycnea.
in ejus Curiositatibus physicis, p. 73—106.
Esdras Henricus EDZARDUS.
Ex Cygno ante mortem non canente, qualis fuerit spiritus,
qui non diu ante obitum Hottingeri tabulæ pensili in-
scripsit versum : Carmina jam moriens, canit exequialia
Cygnus. Resp. Sam. Gottfr. Martini.
Plagg. 2. Vitembergæ, 1722. 4.
ANON.
Von dem Schwanengesange.
Neu Hamburg. Magaz. 106 Stück, p. 371—379.

A. MONGEZ.
Memoire sur des Cygnes qui chantent.
Journal de Physique, Tome 23. p. 304—314.
————: Verhandeling over het zingen der Zwaanen.
Nieuwe geneeskund. Jaarboek. 4 Deel, p. 122—131.
MAUDUIT.
Lettre à M. l'Abbé Mongez.
Journal de Physique, Tome 24. p. 133, 134.
THILLAYE.
Description d'une singularité du Cygne.
Journal d'Hist. Nat. Tome 1. p. 463—467.

270. *Anas Olor.*

Johann Daniel TITIUS.
Vom nuzen und unschädlichkeit der Schwäne.
Berlin. Sammlung. 7 Band, p. 583—592.

271. *Anas cygnoides β. orientalis.*

Johann Leonhard FRISCH.
De ansere Tschinico.
Miscellan. Berolinens. Tom. 6. p. 127, 128.

272. *Anas spectabilis.*

Otho FABRICIUS.
Om den pukkelnebbede Edderfugl (Anas spectabilis) og
Grönlændernes Edderfuglefangst.
Naturhist. Selsk. Skrivt. 2 Bind, 2 Heft, p. 56—83.

273. *Anas fusca.*

Samuel ÖDMANN.
Swärtan beskrifven til des seder och hushållning.
Vetensk. Acad. Handling. 1785. p. 191—195.

274. *Anas albifrons.*

Johann Julius WALBAUM.
Beschreibung der lachenden Gans männlichen geschlechts.
Beob. der Berlin. Ges. Nat. Fr. 2 Band, 2 St. p. 75—91.

275. *Anas Anser.*

Johannes Christianus FROMMANN.
Anser Martinianus. (editio altera.)
Plagg. 14½. Lipsiæ, 1683. 4.

276. *Anas erythropus et Bernicla.*

Johanne Ernesto HERING
Præside, Dissertatio de ortu Avis Britannicæ. Resp. Joh.
Junghans.
Plagg. 2. Wittebergæ, 1665. 4.
GRAINDORGE.
Traité de l'origine des Macreuses.
Pagg. 89. Caen, 1680. 8.
——— in Traités très rares concernant l'histoire na-
turelle, (publiés par Buchoz,) p. 1—92.
Paris, 1780. 12.
Tancred ROBINSON.
Some observations on the French Macreuse, and the Scotch
Bernacle.
Philosoph. Transact. Vol. 15. n. 172. p. 1036—1038.
John RAY.
A letter concerning the French Macreuse. ib. p. 1041—
1044.
Georgius FUNCCIUS.
Discursus historico-physicus de Avis Britannicæ, vulgo,
Anseris arborei, ortu et generatione. Resp. Godofr.
Schmidt.
Plag. 1½. Regiomonti, 1689. 4.
DE LA FAILLE.
Memoire dans lequel on examine le sentiment des anciens
et des modernes sur l'origine des Macreuses.
Mem. etrangers de l'Acad. des Sc. de Paris, Tome 9.
p. 331—344.

277. *Anas mollissima.*

Morten Thrane BRÜNNICHE.
Eder-Fuglens beskrivelse. Kiöbenhavn, 1763. 8.
Pagg. 60. tabb. æneæ color. 3.
Tillæg til Ederfuglens beskrivelse.
Pagg. 36. ib. 1763. 8.

278. *Anas glocitans.*

Peter Simon PALLAS.
Den skrockande Anden (Anas glocitans) beskrifven.
Vetensk. Acad. Handling. 1779. p. 26—34.

279. *Anas hyemalis.*

Samuel ÖDMANN.
Ornithologiske anmärkningar om Al-Foglen.
Vetensk. Acad. Handling. 1783. p. 313—322.

280. *Anas Nyroca.*

Anton Johann GÜLDENSTÆDT.
Anas Nyroca. Nov. Comm. Acad. Petropol. Tom. 14.
Pars 1. p. 403—408.

281. *Mergorum genus.*

Peter Simon PALLAS.
Erinnerung wegen des Mergus Serrator.
Beschäft. der Berlin. Ges. Nat. Fr. 2 Band, p. 551—
558.
Samuel ÖDMANN.
Skräckans (Mergi Merganseris) hushållning och lef-
nadssätt, jämte någre anmärkningar öfver detta slägte
i allmänhet.
Vetensk. Acad. Handling. 1785. p. 307—316.

282. *Mergus Merganser.*

Johan ILSTRÖM.
Om Körfogelens nytta. ib. 1749. p. 190—196.
————. Mergus pisces captans.
Analect. Transalpin. Tom. 2. p. 194—197.
Johann BECKMANN.
Beytrag zur naturgeschichte des Meerrachen, Mergus Ser-
rator.
Beschäft. der Berlin. Ges. Nat. Fr. 1 Band, p. 170—
176.
Johann Julius WALBAUM.
Beschreibung der Täucher-gans weiblichem geschlechts.
Beob. der Berlin. Ges. Nat. Fr. 1 Band, p. 119—130.

283. *Mergus Albellus.*

Samuel ÖDMANN.
Zoologisk anmärkning om Mergus Albellus.
Vetensk. Acad. Handling. 1780. p. 237—240.
ANON.
Over den kleinen witkoppigen Zaager.
Nieuwe geneeskund. Jaarboek. 5 Deel, p. 205—209.

284. *Alcarum genus.*

Samuel ÖDMANN.
Tordmulens (Alcæ Tordæ) hushållning, jämte några an-
märkningar öfver Alk-slägtet i allmänhet
Vetensk. Acad. Handling. 1788. p. 205—218.

285. *Alca Torda.*

Johann Julius WALBAUM.
Beschreibung des Scheerschnabels.
Beob. der Berlin. Ges. Nat. Fr. 3 Band, p. 75—87.

286. *Aptenodytarum genus.*

Thomas PENNANT.
Account of the different species of the Birds, called Pin-
guins.   Philosoph. Transact. Vol. 58. p. 91—99.
————: Histoire de differentes especes d'oiseaux, ap-
pellés Pinguins.
Journal de Physique, Introd. Tome 1. p. 501—506.
Pars hujus commentationis est:
Beschreibung des Patagonischen Pinguins.
Naturforscher, 1 Stück, p. 258—261.
Joannes Reinoldus FORSTER.
Historia Aptenodytæ, generis avium orbi australi proprii.
Comment. Societ. Gotting. Vol. 3. p. 121—148.

287. *Procellaria pelagica.*

Carl LINNÆUS.
Storm-väders-fogelen beskrifven.
Vetensk. Acad. Handling. 1745. p. 93—96.
————: Procellaria avis descripta.
Analect. Transalpin. Tom. 1. p. 376—378.

288. *Procellaria glacialis.*

Anton Rolandson MARTIN.
   Beskrifning på en Procellaria, som finnes vid Norr-polen.
   Vetensk. Acad. Handling. 1759. p. 94—99.
Johann Ernst GUNNERUS.
   Om Hav-Hesten, en söe-fugl.
   Norske Vidensk. Selsk. Skrift. 1 Deel, p. 182—202.

289. *Procellaria æquinoctialis.*

Fredericus LACHMUND.
   De ave Diomedea dissertatio.
   Pagg. 52; cum tabb. æneis.   Amstelædami, 1674. 12.
   —————— impr. cum parte 1. Opusculorum Fr. Redi.
   Pagg. 40; cum tabb. æneis.   ib. 1686. 12.

290. *Diomedearum genus.*

Jean Reinold FORSTER.
   Memoire sur les Albatros.
   Mem. etrangers de l'Acad. des Sc. de Paris, Tome 10.
   p. 563—572.

291. *Pelecanus Onocrotalus.*

Antonius DEUSINGIUS.
   De Pelicano. in ejus Dissertation. selectis, p. 616—636.
Johannes Georgius VOLKAMER.
   De Pelicano.
   Ephem. Ac. Nat. Cur. Dec. 3. Ann. 4. p. 247—249.
Johann Leonhard FRISCH.
   De Pelicano.
   Act. Acad. Nat. Curios. Vol. 5. p. 251—254.
Joan. Bernh. DE FISCHER.
   De Pelecano.
   Nov. Act. Acad. Nat. Curios. Tom. 1. p. 284—289.
Christophorus Jacobus TREW.
   Quædam ad Pelecani seu Onocrotali avis historiam. ibid.
   p. 448—455.
Johann August UNZER.
   Von der haut des Pelicans.
   in seine physicalische Schriften, 1 Samml. p. 431, 432.

292. *Pelecanus Aquilus.*

Die Fregatte. Berlin. Sammlung. 5 Band, p. 520—524.

293. *Pelecanus Carbo.*

Johann Leonhard F RISCH.
De Mergo quodam in Marchia Brandenburg capto.
Miscellan. Berolinens. Tom. 6. p. 125—127.
Johann Julius W ALBAUM.
Naturgeschichte des Seerabens vom männlichen ge-
schlechte.
Beob. der Berlin. Ges. Nat. Fr. 1 Band, p. 430—445.

294. *Pelecanus Bassanus β.*

VINCENT.
Lettre sur le grand Fou.
Journal de Physique, Tome 1. p. 470—473.

295. *Colymbi varii.*

Pehr Gustaf TENGMALM.
Slägtet Podiceps, och de Svenska arterna däraf.
Vetensk. Acad. Handling. 1794. p. 300—315.

296. *Colymbus Grylle.*

Samuel ÖDMANN.
Uria Grylle, Grissla, beskrifven.
Vetensk. Acad. Handling. 1781. p. 225—235.

297. *Colymbus Urinator.*

Die Grebe. Berlin. Sammlung. 6 Band, p. 513—516.

298. *Larorum genus.*

Samuel ÖDMANN.
Utkast til Måse-slägtets historia.
Vetensk. Acad. Handling. 1783. p. 89—122.

299. *Larus canus.*

PASQUIER.
Extrait de plusieurs lettres sur le Goeland.
Journal de Physique, Tome 5. p. 375, 376.

300. *Larus cinerarius.*

Samuel ÖDMANN.
Anmärkning rörande Larus cinerarius Linn.
Vetensk. Acad. Handling. 1793. p. 307—311.

301. *Larus fuscus.*

Eric Gustaf LIDBECK.
Beskrifning på en Fiskmås ifrån Lappland.
Vetensk. Acad. Handling. 1764. p. 149—153.
Johann Julius WALBAUM.
Beschreibung der bunten Sturmmeve.
Beob. der Berlin. Ges. Nat. Fr. 2 Band, 2 St. p. 92—
111.

302. *Larus glaucus.*

Johann Julius WALBAUM.
Beschreibung der weissgrauen Sturmmeve männlichen
geschlechts. ib. p. 111—116.

303. *Larus parasiticus.*

Nils GISSLER.
Anmärkningar om Labben.
Vetensk. Acad. Handling. 1753. p. 291—293.

304. *Larus crepidatus.*

D. LYSONS.
A description of the Cepphus.
Philosoph. Transact. Vol. 52. p. 135—139.
————: Beschreibung des vogels Cepphus.
Neu. Hamburg. Magaz. 67 Stück, p. 81—86.

3 0 5. *Sterna caspia.*

Samuel Ö D M A N N.
Anmärkningar om Skrän-måsen. (Sterna caspia.)
Vetensk. Acad. Handling. 1782. p. 228—231.

3 0 6. *Sterna Hirundo.*

Nachrichten von einem vogel, der auf den eilanden in der
westsee unter dem namen Backer bekannt ist.
Nordische Beyträge, 1 Bandes, 1 Th. p. 89—92.

3 0 7. *Monographiæ Grallarum.*

Phoenicopterus ruber.

James D O U G L A S S.
The natural history and description of the Phoenicopterus
or Flamingo.
Philosoph. Transact. Vol. 29. n. 35c. p. 523—541.

3 0 8. *Ardea Ciconia.*

Martinus S C H O O C K I U S.
De Ciconiis tractatus. Editio altera.
Pagg. 82. Amstelædami, 1661. 12.
Joachim Friedrich M ü L L E R.
Bemerkungen vom Storch.
Physikal. Belustigung. 2 Band, p. 538, 539.

3 0 9. *Ardea gularis* Bosc.

Louis B o s c.
Ardea gularis.
Actes de la Soc. d'Hist. Nat. de Paris, Tome 1. p. 4.

3 1 0. *Ardea Helias.*

Peter Simon P A L L A S.
Beschreibung des so genannten Surinamischen Sonnenrey-
gers. (Ardea Helias.)
in seine Neue Nord. Beyträge, 2 Band, p. 48—54.

311. *Scolopax Calidris.*

DE LAPEIROUSE.
Description de la Barge aux pattes rouges.
Mem. de l'Acad. de Toulouse, Tome 2. p. 36—38.

312. *Tringa Interpres.*

Bernhard Christian OTTO.
Der Steindreher. Abhandl. der Hallischen Naturf. Gesellsch. 1 Band, p. 111—120.

313. *Tringa striata.*

Hans STRÖM.
Beskrivelse over en Norsk Strand-sneppe, kaldet Fiöre-Pist.
Norske Vidensk. Selsk. Skrift. 3 Deel, p. 440—445.

314. *Tringa lobata.*

George EDWARDS.
An account of a new-discovered species of the Snipe or Tringa. Philosoph. Transact. Vol. 50. p. 255—257.

315. *Tringa glareola.*

William MARKWICK.
Tringa glareola, the brown spotted Sandpiper.
Transact. of the Linnean Soc. Vol. 1. p. 128—130.
Additional remarks on the Wood Sandpiper, Tringa glareola. ib. Vol. 2. p. 325.

316. *Hæmatopus Ostralegus.*

Beschreibung des Austernsammlers.
Berlin. Sammlung. 5 Band, p. 517—519.

317. *Fulica atra.*

Johannes Adamus LIMPRECHT.
De Fulica recentiorum minore Gesneri.
Ephem. Ac. Nat. Cur. Cent. 5 & 6. p. 212—217.

318. *Rallus aquaticus.*

Cornelius MÜLLER.
Om Vandhönen.
Norske Vidensk. Selsk. Skrift. 2 Deel, p. 340—344.

319. *Psophia crepitans.*

Arnout VOSMAER.
Beschryving van den Amerikaanschen Trompetter.
Pagg. 8. tab. ænea color. 1.   Amsterdam, 1768. 4.
————: Description du Trompette Americain.
Pagg. 8. tab. ænea 1.   ib. 1768. 4.

320. *De Gallinis Scriptores.*

Laurentio ROBERG
Præside, Dissertatio de Lagopode gallinacea et congeneri-
bus. Resp. Mart. Lithenius.
Pagg. 26.   Upsaliæ, 1729. 4.

321. *Monographiæ Gallinarum.*

Otis tarda.

Z. *G.* HUSSTY VON RASSYNYA.
Der Ungrische Trappe.
Ungrisch. Magaz. 1 Band, p. 466—474.

322. *Pavo cristatus.*

Valentino FRIDERICI
Præside, Dissertatio de Avium pulcherrima, Pavone.
Resp. Gothofr. Cæsar.
Plagg. 2.   Lipsiæ, 1676. 4.

323. *Meleagris Gallopavo.*

Daines BARRINGTON.
Essay whether the Turkey was known before the discovery of America.
in his Miscellanies, p. 127—151.

Thomas PENNANT.
An account of the Turkey.
Philosoph. Transact. Vol. 71. p. 67—81.
———— in his Arctic Zoology, Vol. 2. p. 291—300.
Samuel ÖDMANN.
Om en Kalkontupp, som utlegat Hönsägg, med anmärk-
ning af Gustaf von Carlson.
Vetensk. Acad. Handling. 1789. p. 236—239.
Johann BECKMANN.
Indianische Hühner. in seine Beytr. zur Gesch. der Er-
find. 3 Band, p. 238—269.

324. *Penelope Marail.*

SONNINI DE MANONCOUR.
Observations sur les Marails, ou Faisans de la Guianne.
Journal de Physique, Tome 5. pag. 345—350.

325. *Phasiani varii.*

Naturgeschichte des Fasans.
Pagg. 46.   Frankfurt und Leipzig, 1780. 8.
Georg Friedrich GÖTZ.
Naturgeschichte des Silber-und weissen Phasans.
Naturforscher, 16 Stück, p 122—129.
———— in seine Naturgeschichte einiger Vögel, p. 14
—24.

326. *Phasianus Gallus.*

Laurentius STRAUSSIUS.
Exercitatio physica de Ovo Galli.
Pagg. 40.   Gissæ, 1669. 4.

327. *Phasianus cristatus.*

SONNINI DE MANNONCOUR.
Du Sasa, oiseau de la Guianne.
Journal de Physique, Tome 27. p. 222—224.
———— : Ueber den Sasa, einen vogel aus Guiana.
Voigt's Magaz. 4 Band, 3 Stück, p. 45—49.
———— : Verhandeling over den Sasa, een vogel van
Guajana.
Algem. geneeskund. Jaarboeken, 3 Deel, p. 298—300.

328. *Phasianus Argus.*

George EDWARDS.
A description of a Chinese Pheasant.
   Philosoph. Transact. Vol. 55. p. 88—90.
   ———— printed with Some memoirs of the life of G.
   Edwards; p. 32, 33.   London, 1776.   4.
The Argus, a species of Pheasant from the Northermost
   part of China.
G. Edwards del.   J. Miller sc.
Tab. ænea color. long. 8 unc. lat. 14 unc.
Tabula hæc (a figura in Philosoph. Transact. diversa,)
   est archetypus figuræ in Memoirs of G. Edwards.

329. *Phasianus pictus.*

Georg Friedrich GÖTZ.
   Naturgeschichte des Goldphasans.
      Naturforscher, 14 Stück, p. 204—210.
      ———— in seine Naturgeschichte einiger Vögel, p. 1—
   13.

330. *Tetrao Urogallus.*

Eric Gustaf ADLERBERG.
   Anmärkningar om Tjäder-foglen, så i des vilda, som tama
      tilstånd.
   Vetensk. Acad. Handling. 1787. p. 201—209.

331. *Tetrao Tetrix.*

Johan Otto HAGSTRÖM.
   Försök att föda Orrar med hvarjehanda örter och löf.
   Vetenskaps Acad. Handling. 1751. p. 132—138.
Anders SCHÖNBERG.
   Om Orr-ungars framfödande af hemtamde Orrar.
   Vetensk. Acad. Handling. 1759. p. 146—152.

332. *Tetrao Tetrix* γ. *hybridus.*

G. A. RUTENSCHIÖLD.
   Beskrifning på Rackelhanar.
   Vetensk Acad. Handling. 1744. p. 181—183.

——————: Tetrao, venatoribus Smolandiæ Rackelhanar dicta.
Analect. Transalpin. Tom. 1. p. 330, 331.

333. *Tetrao Lagopus* et *lapponicus.*

Daines BARRINGTQN.
Observations on the Lagopus, or Ptarmigan.
Philosoph. Transact. Vol. 63. p. 224—230.
Lars MONTIN.
Tvänne arter af Snöripan.
Physiogr. Sälskap. Handling. 1 Del, p. 150—155.
DE LA-PEIROUSE.
Histoire naturelle du Lagopede.
Mem. de l'Acad. de Toulouse, Tome 1. p. 111—127.

334. *Tetrao arenarius.*

Petrus Simon PALLAS.
Tetrao arenaria.
Nov. Comm. Acad. Petropol. Tom. 19. p. 418—423.

335. *Tetrao Perdix.*

Johanne CLODIO
Præside, Perdicem degustandum proponit Jo. Henr. Rebhun.
Plagg. 2.   Wittenbergæ, 1671. 4.

336. *Tetrao ypsilophorus* BOSC.

Louis BOSC.
Coturnix ypsilophorus.
Journal d'Hist. Nat. Tome 2. p. 297, 298.

337. *Monographiæ Passerum.*

Columba domestica.

A new book of Pigeons; printed for T. Kitchin.
Tabb æneæ 6, long. 6 unc. lat. 8 unc.

John MOORE.
Columbarium, or the Pigeon-house, being an introduction to a natural history of tame Pigeons.
    Pagg. 60.   London, 1735. 8.
—————: A treatise on domestic Pigeons. (omisso auctoris nomine.)
    Pagg. 144; cum tabb. æneis.   ib. 1765. 8.

338. *Columba coronata.*

Georg Friedrich GÖTZ.
Naturgeschichte des Kronvogels.
    Naturforscher, 17 Stück, p. 32—39.
—————— in seine Naturgeschichte einiger Vögel, p. 65
—72.

339. *Columba cristata.*

James BADENACH.
Description of an uncommon bird from Malacca.
    Philosoph. Transact. Vol. 62. p. 1—3.
—————: Sur un oiseau très rare des Indes.
    Journal de Physique, Tome 3. p. 444.

340. *Columba migratoria.*

Pehr KALM.
Beskrifning på de vilda Dufvor, som somliga år i stor
myckenhet komma till de södra Engelska nybyggen i
Norra America.
    Vetensk. Acad. Handling. 1759. p. 275—295.

341. *Alauda mongolica.*

Peter Simon PALLAS.
Alauda mongolica beskrifven.
    Vetensk. Acad. Handling. 1778. p. 201—203.

342. *Sturnus Cinclus.*

Cornelius NOZEMAN.
Beschryving van de Water-Spreeuw.
    Uitgezogte Verhandelingen, 5 Deel, p. 68—76.

TOM. 2.   L

343. *Sturnus dauuricus*.

Peter Simon PALLAS.
Sturnus dauuricus beskrifven.
Vetensk. Acad Handling. 1778. p. 197—200.

344. *Turdus roseus*.

Franciscus Ernestus BRÜCKMANN.
De ave incognita.
Epistola itineraria 61. Cent. 2. p. 667—672.

345. *Ampelis cayana*.

Arnout VOSMAER.
Beschryving van eenen Amerikaanschen Lyster, Quereiva
genaamd.
Pagg. 7. tab. ænea color. 5ta.　　Amsterdam, 1769. 4.
————— Description d'une Grive d'Amerique, nommee
Quereiva.
Pagg. 7. tab. ænea 5ta.　　　　　　ib. 1769. 4.

346. *Loxiæ variæ*.

Carl Peter THUNBERG.
Anmärkningar om någre foglar af Loxiæ slägte på Goda
Hopps udden.
Vetensk. Acad. Handling. 1784. p. 286—289.
ATHAR ALI KHAN.
On the Baya, or Indian Gross-Beak.
Transact. of the Soc. of Bengal, Vol. 2. p. 109, 110.

347. *Loxia curvirostra*.

Bernhard Christian OTTO.
Von den abarten der Kreuzschnäbel.
Naturforscher, 12 Stück, p. 92—99.

348. *Loxia Enucleator*.

Anders SCHÖNBERG.
Anmärkningar om Svenska Papegojan.
Vetensk. Acad. Handling. 1757. p. 139—143.

349. *Loxia erythromelas.*

Description d'un nouveau Gros-Bec de la Guiane.
Journal de Physique, Tome 10. p. 224, 225.

350. *Emberiza nivalis.*

Carl LINNÆUS.
Beskrifning på Snö-Sparfven.
Vetensk. Acad. Handling. 1740. p. 368—374.
2dra uplagan, p. 362—368.
————: Passer nivalis descriptus.
Analect. Transalpin. Tom. 1. p. 75—79.
————: Description du Moineau blanc.
Melanges d'Hist. Nat. par Alleon Dulac, Tome 1. p. 1
—12.

351. *Emberiza erythrophthalma.*

La Pie-grieche noire de la Caroline.
Journal de Physique, Introduct. Tome 2. p. 570, 571.

352. *Emberiza Ciris.*

Carl LINNÆUS.
En Indiansk Sparf beskrifven.
Vetensk. Acad. Handling. 1750. p. 278—280.
————: Passer indicus.
Analect. Transalpin. Tom. 2. p. 311.

353. *Tanagra humeralis* BOSC.

Louis BOSC.
Tanagra humeralis.
Journal d'Hist. Nat. Tome 2. p. 179, 180.

354. *Fringilla Carduelis.*

Joannes Christophorus REINMANN.
De Cardueli 22 annos nato, per integrum adhuc annum
pennis omnibus amissis, vivente, cantante et saltante.
Nov. Act. Acad. Nat. Curios. Tom. 2. p. 339, 340.

355. *Fringilla canaria.*

J. C. Hervieux de Chanteloup.
Nouveau traité des Serins de Canarie.
Pagg. 356. tab. ligno incisa 1.   Paris, 1713.   12.
———— Pagg. 209; cum tabb. æneis.   ib. 1766.   12.
————: A new treatise of Canary-birds.
London, 1718.   12.
Pagg. 163; cum tabula ligno? incisa.
Johann Beckmann.
Canarien-Vögel. in seine Beyträge zur Geschichte der
Erfindungen, 1 Band, p. 562—570.

356. *Fringilla domestica.*

Johann Philipp Breidenstein.
Naturgeschichte des Sperlings teutscher nation.
Pagg. 140.   Giesen, 1779.   8.

357. *Fringilla abyssinica.*

Baron de Faugeres.
Observation sur un oiseau d'Abissinie, nommé le Worabée.
Assemblée publ. de la Societé de Montpellier, 1779 p.
17—23.

358. *Muscicapæ variæ.*

Description de deux Gobes-mouches.
Journal de Physique, Tome 11. p. 449—451.

359. *Motacillæ variæ.*

de Lapeirouse.
Description et histoire naturelle du Pegot.
Journal de Physique, Tome 13. p. 422—424.
Hans Ström.
En liden rar fugl, (Motacilla scolopacina) beskreven.
Norske Vidensk. Selsk. Skrift. Nye Saml. 2 Bind, p.
365—368.
Johann Matthæus Bechstein.
Bemerkungen über die Motacillen.
Naturforscher, 27 Stück, p. 38—58.

Thomas LAMB.
Description of a new species of Warbler, called the Wood
Wren.
Transact. of the Linnean Soc. Vol. 2. p. 245, 246.

360. *Motacilla Luscinia.*

Aëdologie, ou traité du Rossignol, franc ou chanteur.
Pagg. 156. tabb. æneæ 2.   Paris, 1751.   12.
——— Pagg. et tabb. totidem.   ib. 1773.   12.
Christian Johann Friedrich VON DIESSKAU.
Naturgeschichte der Nachtigall.
Pagg. 208. tabb. æneæ color. 4.   Römhild, 1779.   8.

361. *Motacilla arundinacea.*

John LIGHTFOOT.
An account of an English bird of the genus Motacilla,
supposed to be hitherto unnoticed by British Ornitho-
logists.
Philosoph. Transact. Vol. 75. p. 8—15.

362. *Motacilla Regulus.*

Franciscus Ernestus BRÜCKMANN.
Regulus cristatus sylvæ Hercynicæ.
Epistola itineraria 50. Cent. 2. p. 533—541.

363. *Pipra Rupicola.*

Arnout VOSMAER.
Beschryving van den Amerikaanschen Rots-haan.
Pagg. 7. tab. ænea color. 6ta.   Amsterdam, 1769.   4.
———: Description du Coq-des-roches Americain.
Pagg. 7. tab. ænea 6ta.   ib. 1769.   4.

364. *Pari species Gallicæ.*

Observations sur les Mesanges.
Journal de Physique, Tome 8. p. 123—130.

365. *Parus pendulinus.*

Cajetanus MONTI.
De Pendulino Bononiensium sive Remiz Polonorum.
Comm. Instit. Bonon. Tom. 2. Pars 2. p. 57—63.
Johann Daniel TITIUS.
Parus minimus, Polonorum Remiz, Bononiensium Pen-
dulinus descriptus.
Pagg. 48. tabb. æneæ 2.   Lipsiæ, 1755. 4.
——— Ludwig delect. Opuscul. Vol. 1. p. 147—190.
Beschreibung der kleinsten Maise, oder des lithauischen
Remizvogels.
Hamburg. Magaz. 18 Band, p. 227—252.

366. *Hirundo rustica, Apus* et *riparia.*

Gilbert WHITE.
Of the House-Swallow, Swift, and Sand-Martin.
Philosoph. Transact. Vol. 65. p. 258—276.

367. *Hirundo esculenta.*

Jan HOOYMAN.
Beschryving der Vogelnestjes.
Verhandel. van het Bataviaasch Genootsch. 3 Deel, p.
145—165.
———: Beschreibung der esbaren Vogelnester.
Lichtenberg's Magaz. 2 Band. 3 Stück, p. 3—16.

368. *Hirundo urbica.*

Gilbert WHITE.
Account of the House-Martin, or Martlet.
Philosoph. Transact. Vol. 64. p. 196—201.

369. *Hirundo dauurica.*

Eric LAXMANN.
Hirundo daurica, area temporali rubra, uropygio luteo
rufescente, beskrefven.
Vetensk. Acad. Handling. 1769. p. 209—213.
———: Beschreibung der daurischen Steinschwalbe.
Berlin. Sammlung. 4 Band, p. 565—570.

370. *Caprimulgus quidam.*

Beschreibung der Nachtschwalbe mit aufrechtstehenden nasenröhrgen.

Neu. Hamburg. Magaz. 116 Stück, 167—176.

371. *Amphibiologi.*

Systemata Amphibiorum.

Johannes RAJUS
Synopsis methodica animalium Quadrupedum et Serpentini generis; vide supra pag. 47.
A pag. 247. ad 336, de quadrupedibus oviparis et serpentibus.

Jacobus Theodorus KLEIN.
In Quadrupedum dispositione, (vide supra pag. 47.) de quadrupedibus oviparis agit, a pag. 96 ad 123.
Tentamen Herpetologiæ. Leidæ et Gottingæ, 1755. 4.
Pagg. 57; præter Synopsin vermium intestinorum, de qua infra.

Josephus Nicolaus LAURENTI.
Synopsis Reptilium emendata, cum experimentis circa venena et antidota Reptilium Austriacorum.
Pagg. 214. tabb. æneæ 5.   Viennæ, 1768. 8.

372. *Descriptiones Amphibiorum miscellæ, et Observationes de Amphibiis.*

Peter BODDAERT.
Abhandlung von Amphibien.
Schr. der Berlin. Ges. Naturf. Fr. 2 Band, p. 369—387.

Edward Whitaker GRAY.
Observations on the class of animals called, by Linnæus, Amphibia; particularly on the means of distinguishing those Serpents which are venomous, from those which are not so.
Philosoph. Transact. Vol. 79. p. 21—36.
———: Observations sur la classe des animaux, nommée Amphibia par Linnæus, et en particulier, sur les moyens de distinguer les Serpens venimeux de ceux qui ne le sont pas.
Journal de Physique, Tome 37. p. 321—331.

Blasius MERREM.
Beyträge zur geschichte der Amphibien.
1 Heft. pagg. 47. tabb. æn. color. 12.
                    Duisburg u. Lemgo.   4.
2 Heft. pagg. 59. tabb. 12.   Leipzig, 1790.

Joannes Gottlob SCHNEIDER.
Amphibiorum Physiologiæ specimen primum.
Pagg. 82.   Trajecti ad Viadr. 1790. 4.
Specimen alterum, historiam et species generis Stellionum
seu Geckonum sistens.
Pagg. 54.   ib. 1792. 4.

373. *Musea Amphibiologica.*

Carolus LINNÆUS.
Dissertatio: Amphibia Gyllenborgiana.   Resp. Barth.
Rud. Hast.
Pagg. 34.   Upsaliæ, 1745. 4.
——— Amoenit. Academ. Vol. 1.
   Edit. Holm. p. 107—140.
   Edit. Lugd. Bat. p. 520—555.
   Edit. Erlang. p. 107—140.
Laurentius Theodorus GRONOVIUS.
Amphibiorum animalium historia zoologica, exhibens
Amphibiorum, quæ in Museo ejus adservantur, descrip-
tiones.
in Tomo 2. Musei Ichthyologici ejus, p. 47—86.

374. *Amphibiologi Topographici.*

Borussiæ.

Johannes Christophorus WULFF.
Amphibia Regni Borussici. impr. cum ejus Ichthyologia
Regni Borussici; p. 1—14.   Regiomonti, 1765. 8.

375. *De Reptilibus Scriptores.*

Antonio VALLISNERI.
Istoria del Camaleonte affricano, e di varj animali d'Italia.
in ejus Opere, Tomo 1. p. 385—455.
               2. p. 401—403.
Frid. Alb. Anton. MEYER.
Synopsis Reptilium, novam ipsorum sistens generum me-
thodum, nec non Gottingensium hujus ordinis anima-
lium enumerationem.
Pagg. 32.   Gottingæ, 1795. 8.

376. *Monographiæ Reptilium.*

Testudinum genus.

Johann Gottlob SCHNEIDER.
   Allgemeine naturgeschichte der Schildkröten, nebst einem
   systematischen verzeichnisse der einzelnen arten.
                                        Leipzig, 1783. 8.
      Pagg. 364. tabb æneæ 2, quarum altera coloribus
         fuçata.
   Beyträge zu der naturgeschichte der Schildkröten. in
      seine Abhandlungen zur aufklärung der zoologie, p.
      304—317.
   Leipzig. Magaz. 1786. p. 257—269.
                      1788. p. 185—215.
   Beschreibung und abbildung einer neuen art von Wasser-
      schildkröte, nebst bestimmungen einiger bisher wenig
      bekannten fremden arten.
   Beob. der Berlin. Ges. Naturf. Fr. 4 Band, p. 259—
      284.
Joannes David SCHOEPFF.
   Historia Testudinum iconibus illustrata.
                                        Erlangæ, 1792. 4.
      Fasc. 1 & 2. pag. 1—32. tab. æn. color. 1—10.

377. *Testudines variæ.*

Georgius ENT.
   Observationes ponderis Testudinis terrestris, cum in au-
      tumno terram subiret, cum ejusdem ex terra verno
      tempore exeuntis pondere comparati, per plures annos
      repetitæ.
   Philosoph. Transact. Vol. 17. n. 194. p. 533, 534.
Petrus BODDAERT.
   De Testudine cartilaginea epistola. belgice et latine.
      Pagg. 39. tab. ænea color. 1. Amstelodami, 1770. 4.
Thomas PENNANT.
   An account of two new Tortoises.
   Philosoph. Transact. Vol. 61. p. 266—273.
   ————— : Description de deux Tortues.
   Journal de Physique, Tome 13. p. 230—234.

Josua VAN IPEREN.
　Bericht wegens eene Schild-padde aan de kust van Zee-
　land.
　　Verhand. van de Genootsch. te Vlissing. 6 Deel, p.
　　620—624.
Christoph GOTTWALDT.
　Physikalisch-anatomische bemerkungen über die Schild-
　kröten.
　　Pagg. 32. tabb. æneæ 10.　　　Nürnberg, 1781. 4.
Johann Julius WALBAUM.
　Chelonographia, oder beschreibung einiger Schildkröten.
　　　　　　　　Lübeck und Leipzig (1782.) 4.
　　Pagg. 132. tab. ænea 1.
　Beschreibung der furchichten Riesenschildkröte.
　　Beob. der Berlin. Ges. Naturf. Fr. 5 Band, p. 248—
　　259.
Carl Peter THUNBERG.
　Beskrifning på trenne Sköld-paddor.
　　Vetensk. Acad. Handling. 1787. p. 178—180.
Jean Guillaume BRUGUIERE.
　Description d'une nouvelle espece de Tortue de Cayenne.
　　Journal d'Hist. Nat. Tome 1. p. 253—261.

378. *Testudo coriacea.*

DE LA FONT.
　Relation d'une Tortue extraordinaire.
　　Hist. de l'Acad. des Sc. de Paris, 1729. p. 8—10.
Dominicus VANDELLI.
　Epistola de Holothurio et Testudine coriacea.
　　　　　　　　　　　Patavii, 1761. 4.
　　Pagg. 12. tabb. æneæ color. 2, quarum p. 7—10, et ta-
　　bula posterior ad Testudinem spectant.
BONVOUX.
　Sur une Tortue singuliere.
　　Hist. de l'Acad. des Sc. de Paris, 1765. p. 42, 43.
AMOREUX *fils.*
　Observation sur une Tortue.
　　Journal de Physique, Tome 11. p. 65—68.

379. *Testudo orbicularis.*

Andreas Sigismund MARGGRAF.
　Observation sur la Tortue de ce pays.
　　Mem. de l'Acad. de Berlin, 1770. p. 3—7.

—— Journal de Physique, Tome 2. p. 48—51.
—— : Beobachtung über die einländische Schildkröte.
Neu. Hamburg. Magaz. 75 Stück, p. 203—210.

380. *Testudo clausa.*

Marcus Elieser BLOCH.
Nachricht von der Dosenschildkröte.
Beob. der Berlin. Ges. Naturf. Fr. 1 Band, p. 131—
134.
Nachtrag zur naturgeschichte der Dosenschildkröte. ibid.
2 Band, p. 16—21.
Johann Julius WALBAUM.
Auszug eines briefes die Dosenschildkröte betreffend.
ibid. p. 292—295.

381. *Testudo Spengleri.*

Johann Julius WALBAUM.
Beschreibung der Spenglerischen Schildkröte.
Schr. der Berlin. Ges. Naturf. Fr. 6 Band, p. 122—131.

382. *Testudo pusilla.*

Johan Otto HAGSTRÖM.
Rön med en lefvande Sköldpadda, Testudo pusilla.
Vetensk. Acad. Handling. 1784. p 47—52.

383. *Testudo tessellata* Schneid. (n. 33.
Gmelin.)

Kilian STOBÆUS.
Descriptio Testudinis americanæ terrestris.
Act. Lit. et Scient. Sveciæ, 1730. p. 58—62.

384. *Ranæ variæ.*

Oligerus JACOBÆUS.
De Ranis observationes.
Pagg. 108. tabb. æneæ 3.　　　　Romæ, 1676. 8.
Levinus VINCENT.
Descriptio Pipæ, seu bufonis aquatici Surinamensis, foetus
enitentis in dorso, addita succincta descriptione Ra-
narum, earumque successiva mutatione; cui accedit

descriptio omnium generum Bufonum et Ranarum con-
servatorum in gazophylacio Lev. Vincent. latine et
gallice.
Pagg. 63. tabb. æneæ 2.   Haarlem, 1726. 4.
Descriptio Bufonum et Ranarum deest in nostro exemplo, sed adest latine, cum versione germanica J. J. Walbaum, in Schrift. der Berlin. Ges. Naturf. Fr. 6 Band,
p. 158—184.

August Johann RÖSEL VON ROSENHOF.
Historia naturalis Ranarum nostratium. latine et ger-
manice.   Nürnberg, 1758. fol.
Pagg. 115 tabb. æneæ 24, et eædem coloribus fucatæ.

385. *Rana Bufo.*

Christianus Franciscus PAULLINI.
Bufo breviter descriptus.
Pagg. 120.   Norimbergæ, 1686. 8.

Carl Christoph ÖLHAFEN VON SCHÖLLENBACH.
Auszug aus einem schreiben. Beschäft. der Berlin. Ges.
Naturf. Fr. 3 Band, p. 445, 446.

386. *Rana marina.*

Johann Julius WALBAUM.
Beschreibung eines Meerfrosches.
Schr. der Berlin. Ges. Naturf. Fr. 5 Band, p. 230—245.

387. *Rana pipiens.*

Johann Christian Daniel SCHREBER.
Beytrag zur naturgeschichte der Frösche.
Naturforscher, 18 Stück, p. 182—193.

388. *Rana bicolor.*

Petrus BODDAERT.
De Rana bicolore epistola. belgice et latine.
Pagg. 48. tabb. æn. color. 3.   Amstelodami, 1772. 4.

389. *Rana temporaria.*

Fridericus Wilhelmus HORCH.
Circa Ranas observationes.
Miscellan. Berolinens. Tom. 6. p. 115, 116.

Johann Gottlieb GLEDITSCH.
Ueber zwey besondere vorfälle von Fröschen, die in ihrer
gewöhnlichen wintererstarrung gestöhret worden sind.
in seine Physic. Botan. Oecon. Abhandl. 2 Theil, p.
256—282.
———: Observations concernant deux cas particuliers
de Grenouilles, qui ont eté troublées dans l'etat d'en-
gourdissement où elles ont coutume de passer l'hyver.
Hist. de l'Acad. de Berlin, 1762. p. 1—26.
Johann August UNZER.
Vom nuzen der Frösche beym gartenbaue.
in seine physical. Schriften, 1 Samml. p. 384—390.
ANON.
Utilità delle Rane ne' giardini.
Scelta di Opusc. interess. Vol. 13. p. 57—62.
Johann August Ephraim GÖZE.
Beobachtungen über die in der stubenwärme aus den
eyern erzeugte Frösche.
Naturforscher, 20 Stück, p. 106—130.

390. *Rana arborea.*

Gottofredus SCHULZIUS.
De Ranunculo viridi arboreo.
Ephem. Acad. Nat. Cur. Dec. 2. Ann. 6. p. 320—322.

391. *Rana leucophylla.*

Gottfried Christoph BEIREIS.
Beschreibung eines bisher unbekannt gewesenen Ameri-
kanischen Frosches.
Schr. der Berlin. Ges. Naturf. Fr. 4 Band, p. 178—182.

392. *Rana squamigera.*

Johann Julius WALBAUM.
Beschreibung eines schuppichten Frosches. ibid. 5 Band,
p. 221—229.

393. *Rana paradoxa.*

George EDWARDS.
An account of the Frog-fish of Surinam.
Philosoph. Transact. Vol. 51. p. 653—657.

——— printed with Some memoirs of the life of G. Edwards ; p. 30, 31.

394. *Lacertæ variæ.*

Johannes Paulus WURFFBAIN.
  Salamandra. Dissertatio, Præside D. G. Mollero.
    Pagg. 88. tabb. æneæ 3.　　　　Altdorfii, 1676.　4.
  ——— : Salamandrologia.
    Pagg. 133. tabb. æneæ 5.　　Norimbergæ, 1683.　4.
Pierre Louis Moreau DE MAUPERTUIS.
  Observations et experiences sur une des espèces de Sala-
    mandre.
    Mem. de l'Acad. des Sc. de Paris, 1727. p. 27—32.
Charles François de Cisternay DU FAY.
  Observations physiques et anatomiques sur plusieurs es-
    peces de Salamandres, qui se trouvent aux environs de
    Paris.
    Mem. de l'Acad. des Sc. de Paris, 1729. p. 135—153.
Heinrich SANDER.
  Von einer unbekannten Schlangenart in St. Blasien.
    Naturforscher, 17 Stück, p. 246—248.
  ——— in seine kleine Schriften, 1 Band, p. 214—216.
Martinus HOUTTUYN.
  Het onderscheid der Salamanderen van de Haagdissen in 't
    algemeen, en van de Gekkoos in 't byzonder.
    Verhand. van het Gen. te Vlissing. 9 Deel, p. 305—
      336.
Carl Peter THUNBERG.
  Beskrifning på några sällsynte och okände Ödlor.
    Vetensk. Acad. Handling. 1787. p. 123—128.
Johann Thaddæus LINDACKER,
  Naturgeschichte der blauköpfigten Eydechse.
    Mayer's Samml. physikal. Aufsäze, 1 Band, p. 43—54.
Louis BOSC.
  Lacerta exanthematica.
    Actes de la Soc. d'Hist. Nat. de Paris, Tome 1. p. 25.

395. *Lacerta Crocodilus.*

Christophorus KRAHE.
  Exercitatio de Crocodilo, et in specie de lacrymis Crocodili.
    Resp. Chph. Pfauzius.
    Plagg. 3.　　　　　　　　　Lipsiæ, 1662.　4.

Gotbofredus VOIGT.
Disputatio de lacrymis Crocodili. Resp. Joach. Dorner.
Plagg. 2.   Wittebergæ, 1666. 4.

396. *Lacerta gangetica.*

George EDWARDS.
An account of Lacerta (Crocodilus) ventre marsupio do-
nato, faucibus Merganseris rostrum æmulantibus.
Philosoph. Transact. Vol. 49. p. 639—642.
———— printed with Some memoirs of the life of G.
Edwards; p. 28, 29.
Jobann Heinrich MERCK.
Von dem Krokodil mit dem langen schnabel.
Hessische Beyträge, 2 Band, p. 73—87.

397. *Lacerta Alligator.*

DE LA COUDRENIERE.
Observations sur le Crocodile de la Louisiane.
Journal de Physique, Tome 20. p. 333—335.
————: Beobachtungen über den Crocodil von Loui-
siana.
Lichtenberg's Magaz. 2 Band. 1 Stück, p. 89—92.

398. *Lacerta bimaculata.*

Anders SPARRMAN.
Lacerta bimaculata, en ny Ödla från America.
Vetensk. Acad. Handling. 1784. p. 169—171.

399. *Lacerta amboinensis.*

Jobannes Albertus SCHLOSSER.
De Lacerta amboinensi epistola. belgice et latine.
Pagg 18. tab. ænea color. 1. Amstelodami, 1768. 4.
Clas Fr. HORNSTEDT.
Beskrifning på en Ödla från Java.
Vetensk. Acad. Handling. 1785. p. 130—133.

400. *Lacerta Salamandra.*

Matthias TILINGIUS.
De Salamandra.
Ephem. Acad. Nat. Cur. Dec. 2. Ann. 2. p. 107—109.

401. *Lacerta Geitje.*

Andreas SPARRMAN.
Beskrifning och berättelse om Lacerta Geitje, en giftig
Ödla ifrån Goda Hopps Udden.
Götheb. Wet. Samh. Handl. Wetensk. Afdeln. 1 Styck.
p. 75—78.

402. *Lacerta Chamæleon.*

Gothofredus VOIGTIUS.
De Chamæleontis victu. in ejus Curiositatibus physicis,
p. 143—184.
Jonathan GODDARD.
Some observations of a Cameleon.
Philosoph. Transact. Vol. 12. n. 137. p. 930, 931.
Benedicto HOPFERO
Præside, Dissertatio de victu aëreo, seu mirabili potius
inedia Chamæleontis. Resp. Frid. Henr. Camerarius.
  Pagg. 23.   Tubingæ, 1681.   4.
Jacobus KAALUND.
Dissertatio de Chamæleonte. Resp. Joh. Chph. Gottrup.
  Pagg. 11.   Havniæ, 1707.   4.
B. HUSSEM.
Aangaande de veranderingen der couleuren in den Cha-
meleon. Verhand. van de Maatsch. te Haarlem, 8
Deels 2 Stuk, p. 226—234.
A. E. v. BRAAM HOUCKGEEST.
Bericht van een Chamelion aan de Kaap de goede hoop.
ibid. 9 Deels 3 Stuk, p. 637—644.
James PARSONS.
An account of a particular species of Cameleon.
Philosoph. Transact. Vol. 58. p. 192—195.
————: Relation d'une espece particuliere de Came-
leon.
Journal de Physique, Introd. Tome 1. p 148—150.
————: Nachricht von einer besondern gattung des
Chameleons.
Naturforscher, 5 Stück, p. 184—187.
ANON.
Beschreibung eines Chameleons.
Neu. Hamburg. Magaz. 119 Stück, p. 396—417.

403. *Lacerta sputator.*

Anders SPARRMAN.
Lacerta Sputator, en ny Ödla från America beskrifven.
Vetensk. Acad. Handling. 1784. p. 164—167.

404. *Lacerta Chalcides* et *Anguina.*

Arnout VOSMAER.
Beschryving van de langstaartige ruw-geschubde Slang-
hagedis, gelyk mede van de Africaansche glad-geschubde
Worm-hagedis.
Pagg 8. tab. ænea color. 1.   Amsterdam, 1774. 4.
————: Description d'un Lezard-serpent, à queue
longue et ecailles rudes, et d'un Lezard-ver Africain à
ecailles lisses.
Pagg. 8. tab. ænea 1.   ib. 1774. 4.

405. *Lacerta serpens.*

Marcus Elieser BLOCH.
Beschreibung der Schleicheidexe,Lacerta serpens. Beschäft.
der Berlin. Ges. Naturf. Fr. 2 Band, p. 28—33.

406. *Lacerta apus.*

Petrus Simon PALLAS.
Lacerta apoda descripta.
Nov. Comm. Acad. Petropol. Tom. 19. p. 435—454.
————: Beschryving van een Haagdisch zonder pooten.
Geneeskund. Jaarboek. 2 Deel, p. 138—152.

407. *De Serpentibus Scriptores.*

Nicolaus LEONICENUS,
De Serpentibus opus.
Plagg. 13.   Bononiæ, 1518. 4.
———— impr. cum ejus de Plinii erroribus; p. 245—
318.   Basileæ, 1529. 4.
Simone Friderico FRENZELIO
Præside, Dissertatio Serpentem sistens.   Resp. Arn. Ber-
ninck.
Plagg. 8½.   Wittebergæ, 1665. 4.

Joannes Jacobus STOLTERFOTH.
Exuviæ Serpentum Indiæ Orientalis eximiæ magnitudinis.
  Nov. Literar. Mar. Balth. 1699. p. 215—219.
Engelbert KÆMPFER.
Tripudia Serpentum in India Orientali.
  in ejus Amoenitat. exoticis, p. 565—573.
Charles OWEN.
An essay towards a natural history of Serpents.
  Pagg. 240.   London, 1742. 4.
ANON.
Of a Porcupine swallowed by a Snake.
  Philosoph. Transact. Vol. 43. n. 475. p. 271.
Franciscus Ernestus BRÜCKMANN.
Serpentes et Viperæ sylvæ Hercynicæ.
  Epistola itineraria 16. Cent. 2. p. 137—142.
Carl LINNÆUS
Anmärkning om Ormarnas skilje-märken.
  Vetensk. Acad. Handling. 1752. p. 206, 207.
———: De criteriis Serpentum annotatio.
  Analect. Transalpin. Tom. 2. p. 471.
J. VAN LIER.
Verhandeling over de Slangen en Adders, die in het
  landschap Drenthe gevonden worden. belgice et gallice.
                    Amsterdam en Groningen, 1781. 4.
  Pagg. 372. tabb. æneæ color. 3.
Petrus BODDAERT.
Specimen novæ methodi distinguendi Serpentia.
  Nov. Act. Acad. Nat. Curios. Tom. 7. p. 12—27.
Christian Ebrenfried WEIGEL.
Beytrag zur bestimmung der Schlangenarten.
  Abhand. der Hallischen Naturf. Ges. 1 Band, p. 1—54.
Jean Guillaume BRUGUIERE.
Description d'une espece particuliere de Serpent à Mada-
  gascar.
  Journal de Physique, Tome 24. p. 132, 133.
———: Beschreibung einer besondern Schlangenart
  auf der insel Madagascar.
  Lichtenberg's Magaz. 2 Band, 4 Stück, p. 71—74.
Johann Gottlob SCHNEIDER.
Allgemeine betrachtungen über die eintheilung und kenn-
  zeichen der Schlangen.
  Leipzig. Magaz. 1788. p. 216—227.
Johann Friedrich BLUMENBACH.
Beytrag zur naturgeschichte der Schlangen.
  Voigt's Magaz. 5 Band. 1 Stück, p. 1—13.

Nicolaus Host.
Amphibiologica.
Jacquini Collectanea, Vol. 4. p. 349—359.

408. *Monographiæ Serpentum.*

Crotali varii.

Paul Dudley.
An account of the Rattlesnake.
Philosoph. Transact. Vol. 32. n. 376. p. 292—295.
———— : Bericht von der Klapperschlange.
Hamburg. Magaz. 3 Band, p. 683—687.
Hans Sloane.
Conjectures on the charming or fascinating power attri-
buted to the Rattlesnake.
Philosoph. Transact. Vol. 38. n. 433. p. 321—331.
Pebr Kalm.
Berättelse om Skaller-Ormen.
Vetensk. Acad. Handling. 1752. p. 308—319.
          1753. p. 52—67 & p. 185—194.
———— : Historia Caudisonæ.
Analect. Transalpin. Tom. 2. p. 490—506.
Arnout Vosmaer.
Beschryving van eene Surinaamsche Ratelslang.
Pagg 22. tab. ænea color. 1. Amsterdam, 1768. 4.
———— : Description d'un Serpent à sonnette de
l'Amerique.
Pagg. 20. tab. ænea 1. ib. 1767. 4.
Anon.
Schreiben aus Carolina von der Klapperschlange.
Neu. Hamburg. Magaz. 106 Stück, p. 380—384.
Christian Friedrich Michaelis.
Ueber die Klapperschlange.
Götting. Magaz. 4 Jahrg. 1 Stück, p. 90—128.

409. *Boa quædam.*

Andreas Cleyerus.
De Serpente magno Indiæ Orientalis, Urobubalum de-
glutiente, cum scholiis Chr. Mentzelii et Luc. Schröck.
Ephem. Acad. Nat. Cur. Dec. 2. Ann. 2. p. 18—24.

410. *Coluber Cerastes.*

John ELLIS.
A letter on the Coluber Cerastes, or horned Viper of Egypt.
Philosoph. Transact. Vol. 56. p. 287—290.
———— : Von der gehörnten Ægyptischen Natter.
Neu. Hamburg Magaz. 73 Stück, p. 33—36.

411.*Coluber Chersea.*

Carl LINNÆUS.
Asping beskrefven.
Vetensk. Acad. Handling. 1749. p. 246—251.
———— : Coluber scutis abdominalibus 150, squamis caudalibus 34, descriptus.
Analect. Transalpin. Tom. 2. p. 197—201.
Hans STRÖM.
Om en lidet bekiendt Norsk Slange, Coluber Chersæa Linnæi.
Naturhist. Selsk. Skrivt. 1 Bind, 2 Heft. p. 25—29.

412. *Coluber ambiguus.*

Christian Ebrenfried WEIGEL.
Beschreibung einer Schlange. Abhandl. der Hallischen Naturf. Gesellsch. 1 Band, p. 55—62.

413. *Vipera officinarum.*

Baldus Angelus ABBATIUS.
De admirabili Viperæ natura.
Noribergæ, 1603. 4.
Pagg. 133; cum figg. æri incisis.
———— Pagg. 186.   Hagæ Comitis, 1660. 12.
Marcus Aurelius SEVERINUS.
Vipera Pythia, i. e. de Viperæ natura, veneno, medicina, demonstrationes, et experimenta nova.
Pagg. 522; cum figg. æri incisis.   Patavii, 1651. 4.
Moyse CHARAS.
Nouvelles experiences sur la Vipere.
Pagg. 218. tabb. æneæ 3.   Paris, 1669. 8.
————   ib. 1670. 8.
Est eadem editio, addito: Suite des nouvelles experiences sur la Vipere, p. 203—278.

———— : New experiments upon Vipers.

    Pagg. 223. tabb. æneæ 3.   London, 1670. 8.

————   ————   ib. 1673. 8.

    Est eadem editio, addita epistola Redi, de qua infra, et:
A continuation of the new experiments concerning Vipers, pag. 37—112.

———— L'Anatomie de la Vipere, contenue dans ce
livre (p. 1—62) est reimprimée, dans la 2de partie du
Tome 3. des Mem. de l'Acad. des Sc. de Paris depuis
1666 jusqu'à 1699, p. 207—250.

Conrad J. SPRENGELL.

    Some observations upon Vipers.

    Philosoph. Transact. Vol. 32. n. 376. p. 296, 297.

———— : Einige anmerkungen über die Nattern.

    Hamburg. Magaz. 4 Band, p. 84, 85.

414. *Angues varii.*

Arnout VOSMAER.

    Beschryving van twee platstaart Slangen.

    Pagg. 8. tab. ænea color. 2da.   Amsterdam, 1774. 4.

———— : Description de deux differens Serpens à queue
applatie.

    Pagg. 8. tab. ænea 2da.   ib. 1774. 4.

Christian Ehrenfried WEIGEL.

    Beschreibung einer Schlange.

    Schr. der Berlin. Ges. Naturf. Fr. 3 Band, p. 190—193.

Clas Fredric HORNSTEDT.

    Beskrifning på en ny Orm ifrån Java.

    Vetensk. Acad. Handling. 1787. p. 306—308.

———— : Description d'un nouveau Serpent de l'Isle de
Java.

    Journal de Physique, Tome 32. p. 284, 285.

415. *De Animalibus Aquaticis Scriptores.*

C. Plinius *Secundus.*

Historiæ Naturalis liber 9. de Aquatilium natura; recensuit, amplissimisque commentariis instruxit L..T. Gronovius. Lugduni Bat. 1778. 8.

Pagg. 198; præter pagg. 13 erratorum typographicorum.

Liber 9. de Aquatilium natura, et 32 de Medicinis ex Aquatilibus. impr cum Oppiani Halieuticon libris; fol. 66—109. Argentorati, 1534. 4.

Franciscus Massarius.

In nonum Plinii de naturali historia librum castigationes et annotationes.

Pagg. 367. Basileæ, 1537. 4.

Publius Ovidius *Naso.*

Halieuticon h. e. de Piscibus libellus, cum scholiis C. Gesneri. Tiguri, (1556.) 8.

Pagg. 11; præter Aquatilium animantium enumerationem et nomina, de quibus pag. sequenti.

———— cum variis lectionibus Jani Vlitii; in hujus Venatione novantiqua, p. 19—22. & p. 438—454. Lugduni Bat. 1645. 12.

———— ———— inter Rei Venaticæ Scriptores et Bucolicos, p. 200—213. ib. 1728. 4.

Gratium Faliscum, nec Ovidium, auctorem hujus fragmenti esse, credit Vlitius.

Pierre Belon.

L'histoire naturelle des estranges Poissons marins.

Foll. 55; cum figg. ligno incisis. Paris, 1551. 4.

De Aquatilibus libri 2. ib. 1553. 8. obl.

Pagg. 448; cum figg. ligno incisis.

(Inserti etiam libro 4to Historiæ Animalium Conr. Gesneri.)

————: La nature et diversité des Poissons. ib. 1555. 8. obl.

Pagg. 448; cum figg. ligno incisis.

Gulielmus Rondeletius.

Libri de Piscibus marinis. Lugduni, 1554. fol.

Pagg. 583; cum figg. ligno incisis.

Universæ Aquatilium historiæ pars altera. 1555.

Pagg. 242; cum figg. ligno incisis.

(Inserti etiam libro 4to Historiæ Animalium Conr. Gesneri.)

———— ————: L'histoire entiere des Poissons.

Lion, 1558. fol.

1 Partie. pagg. 418. 2 Partie. pagg. 181; cum figg.
ligno incisis.

Franciscus Boussuet.

De natura Aquatilium carmen, in universam G. Rondeletii
de Piscibus marinis historiam. Lugduni, 1558. 4.

Pagg. 240; cum figg. ligno incisis, iisdem ac in Rondeletii historia.

De natura Aquatilium carmen, in alteram partem G. Rondeletii de Aquatilibus historiæ.

Pagg. 135; cum figg. ligno incisis. ib. 1558. 4.

Hippolytus Salvianus.

Aquatilium animalium historia. Romæ, 1554. fol.

Foll. 256; cum figg. æri incisis, color.

Conradus Gesnerus.

Aquatilium animantium enumeratio juxta Plinium.

Aquatilium animantium nomina Germanica et Anglica.

impr. cum Halieutico Ovidii; p. 12—280.

Tiguri, (1556.) 8.

———— Aliud adest exemplar, præfixo titulo:

De piscibus et aquatilibus omnibus libelli 3, novi.

Est omnino eadem editio, prima tantum plagula diversa.

Fabius Columna.

Piscium aliquot historia: impr. cum ejus Phytobasano;
pag. append. 1—19; cum figg. æri incisis.

Neapoli, 1592. 4.

———— cum annotationibus Jani Planci. in hujus editione
Phytobasani, p. 99—114. tab. 27—30.

Mediolani, 1744. 4.

Jacobus Barrelier.

In ejus opere: Plantæ per Galliam, Hispaniam, et Italiam
observatæ, varia continentur animalia aquatica.

Janus Plancus.

De conchis minus notis liber. Venetiis, 1739. 4.

Pagg. 46; præter tractatum de æstu maris, non hujus
loci; tab. æneæ 5.

———— editio altera, duplici appendice aucta.

Pagg. 136. tabb, æneæ 5 et 19. Romæ, 1760. 4.

Joannes Baptista Bohadsch.

De quibusdam Animalibus Marinis, vel nondum vel minus
notis liber.

Pagg. 169 tabb. æneæ 12. Dresdæ, 1761. 4.

416. *Icones Animalium Aquaticorum.*

Piscium vivæ icones, in æs incisæ et editæ ab *Petro* Fi-
rens.

Tabb. æneæ 19, long. 4 unc. lat. 7½ unc.

Piscium vivæ icones, in æs incisæ et editæ ab *Adriano*
Collardo.

Tabb. æneæ 24, long. 5 unc. lat. 7½ unc. In nostro exemplo desunt tab. 5, 7, & 14.

Piscium vivæ icones inventæ ab *Adriano* Collardo et
excusæ a Nicolao Joannis Visscher. anno 1634.

Tabb. æneæ 20, long. 5 unc. lat. 7½ unc.

Libellus varia genera Piscium complectens. *Nicolaes* de
Bruyn inventor. Claes Janss. Visscher excudit.

Tabb. æneæ 13, long. 5 unc. lat. 7 unc.

Seconde partie de Poissons de Mer, dessignés et gravés par
Albert Flamen. Paris.

Tabb. æneæ 12, long. 4 unc. lat. 7 unc.

Troisieme partie de Poissons de Mer. Tabb. totidem.

Seconde partie de Poissons d'eau douce, desseignés et
gravés par *A.* Flamen. Tabb. totidem.

(Eight plates, from pictures in Fishmonger's hall in Lon-
don, containing the Fish brought to the London market.
Painted from the life by*Arnold* Vanhaecken. Engra-
ved by Giles King and Ant. Jongelinckx. 1734.
With a frontispiece entitled : The view and humours of
Billingsgate. 1736.

Tabb. æneæ, long. 16 unc. lat. 21 unc. In tab. 3. figg.
12—16 a sculptore additæ sunt, quæ in archetypo non
adsunt.

The names of the Fish and their best seasons.

Foll. 8. 4.

Est catalogus Piscium in eisdem picturis.

417. *De Animalibus Aquaticis Scriptores Topogra-phici.*

Magnæ Britanniæ.

A description of Fish, that are caught in the river *Thames*,
or brought to Billingsgate to be sold, with general observations on the nature of Fish ; printed in R. Griffiths
on the jurisdiction of the river Thames, p. 168—257.

London, 1746. 8.

Ejusdem libri, et eædem omnino editionis, adest aliud
exemplar, cui præfixus titulus:
A description of the river Thames, &c.
London, 1758.   8.
Auctoris nomen hîc omissum, sed novam dedicationem
addidit Robertus Binnell.

418. *Galliæ.*

Petrus GYLLIUS.
Liber summarius de Gallicis et Latinis nominibus Piscium
Massiliensium.
impr. cum ejus de vi et natura animalium; p. 543—
598.   Lugduni, 1533.   4.

419. *Italiæ.*

Paulus JOVIUS.
De Piscibus marinis, lacustribus, fluviatilibus, item de
testaceis ac salsamentis liber.
Plagg. 11.   Romæ, 1527.   4.
——————: De *Romanis* Piscibus libellus.
Plagg. 8.   Antverpiæ, 1528.   8.
—————— Pagg. 144.   Basileæ, 1531.   8.
—————— impr. cum Oppiani Halieuticon libris; fol. 109
verso—152 recto.   Argentorati, 1534.   4.
—————— impr. cum ejus Descriptionibus regionum ; p.
415—520.   Basileæ, 1571.   8.
——————: Libro de' Pesci Romani, tradotto in volgare da
Carlo Zancaruolo.
Pagg. 197.   Venetia, 1560.   4.
Lazaro SPALLANZANI.
Lettera relativa a diverse produzioni marine.
Mem. della Soc. Italiana, Tomo 2. p. 603—661.
—————— Opuscoli scelti, Tomo 7. p. 340—392.
——————: Lettre sur diverses productions marines.
Journal de Physique, Tome 28. p. 188—204 & p. 252
—269.
——————: Nachricht von verschiedenen seebeobachtun-
gen.
Voigt's Magaz. 5 Band. 2 Stück, p. 46—76.
3 Stück, p. 27 —46.

Giuseppe OLIVI.

Zoologia *Adriatica,* ossia catalogo ragionato degli animali del golfo e delle lagune di Venezia.

Bassano, 1792. 4.

Pagg. 334. tabb. æneæ 9; præter opuscula duo de Spongiis, infra dicenda.

420. *Germaniæ.*

Stephanus A SCHONEVELDE.

Ichthyologia et nomenclaturæ Animalium marinorum, fluviatilium, lacustrium, quæ in Ducatibus *Slesvici* et *Holsatiæ,* et *Hamburgo* occurrunt triviales.

Pagg. 78. tabb. æneæ 7. Hamburgi, 1624. 4.

421. *Indiæ Orientalis.*

Jacobus PETIVER.

Aquatilium animalium *Amboinæ* icones et nomina.

Pagg. 4. tabb. æneæ 20. London, 1713. fol.

————— in Operum ejus Vol. 1mo, auctæ pag. 1. et tabb. æneis 2. ib. 1764. fol.

Figuræ exscriptæ e Rumphii Amboinsche Rariteitkamer, de quo Tomo 1.

Louis RENARD.

Poissons, Ecrevisses, et Crabes, que l'on trouve autour des Isles *Moluques,* et sur les côtes des terres australes.

Tabb æneæ color. 43 et 57. Amsterdam, 1754. fol.

422. *Japoniæ.*

Martinus HOUTTUYN.

Beschryving van eenige Japanse Visschen en andere zeeschepzelen.

Verhand. van de Maatsch. te Haarlem, 20 Deels 2 Stuk, p. 311—350.

423. *Ichthyologi.*

De Piscibus servandis.

Johannes Fridericus Gronovius.
A method of preparing specimens of Fish, by drying their skins.
Philosoph. Transact. Vol. 42. n. 463. p. 57, 58.
Hemmen.
Von der trocknen zubereitung der Fische für ein naturalien-cabinet.
Naturforscher, 11 Stück, p. 26—29.

424. *Bibliothecæ Ichthyologicæ.*

Conradus Rittershusius.
Catalogus eorum qui de Piscibus præter Oppianum aliquid scripserunt. in Prolegomenis ad ejus editionem Oppiani, sign. γ 4—γ 5.   Lugduni Bat. 1597.   8.
Petrus Artedi.
Bibliotheca Ichthyologica.   Ichthyologiæ Pars 1.
  Pagg. 66.   Lugduni Bat. 1738.   8.
———— emendata et aucta a Joh. Julio Walbaum.
  Pagg. 210.   Grypeswaldæ, 1788.   4.
Reliquas partes vide mox infra.

425. *Elementa Ichthyologica, Genera Piscium, et de Piscibus in genere.*

Magno Celsio
Præside, Dissertatio de natura Piscium in genere, et piscatura. Resp. Joh. Aurivillius.
  Plagg. 4½.   Holmiæ, 1676.   4.
Petrus Artedi.
Philosophia Ichthyologica.   Ichthyologiæ Pars 2.
  Pagg. 92.   Lugduni Bat. 1738.   8.
———— emendata et aucta a Joh. Julio Walbaum.
  Pagg. 196.   Grypeswaldiæ, 1789.   4.

Georg Wilhelm STELLER.
Observationes generales universam historiam Piscium con-
cernentes.
Nov. Comm. Acad. Petropol. Tom. 3. p. 405—420.
Jacobus Christophorus SCHÆFFER.
Epistola de studii Ichthyologici faciliori ac tutiori methodo.
Pagg. 24. tabb. ænea color. 1. Ratisbonæ, 1760. 4.
Antonius GOUAN.
Historia Piscium, sistens ipsorum anatomen atque genera.
latine et gallice.
Pagg. 252. tabb. æneæ 4. Argentorati, 1770. 4.
Heinrich Friedrich LINCK.
Versuch einer eintheilung der Fische nach den zähnen.
Voigt's Magaz. 6 Band. 3 Stück, p. 28—38.

426. *Systemata Ichthyologica.*

Franciscus WILLUGHBY.
De historia Piscium libri 4; recognovit et supplevit J.
Rajus.
Pagg. 343. et 30. tabb. æneæ 188. Oxonii, 1686. fol.
Johannes RAJUS.
Synopsis methodica Piscium. impr. cum ejus synopsi
Avium.
Pagg. 166. tabb. æneæ 2. Londini, 1713. 8.
Petrus ARTEDI.
Genera Piscium. Ichthyologiæ Pars 3. pagg. 84.
Synonymia nominum Piscium. Pars 4. pagg. 112.
Descriptiones specierum Piscium. Pars 5. pagg. 118.
Recognovit et edidit Car. Linnæus.
Lugduni Bat. 1738. 8.
Johann Gottlob SCHNEIDER.
Petri Artedi synonymia Piscium græca et latina emendata,
aucta atque illustrata; sive historia Piscium naturalis
et literaria, ab Aristotelis usque ævo ad seculum 13. de-
ducta, duce synonymia piscium P. Artedi.
Pagg. 352. tabb. æneæ 3. Lipsiæ, 1789. 4.
Jacobus Theodorus KLEIN.
Historiæ naturalis Piscium Missus
3. de Piscibus per branchias occultas spirantibus, ad
justum numerum et ordinem redigendis.
Pagg. 46. tabb. æneæ 7. Gedani, 1742. 4.
4. de Piscibus per branchias apertas spirantibus. Series 1.
Pagg. 68. tabb. 15. 1744.

5. de Piscibus per branchias apertas spirantibus. Series 2.

Pagg. 102. tabb. 20. 1749.

Missum 1. vide infra, inter Anatomicos; 2. vide supra pag. 107.

Marcus Elieser BLOCH.

Oeconomische naturgeschichte der Fische Deutschlands.

1 Theil. pagg. 258. tabb. æneæ color. 37.

Berlin, 1782. 4.

2 Theil. pagg. 192. tab. 38—72. 1783.

3 Theil. pagg 234. tab 73—108. 1784.

────── in octavo.

1 Theil. pagg. 332. tabb. 37. ib. 1783.

2 Theil. pagg. 268 tab. 38—72. 1784.

3 Theil. pagg. 279. t b. 73—108. 1785.

──────: Ichthyologie, ou histoire naturelle des Poissons.

1 Partie. pagg. 206. ib. 1785. fol.

2 Partie. pagg. 170.

3 Partie. pagg. 160. 1786.

Naturgeschichte der ausländischen Fische.

1 Theil. pagg. 136. tab. 109—144. ib. 1785. 4.

2 Theil. pagg. 160. tab. 145—180. 1786.

3 Theil. pagg. 146. tab. 181—216. 1787.

4 Theil. pagg. 128. tab. 217—252. 1790.

5 Theil. pagg. 152. tab. 253—288. 1791.

6 Theil. pagg. 126. tab. 289—324. 1792.

7 Theil. pagg. 144. tab. 325—360. 1793.

8 Theil. pagg. 174. tab. 361—396. 1794.

9 Theil. pagg. 192. tab. 397—432. 1795.

────── in octavo.

1 Theil. pagg. 280. tab. 109—162. ib. 1786.

2 Theil. pagg. 260. tab. 163—216. 1787.

──────: Ichthyologie.

4 Partie. pagg. 134. ib. 1787. fol.

5 Partie. pagg. 130.

6 Partie. pagg. 150. 1788.

427. *Icones Piscium.*

Eleazar ALBIN.

(Icones Piscium, cum nominibus latinis, anglicis, et gallicis.) 1735—1741.

Tabb. æneæ, long. 6 unc. lat. 12 unc. 16 tantum adsunt; quot desiderantur, ignoro.

428. *Descriptiones Piscium miscellæ.*

Guntherus Christophorus SCHELHAMER.
Anatome Xiphiæ piscis, accedit Lumpi et Ophidii examen.
Pagg. 24. tab. ænea 1.   Hamburgi, 1707. 4.
———— Ephem. Acad. Nat. Curios. Cent. 1 & 2. App.
p. 11 —130.
———— Valentini Amphitheatr. zootomic. Pars 2. p.
102—110.
Johann Leonhard FRISCH.
Observationes ad Lampetrarum tres species.
Miscellan. Berolinens. Tom. 6. p. 118—120.
Joannes Fridericus GRONOVIUS.
Pisces duo descripti.
Act. Societ. Upsal. 1744—1750. p. 36—42.
Martinus HOUTTUYN.
Aanmerkingen omtrent eenige vremde Visschen.
Uitgezogte Verhandelingen, 1c Deel, p. 506—516.
Laurentius Theodorus GRONOVIUS.
Animalium rariorum fasciculus. Pisces.
Act. Helvet. Vol. 7. p. 43—52.
Michael TYSON.
Tabula ænea, long. 10 unc. lat. 6 unc. icones Piscium 3
continens, latine descriptos in folio impresso.
Peter BODDAERT.
Beschreibung zweyer Fische.
Pall is neue Nord. Beyträge, 2 Band, p. 55—57.
Petrus Maria Augustus BROUSSONET.
Ichthyologia, sistens Piscium descriptiones et icones. De-
cas 1.   Londini, 1782. 4.
Tabb. æneæ 10. et textus plagulæ dimidiæ totidem.
Basilius ZUIEW.
Descriptio Characis leucometopontis, et Echeneidis nova
species.
Nov. Act. Acad. Petropol. 1786. p. 275—283.
Bengt And. EUPHRASEN.
Beskrifning på trenne Fiskar.
Vetensk. Acad. Handling. 1788. p. 51—55.
Scomber Atun och Echeneis tropica beskrifne. ib. 1791.
p. 315—318.
Carl Peter THUNBERG.
Tvänne utländska Fiskar beskrifne. ib. p. 190—192.

Marcus Elieser BLOCH.
Beschreibung zweyer neuen Fische.
Beob. der Berlin. Ges. Nat. Fr. 4 Band, p. 422—424.

429. *Observationes Ichthyologicæ miscellæ.*

Martino HEINSIO
Præside, Dissertatio: Analysis exercitationis 225. J. C.
Scaligeri ad Cardanum, de Piscium habitaculis et
ἀλληλοφθορία, seu mutua laniena. Resp. Thom. Saurma-
nus.
Plagg. 2. Wittebergæ, 1639. 4.
Gothofredo VOIGT
Præside, Disputatio de Piscibus fossilibus atque volatili-
bus. Resp. Joh. Heinr. Vulpius.
Plagg. 2. Wittebergæ, 1667. 4.
Detlof HEYKE.
Fiskar fundne i Ostronskal.
Vetensk. Acad. Handling. 1744. p. 128, 129.
——————: Pisciculi testis Ostrearum inhærentes.
Analect. Transalp.n. Tom. 1. p. 297.
DE SAINT-AMANT.
Lettre sur un Poisson trouvé dans une Huître.
Journal de Physique, Tome 12. p. 276—278.
William ARDERON.
A letter on keeping of small Fish in glass jars.
Philosoph. Transact. Vol. 44. n. 478. p. 23—27.
——————: Von erhaltung kleiner Fische in gläsernen
flaschen.
Hamburg. Magaz. 2 Band, p. 482—486.
Observations made on the Bansticle or Prickleback, and
also on Fish in general.
Philosoph. Transact. Vol. 44. n. 482. p. 424—428.
Letter to Mr. Henry Baker. ibid. Vol. 45. n. 487. p.
321—323.
William WATSON.
An account of Mr. Samuel Tull's method of castrating Fish.
Philosoph. Transact. Vol. 48. p. 870—874.
——————: Bericht wegens de manier op welke de Heer
Samuel Tull de Vissen lubt.
Uitgezogte Verhandelingen, 1 Deel, p. 389—395.
Petro KALM
Præside, Dissertatio de caussis diminutionis Piscium.
Resp. Gust. Lindblad.
Pagg. 9. Aboæ, 1757. 4.

Hans HEDERSTRÖM.
  Rön om Fiskars ålder.
    Vetensk. Acad. Handling. 1759. p. 222—229.
ANON.
  Translation of a letter from the Hannover Magazine, No.
  23, March 21, 1763, giving an account of a method to
  breed Fish to advantage.
                                    London, 1778. 8.
    P. 1—10. this letter, giving an account of Mr. Jacobs's
    method of breeding fish. Pag. 11—20 from the same
    Magazine, 1765. No. 4.
J. A. D. D. concerning the spawning of Fish.
    Pag. 21—50. from 1765. No. 62.
S. L. JACOBS, on the breeding of Trouts. tab. ænea 1.
Johann Gottlieb GLEDITSCH.
  Exposition abregee d'une fecondation artificielle des Truites
  et des Saumons.
    Hist. de l'Acad. de Berlin, 1764. p. 47—64.
SONNERAT.
  Observation d'un phenomene singulier, sur des Poissons
  qui vivent dans une eau, qui a 69 degrés de chaleur.
    Journal de Physique, Tome 3. p. 256—258.
Jean PARMENTIER.
  Observations concernant les effets pretendus de l'odeur des
  fleurs d'Aubepine, sur certains Poissons de Mer.
    Journal de Physique, Tome 9. p. 113—116.
Johann Gottlob SCHNEIDER.
  Proben von der Fischkunde der alten.
    Leipzig. Magaz. 1783. p. 62—98.
Franz von Paula SCHRANK.
  Auszüge aus zwey briefen.
    Schr. der Berlin. Ges. Naturf. Fr. 4 Band, p. 427—
    431.
Bernhard WARTMANN.
  Auszug eines briefes. ibid. p. 431—433,

430. *Musea Ichthyologica.*

Laurentius Theodorus GRONOVIUS.
  Museum Ichthyologicum, sistens Piscium, quorum maxima pars in museo ejus adservatur, nec non quorumdam
  in aliis museis observatorum, descriptiones.
    Tom. 1. pagg. 70. tabb. æneæ 4.
                                    Lugd. Bat. 1754. fol.
      2. pagg. 46. tab. 5—7; præter descriptiones Am-
    phibiorum, de quibus supra p. 153.   1756.
  TOM. 2.   N

Josephus Theophilus KOELREUTER.
Piscium rariorum e Museo Petropolitano descriptiones.
Nov. Comm. Acad. Petropol. Tom. 8. p. 404—430.
9. p. 420—470.
10. p. 329—351.

431. *Ichthyologi Topographici.*

Magnæ Britanniæ.

John RAY.
A catalogue of Fishes taken about Pensans and St. Ives in Cornwall.
A catalogue of fresh water Fish found in England.
in his Collection of English words not generally used,
p. 97—112.   London, 1674. 8.
Piscium Anglicorum, qui ad notitiam nostram pervenerunt, catalogus.
in Willughby historia Piscium, p. 22—25.
(*James* PETIVER.)
De Piscibus fluviatilibus Anglicanis. An account of our fresh-water Fishes, viz. such as are found in lakes, meres, pools, ponds, brooks, or rivers.
Memoirs for the Curious, 1708. p. 127—134.
Daines BARRINGTON.
On some particular Fish found in *Wales.*
Philosoph. Transact. Vol. 57. p. 204—214.

432. *Belgii.*

Johannes Fridericus GRONOVIUS.
Pisces Belgii, seu Piscium in Belgio natantium, et a se observatorum catalogus.
Act. Societ. Upsal. 1741. p. 67—76.
———: Vissen van Nederland.
Uitgezogte Verhandelingen, 1 Deel, p. 145—159.
Pisces Belgii descripti.
Act. Societ. Upsal. 1742. p. 79—107.
Laurentius Theodorus GRONOVIUS.
Lyst van eenige Vissen van Nederland, die door den Heere J. F Gronovius, in de Acta Upsaliensia van't jaar 1741, niet aangetekend zyn.
Uitgezogte Verhandelingen, 1 Deel, p. 324—332.

433. *Galliæ.*

Martinus Thrane Brünnich.
Ichthyologia *Massiliensis,* sistens Piscium descriptiones,
  eorumque apud incolas nomina.
Hafniæ et Lipsiæ, 1768. 8.
Pagg. 84; præter Spolia maris Adriatici, de quibus
  supra pag. 27.

434. *Hispaniæ.*

Petrus Osbeck.
Fragmenta ichthyologiæ Hispanicæ.
Nov. Act. Acad. Nat. Curios. Vol. 4. p. 99—104.

435. *Melitæ.*

Catalogus Piscium Melitensium. in Forskåhl descriptionibus Animalium, p. xviii, xix.   Havniæ, 1775. 4.

436. *Germaniæ.*

Carolus Lib. Baro a Meidinger.
Icones Piscium *Austriæ* indigenorum.
  Decuria 1. Plagg. 2 tabb. æneæ color. 10.
Viennæ Austriæ, 1785. fol.
  2. Plagg. 2. tab. 11—20.   1786.
  3. Plagg. 2. tab. 21—30.   1788.
  4. Plagg. 2. tab. 31—40.   1790.
Jacobus Christianus Schæffer.
Piscium Bavarico-*Ratisbonensium* pentas.
Pagg. 82. tabb. æneæ color. 4. Ratisbonæ, 1761. 4.
Heinrich Sander.
Beyträge zur naturgeschichte der Fische im *Rhein.*
Naturforscher, 15 Stück, p. 163—183.
——— in seine kleine Skriften, 1 Band, p. 233—
  254.
Bernhard Sebastian Nau.
Bemerkungen zu des Herrn Prof. Sanders beyträgen zur
  naturgeschichte der Fische im Rhein.
Naturforscher, 25 Stück, p. 24—34.

S E E T Z E N.
  Verzeichniss der Fische in den gewässern der herrschaft
  Jever in Westphalen.
    Meyer's zoolog. Annalen, 1 Band. p. 399—402.
Johann Christoph B I R K H O L Z.
  Ökonomische beschreibung aller arten Fische, welche in
  den gewässern der *Churmark* gefunden werden.
    Pagg. 24.   Berlin, 1770. 8.
Marcus Elieser B L O C H.
  Öconomische naturgeschichte der Fische in den Preussi-
  schen staaten, besonders der *Märkschen* und *Pommer-
  schen* provinzen.
    Schr. der Berlin. Ges. Naturf. Fr. 1 Band, p. 231—296.

437. *Norvegiæ.*

Hans S T R ö M.
  Om et par rare Fiske.
    Naturhist. Selsk. Skrivt. 2 Bind, 2 Heft. p. 12—16.

438. *Sveciæ.*

Laurentio R O B E R G
  Præside, Dissertatio de Piscibus.   Resp. J. G. Geringius.
                                       Upsaliæ, 1727. 4.
    Pagg. 26; cum figg. ligno et æri incisis.
Bengt Anders E U P H R A S E′ N.
  Beskrifning på tvenne Svenska Fiskar.
    Vetensk. Acad. Handling. 1786. p. 64—67.

439. *Borussiæ.*

Johannes Christophorus W U L F F.
  Ichthyologia, cum amphibiis Regni Borussici.
                                       Regiomonti, 1765. 8.
    Pagg. 60, quarum 14 priores ad Amphibia spectant.

440. *Imperii Russici.*

Anton Johann G ü L D E N S T Æ D T.
  Salmo Leucichtus et Cyprinus Chalcoides descripti.
    Nov. Comm. Acad. Petropol. Tom. 16. p. 531—547.
Petrus Simon P A L L A S.
  Piscium novæ species descriptæ.
    Nov. Act. Acad. Petropol. 1783. p. 347—360.

441. *Orientis.*

Alexander Russell.
An account of four undescribed Fishes of *Aleppo.*
Philosoph. Transact. Vol. 49. p. 445—449.

442. *Chinæ.*

Icones Piscium 24, a pictore Sinensi, Cantoni eleganter
pictæ.   fol.

443. *Japoniæ.*

Carl Peter Thunberg.
Beskrifning på tvänne Fiskar ifrån Japan.
Vetensk. Acad. Handling. 1790. p. 106—110.
Tvänne Japanske Fiskar beskrifne. ib. 1792. p. 29—32.

444. *Americæ Septentrionalis.*

Johann David Schöpf.
Beschreibungen einiger Nordamerikanischer Fische, vor-
züglich aus den Neu-yorkischen gewässern. Beob. der
Berlin. Ges. Naturf. Fr. 2 Band. 3 Stück, p. 138—194.

445. *Monographiæ Piscium Apodum.*

Murænæ genus.

Carolo Petro Thunberg
Præside, Dissertatio de Muræna et Ophichtho.
Resp. Jon. Nic. Ahl.
Pagg. 14. tabb. æneæ 2.   Upsaliæ, 1789.   4.

446. *Muræna Anguilla.*

Christianus Franciscus Paullini.
Coenarum Helena, seu Anguilla.
Pag. 200.   Francof. et Lipsiæ, 1689.   12.

447. *Muræna Siren.*

John ELLIS.
　An account of an amphibious bipes.
　　Philosoph. Transact. Vol. 56. p. 189—192.
Carolus a LINNE.
　Dissertatio: Siren Lacertina. Resp. Abr. Österdam.
　　Pagg. 15. tabb. ænea 1.　　　　　Upsaliæ, 1766.　4.
　——— Amoenit. Academ. Vol. 7. p. 311—325.
Petrus CAMPER.
　Over de Siren van den Heere Ellis. impr. cum ejus Berigt
　　wegens den Dugon, (vide supra pag. 107.) p. 9—11.
　———: Von der Sirene des Herrn Ellis.
　　In seine klein. Schriften, 3 Band. 1 Stück, p. 31—34.

448. *Gymnotus albus.*

Basilius ZUIEW.
　Gymnoti nova species.
　　Nov. Act. Acad. Petropol. 1787. p. 269—273.

449. *Stylephorus chordatus* Shaw.

George SHAW.
　Description of the Stylephorus chordatus, a new Fish.
　　Transact. of the Linnean Soc. Vol. 1. p. 90—92.

450. *Gymnogaster arcticus* Brünnich.

Morten Thrane BRÜNNICH.
　Om den Islandske fisk Vogmeren.
　　Danske Vidensk. Selsk. Skrivt. nye Saml. 3 Deel,
　　p. 408—413.

451. *Anarhichas Lupus.*

P. M. Augustus BROUSSONET.
　Observations sur le Loup marin.
　　Mem. de l'Acad. des Sc. de Paris, 1785. p. 161—169.

452. *Anarhichas pantherinus.*

Basilius ZOUIEW.
　Anarricas pantherinus.
　　Act. Acad. Petrop. 1781. Pars pr. p. 271—277.

453. *Ammodytes Tobianus.*

Der Tobiasfisch. Berlin. Sammlung. 8 Band, p. 229
—234.

454. *Ophidium barbatum.*

P. M. Augustus BROUSSONET.
An account of the Ophidium barbatum Linnei.
Philosoph. Transact. Vol. 71. p. 436—448.

455. *Stromateus Paru.*

Morten Thrane BRÜNNICH.
Den barbugede Pampelfisk, (Coryphæna apus) en nye art,
og dens giæst, Skrukketrolden (Oniscus Eremita.)
Danske Vidensk. Selsk. Skrivt. nye Saml. 2 Deel, p.
319—325. Conf. 3 Deel, p. 406, 407.

456. *Xiphias Gladius.*

Georgius HANNÆUS.
Xiphias adumbratus.
Ephem. Acad. Nat. Cur. Dec. 2. Ann. 8. p. 241—243.
Alexander Bernhard KÖLPIN.
Anmärkningar vid Svärd-Fiskens anatomie och natural-
historia.
Vetensk. Acad. Handling. 1770. p. 5—16.
1771. p. 115—119.
Johann Julius WALBAUM.
Beschreibung eines Schwertfisches.
Berlin. Sammlung. 10 Band, p. 70—80.

457. *Sternoptyx diaphana.*

Johann HERMANN.
Ueber ein neues fischgeschlecht, Sternoptyx diaphana.
Naturforscher, 16 Stück, p. 8—36.
17 Stück, p. 249, 250.

458. *Monographiæ Piscium Jugularium.*

Callionymus Lyra.

Edward Tyson.
The yellow Gurnard.
Philosoph. Transact. Vol. 24. n. 293. p. 1749—1753.
Joannes Fridericus Gronovius.
Cottus, ossiculo pinnæ dorsalis primo longitudine corporis, descriptus.
Act. Societ. Upsal. 1740. p. 121—123.

459. *Gadi varii.*

Hans Ström.
Beskrivelse over en Norsk Saltvands-fisk, kaldet Byrke-Lange.
Norske Vidensk. Selsk. Skrift. 3 Deel, p. 446—452.
Alexander Michael von Strussenfelt.
Beskrifning på tvänne fiskar af Torsk-slägtet.
Vetensk. Acad. Handling. 1773. p. 22—27.
Bengt And. Euphrase'n.
Gadus Lubb, en ny Svensk fisk, beskrifven. ib. 1794. p. 223—227.

460. *Gadus Æglefinus.*

Cooper Abbs.
Observations on the remarkable failure of Haddocks, on the coasts of Northumberland, Durham, and Yorkshire.
Philosoph. Transact. 1792. p. 367—373.

461. *Gadus Callarias β.*

Josephus Theophilus Koelreuter.
Descriptio piscis, e Gadorum genere, Russis Nawaga dicti.
Nov. Comm. Acad. Petropol. Tom. 14. Pars 1. p. 484 —497.
————: Beschreibung des Fisches Nawaga bey den Russen, aus dem geschlechte der Gadorum.
Neu. Hamburg. Magaz. 107 Stück, p. 387—403.

462. *Gadus Saida.*

Jwan LEPECHIN.
Descriptio piscis, e Gadorum genere, Russis Saida dicti.
Nov. Comm. Acad. Petropol. Tom. 18. p. 512—521.

463. *Gadus Pollachius.*

Pehr OSBECK.
Beskrifning på en Fisk, kallad Lerbleking.
Vetensk. Acad. Handling. 1767. p. 245—247.
Johann Julius WALBAUM.
Naturgeschichte des gelben Kohlmauls.
Schr. der Berlin. Ges. Naturf. Fr. 4 Band, p. 147—160.

464. *Gadus Lota.*

Johann Leonhard FRISCH.
De Mustelæ fluviatilis rapacitate.
Miscellan. Berolinens. Tom. 4. p. 392.
Heinrich SANDER.
Zur naturgeschichte des Ruffolken.
in seine kleine Schriften, 1 Band, p. 225—232.

465. *Blennius Galerita.*

Beschreibung der Seelerche.
Berlin. Sammlung. 7 Band, p. 128—131.

466. *Blennius simus* et *murænoides.*

Wasil. SUJEF.
Blenniorum duæ species, ex musæo academico.
Act. Acad. Petropol. 1779. Pars post. p. 195—201.

467. *Blennius Gunnellus β. punctatus.*

Otho FABRICIUS.
Beskrivelse over den punkteerte Tangsprel.
Naturhist. Selsk. Skrivt. 2 Bind, 2 Heft. p. 84—96.

468. *Blennius viviparus.*

Nils GISSLER.
Beskrifning på Tånglaken.
Vetensk. Acad. Handling. 1748. p. 37—44.
————: Blennius capite dorsoque fulvo-flavescente li-
turis nigris, pinna ani flava, descriptus.
Analect. Transalpin. Tom. 1. p. 485—489.

469. *Blennius raninus.*

Morten Thrane BRÜNNICH.
Velsens beskrivelse.
Kiöbenh. Selsk. Skrifter, 12 Deel, p. 291—298.
Johann Julius WALBAUM.
Beschreibung der russigen Meerquappe mit einer bart-
faser.
Schr. der Berlin. Ges. Naturf. Fr. 5 Band, p. 107—125.

470. *Monographiæ Piscium Thoracicorum.*

Regalecus Ascanii.

Morten Thrane BRÜNNICH.
Om Sild-tusten, Regalecus remipes. Danske Vidensk.
Selsk. Skrivt. nye Saml. 3 Deel, p. 414—418.
P. ASCANIUS.
Beretning om Sild-tusten. ibid. p. 419—422.

471. *Echeneis Remora.*

Ignatius BRACCIUS.
Remoræ pisciculi effigies.
Pag. 1; cum figg. ligno incisis.   Romæ, 1634.   fol.

472. *Coryphæna pentadactyla.*

Theodor ANKARCRONA.
Beskrifning öfver Fämfingers-fisken.
Vetensk. Acad. Handling. 1740. p. 457—461.
                              Andra uplagan p. 451—455.
————: Blennius sinensis descriptus.
Analect. Transalpin. Tom. 1. p. 103—105.

473. *Zeus Luna.*

Cromwell MORTIMER.
The description of a Fish.
Philosoph. Transact. Vol. 46. n. 495. p. 518—520.
Morten Thrane BRÜNNICH.
Om en ny fiskeart, den draabeplettede Pladefisk, fanget ved Helsignöer i Nordsöen 1786, Zeus guttatus.
Danske Vidensk. Selsk. Skrivt. nye Saml. 3 Deel, p. 398—406.

474. *Pleuronectes Zebra* et *dentatus.*

Marcus Elieser BLOCH.
Pleuronectarum duplex species.
Nov. Act. Acad. Petropol. 1785. Hist. p. 139—143.

475. *Chætodon Boddaerti.*

Petrus BODDAERT.
De Chætodonte diacantho epistola. belgice et latine.
Pagg. 43. tabb. ænea color. 1.
Amstelodami, 1772. 4.

476. *Chætodon rostratus.*

John Albert SCHLOSSER.
An account of a fish from Batavia, called Jaculator.
Philosoph. Transact. Vol. 54. p. 89—91.
Vol. 56. p. 186, 187.

477. *Chætodon Argus.*

Petrus BODDAERT.
De Chætodonte Argo epistola. belgice et latine.
Pagg. 43. tab. ænea color. 1.
Amstelodami, 1770. 4.

478. *Chætodon quidam.*

William BELL.
Description of a species of Chætodon, called, by the Malays, Ecan bonna.
Philosoph. Transact. 1793. p. 7—9.

479. *Cottus Scorpius.*

Henrich TONNING.
Beskrivelse over Fisk-Sympen.
Norske Vidensk. Selsk. Skrift. 2 Deel, p. 345—350.

480. *Cottus Gobius.*

Johann Leonh. FRISCH.
Gobius capitatus.
Miscellan. Berolinens. Tom. 6. p. 123.

481. *Scorpænæ variæ.*

Markus Elieser BLOCH.
Två utländska fiskar beskrifne.
Vetensk. Acad. Handling. 1789. p. 234—236.

482. *Scarus maxillosus* Zuiew.

Basilius ZOUIEW.
Descriptio piscis non descripti, qui pertinet ad genus Sca-
rorum Forskalii.
Act. Acad. Petropolit. 1779. Pars pr. p. 229—232.

483. *Sciæna jaculatrix* Pallas.

Petrus Simon PALLAS.
Descriptio Sciænæ jaculatricis.
Philosoph. Transact. Vol. 56. p. 187, 188.
————— in ejus Spicilegiis zoologicis, Fascic. 8. p. 41.
not. *a.*

484. *Percæ variæ.*

Michael TYSON.
Account of a singular fish from the South Seas.
Philosoph. Transact. Vol. 61. p. 247—249.
Marcus Elieser BLOCH.
Beskrivelse over tvende nye Aborrer fra Indien.
Danske Vidensk. Selsk. Skrivt. nye Saml. 3 Deel, p.
383—385.

Carl Peter THUNBERG.
Åtskillige förut okände fiskar af Abbor-slägtet, ifrån Japan, beskrifne.
Vetensk. Acad. Handling. 1792. p. 141—143.
1793. p. 55, 56; p. 198—200. et p. 296—298.

485. *Perca americana.*

Johann David SCHÖPF.
Der Nord-amerikanische Pertsch.
Naturforscher, 20 Stück, p. 17—25.

486. *Perca Acerina.*

Anton Johann GÜLDENSTÆDT.
Acerina, piscis ad Percæ genus pertinens, descriptus.
Nov. Comm. Acad. Petropol. Tom. 19. p. 455—462.

487. *Holocentrus lentiginosus* Vahl.

Martin VAHL.
Holocentrus lentiginosus beskreven.
Naturhist. Selsk. Skrivt. 3 Bind, 1 Heft. p. 116—122.

488. *Gasterosteus Ductor.*

Pebr OSBECK.
Beskrifning om en fisk, som kallas Lods.
Vetensk. Acad. Handling. 1755. p. 71—74.

489. *Scomber Thynnus.*

Hans STRÖM.
Om Haa-störjen.
Norske Vidensk. Selsk. Skrift. nye Saml. 2 Bind, p. 341—344.

490. *Genus novum Scombro affine.*

Cromwell MORTIMER.
Account of the horn of a fish struck several inches into the side of a ship.
Philosoph. Transact. Vol. 41. n. 461. p. 862—864.

190   *Genus novum Scombro affine.*

Abraham Bäck.
De cornu piscis plane singulari carinæ navis impacto.
Act. Acad. Nat. Curios. Vol. 8. p. 199—217.
Jacobus Theodorus Klein.
Epistola de cornu piscis carinæ navis impacto. impr. cum
ejus Missu 5. Historiæ Piscium naturalis; p. 96—102.
P. M. Augustus Broussonet.
Memoire sur le Voilier, espece de poisson peu connue.
Mem. de l'Acad. des Sc. de Paris, 1786. p. 450—455.

491. *Trigla rubicunda* Hornst.

Clas Fredric Hornstedt.
Trigla rubicunda, en okänd fisk från Amboina.
Vetensk. Acad. Handling. 1788. p. 49—51.

492. *Monographiæ Piscium Abdominalium.*

Cobitis fossilis.

Johannes Fridericus Gronovius.
The figure of the Mustela fossilis.
Philosoph. Transact. Vol. 44. n. 483. p. 451.
du Rondeau.
Sur la Loche Campinoise.
Mem. de l'Acad. de Bruxelles, Tome 4. p. 247—255.

493. *Silurus Glanis.*

Pehr Osbeck.
Beskrifning öfver fisken Mal.
Vetensk. Acad. Handling. 1756. p. 34—39.
————: Silurus pinna dorsali unica, cirris ad os plu-
rimis, descriptus.
Analect. Transalpin. Tom. 2. p. 472—475.
Theodor Holm.
Beskrivelse over den fisk Mallen kaldet.
Kiöbenh. Selsk. Skrifter, 12 Deel, p. 133—146.
Fougeroux de Bondaroy.
Description d'un poisson du genre des Silures, appelé
Shaid ou Shaiden par les Allemands.
Mem. de l'Acad des Sc. de Paris, 1784. p. 216—228.

494. *Salmo Salar.*

Laurentio Roberg
   Præside, Dissertatio de Salmonum natura, eorumque apud
   Ostrobothnienses piscatione. Resp. Dan. Bonge.
                                    Upsaliæ, 1730. 4.
   Pagg. 27 ; cum fig. ligno incisis.

495. *Salmo Salar β.*

Bernhard Wartmann.
   Von dem Rheinanken oder Illanken.
   Schr. der Berlin. Ges. Naturf. Fr. 4 Band, p. 55—68.

496. *Salmo Fario.*

Daines Barrington.
   Of the Gillaroo Trout.
      Philosoph. Transact. Vol. 64. p. 116—120.
Henry Watson.
   Account of the stomach of the Gillaroo Trout. ibid. p.
   121—123.
John Hunter.
   Observations on the Gillaroe Trout. ibid. p. 310—317.
   ———— in his Observations on animal œconomy, p.
   141—145.

497. *Salmo alpinus.*

Farrington.
   Some account of the Charr-fish, as found in North-Wales.
      Philosoph. Transact. Vol. 49. p. 210—212.
      ————— : Einige nachrichten von den Charr-fish, wie
      er in Northwalis gefunden wird.
      Hamburg. Magaz. 19 Band, p. 373—375.
Franz von Paula Schrank.
   Beytrag zur naturgeschichte des Salmo alpinus Lin.
   Schr. der Berlin. Ges. Naturf. Fr. 2 Band, p. 297—306.
Bernhard Wartmann.
   Alpforelle aus dem Seealper See. ibid. 4 Band, p. 69—77.

498. *Salmo Lavaretus.*

Josephus Theophilus Koelreuter.
   Descriptio piscis, e Coregonorum genere, Russice Sig vo-
   cati, historico anatomica.
   Nov. Comm. Acad. Petropol. Tom. 15. p. 504—516.

499. *Salmo Albula.*

Josephus Theophilus KOELREUTER.
Descriptio piscis, e Coregonorum genere, Russice Riapu-
cha dicti, historico-anatomica. Nov. Comm. Acad.
Petropol. Tom. 18. p. 503—511.

500. *Salmo Maræna* et *Maranula.*

Marcus Elieser BLOCH.
Naturgeschichte der Maræne. Beschäft. der Berlin. Gesellsch. Naturf. Fr. 4 Band, p. 60—90.

501. *Salmo Wartmanni.*

Bernhard WARTMANN.
Beschreibung und naturgeschichte des Blaufelchen. ib.
3 Band, p. 184—213.

502. *Salmo quidam.*

Johannes Fridericus GRONOVIUS.
Salmo oblongus, maxillæ inferioris apice introrsum reflexo,
descriptus.
Act. Societ. Upsal. 1741. p. 85—90.

503. *Esox Lucius* β. *americanus.*

Johann David SCHÖPF.
Der gemeine Hecht in Amerika.
Naturforscher, 20 Stück, p. 26—31.

504. *Esox Belone.*

Der Pfeilfisch. Berlin. Sammlung. 8 Band, p. 234—236.

505. *Argentina quædam.*

Cornelius NOZEMAN.
Beschryving van een zeldzaamen vis.
Uitgezogte Verhandelingen, 3 Deel, p. 381—386.

506. *Exocœtus evolans.*

Thomas BROWN.
Description of the Exocœtus volitans, or flying fish.
Philosoph. Transact. Vol. 68. p. 791—800.

507. *Clupea Harengus.*

Martinus SCHOOCKIUS.
Dissertatio de Harengis, vulgo Halecibus dictis.
 Plagg. 4.   Groningæ, 1649. 8.
 Adest etiam titulus Disputationis academicæ, Resp.
 Ant. Matthæo.
Paulus NEUCRANTZ.
De Harengo Exercitatio medica.
 Pagg. 83.   Lubecæ, 1654. 4.
James Solas DODD
An essay towards a natural history of the Herring.
 Pagg. 178. tab. ænea 1.   London, 1752. 8.
ANON.
Natürliche geschichte des Heerings.
 Hamburg. Magaz. 23 Band, p. 563—583.
Friedrich Samuel BOCK.
Versuch einer vollständigen natur-und handlungsge-
 schichte der Heringe.
 Pagg. 101.   Königsberg, 1769. 8.
John GILPIN.
Observations on the annual passage of Herrings.
 Transact. of the Amer. Society, Vol. 2. p. 236—239.
 ————: Von den jährlichen wanderungen der Hee-
 ringe.
 Leipzig. Magaz. 1788. p. 90—95.

508. *Cyprini varii.*

Anton Johann GÜLDENSTÆDT.
Cyprinus Capoëta et Cyprinus Mursa.
 Nov. Comm. Acad. Petropol. Tom. 17. p. 507—520.
Cyprinus Barbus et Cyprinus Capito descripti.
 Act. Acad. Petropol. 1778. Pars post. p. 239—260.
Nathanaëlis Godofredus LESKE.
Ichthyologiæ Lipsiensis specimen.
 Pagg. 82.   Lipsiæ, 1774. 8.
 TOM. 2.   O

509. *Cyprinus Carpio.*

Samuel LEDELIUS.
  Carpiones diu viventes.
    Ephem. Acad. Nat. Cur. Dec. 2. Ann 10. p. 28, 29.
François DU PETIT.
  Histoire de la Carpe.
    Mem. de l'Acad. des Sc. de Paris, 1733. p. 197—222.
Johann Leonhard FRISCH.
  De ossibus dentatis in utraque pinna ventris Carpionis.
    Miscellan. Berolinens. Tom. 6. p. 122.
DE LATOURRETTE.
  Recherches et observations sur le Carpeau de Lyon.
    Journal de Physique, Tome 6. p. 271—280.
Johann BECKMANN.
  Karpen. in seine Beytr. zur Gesch. der Erfind. 3 Band, p.
    412—435.

510. *Cyprinus auratus.*

Carl LINNÆUS.
  Beskrifning om Guld-fisken och Silver-fisken.
    Vetensk. Acad. Handling. 1740. p. 403—410.
                      2dra uplagan, p. 396—404.
    ————: Cyprinus pinna ani duplici, cauda trifurca,
  descriptus.
    Analect. Transalpin. Tom. 1. p. 83—89.
    ————: Description du Poisson d'or ou d'argent.
    Melanges d'H.st. Nat. par Alleon Dulac, Tome 1. p.
    13—25.
Job BASTER.
  Beschryving van den Kin-Yu of Goud-Vis.
    Verhandel. van de Maatsch. te Haarlem, 7 Deels 1 Stuk,
    p. 215—246.
DE SAUVIGNY.
  Histoire naturelle des Dorades de la Chine.
                            Paris, 1780. fol.
    Pag. 1—24. tab. æn. color. 1—30. Plurane prodierunt,
  ignoro.

511. *Cyprinus Dobula.*

  Beschryving van den Rivier-harder.
    Uitgezogte Verhandelingen, 1 Deel, p. 576—580.

512. *Cyprinus Grislagine.*

Carolus LINNÆUS.
Cyprinus pinnæ ani radiis 11, pinnis albentibus, Stæm Svecis, descriptus.
Act, Societ. Upsal. 1744—1750. p. 35, 36.

513. *Cyprinus Rutilus.*

Josephus Theophilus KOELREUTER.
Descriptio Cyprini Rutili historico-anatomica.
Nov. Comm. Acad. Petropol. Tom. 15. p. 494—503.

514. *Cyprinus quidam.*

Pehr OSBECK.
Beskrifning på fisken Rua.
Vetensk. Acad. Handling. 1771. p. 152, 153.

515. *De Piscibus Branchiostegis et Chondropterygiis Scriptores.*

Petrus CAMPER.
Bemerkungen über die klasse derjenigen fische, die vom Ritter Linné Schwimmende Amphibien genannt werden.
Beob. der Berlin. Ges. Naturfr. Fr. 1 Band, p. 197—218.

516. *Monographiæ Piscium Branchiostegorum.*

Tetrodon Mola α.

William BARLOW.
A paper concerning the Mola Salv. or Sun-fish, and a Glue made of it.
Philosoph. Transact. Vol. 41. n. 456. p. 343—345.
Janus PLANCUS.
De Mola pisce epistola altera.
Comment. Instituti Bonon. Tom. 3. p. 331—334.
——————: Beschreibung des Klumpfisches.
Hamburg. Magaz. 18 Band, p. 13—18.

Martinus DOMSMA.
Ontleedkundige beschryving van eenen Zonne-visch.
Verhand. van de Maatsch. te Haarl. 12 Deel, p. 413—
422.
ANON.
Description du Poisson nommé Lune ou Mole, peché à
Brest.
Journal de Physique, Tome 16. p. 58—60.
Tetraodon Mola.
Wilhelmina King del. Daniel Mackenzie sc.
Tab. ænea, long. 9 unc. lat. 7½ unc.
Anders Jaban RETZIUS.
Tetrodon Mola beskrifven.
Vetensk. Acad. Handling. 1785. p. 115—121.

517. *Tetrodon Mola β.*

Janus PLANCUS.
De Mola pisce.
Comm. Instituti Bonon. Tom. 2. Pars 2. p. 297—303.
————: Beschreibung des Klumpfisches.
Hamburg. Magaz. 18 Band, p. 3—13.

518. *Syngnathus Ophidion.*

Bernhard Christian OTTO.
Beschreibung des natterförmigen Nadelfisches.
Schr. der Berlin. Ges. Naturf. Fr. 3 Band, p. 434—
440.

519. *Balistes varii.*

SONNERAT.
Description du Guaperva tacheté.
Journal de Physique, Tome 3. p. 445.
Description du Guaperva cendré. ib. Tome 4. p. 78.

520. *Cyclopterus Liparis.*

Cornelius NOZEMAN.
Beschryving van een ongemeenen inlandsen Vis.
Uitgezogte Verhandelingen, 1 Deel, p. 581—584.

521. *Cyclopterus lineatus.*

Iwan LEPECHIN.
Cyclopterus lineatus.
Nov. Comm. Acad. Petropol. Tom. 18. p. 522—525.

522. *Lophiorum genus.*

Naturgeschichte der Seeteufel.
Berlin. Sammlung. 6 Band. p. 83—91, & p. 169—176.

523. *Lophius piscatorius.*

James PARSONS.
Some account of the Rana Piscatrix.
Philosoph. Transact. Vol. 46. n. 492. p. 126—131.
James FERGUSON.
An account of a remarkable fish, taken in King-Road near
Bristol.
Philosoph. Transact. Vol. 53. p. 170—172.
————: Nachricht von einem in King-road, unweit
Bristol, gefangenen merkwürdigen fische.
Neu. Hamburg. Magaz. 70 Stück, p. 380—383.
HANOW.
Warscheinliche erklärung eines ungenannten meerthieres,
welches in dem 53. Vol. der Phil. Trans. beschrieben
ist.
Titius gemeinnüzige Abhandl. 1 Theil, p. 275—283.

524. *Lophius barbatus.*

Lars MONTIN.
Beskrifning på en fisk, Lophius barbatus.
Vetensk. Acad. Handling. 1779. p. 187—196.

525. *Lophius Histrio.*

Gustaf Fredric HJORTBERG.
Beskrifning på en Guaperva, fångad i sjögräset Sargazo.
Vetensk. Acad. Handling. 1768, p. 350—353.
A. E. VAN BRAAM HOUCKGEEST.
Bericht wegens den Lophius Histrio.
Verhandel. van de Maatsch. te Haarlem, 15 Deel, Be-
richten, p. 20—28.

Excerpta, e gallico in Nouvelles de la Republique des Lettres, belgice versa, adsunt in Algem. geneeskund. Jaarboeken, 5 Deel, p. 109, 110.

526. *Monographiæ Piscium Chondropterygiorum.*

Squalorum genus.

P. M. Augustus BROUSSONET.
Sur les differentes especes de Chiens de Mer.
　Mem. de l'Acad. des Sc. de Paris, 1780. p. 641—680.
　————— Journal de Physique, Tom. 26. p. 51—66. &
　p. 120—131.
　—————: Abhandlung von den verschiedenen arten der Meerhunde oder Hayfische, mit anmerkungen und zusäzen.
Leipzig. Magaz. 1787. p. 315—361.

527. *Squali varii.*

Johann Julius WALBAUM.
Beschreibung des breitnasigen Hayes.
　Schr. der Berlin. Ges. Naturf. Fr. 5 Band, p. 381—393.
Basilius ZUIEW.
Foetus Squali singularis.
　Nov. Act. Acad. Petropol. 1787. p. 239—242.
Hans STRÖM.
Om Haamæren. Norske Vidensk. Selsk. Skrift. nye Saml. 2 Bind, p. 337—341.

528. *Squalus stellaris.*

GOYEAU.
Von einem bey' Ceuta (Cette?) gefangenen Seehunde. (e gallico, in Mercure de France.)
Hamburg. Magaz. 24 Band, p. 531—548.

529. *Squalus glaucus.*

William WATSON.
An account of the blue Shark.
　Philosoph. Transact. Vol. 68. p. 789, 790.

530. *Squalus Carcharias.*

E. Rosted.
Om Haakiærringen, angaaende maaden og tiden den fanges, og hvorledes man benytter sig af den. Norske Vidensk. Selsk. Skrift. nye Saml. 2 Bind, p. 201—212.

531. *Pristis genus* Lathami.

Jean Etienne Guettard.
Sur la defense du poisson Scie.
dans ses Memoires, Tome 1. p. lxxxvj—lxxxix.
John Latham.
An essay on the various species of Sawfish.
Transact. of the Linnean Soc. Vol. 2. p. 273—282.

532. *Rajarum genus.*

Johann Gottlob Schneider.
Von den Rochen überhaupt.
Leipzig. Magaz. 1783. p. 265—282.
Neue beyträge zur naturgeschichte des Rochenge-schlechts. ibid. 1788. p. 73—90.

533. *Rajæ variæ.*

Paulus Gerardus Henricus Moehring.
Rajarum trium descriptiones.
Act. Acad. Nat. Curios. Vol. 6. p. 482—486.
Bengt Anders Euphrase'n.
Raja Narinari beskrifven.
Vetensk. Acad. Handling. 1790. p. 217—219.

534. *Raja Torpedo.*

Johanne Ludovico Hannemanno
Præside, Dissertatio piscem Torpedinem, ejusque proprie-tates admirandas exhibens. Resp. Abias Ge. Crame-rus.
Pagg. 18.   Kilonii, 1710.   4.
John Walsh.
Of Torpedos found on the coast of England.
Philosoph. Transact. Vol. 64. p. 464—473.

535. *Petromyzon marinus.*

Bernhard NAU.
Naturgeschichte der Lamprete des Rheins.
Beob. der Berlin. Ges. Naturf. Fr. 1 Band, p. 466—
470.

536. *Myxine glutinosa.*

Anders Jahan RETZIUS.
Anmärkningar vid slägtet Myxine.
Vetensk. Acad. Handling. 1790. p. 110—114.
Olof SWARTZ.
Tillägg vid föregående anmärkningar. ib. p. 114—117.
Peter Christian ABILDGAARD.
Kurze anatomische beschreibung des Säugers.
Beob. der Berlin. Ges. Naturf. Fr. 4 Band, p. 193—
200.
Marcus Elieser BLOCH.
Bemerkungen zu obiger abhandlung über den Ansauger.
ibid. p. 244—251.

537. *Entomologi.*

Encomia Entomologiæ.

Carl DE GEER.
Tal om nyttan, som Insecterne och deras skärskådande, tilskynda oss.
Pagg. 32.   Stockholm, 1744. 8.
————: Andra uplagan. Pagg. totidem.
                                              ib. 1747. 8.
Carolo Friderico MENNANDER
Præside, Dissertatio de usu cognitionis Insectorum.
Resp. Chr. Biörklund.
Pagg. 45.   Aboæ, 1747. 4.
HETTLINGER.
Lettre sur les jouissances que procure l'etude de l'histoire naturelle des Insectes.
Journal de Physique, Tome 26. p. 3—8.
Guillaume Antoine OLIVIER.
Sur l'utilité de l'etude des Insectes, relativement à l'agriculture et aux arts.
Journal d'Hist. Nat. Tome 1. p. 33—56, & p. 241—253.

538. *Bibliothecæ Entomologicæ.*

Johann Samuel SCHRÖTER.
Ueber die bemühungen und die verdienste älterer und neuerer Schriftsteller um die Insektenlehre Europens.
in seine Abhandl. über die Naturgesch. 1 Theil, p. 373—470.
Johann Jacob RÖMER.
Beyträge zur entomologischen Bücherkenntniss.
in Füessly's neu. Entomol. Magaz.
1 Band, p. 13—43, p. 169—182, p. 221—262, & p. 344—369.
2 Band, p. 44—54, p. 113—168, & p. 225—280.
Karl Ehrenbert Ritter VON MOLL.
Beyträge zur entomologischen Bückerkunde.
Beob. der Berlin. Ges. Naturf. Fr. 3. Band, p. 257—301.

Johann Christian Fabricius.
Om skrivter i Insekt-læren.
Naturhist. Selsk. Skrivt. 3 Bind, 1 Heft. p. 145—156.

539. *De Insectis colligendis et servandis.*

Abraham Gotthelf Kæstner.
Ein mittel, die Insekten, die man zu einer sammlung aufbehalten will, bequemlich zu tödten.
Hamburg. Magaz. 8 Band, p. 201—204.
Tobias Conrad Hoppe.
Mittel auf eine besondere art zu Insecten zu gelangen, und sie zu verwahren.
Physikal. Belustigung. 2 Band, p. 648—659.
Johann Samuel Schröter.
Ist es ein bequemes mittel, Insekten, die man aufbewahren will, durchs glüen zu tödten? oder weiss man ein bequemers?
Berlin. Sammlung. 3 Band, p. 297—304.
―――――: Von den mitteln, die Insekten, die man aufbewahren will, zu tödten, und sie für der zerstöhrung zu schüzen.
in seine Abhandl. über die Naturgesch. 1 Theil, p. 145 —157.
Einige bemerkungen für die sammler der Papilionen. ib. p. 158—170.
(*William* Curtis.)
Instructions for collecting and preserving Insects.
Pagg. 44. tab. ænea 1.　　　　London, 1771. 8.
John Ellis.
The method of catching and preserving Insects for collections. Printed with his directions for bringing over seeds; p. 18—24. cum tab. ænea, cujus archetypus, a Cl. Virgine Anna Lee delineatus, in nostro exemplo etiam adest.　　　　London, 1771. 4.
Anon.
Maniere de fixer sur le papier les ailes des Papillons, et de les representer au naturel.
Journal de Physique, Introd. Tome 1. p. 52—54.
August Christian Kühn.
Kurze anleitung Insecten zu sammlen.
Pagg. 112.　　　　Eisenach, 1773. 8.

Johann Heinrich Friedrich MEINEKE.
Anleitung für junge Insectensammler, mit absicht und geschmack zu sammlen.
Naturforscher, 1 Stück, p. 229—254.
Johann BECKMANN.
Eine bequemere einrichtung der Insektensammlungen.
Beschäft. der Berlin. Ges. Naturf. Fr. 2 Band, p. 69 —78.
Marsilio LANDRIANI.
Del modo di dare la vernice alle Farfalle, e ad altri Insetti.
Opuscoli Scelti, Tom. 4. p. 242, 243.
———: Sur la maniere de donner un vernis aux Papillons, et autres Insectes.
Journal de Physique, Tome 20. p. 299, 300.
Luigi BRUGNATELLI.
Lettera sulla maniera di conservare varj Insetti.
Opuscoli scelti, Tomo 7. p. 226—229.
Louis BOSC D'ANTIC.
Moyen simple de dessecher les Larves, pour les conserver dans les collections entomologiques, à coté des Insectes qu'elles produisent.
Journal de Physique, Tome 26. p. 241—244.
———: Ueber ein einfaches mittel, die Larven der Insekten zu trocknen, um sie in entomologischen sammlungen aufzubewahren.
Lichtenberg's Magaz. 3 Band. 2 Stück, p. 81—87.
FROMAGEOT DE VERRAX·
Lettre sur le meme sujet.
Journal de Physique, Tome 27. p. 225—228.
———: Beschreibung einer methode, die Larven der Insekten zu trocknen.
Voigt's Magaz. 4 Band. 3 Stück, p. 54—58.
Johan Jakob KLESIUS.
Anleitung bestäubte Insekten zu sammlen.
Pagg. 70. tabb. æneæ 12.   Koblenz.   8.
Conte Giuseppe ALIPONZONI.
Lettera, che contiene il metodo di preparare e conservare pe' gabinetti di storia naturale i Bruchi ed altri Insetti.
Opuscoli scelti, Tomo 12. p. 239—244.

540. *Elementa Entomologica, Genera Insectorum,
et de Insectis in genere.*

Jacobus WOLFF.
Dissertatio de Insectis in genere. Resp. Joh. Henr. Thymius.
    Plagg. 3.   Lipsiæ, 1669. 4.
Georgio BERELIO
Præside, Dissertatio περὶ τῶν ἐντόμων seu de Insectis. Resp.
Ol. Repplerus. Plagg. 2.   Upsaliæ, 1675. 8.
Oligerus JACOBÆUS.
Dissertatio de Vermibus et Insectis. Resp. Jac. Winslow.
    Pagg. 23.   Hafniæ, 1696. 4.
Carolus LINNÆUS.
Dissertatio: Pandora Insectorum. Resp. Er. Ol. Rydbeck.
    Pagg. 31. tab. ænea 1.   Upsaliæ, 1758. 4.
——————: Amoenitat. Academ. Vol 5. p. 232—252.
——————: Continuat. alt. select. ex Am. Ac. Dissert. p.
    105—130.
Dissertatio: Fundamenta Entomologiæ. Resp. And.
Joh. Bladh.
    Pagg. 34.   Upsaliæ, 1767. 4.
—————— Amoenitat. Academ. Vol. 7. p. 129—159.
——————, or, an introduction to the knowledge of Insects,
translated in English, and illustrated with copperplates
— and additions, by W. Curtis.
    Pagg. 87. tabb. æneæ 2.   London, 1772. 8.
Johann Heinrich SULZER.
Die kennzeichen der Insekten, durch 24 kupfertafeln
erläutert, und mit derselben natürlichen geschichte
begleitet.   Zürich, 1761. 4.
    Pagg. 203 et 67. tabb. æneæ color. 24.
Abgekürzte geschichte der Insecten.
    1 Theil. pagg. 274. 2 Theil. pagg. 71. tabb. æneæ
    color. 32.   Winterthur, 1776. 4.
Johann Caspar FUESSLY.
Ueber Sulzers geschichte der Insecten.
    in sein. Entomolog. Magaz. 1 Band, p. 141—242.
Theodosius Gottlieb VON SCHEVEN.
Anmerkungen zu Hrn. D. Sulzers geschichte der Insecten.
    Fuessly's Neu. Entomol. Magaz. 1 Band, p. 55—61.

Martin Thrane Brünnich.
Entomologia, sistens Insectorum tabulas systematicas. latine et danice.
    Pagg. 85. tab. ænea 1.   Hafniæ, 1764. 8.
Jacobus Christianus Schæffer.
Opuscula Entomologica edenda indicit, eorumque specimina quædam exhibet. latine et germanice.
                     Regensburg, 1764. 4.
    Plagg. 3 ; cum figg. æri incisis, color.
Zweifel und schwürigkeiten, welche in der Insectenlehre annoch vorwalten.
    Pagg. 40. tab. ænea color. 1.   ib. 1766. 4.
Fernere zweifel und schwürigkeiten, welche in der Insectenlehre annoch vorwalten.
    Pagg. 28. tab. ænea color. 1.   ib. 1766. 4.
ElementaEntomologica. latine et germanice. ib. 1766. 4.
    Tabb. æneæ color. 135, et pagg. textus totidem.
Elementorum Entomologicorum appendix. latine et germanice.
    Foll. 3. tab. 136—140.   ib. 1777. 4.
Joannes Baptista Schluga.
Primæ lineæ cognitionis Insectorum.
    Pagg. 47. tabb. æneæ 2.   Viennæ, 1766. 8.
Thomas Pattinson Yeats.
Institutions of Entomology.
    Pagg. 272.   London, 1773. 8.
Torbern Bergman.
Classes Larvarum definitæ.
    Nov. Act. Societ. Upsal. Vol. 1. p. 58—65.
    ———— in ejus Opusculis, Vol. 5. p. 131—140.
Joannes Christianus Fabricius.
Genera Insectorum.
    Pagg. 310.   Chilonii, (1776.) 8.
Nova Insectorum genera.
    Naturhist. Selsk. Skrivt. 1 Bind, 1 Heft. p. 213—228.
Philosophia Entomologica.
    Pagg. 178.   Hamburgi et Kilonii, 1778. 8.
James Barbut.
The genera Insectorum of Linnæus exemplified by various specimens of English Insects. in english and french.
    Pagg. 371. tabb. æneæ color. 22.   London, 1781. 4.
    (Insecta etiam exotica continet.)
Joannes Andreas Benignus Bergstræsser.
Entomologia, scholarum in usus concinnata.
    Pagg. 64.   Hanoviæ, 1784. 8.

Gottfried Benedikt SCHMIEDLEIN.
Einleitung in die nähere kenntnis der Insectenlehre nach
dem Linneischen system.
Pagg. 494. tabb. æneæ 2.   Leipzig, 1786. 8.
Pieter BODDAERT.
Verhandeling over de Insecten.
Algem. geneeskund. Jaarboeken, 4 Deel, p. 157—204.
Carolo Petro THUNBERG
Præside, Dissertatio: Characteres generum Insectorum.
Resp. Sam. Törner.
Pagg. 16.   Upsaliæ, 1789. 4.
——————— cum adnotationibus denuo edidit Frid. Alb.
Ant. Meyer.
Pagg. 48.   Gottingæ, 1791. 12.
———————: Känneteken på Insect-slägterne, öfversatte af
A. Dav. Hummel.
Pagg. 18.   Upsala, 1793. 8.
Joannes Jacobus ROEMER.
Genera Insectorum Linnæi et Fabricii iconibus illustrata.
                                 Vitoduri Helvet. 1789. 4.
Pagg. 86. tabb. æneæ color. 37, quarum 32 priores
eædem ac in Sulzer's abgekürzte geschichte der In-
secten, de qua supra.
Fridericus Albertus Antonius MEYER.
Tentamen ordinum Insectorum.
Pagg. 8.   Goettingæ, 1792. 4.

541. *Systemata Entomologica.*

Johannes RAJUS.
Methodus Insectorum, seu Insecta in methodum aliqua-
lem digesta.
Pagg. 16.   Londini, 1705. 8.
(Libro sequenti præfigitur nomine Prolegomenorum de
Insectis.)
Historia Insectorum.   ib. 1710. 4.
Pagg. 375; præter appendicem Listeri, de Scarabæis
Britannicis, de qua infra.
Baron Carl DE GEER.
Memoires pour servir à l'histoire des Insectes.
Tome 1. pagg. 707. tabb. æneæ 37.
                                 Stockholm, 1752. 4.
    2. 1e. partie. pagg. 616. tabb. 15.   1771.

Tome 2. 2ᵉ. partie. pag. 617—1175. tab. 16—43.
    3. pagg. 696. tabb. 44.   1773.
    4. pagg. 456. tabb. 19.   1774.
    5. pagg. 448. tabb. 16.   1775.
    6. pagg. 522. tabb. 30.   1776.
    7. pagg. 950. tabb. 49.   1778.
(Discours sur les Insectes en general, Tome 2. p. 1—
16, germanice adest in Naturforscher, 3 Stück, p. 266
—290.)
Genera et species Insectorum, ex auctoris scriptis extraxit,
    digessit, latine quoad partem reddidit, et terminologiam
    Insectorum Linneanam addidit And. Jah. Retzius.
    Pagg. 220.   Lipsiæ, 1783. 8.
Johann August Ephraim GOEZE.
Namenregister aller im Geerischen Insektenwerke befind-
    lichen Schmetterlinge nach Linneischer benennung.
    Naturforscher, 7 Stück, p. 141—150.
Johannes Christianus FABRICIUS.
Systema Entomologiæ.
    Pagg. 832.   Flensburgi et Lipsiæ, 1775. 8.
Species Insectorum.
    Tomus 1. pagg. 552. Tom. 2. pagg. 517.
                Hamburgi et Kilonii, 1781. 8.
Mantissa Insectorum, sistens eorum species nuper detec-
tas.
    Tom. 1. pagg. 348. Tom. 2. pagg. 382,
                    Hafniæ, 1787. 8.
Johann August Ephraim GOEZE.
Entomologische beyträge zu des Ritter Linné zwölften
    ausgabe des Natursystems.
    1 Theil. pagg. 736.   Leipzig, 1777. 8.
    2 Theil. pagg. 352.   1778.
    3 Theils 1 Band, pagg. 390.   1779.
          2 Band, pagg. 350.   1780.
          3 Band, pagg. 439.   1781.
          4 Band, pagg. 178.   1783.
Carl Gustav JABLONSKY.
Natursystem aller bekannten in-und ausländischen In-
    sekten.
    Der Käfer
    1 Theil. pagg. 310. tabb. æneæ color. 6.
                    Berlin, 1785. 8.
    2 Theil, fortgesezt von *Johann Friedrich Wilhelm*
    HERBST. pagg. lxiv. tabb. A—C. et pagg. 330. tab.
    7—20.   1789.

3 Theil. pagg. 325. tab. 21—34. D. E.   1790.
4 Theil. pagg. 197. tab. 35—43. F—H.   1792.
5 Theil. pagg. 392. tab. 44—59. I—N.   1793.
6 Theil. pagg. 520. tab. 60—95. O.   1795.
Der Schmetterlinge
  1 Theil. pagg. cxxvi et 216. tabb. æneæ color. 6.
                                    Berlin, 1783. 8.
  2 Theil. pagg. 295. tab. 7—20.   1784.
  3 Theil, fortgesezt von *Johan Friedrich Wilhelm*
     HERBST. pagg. 232. tab. 21—52.   1788.
  4 Theil. pagg. 208. tab. 53—80.   1790.
  5 Theil. pagg. 231. tab. 81—117.   1792.
  6 Theil. pagg. 262. tab. 118—153.   1793.
  7 Theil. pagg. 178. tab. 154—180.   1794.
(*David Heinrich* SCHNEIDER.)
Nomenclator entomologicus, oder systematisches nahmen-
  verzeichniss der bis jezt bekannt gewordenen Insekten.
Pagg. 67.   Stralsund, 1785. 4.

5 4 2. *De Methodis Entomologicis Scriptores*
             Critici.

Johann Christian FABRICIUS.
  Betrachtung über die systeme der Entomologie.
  Schr. der Berlin. Ges. Naturf. Fr. 2 Band, p. 98—115.

5 4 3. *Historiæ Insectorum.*

Thomas MOUFFET.
  Insectorum sive minimorum animalium theatrum, ab
    Ed. Wottono, Conr. Gesnero, et Th. Pennio inchoa-
    tum, a Th. Moufeto perfectum.   Londini, 1634. fol.
  Pagg. 326 ; cum figg. ligno incisis.
  —————— : The theater of Insects, or lesser living crea-
    tures. printed with Topsels history of beasts ; p. 889
  —1130.   London, 1658. fol.
Joannes GOEDART.
  Metamorphosis et historia naturalis Insectorum, cum
    commentariis et appendicibus J. de Mey et F. Vee-
    zaerdt.   Medioburgi (1662.) 8.
    Pagg. 236 ; cum tabb. æneis.
  Pars 2. pagg. 259 ; cum tabb æneis.   (1667.)
  Pars 3. pagg. 159 ; cum tabb. æneis.

———: J. Goedartius de Insectis in methodum re-
dactus, cum notularum additione, opera M. Lister.

Londini, 1685. 8.

Pagg. 356; cum tabb. æneis; præter appendicem ad
historiam animalium Angliæ, de qua infra.

Johannes SWAMMERDAM.

Historia Insectorum generalis, ofte algemeene verhandeling
van de bloedeloose Dierkens. 1 Deel.

Pagg. 168 et 48. tabb. æneæ 13. Utrecht, 1669. 4.

———: Histoire generale des Insectes.

Pagg. 215. tabb. æneæ 13. ib. 1682. 4.

———: Historia generalis Insectorum, latinam fecit
H. C. Henninius.

Pagg. 212. tabb. æneæ 13. Lugduni Bat. 1685. 4.

Biblia Naturæ s. Historia Insectorum. belgice, cum versione latina H. D. Gaubii, et vita auctoris per H. Boerhaave.

Tom. 1. pagg. 550. ib. 1737. fol.

Tom. 2. pag. 551—910 et 124. tabb. æn. 53. 1738.

———: The Book of Nature, or the history of Insects,
translated by Th. Flloyd, with notes by J. Hill.

London, 1758. fol.

Pagg. 236, 153 et lxiii. tabb. æneæ 53.

Joachimus JUNGIUS.

Historia Vermium, e mss. schedis b. autoris a Joh. Va-
getio aliisque eruta.

Pagg. 183. Hamburgi, 1691. 4.

Antonio VALLISNERI.

Dialoghi sopra la curiosa origine di molti insetti.

Pagg. 268. Venezia, 1700. 8.

——— dallo stesso autore corretti, ed ampliati.

in ejus Opere, Tomo 1. p. 3—88.

Esperienze ed osservazioni intorno all' origine, sviluppi e
costumi di varii Insetti. ibid. p. 179—266.

René Antoine Ferchault de REAUMUR.

Memoires pour servir à l'histoire des Insectes.

Tome 1. pagg. 654. tabb. æneæ 50. Paris, 1734. 4.

2. pagg. 514. tabb. 40. 1736.

3. pagg. 532. tabb. 47. 1737.

4. pagg. 636. tabb. 44. 1738.

5. pagg. 728. tabb. 38. 1740.

6. pagg. 608. tabb. 48. 1742.

(BAZIN.)

Abregé de l'histoire des Insectes, pour servir de suite à
l'histoire natureille des Abeilles. Paris, 1747. 12.

TOM. 2. P

Tome 1. pagg. 328. tabb. æneæ 7. Tome 2. pagg.
298. tabb. 8—18.
Anon.
Abregé de l'histoire des Insectes, par l'auteur du cours
d'histoire. Paris, 1764. 12.
Tome 1. pagg. 469. tabb. æneæ 4. Tome 2. pagg.
483. tab. 5—7.

544. *Icones Insectorum.*

Diversæ Insectarum volatilium icones ad vivum depictæ
per *D. J.* Hoefnagel, typisque mandatæ a Nicolao
Joannis Visscher. Anno 1630.
Tabb. æneæ 16, long. 5 unc. lat. 8 unc.
Muscarum Scarabeorum Vermiumque varie figure et
formæ omnes primo ad vivum coloribus depictæ et ex
collectione Arundelian a *Wenceslao* Hollar aqua forti
æri insculptæ. Antverpiæ, anno 1646.
Tabb. æneæ 11, præter titulum, long. 3 unc. lat. 5 unc.
Johann Dominikus Schulze.
Vergleichung der kupfer eines wenig bekanten Insecten-
werks des Wenceslaus Hollar mit dem Linnæischen
system.
Naturforscher, 9 Stück, p. 215—224.

545. *Descriptiones Insectorum miscellæ.*

Murtinus Bernhardus a Berniz.
Gammarus alatus, seu Papilio signaturam Gammari ha-
bens. Ephem. Acad. Nat. Curios. Dec. 1. Ann. 2. p.
171, 172.
Maria Sibylla Merian, vel Gräffinn (filia Matthæi Me-
rian sen. et uxor Johannis Andreæ Graff.)
Der Raupen wunderbare verwandelung, und sonderbare
blumen-nahrung.
Pagg. 102. Nürnberg, 1679. 4.
2 Theil. pagg. 100. 1683.
Figuræ desunt in nostro exemplo.
————: Erucarum ortus, alimentum et paradoxa me-
tamorphosis.
Pagg. 64. tabb. æneæ ter 50. Amstelædami (1718.) 4.
————: Histoire des Insectes de l'Europe, traduite du

Hollandois, et augmentée de la description des plantes
par Jean Marret.
Pagg. 84. tabb. æneæ 184.   Amsterdam, 1730. fol.
Varias hujus operis editiones fusius describit Trew, in
Catal. libror. botan. p. 69—71.
Johannes DE MURALTO.
(Descriptiones Insectorum variorum.)
Ephem. Ac. Nat. Curios. Dec. 2. Ann. 1. p. 136—167.
Ann. 2. p. 40—59, & p. 189—207.
——————— Plures harum descriptionum redeunt in Valen-
tini amphitheatr. zootom. parte 2. p. 221—229.
Christianus MENTZELIUS.
(Descriptiones Insectorum variorum.)
Ephemer. Acad. Nat. Cur. Dec. 2.
Ann. 2. p. 96—98 & p. 295—298.
Ann. 6. p. 119—129.
Stephan BLANKAART.
Schouburg der Rupsen, Wormen, Maden en vliegende
Dierkens daar uit voortkommende.
Pagg. 232. tabb. æneæ 16.   Amsterdam, 1688. 8.
Diacinto CESTONI.
Istoria della grana del Kermes, e di un' altra nera Grana,
che si trova negli Elici delle-campagne di Livorno, de'
Moscherini spurii della medesima, &c.
Opere di Vallisneri, Tomo 1. p. 457—465.
Jacob L'ADMIRAL.
Naauwkeurige waarneemingen van gestaltverwisselende
gekorwene Diertjes.   Amsterdam, (1740.) fol.
Plagg. 5. tabb. æneæ 25.
August Johann RÖSEL VON ROSENHOF.
Der monatlich-herausgegebenen Insecten-belustigung
1 Theil. pagg. 64, 60, 64, 312, 48 & 48. tabb. æneæ
color. 10, 10, 8, 63, 13 & 17. Nürnberg, 1746. 4.
2 Theil. pagg. 24, 72, 28, 16, 32, 76, 200, 64 & 52.
tabb. 2, 9, 3, 6, 4, 17, 30, 13 & 10.   1749.
3 Theil. pagg. 624. tabb. 101. ·   1755.
4 Theil, nebst nachricht von den lebensumständen des
verfassers, herausgegeben von C. F. C. Kleemann.
Pagg. 48 & 264. tabb. 40.   1761.
Johann August Ephraim GÖZE.
Namenregister aller in dem Röselschen Insectenwerke befindlichen Schmetterlinge nach Linnéischer benennung.
Naturforscher, 7 Stück, p. 117—141.
9 Stück, p. 81—85.
Verzeichniss aller übrigen vom Rösel abgebildeten Insek-
P 2

ten und Würmer nach Linnéischer und anderer Naturforscher benennung. ibid. p. 61—78.

Jobanne Leche

Præside, Dissertatio: Novæ Insectorum species. Resp. Is.
Uadman.

 Pagg. 48. tabb. æneæ 2.   Aboæ, 1753. 4.

Jacob Christian Schæffer.

Verschiedene Zwiefalter und Käfer mit hörnern.

in seine Abhandl. von Insecten, 1 Band, p. 113—152.

Jobann Christian Daniel Schreber.

Novæ species Insectorum.

 Pagg. 16. tab. ænea color. 1.   Halæ, 1759. 4.

John Miller.

(Engravings of Insects, with descriptions,)
        London. 1759, 1760. fol.

Tabb. æneæ color. 10. textus foll. 7. Plura non prodierunt; nec adest textus ad explicationem Tab. 9æ et
10mæ.

Christian Friedrich Karl Kleemann.

Beyträge zur Natur-oder Insecten-geschichte.

 Pagg. 376. tabb. æneæ color. 44.
         (Nürnberg. 1761.) 4.

Carolus von Linne'.

Dissertatio: Centuria Insectorum. Resp. Boas Johansson.

 Pagg. 32.   Upsaliæ, 1763. 4.

——— Amoenitat Academ. Vol. 6. p 384—415.

Dissertatio bigas Insectorum sistens. Resp. And. Dahl.

 Pagg. 7. tab. ænea 1.   Upsaliæ, 1775. 4.

——— Amoenitat. Academ. Vol. 8. p. 303—309.

Samuel Felton.

An account of a singular species of Wasp and Locust.

Philosoph. Transact. Vol. 54. p. 53—56.

———: Von einer sonderbaren gattung einer Wespe
und eines Graspferdes.

Naturforscher, 2 Stück, p. 194—196.

Franciscus Henricus Buchholz.

Insectorum species novæ, aut parum saltem descriptæ. impr.
cum ejus Dissertatione inaug. de Hepatomphalocele
congenita; p. 31—34.   Argentorati, 1768. 4.

Dru Drury.

Illustrations of natural history, wherein are exhibited figures of exotic Insects. in english and in french.

 Pagg. 130. tabb. æneæ color. 50.   London, 1770. 4.

 Vol. 2. pagg. 90. tabb. 50.   1773.

 Vol. 3. pagg. 76. tabb. 50.   1782.

Joannes Reinoldus FORSTER.
  Novæ species Insectorum. Centuria 1.
    Pagg. 100.   Londini, 1771. 8.
ANON.
  Description de plusieurs insectes. Journal de Physique,
    Introduction, Tome 2. p. 66—68 & p. 219—223.
John HILL.
  A Decade of curious Insects.
    Pagg. 24. tabb. æneæ color. 10.   London, 1773. 4.
Johann August Ephraim GÖZE.
  Geschichte der Minirwürmer in den blättern.
    Naturforscher, 4 Stück, p. 1—32.
  Mikroskopische beobachtungen einer 14 füssigen Minir-
    raupe in den Apfelblättern.   ibid. 5 Stück, p. 1—18.
  Beschreibung einer neuen art Minirraupen, die ihre mine
    zirkelrund und spiralförmig machen. ibid. p. 62—72.
  Von der Oekonomie besonderer Minirwürmer in den
    glatten Pappelbättern. ibid. 14 Stück, p. 103—112.
  Neue entomologische entdeckungen. ibid. 15 Stück, p.
    37—51.
Johann Dominikus SCHULZE.
  Beyträge zur kenntniss seltener Insekten.
    Naturforscher, 6 Stück, p. 87—98.
                9 Stück, p. 99—110.
Johann Ernst Immanuel WALCH.
  Beyträge zur Insekten-geschichte.
    Naturforscher, 6 Stück, p. 123—131.
                7 Stück, p. 113—116.
               12 Stück, p. 56—67.
               13 Stück, p. 24—32.
ANON.
  Description d'une Lepture, et d'une espece de Scorpion
    aquatique.
    Journal de Physique, Tome 9. p. 467, 468.
Johann Stephan CAPIEUX.
  Beyträge zur naturgeschichte der Insecten.
    Naturforscher, 12 Stück, p. 68—75.
               14 Stück, p. 77—92.
               15 Stück, p. 52—66.
               18 Stück, p. 215—225.
               24 Stück, p. 91—100.
Johann Adam POLLICH.
  Von Insekten, die in des Ritters v. Linné natursysteme
    nicht befindlich sind.

Bemerk. der Kuhrpfälz.Phys. Ökonom. Gesellsch. 1779.
p. 252—287.
————— : De Insectis, quæ in Linnæi Syst. nat. non
prostant.
Nov. Act. Acad. Nat. Curios. Tom. 7. p. 131—142.
Franz von Paula S C H R A N K.
Entomologische beyträge.
Schr. der Berlin. Ges. Naturf. Fr. 1 Band, p. 301—
309.
Entomologische nachrichten.
Füessly's neu. Entomolog. Magaz. 2 Band, p. 199—
222.
August Wilhelm K N O C H.
Beiträge zur Insektengeschichte.
1 Stück. pagg. 98. tabb. æneæ color. 6.
Leipzig, 1781. 8.
2 Stück. pagg. 102. tabb. æneæ color. 7. 1782.
3 Stück. pagg. 138. tabb. æneæ color. 6. 1783.
Petrus Simon P A L L A S.
Icones Insectorum præsertim Rossiæ Sibiriæque pecula-
rium. Erlangæ, 1781. 4.
Pag. 1—96. tabb. æneæ color. A—F.
Carolus Petrus T H U N B E R G.
Dissertationes : Novæ Insectorum species. Pars 1. Resp.
Sam. Nic. Casström.
Pagg. 28. tab. ænea 1. Upsaliæ, 1781. 4.
Pars 2. Resp. Joh. M. Ekelund. pag. 29—52. tab. 2da.
1783.
Pars 3. Resp. Dav. Lundahl. pag. 53—68. tab. 1.
1784.
Pars 4. Resp. Car. Engström. pag. 69—84. tab. 1.
1784.
Pars 5. Resp. Joh. O. Noræus. pag. 85—106. tab.
5ta. 1789.
Pars 6. Resp. And. Joh. Lagus. pag. 107—130. tab. 1.
1791.
Novæ Insectorum species.
Nov. Act. Societ. Upsal. Vol. 4. p. 1—28.
Jacobus A W E L L.
Additamenta quædam ad Entomologiam.
Jacquin. Miscellan. Austriac. Vol. 2. p. 380—388.
Johann M A Y E R.
Insektenbeschreibungen.
Naturforscher, 15 Stück, p. 111—114.

Johann Gottl. Schaller.
Neue Insekten. Abhandl. der Hallischen Naturf. Ge-
sellsch. 1 Band, p. 217—332.
Raimondo Maria de Termeyer.
Lettera su due Insetti non conosciuti sinora dai natura-
listi.
Opusculi scelti, Tom. 7. p. 67—72.
Siegmund von Hochenwarth.
Beyträge zur Insektengeschichte.
Schr. der Berlin. Ges. Naturf. Fr. 6 Band, p. 334—360.
Nils Samuel Swederus.
Ett nytt genus, och femtio nya species af Insecter, be-
skrifne.
Vetensk. Acad. Handling. 1787. p. 181—201, & p. 276
—290.
Hans Ström.
Nogle Insect-larver med deres forvandlinger.
Norske Vidensk. Selsk. Skrift. nye Saml. 2 Bind, p.
375—420.
Nicolaus Host.
Entomologica.
Jacquini Collectanea, Vol. 3. p. 291—302.
Georg Wolfgang Franz Panzer.
Einige seltene Insecten beschrieben.
Naturforscher, 24 Stück, p. 1—35.
Johann Gottfried Hübner.
Beyträge zur naturgeschichte der Insecten. ibid. p. 36—
59.
Clas Bjerkander.
Beskrifning pâ tvänne nya Phalæner och en Ichneumon,
hvilka lefva, dâ de äro maskar, uti Asplöf.
Vetensk. Acad. Handling. 1790. p. 132—135.
Johann Daniel Preyssler.
Beschreibungen und abbildungen derjenigen Insekten,
welche in sammlungen nicht aufzubewahren sind, dann
aller, die noch ganz neu, und solcher, von denen wir
noch keine oder doch sehr schlechte abbildung besizen.
Mayer'sSamml. physikal. Aufsäze, 1 Band, p. 55—152.
2 Band, p. 1—46.
G. Cuvier.
Description de deux especes nouvelles d'Insectes.
Magazin encyclopedique, Tome 1. p. 205—207.

546. *Collectanea Entomologica.*

Johann Caspar Fuessly.
Magazin für die liebhaber der Entomologie.
1 Band. pagg. 300. tabb. æneæ color. 2.
      Zürich und Winterthur, 1778. 8.
2 Band. pagg. 288. tabb. 3.   1779.
Neues Magazin für die liebhaber der Entomologie.
1 Band. pagg. 436.   ib. 1782.
2 Band. pagg. 422.   1785.
3 Bandes 1 und 2 Stück. pagg. 197.   1786, 87.
Archiv der Insektengeschichte.
1 Heft. pagg. 6, 6, 4, 3, 2, 8 & 2. tabb. æneæ 6.
           ib. 1781. 4.
2 Heft. pagg. 8, 3, 2, 3, 4 & 14. tabb. 6.   1782.
3 Heft. pagg. 2, 4, 4, 2, 4, 2 & 2, tab. 13—18.
           1783.
4 Heft. pagg. 72. tab. 19—23.   1783.
5 Heft. pag. 73—151. tab. 24—30.   1784.
6 Heft. pagg. 31. tab. 31—36.   1785.
7 & 8 Heft. pag. 153—196. tab. 43—54.
———————: Archives de l'histoire des Insectes.
Pagg. 184. tabb. eædem.   Wintherthour, 1794. 4.
Johann Friedrich Wilhelm Herbst.
Entomologische bemerkungen aus verschiedenen Academischen schriften.
1 Lieferung. Aus den abhandlungen der Pariser-Akademie der Wissenschaften.
Fuessly's neu. Entomolog. Magaz. 1 Band, p. 121—134.
        2 Band, p. 1—16.
2 Lieferung. Aus den abhandlungen der Königl. Schwedischen Akademie der Wissenschaften.
ibid. 2 Band, p. 16—27 & p. 345—364.
    3 Band, p. 33—91.
Ludwig Gottlieb Scriba.
Beyträge zu der Insekten-geschichte.
1 Heft. pagg. 68 tabb. æneæ color. 6.
      Frankfurt am Main, 1790. 4.
2 Heft. pag. 69—194. tab. 7—12.   1791.
3 Heft. pag. 195—280. tab. 13—18.   1793.
Journal für die liebhaber der Entomologie.
1—3 Stück. pagg. 296.   ib. 1790, 91. 8.

547. *Observationes Entomologicæ miscellæ.*

Mignot DE LA VOYE.
Extrait d'une lettre à M. Auzout, du 28 Juin 1666.
Mem. de l'Acad. des Sc. de Paris, 1666—1699. Tome
10. p. 458—462.
Edmund KING and *Francis* WILLOUGHBY.
Observations on Insects, lodging themselves in old Wil-
lows.
Philosoph. Transact. Vol. 5. n. 65. p. 2098—2102.
Martin LISTER.
Letters concerning a Fly that is viviparous, and concern-
ing an Insect feeding upon Henbain. ibid. Vol. 6. n.
72. p. 2170—2177.
A considerable accompt touching vegetable excrescencies.
ibid. n. 75. p. 2254—2257.
Letters about musk sented Insects, vegetable excrescen-
cies, and Ichneumon-worms. ibid. n. 76. p. 2281—
2285, & n. 77. p. 3002—3005.
A letter containing the projection of the threds of Spiders,
and Bees breeding in cases made of leaves, a viviparous
Fly, &c. ibid. Vol. 14. n. 160. p. 592—596.
Simone Friderico FRENZELIO
Præside, Dissertatio: Insecta Novisolii cum nive delapsa.
Resp. Paul. Röberus.
Plagg. 4½.   Wittebergæ, 1673. 4.
Daniel Guilielmus MOLLERUS.
Meditatio de Insectis quibusdam Hungaricis prodigiosis,
anno proxime præterito, ex aëre una cum nive in agros
delapsis.   Francofurti ad Moen. 1673. 12.
Pagg. 120. tabb. ligno incisæ 2.
Carolus RAYGERUS.
De Vermibus cum nive cadentibus.
Ephem. Acad. Nat. Cur. Dec. 1 Ann. 4 & 5. p. 80—
82.
Rudolphus Jacobus CAMERARIUS.
De Vermibus nivalibus. ib. Dec. 3. Ann. 5 & 6. p. 70—
72.
Georgius Christianus SEBASTIANI.
Insecta ad aquas Mattiacas super nive deprehensa.
Act. Societ. Hassiacæ, 1771. p. 52—57.
————: Beschreibung gewisser Insekten, welche im
Hessischen auf dem schnee angetroffen worden sind.
Neu. Hamburg. Magaz. 63 Stück, p. 246—255.

Christianus MENTZELIUS *et Job. Abr.* IHLE.
　De Muscis quibusdam culiciformibus, pediculosis, grylli-
　　formibus, et aliis.
　　Ephem. Acad. Nat. Curios. Dec. 2. Ann. 1. p. 71—74.
William MOLYNEUX.
　A letter giving an account of the Connough-worm.
　　Philosoph. Transact. Vol. 15. n. 168. p. 876—879.
　――――: Observatio de insecto Hibernico, vocato Con-
　　nough-worm.
　　Act. Eruditor. Lips. 1686. p. 300—302.
George OWEN.
　Extract of his history of Pembrokeshire.
　　Philosoph. Transact. Vol. 18. n. 208. p. 48.
Simon WEISS.
　Dissertatio de excrescentiis plantarum animatis.
　　Resp. Paul. Frid. Balduinus.
　　Plagg. 3.　　　　　　　　　　　　Lipsiæ, 1694.　4.
Benjamin ALLEN.
　— An account of a Gall-Bee, and the Death-Watch.
　　Philosoph. Transact. Vol. 20. n. 245. p. 375—378.
William DERHAM.
　・A letter concerning an Insect that is commonly called the
　　Death-Watch.　ibid. Vol. 22. n. 271. p. 832—834.
　　(Ptinus pulsator et Hemerobius pulsatorius.)
　A supplement to the account of the Pediculus pulsatorius,
　　or Death-Watch.　ibid. Vol. 24. n. 291. p. 1586—
　　1594.
René Antoine Ferchault DE REAUMUR.
　Observations sur une petite espece de vers aquatiques
　　assés singuliere.
　　Mem. de l'Acad. des Sc. de Paris, 1714. p. 203—208.
　Remarques sur la plante appellée à la Chine Hia Tsao
　　Tom Tchom, ou Plante Ver.　ibid. 1726. p. 302—305.
Richard LEWIS.
　An account of a remarkable generation of Insects.
　　Philosoph. Transact. Vol. 38. n. 429. p. 119, 120.
Johannes Fridericus WEIDLERUS.
　De Erucarum et Locustarum, quæ agros Vitembergæ vi-
　　cinos aliquot abhinc annis vastarunt, interitu.　ibid.
　　n. 432. p. 294—296.
Carl LINNÆUS.
　Tal om märkwärdigheter uti Insecterne.
　　Plag. 1⅝.　　　　　　　　　　　Stockholm, 1739.　8.
　―――――― Andra uplagan. Pagg. 32.　ib. 1747.　8.
　―――――― Tredje uplagan. Pagg. 32.　ib. 1752.　8.

————: Oratio de memorabilibus in Insectis, latine
vertit A. Bäck. Amoenitat. Academ. Vol. 2.
 Edit. 1. p. 388—407.
 Edit. 2. p. 356—377.
 Edit. 3. p. 388—407.
————: On Insects, translated by F. J. Brand; in his
select Dissertations, p. 309—343.
Dissertatio: Miracula Insectorum. Resp. Gabr. Eman.
 Avelin. Pagg. 22.   Upsaliæ, 1752. 4.
————: Amoenitat. Academ. Vol. 3. p. 313—334.
————: abstracted in English, by F. J. Brand; in his
select Dissertations, p. 413—436.
Franciscus Ernestus BRÜCKMANN.
Observationes de Insectis.
 Epistola itineraria 15. Cent. 2. p. 128—136.
Christlob MYLIUS.
Gedanken über den natürlichen trieb der Insecten.
 Hamburg. Magaz. 1 Band. 3 Stück, p. 309—326.
        6 Stück, p. 167bis—191.
Philip SKELTON.
An account of the Cornel-Caterpillar.
 Philosoph. Transact. Vol. 45. n. 487. p. 282—296.
Tobias Conrad HOPPE.
Einige nachricht von den sogenannten Eichen-Weiden-
und Dorn-rosen, welche in dem vorigen jahre in der
Lausiz und an andern orten sind gefunden worden, in-
gleichen von den Libellen oder Wasser-jungfern, welche
in eben dem jahre in obgedachten gegenden sich häu-
fig haben sehen lassen.
 Pagg. 20.   Leipzig, 1748. 4.
Johann Friedrich SCHREIBER.
Sendschreiben an Hrn. T. C. Hoppen, darinnen etliche
zweifel wegen seiner herausgegebenen sendschreiben
von Weidenrosen und versteinerten Gryphiten entdecket
werden. impr. cum sequenti libello. Pagg. 8.
Tobias Conrad HOPPE.
Antwort-schreiben auf diejenigen zweifel, welche Hr. J. F.
Schreiber zweyen sendschreiben von den so genannten
Weiden-rosen und von den versteinerten Gryphiten ent-
gegen gesezt.   Gera, 1748. 4.
 Pagg. 19; præter antecedentem libellum.
Johann Friedrich SCHREIBER.
Gegenantwort auf die antwort des Hrn. T. C. Hoppens,
darinnen er ihm seine gemachten zweifel von Weiden-
rosen und versteinerten Gryphiten auflösen wollen.

Herausgegeben, und mit anmerkungen begleitet von dem verfasser des Naturforschers.
> Pagg. 16. Gera, 1748. 4.

Peter COLLINSON.
Description of the great black Wasp from Pensylvania, as communicated from Mr. J. Bartram.
> Philosoph. Transact. Vol. 46. n. 493. p. 278, 279.

Johann August UNZER.
Von einem Ohrwurme, der seinen unterleib aufgefressen hat.
> Hamburg. Magaz. 12 Band, p. 90—92.
> ————— in seine physical. Schriften, 1 Samml. p. 438—440.

Carl DE GEER.
Observations sur les Ephemeres, sur les Pucerons, et sur des Galles resineuses. Mem. errangers de l'Acad. des
> Sc. de. Paris, Tome 2. p. 461—476.

Carl CLERCK.
Några anmärkningar angående Insecter.
> Vetensk. Acad. Handling. 1755. p. 214—216.
Tal innehållande några anmärkningar om Insecterne.
> Pagg. 14. Stockholm, 1764. 8.

John BARTRAM.
Observations on the yellowish Wasp of Pensilvania.
> Philosoph. Transact. Vol. 53. p. 37, 38.
> ————: Beobachtungen über die gelblichen Wespen in Pensylvanien.
> Neu. Hamburg. Magaz. 70 Stück, p. 369—371.

ANON.
Nachricht von einem sonderbahren Insect.
> Berlin. Magaz. 4 Band, p. 108, 109.

Johann Conrad HUESSLIN.
Etwas aus der Insektologie.
> Neu. Hamburg. Magaz. 30 Stück, p. 568—572.

NICOLAS.
Sur la maniere d'elever les larves des Papillons, les precautions qu'il faut prendre à l'egard des Chrysalides, et sur la methode employée pour se procurer des Metifs en ce genre.
> Journal de Physique, Tome 4. p. 482—485.

August Christian KÜHN.
Anecdoten zur Insekten-geschichte.
> Naturforscher, 1 Stück, p. 79—86.
> 2 Stück, p. 10—20.
> 3 Stück, p. 1—27.

Naturforscher, 6 Stück, p. 69—86.
          9 Stück, p. 86—98.
         11 Stück, p. 37—46.
         12 Stück, p. 111—130.
         13 Stück, p. 224—236.
         14 Stück, p. 50—65.
         15 Stück, p. 96—110.
         16 Stück, p. 73—81.
         18 Stück, p. 226—231.
Sammlung einiger merkwürdigkeiten aus dem Insekten-
reiche. Beschäft. der. Berlin. Ges. Naturf. Fr. 3 Band,
p. 29—43.
Beobachtungen des fliegenden Sommers.
Naturforscher, 7 Stück, p. 272—277.
Johann August Ephraim GOEZE.
Erklärung über des Hrn. D. Kühns beobachtungen des
fliegenden Sommers. ibid. 9 Stück, p. 79, 80.
Anekdoten zur geschichte ausländischer Insekten.
Berlin. Sammlung. 8 Band, p. 565—579.
Beyträge zur oekonomie einiger Insekten.
Naturforscher, 12 Stück, p. 197—220.
Johann Heinrich Friedrich MEINEKE.
Entomologische beobachtungen.
Naturforscher, 3 Stück. p. 55—82.
         4 Stück, p. 111—120.
         6 Stück, p. 99—122.
         8 Stuck, p. 127—148.
        11 Stück, p. 47—62.
        13 Stück, p. 174—178.
ANON.
Von der Eichenrose.
Berlin. Sammlung. 7 Band, p. 593—601.
Johann Samuel SCHRÖTER.
Einige bemerkungen über verschiedene Insekten.
in seine Abhandl. über die Naturgesch. 1 Theil, p.
171—185.
Theodosius Gottlieb VON SCHEVEN.
Beyträge zur naturgeschichte der Insekten.
Naturforscher, 10 Stück, p. 88—101.
        11 Stück, p. 30—36.
        14 Stück, p. 66—76.
        15 Stück, p. 67—86.
        20 Stück, p. 40—78
Karl Ludwig GRONAU.
Beytrag zur Insecten-geschichte.
Naturforscher, 10 Stück, p. 108—111.

KAPP.
> Beytrag zur geschichte der Insecten-züge.
>> Naturforscher, 11 Stück, p. 92—95.

Charles BONNET.
> Observations diverses sur les Insectes.
>> dans ses Oeuvres, Tom. 1. p. 259—561.

Franz von Paula SCHRANK.
> Kleine entomologische anmerkungen.
>> Schr. der Berlin. Ges. Naturf. Fr. 2 Band, p. 307—318.

Georg Friedrich Göz.
> Beyträge zur naturgeschichte der Insekten.
>> Naturforscher, 17 Stück, p. 195—205.
>>> 19 Stück, p. 70—77.

MORAND.
> Memoire sur les vers de Truffes, et sur les Mouches qui
> en proviennent.
>> Mem. del' Acad. des Sc. de Paris, 1782. p. 318—320.

Johann Salomo SEMLER.
> Versuch eines Diarium über die Oeconomie mancher In-
> secten im winter.   Pagg. 36.
> Fortsezung.   Pagg. 84.   Halle, 1782. 8.

Ludwig Gottlieb SCRIBA.
> Entomologische berichtigungen.
>> Schr. der Berlin. Ges. Naturf. Fr. 5 Band, p. 432—442.
>> Beobacht. derselb. Gesellsch. 1 Band, p. 227—235.
> Entomologische bemerkungen und erfahrungen.
>> Journal für die Entomologie, 1 Band, p. 244—255.

Joachim Diterich BRANDIS.
> Einige beyträge zum studio der alten in der Insekten-
> geschichte.
>> Götting. Magaz. 4 Jahrg. 1 Stück, p. 129—139.]

D————s.
> Entomologische fragmente.
>> Fuessly's neu. Entomolog. Magaz. 2 Band, p. 364—
>> 369.

Pietro ROSSI.
> Osservazioni insettologiche.
>> Mem. della Società Italiana, Tomo 4. p. 122—149.

Nikolaus Joseph BRAHM.
> Entomologische nebenstunden.
>> Journal für die Entomologie, 1 Band, p. 1—7 & p. 193
>> —206.

N. Tönder LUND.
> Iagttagelser til Insekternes historie.
>> Naturhist. Selsk. Skrivt. 2 Bind, 2 Heft. p. 17—24.

548. *Musea Entomologica.*

Nicolaus PODA.
Insecta Musei Græcensis.
    Pagg. 127. tab. æneæ 2.   Græcii, 1761. 8.
Johann Friedrich Wilhelm HERBST.
    Kritisches verzeichniss meiner Insektensammlung. in Fuess-
    ly's Archiv der Insektengeschichte.
    Pagg. 196. tabb. æneæ color. 27, quibus inscripti nu-
    meri 19—30 & 43—54.
J. J. ZSCHACH.
    Museum N. G. Leskeanum.   Pars Entomologica.
    Pagg. 136. tabb. æneæ color. 3.   Lipsiæ, 1788. 8.

549. *Entomologi Topographici.*
Europæ.

Carolus DE VILLERS.
    C. Linnæi Entomologia, Faunæ Svecicæ descriptionibus
    aucta, Scopoli, Geoffroy, De Geer, Fabricii, Schrank,
    &c. speciebus vel in systemate non enumeratis, vel nu-
    perrime detectis, vel speciebus Galliæ Australis locu-
    pletata.   Lugduni, 1789. 8.
    Tom. 1. pagg. 765. tabb. æneæ 3.   Tom. 2. pagg. 656.
    tab. 4—6.   Tom. 3. pagg. 657. tab. 7—10. Tom. 4.
    pagg. 556 et ccxiij. tab. 11.

550. *Magnæ Britanniæ.*

Eleazar ALBIN.
    A natural history of English Insects, with notes and ob
    servations by W. Derham.   London, 1749. 4.
    Tabb. æneæ color. 100, cum pagg. textus totidem.
John Reinhold FORSTER.
    A catalogue of British Insects.
    Pagg. 16.   Warrington, 1770. 8.
Moses HARRIS.
    An exposition of English Insects. in english and french.
    Pagg. 166, tabb. æneæ color. 50.   London, 1781. 4.

551. *Galliæ.*

GEOFFROY.
Histoire abregée des Insectes, qui se trouvent aux environs
de *Paris.* Paris, 1762. 4.
Tome 1. pagg. 523. tabb. æneæ 10. Tome 2. pagg.
690. tab. 11—22.
Antonius Franciscus DE FOURCROY.
Entomologia *Parisiensis,* sive catalogus Insectorum quæ
in agro Parisiensi reperiuntur. Parisiis, 1785. 12.
Pars 1. pagg. 231. Pars 2. pag. 233—544.

552. *Italiæ.*

Otto Fridericus MÜLLER.
Manipulus Insectorum *Taurinensium.*
Miscellan. Taurin. Tom. 3. p. 185—198.
Petrus ROSSIUS.
Fauna *Etrusca,* sistens Insecta, quæ in provinciis Floren-
tina et Pisana præsertim collegit.
Liburni 1790. 4.
Tom. 1. pagg. 272. Tom. 2. pagg. 348. tabb. æn. co-
lor. 10.
Mantissa Insectorum, exhibens species nuper in Etruria
collectas, adjectis Faunæ Etruscæ illustrationibus et
emendationibus. Pagg. 148. Pisis, 1792. 4.
Tom. 2. pagg. 154. tabb. æn. color 8. 1794.
Dominicus CYRILLUS.
Entomologiæ *Neapolitanæ* specimen 1.
Neapoli 1787. fol.
Titulus, dedicatio, præfatio, et explicatio tabularum,
foliis 7 æri incisis; icones color. tabulis 4.
Vincentius PETAGNA.
Specimen Insectorum Ulterioris *Calabriæ.*
Pagg. 46. tab. ænea 1. Francofurti, 1787. 4.

553. *Helvetiæ.*

Johann Caspar FUESSLIN.
Verzeichnis der ihm bekannten Schweitzerischen Inseckten.
Zürich und Wintherthur, 1775. 4.
Pagg. 62. tab. ænea color. 1.

554. *Germaniæ.*

Johann Leonhard FRISCH.
Beschreibung von allerley Insecten in Deutschland.
1 Theil. Neue verbesserte auflage.

Pagg. 40. tabb. æneæ 2.	Berlin, 1766.	4.
2 Theil. pagg. 45. tabb. 3.	1753.	
3 Theil. pagg. 39. tabb. 3.	1721.	
4 Theil. pagg. 45. tabb. 3.	1736.	
5 Theil. pagg. 51. tabb. 3.	1736.	
6 Theil. pagg. 34. tabb. 3.	1740.	
7 Theil. pagg. 31. tabb. 3.	1728.	
8 Theil. pagg. 41. tabb. 3.	1730.	
9 Theil. pagg. 37. tabb. 3.	1730.	
10 Theil. pagg. 25. tabb. 3.	1732.	
11 Theil. pagg. 34. tabb. 3.	1734.	
12 Theil. pagg. 44. tabb. 3.	1736.	
13 Theil. pagg. 35. tabb. 3.	1738.	

Georg Wolffgang Franz PANZER.
Faunæ Insectorum Germanicæ initia, oder Deutschlands
Insecten.
1 Jahrgang. 1—12 Heft. tabb. æneæ color. 288. foll.
textus totidem.   Nürnberg, 1793. 8. obl.
2 Jahrgang. 13—24 Heft. tabb. et foll. totidem.
1794.
Tertii anni adsunt fasciculi 25—28, singuli tabb. et
foll. 24.
Deutschlands Insectenfaune, oder entomologisches ta-
schenbuch für das jahr 1795. Entomologia Germanica
exhibens·Insecta per Germaniam indigena.
1. Eleuterata. Pagg. 370. tabb. æneæ 12. ib.   12.

Franciscus de Paula SCHRANK.
Enumeratio Insectorum *Austriæ* indigenorum.
Pagg. 548. tabb. æneæ 4.
Augustæ Vindel.   1781. 8.
Kritische revision des Österreichischen Insectenverzeich-
nisses. Fuessly's neu. Entomolog. Magaz. 1 Band,
p. 135—168, & p. 263—306.

Joannes Antonius SCOPOLI.
Entomologia *Carniolica*, exhibens Insecta Carnioliæ indi-
gena. Pagg. 420.   Vindobonæ, 1763. 8.
Adsunt in nostro exemplo tabulæ æneæ, quas describit

TOM. 2.   Q

K. E. von Moll, in Beobachtungen der Berlinischen Gesellschaft Naturforschender Freunde, Vol. 3. p. 286 —295; sed desunt tab. 13, 16 & 18, hinc 40 tantum habemus.

Carl Ebrenbert Ritter VON MOLL.
Verzeichniss der *Salzburgischen* Insecten.
Fuessly's neu. Entomol. Magaz. 1 Band, p. 370—389.
    2 Band, p. 27—44 & p. 169—198.
Desinit in Chrysomela.

Franz von Paula SCHRANK.
Verzeichniss beobachteter Insecten im Fürstenthume *Berchtesgaden.* ibid. p. 313—345.

Jacobus Christianus SCHÆFFER.
Icones Insectorum circa *Ratisbonam* indigenorum.
    Vol. 1. Pars 1. tabb. æneæ color. 50 et pagg. totidem.
                        Regensburg.   4.
        Pars 2. tab. & pag. 51—100.
    Vol. 2. Pars 1. tab. & pag. 101—150.
        Pars 2. tab. & pag. 151—200.   1769.
    Vol. 3.   tab. & pag. 201—280.

Georg Albrecht HARRER.
Beschreibung derjenigen insecten, welche Herr D. J. C. Schäffer in 280 ausgemahlten kupfertafeln unter dem titel Icones Insectorum circa Ratisbonam indigenorum herausgegeben hat.
1 Theil. Hartschaalige Insecten. pagg. 328.
                        Regensburg, 1784. 8.

David Heinrich SCHNEIDER.
Einige berichtigungen und ergänzungen der aus Schäffers Icones Insectorum Ratisbonensium in Fabricii species Insectorum angeführten allegaten, verglichen mit Harrers beschreibung der von Schäffer abgebildeten Insekten.
Fuessly's neu. Entomolog. Magaz. 3 Band, p. 97—140.

Ludwig Gottlieb SCRIBA.
Verzeichnis der Insekten in der *Darmstädter* gegend.
Journal für die Entomologie, 1 Band, p. 40—73; p. 151—192, & p. 275—296

Johann Andreas Benignus BERGSTRÄSSER.
Nomenclatur und beschreibung der Insecten in der Grafschaft *Hanau-Müntzenberg*; wie auch der *Wetterau*, und der angränzenden nachbarschaft dies und jenseits des Mains.

1 Jahrgang. pagg. 88. tab. æneæ color. 14.

Hanau, 1778. 4.

2 Jahrgang. pagg. 79. tab. 15—48.   1779.
3 Jahrgang. pagg. 48. tab. 49—72.   1779.
4 Jahrgang. pagg. 47. tab. 73—96.   1780. (1783.)
Textus non adest ad explicationem tabularum 14 ultimarum.

Carolus Magnus BLOM.
Descriptiones quorundam Insectorum, necdum cognitorum, ad *Aquisgranum* et Porcetum anno 1761 detectorum.
Act. Helvet. Vol. 5. p. 154—161.

Johann Daniel PREYSSLER.
Verzeichniss *Böhmischer* Insekten.
1 Hundert. Pagg. 108. tabb. æneæ color. 2.

Prag, 1790. 4.

555. *Imperii Danici.*

Balth. Joh. DE BUCHWALD
Præside, Dissertatio sistens specimen Insectologiæ Danicæ. Resp. Chr. Car. Kramer.
Pagg. 31.   Hafniæ, 1760. 4.

Martinus Thrane BRÜNNICHE.
Prodromus Insectologiæ *Siællandicæ*. Dissertatio Resp. Urb. Bruun Aascow.
Pagg. 31.   Hafniæ, 1761. 8.

Otto Fridericus MÜLLER.
Fauna Insectorum *Fridrichsdalina*.
Pagg. 96.   Hafniæ et Lipsiæ, 1764. 8.
Faunæ Fridrichsdalinæ Novicia. impr. cum ejus Flora Fridrichsdalina ; p. 232—238.   Argentor. 1767. 8.

Hans STRÖM.
Beskrivelse over *Norske* Insecter.
Kiöbenh. Selsk. Skrifter, 9 Deel, p. 572—595.
10 Deel, p. 1—28.
Norske Vidensk. Selsk. Skrift. 3 Deel, p. 376—434.
4 Deel, p. 313—364.
Danske Vidensk. Selsk. Skrivt. nye Saml.
1 Deel, p. 97—130.
2 Deel, p. 49—93.
3 Deel, p. 264—293.

Q 2

556. *Sveciæ.*

Carolus Petrus THUNBERG.
Dissertatio sistens Insecta Svecica. Pars. 1. Resp. Joh.
Borgström. Pagg. 24. tab. ænea 1.
Upsaliæ, 1784. 4.
Pars 2. Resp. Petr. Er. Becklin. pag. 25—46. tab. 1.
1791.
Pars 3. Resp. Jac. Åkerman. pag. 47—52. 1792.
Pars 4. Resp. Car. Fred. Sebaldt. pag. 53.—62. tab. 1.
Pars 5. Resp. Is. Haij. pag. 63—72. 1794.
Pars 6. Resp. Sam. Kinmanson. pag. 73—81.
Pars 7. Resp. Gust. Magn. Wenner. pag. 83—98. tab. 1.
Pars 8. Resp. Jon. Kullberg. pag. 99—104.
Descriptiones Insectorum Svecicorum.
Nov. Act. Societ. Upsal. Vol. 5. p. 85—119.
ANON.
Icones pictæ variorum Insectorum Svecicorum tabulis 24,
quarum quævis figuras continet 8 Insectorum vel Lar-
varum.
Ex bibliotheca Laurentii Montin M. D.
Carolus a LINNE.
Dissertatio: Pandora et Flora *Rybyensis.* Resp. Dan.
Henr. Söderberg. Upsaliæ, 1771. 4.
Catalogus Insectorum a pag. 7—16; reliqua de plantis,
de quibus Tomo 3.
———— Amoenit. Academ. Vol. 8. p. 75—93.

557. *Imperii Russici.*

Eric LAXMANN.
Novæ Insectorum species. Nov. Comm. Acad. Petropol.
Tom. 14. Pars 1. p. 593—604.

558. *Africæ.*

POIRET.
Memoire sur quelques Insectes de *Barbarie.*
Journal de Physique, Tome 30. p. 241—245.
31. p. 111—116.
Xaverius WULFEN.
Descriptiones quorumdam *Capensium* Insectorum.
Pagg. xl. tabb. æneæ color. 2. Erlangæ, 1786. 4.

559. *Americæ.*

John BANISTER.
Some observations concerning Insects, made in *Virginia*
A. D. 1680, with remarks on them by J. Petiver.
Philosoph. Transact. Vol. 22. n. 270. p. 807—814.
Johann Samuel SCHRÖTER.
Von einigen seltenen Insekten aus *Surinam.*
in seine Abhandl. über die Naturgesch. 1 Theil, p. 322
—373.
Johann Friedrich Wilhelm HERBST.
Berichtigung derer in des Hrn. Diac. Schröters Abhand-
lungen —— abgebildeten Insecten.
Fuessly's neu. Entomol. Magaz. 1 Band, p. 333—344.

560. *De Coleopteris Scriptores.*

Georgio Friderico SIGWART
Præside, Dissertatio de Insectis Coleopteris. Resp. Jos.
Theoph. Koelreuter. Tubingæ, 1755. 4.
Pagg. 43; præter Descriptiones plantarum rariorum,
de quibus Tomo 3.
Johannes Eusebius VOET.
Descriptiones et Icones Coleopterorum, absque titulo.
4.
Pars 1. tabb. æneæ color. 48. Textus latini pag. 1—88;
descriptiones 46 priorum tabularum. Textus belgici
et gallici pagg. totidem, sed descriptiones 42 tantum
tabularum.
Pars 2. tabb. 24. (Figuræ 133.) Textus latini pag. 1—
24; descriptiones 114 Insectorum: textus belgici pagg.
totidem, sed descriptiones tantum 103; textus. gallici
pagg. totidem, descriptiones 98.
Johann Caspar FUESSLY.
Etwas über Voets Käferwerk.
in sein. Entomol. Magaz. 1 Band, p. 1—70.
Johann Friedrich Wilhelm HERBST.
Beschreibung und abbildung einiger, theils neuer, theils
noch nicht abgebildeter Insekten.
Beschäft. der Berlin. Gesellsch. Naturf. Fr. 4 Band, p.
314—326.

ANON.
Namen der sämtlichen gattungen von Käfern nach dem
Linneischen system.
Plagg. 5.   Augsburg, 1785. fol.
Continet nomina trivialia Coleopterorum, altera tantum
pagina impressa, in usum collectorum.

Guillaume Antoine OLIVIER.
Entomologie, ou histoire naturelle des Insectes. Coleop-
teres. Tome 1. pagg. xx, 26, 4, 190, 14, 84, 92, 4, 19,
& xix. tabb. æneæ color. 5, 1, 28, 2, 10, 12, 1, & 3.
                                    Paris, 1789. 4.
  Tome 2. pagg. 16, 8, 22, 22, 10, 10, 12, 12, 10, 4, 16,
    8, 6, 12, 4, 4, 4, 6, 18, 14, 28, 12, 4, 6, 54, 96, 32,
    8, & xix. tabb. 2, 1, 2, 4, 1, 1, 2, 2, 2, 3, 1, 1, 3, 1,
    1, 1, 3, 3, 3, 1, 1, 8, 12, 3, & 1.   1790.
  Tomi 3. genera 35—50. pagg. 116, 16, 4, 8, 16, 39, 14,
    4, 38, 4, 7, 4, 8, 20, 15, 6, 6, & 16. tabb. 14, 2, 1, 1,
    2, 5, 1, 1, 6, 1, 2, 2, 2, 1, 1, & 2.
  Adsunt etiam, absque textu, tabb. æneæ sequentes:
  Pimelia 3, Prionus 12, Cerambyx 20, Saperda 3, Sten-
    corus 2, Callidium 6, Leptura 2, Bostrichus 2, Bra-
    chycerus 1, Curculio 17, Brentus 1, et Erotylus 1.
Sur quelques nouvelles especes de Coleopteres.
  Journal d'Hist. Nat. Tome 1. p. 262—268.

Franz von Paula SCHRANK.
Entomologische beobachtungen.
  Naturforscher, 24 Stück, p. 60—90.

J. Aloys FRÖLICH.
Bemerkungen über einige seltene Käfer aus der Insecten-
sammlung des Hrn. Prof. Rudolph in Erlangen.
  Naturforscher, 26 Stück, p. 68—165.

Johann Christian FABRICIUS.
Determinatio generis Ips affiniumque.   Actes de la Soc.
d'Hist. Nat. de Paris, Tome 1. p. 27—35.

561. *De Coleopteris Scriptores Topographici.*

Angliæ.

Martinus LISTER.
Scarabæorum Anglicanorum quædam (4) tabulæ (æneæ)
mutæ; editæ cum ejus Goedartio de Insectis in methodum redacto.   Londini, 1685. 8.
Scarabæi Angliæ terrestres. impr. cum Raji Historiâ Insectorum; p. 377—398.   ib. 1710. 4.

562. *Germaniæ.*

Johann Nepomuk VON LAICHARTING.
Verzeichniss und beschreibung der *Tyroler*-Insecten. 1
Theil. Käferartige Insecten.
1 Band. pagg. 248. Zürich, 1781. 8.
2 Band. pagg. 176. 1784.
Johann Friedrich Wilhelm HERBST.
Bemerkungen über Laichartings Verz. und beschr. der
Tyroler-Insecten.
Fuessly's neu. Entomolog. Magaz. 1 Band, p. 307—
325.
David Henricus HOPPE.
Enumeratio Insectorum elytratorum circa *Erlangam* indigenarum, observationibus iconibusque illustrata. Dissertatio inaug.
Pagg. 70. tab. ænea color. 1. Erlangæ, 1795. 8.

563. *Daniæ.*

Georgio Christophoro DETHARDING
Præside, Disputatio de Insectis Coleopteris Danicis.
Resp. Jo. Pauli.
Pagg. 34. Buetzovii, 1763. 4.

564. *Sveciæ.*

Daniel Erik NÆZE'N.
Beskrifning på några, vid Umeå fundne, okände arter
ibland Skalbaggarne.
Vetensk. Acad. Handling. 1792. p. 167—174. conf.
1795. p. 72.
Beskrifning på några vid Umeå fundne Insecter, dels
okände, dels förut otydeligen bemärkte, och i Fauna
Svecica ej uptagne. ib. 1794. p. 265—274. conf. 1795.
p. 71, 72.

565. *Hungariæ.*

Joseph CONRA'D.
Beyträge zur kenntniss der um *Oedenburg* befindlichen
Insekten.
Ungrisch. Magaz. 2 Band, p. 5—19.
(4 prima genera Coleopterorum).

566. *Monographiæ Coleopterorum.*

Scarabæi varii.

Jean Etienne GUETTARD.
Caractere et especes des Pilulaires.
Mem. de l'Acad. des Sc. de Paris, 1756. p. 176—179.
Josephus Theophilus KOELREUTER.
Insectorum Musei Petropolitani rariorum, Americæ potissimum meridionalis incolarum, descriptiones.
Nov. Comm. Acad. Petropol. Tom. 11. p. 401—423.
Carl Ehrenbert VON MOLL.
Anmerkungen zu des Hrn. D. Panzer ausgabe des Voetchen Käterwerks,• den Scarab. sticticus betreffend.
Fuessly's neu. Entomol. Magaz. 1 Band, p. 390—393.
Johann Caspar FÜESSLY.
Zusatz. ibid. p. 393—402.
Noch etwas über den Scarabæus auratus des Linnee.
ibid. 3 Band, p. 92—96.
Franz von Paula SCHRANK.
Ueber die Käfergattung Melolontha.
Physik. Arbeiten der eintr. Freunde in Wien, 2 Jahrg. 2 Quart. p. 1—9.
Friedrich Albert Anton MEYER.
Ueber die Göttingischen Melolonthen.
Journal für die Entomologie, 1 Band, p. 258—265.
Guillaume Antoine OLIVIER.
Description d'une nouvelle espece de Cetoine.
Journal d'Hist. Nat. Tome 1. p. 92—94.
Sur une nouvelle espece de Scarabé. ib. p. 292—294.
John FRANCILLON.
Description of a rare Scarabæus from Potosi, in South America.
Foll. 2. tab. ænea color. 1.   London, 1795. 4•

567. *Scarabæus Melolontha.*

Thomas MOLYNEUX.
A letter concerning swarms of Insects, that of late years have much infested some parts of the province of Connought in Ireland.
Philosoph. Transact. Vol. 19. n. 234. p. 741—756.

Henry BAKER.
 A letter concerning the Grubbs destroying the grass in
 Norfolk. ibid. Vol. 44. n. 484. p. 576—582.
Christian Friedrich Karl KLEEMANN.
 Preisschrift von den Maykäfern.
 Bemerkung. der Kuhrpfälz. Phys. Ökonom. Gesellsch.
 1770. 2 Theil, p. 305—410.
ANON.
 Auszug aus zwey preisschriften von den Maykäfern. ibid.
 p. 410—464.
ADAM.
 Ueber die vertilgung der Maykäfer und ihrer larven.
 Voigt's Magaz. 4 Band. 1 Stück, p. 71—75.
Marquis DE GOUFFIER.
 Sur le Ver blanc, ou Larve du Hanneton.
 Mem. de la Soc. d'Agricult. de Paris, 1787. Trim.
 d'Eté, p. 41—49.
LEFEBURE.
 Observations sur les Mans & les Hannetons. ibid. 1791.
 Trim. de Printemps, p. 122—149.
 ————— Seorsim etiam adest, pagg. 31.

568. *Scarabæus cephalotes.*

Erik ACHARIUS.
 Bulbocerus, ett nytt slägte af Skal-Insecter.
 Vetensk. Acad. Handling. 1781. p. 244—253.

569. *Lucanorum genus.*

Gabriel BONSDORFF.
 Lucani genus, jämte två nya Svenska species beskrifne.
 ibid. 1785. p. 220—223.

570. *Lucanus Cervus.*

Franciscus Ernestus BRÜCKMANN.
 De Cervo volante et ejus hybernaculo.
 Epistola itineraria 78. Centuriæ 1.
 Pagg. 12. tab. ænea 1.   Wolffenbuttelæ, 1739. 4.
Joannes Sebastian ALBRECHT.
 Spicilegium ad historiam naturalem Scarabæi maximi pla-
 tyceri.
 Act. Acad. Nat. Curios. Vol. 6. p. 404—407.

571. *Bostrichi varii.*

Georg Wolffgang Franz PANZER.
Beschreibung eines sehr kleinen Kapuzkäfers.
Naturforscher, 25 Stück, p. 35—38.
Louis BOSC.
Bostricus furcatus.
Journal d'Hist. Nat. Tome 2. p. 259, 260.

572. *Ptini varii.*

Johann August Ephraim GÖZE.
Beyträge zur geschichte der schädlichen Ptinen.
Naturforscher, 8 Stück, p. 62—100.
Clas BJERKANDER.
Beskrifning på en Hallon-mask.
Vetensk. Acad. Handling. 1783. p. 246, 247.

573. *Ptinus pulsator.*

Hugh STACKHOUSE.
An account of the Scarabæus galeatus pulsator, or the
Death Watch.
Philosoph. Transact. Vol. 33. n. 385. p. 159—162.

574. *Gyrinorum genus.*

Adolph MODEER.
Anmärkningar angående slägtet Gyrinus.
Physiogr. Sälskap. Handling. 1 Del, p. 155—162.

575. *Gyrinus natator.*

Adolph MODEER.
Historien om insectet Gyrinus natator.
Vetensk. Acad. Handling. 1770. p. 324—341.

576. *Silpha Vespillo.*

Johann Gottlieb GLEDITSCH.
La sepulture de la Taupe.
Hist. de l'Acad. de Berlin, 1752. p. 29—53.

————: Von dem begräbnisse des Maulwurfes. in seine Physic. Botan. Oecon. Abhandl. 3 Theil, p. 200 —227.

————: Von der beerdigung des Maulwurfs. Physikal. Belustigung. 3 Band, p. 1103—1140.

————: Historie der begraavinge van de Mol. Uitgezogte Verhandelingen, 1 Deel, p. 44—83.

577. *Silpha atrata.*

Jacob Christian Schæffer.
Der Geiferkäfer. in seine Abhandl. von Insecten, 3 Band, p. 99—108.

578. *Opatrum plumigerum* Lerm.

Claude Lermina.
Opatrum plumigerum.
Actes de la Soc. d'Hist. Nat. de Paris, Tome 1. p. 46.

579. *Cerapterus* Swederi.

Nils Samuel Swederus.
Beskrifning på ett nytt genus ibland Insecterna, hörande til Coleoptera.
Vetensk. Acad. Handling. 1788. p. 203, 204.

580. *Chrysomelæ variæ.*

Clas Fredric Hornstedt.
Beschreibung neuer Blatkäferarten.
Beob. der Berlin. Ges. Naturf. Fr. 2 Band, p. 1—8.

581. *Chrysomela tenebrioides.*

Jacob Christian Schæffer.
Der flügellose Blattkäfer. in seine Abhandl. von Insecten, 3 Band, p. 51—64.

582. *Chrysomela populi.*

Jacob Christian Schæffer.
Der Blasenblattkäfer. ibid. p. 65—80.

583. *Pausorum genus.*

Carl Peter THUNBERG.
Beskrifning på tvänne nya Insecter.
Vetensk. Acad. Handling. 1781. p. 168—171.

584. *Curculiones varii.*

Auguste Denis FOUGEROUX DE BONDAROY.
Sur un Insecte de l'Amerique.
Mem. de l'Acad. des Sc. de Paris, 1771. p. 45—48.
Andreas SPARRMAN.
Fyratio Curculioner, från Goda Hopps-Udden, beskrifne.
Vetensk. Acad. Handling. 1785. p. 37—57.
Gabriel BONSDORFF.
Historia naturalis Curculionum Sveciæ.
Pars 1. Resp. Laur. G. Borgström. pagg. 18.
Pars 2. Resp. Petr. Ant. Norlin. pag. 19—42. tab.
ænea 1. Upsaliæ, 1785. 4.
SONNINI DE MANONCOUR.
Memoire sur quelques especes de Charansons de la Guiane
Françoise.
Journal de Physique, Tome 35. p. 264—270.
Gustavus DE PAYKULL.
Monographia Curculionum Sveciæ.
Pagg. 151. Upsaliæ, 1792. 8.

585. *Curculio zamiæ.*

Carolus Petrus THUNBERG.
Curculio Zamiæ.
Nov. Act. Societ. Upsal. Vol. 4. p. 29, 30.

586. *Curculio scrophulariæ.*

Jacob Christian SCHÆFFER.
Der Kropfkrautsrüsselkäfer. in seine Abhandl. von Insecten, 3 Band, p. 119—124.

587. *Curculio imperialis.*

LINDENBERG.
Beschreibung eines Brasilischen Rüsselkäfers.
Naturforscher, 10 Stück, p. 86, 87.
14 Stück, p. 211—220.

588. *Attelabus longimanus* Fabr.

Christen Fredric SCHUMACHER.
Beskrivelse af et hidtil ubeskrevet haardvinget Insekt, At-
telabus longimanus.
Naturhist. Selsk. Skrivt. 3 Bind, 1 Heft. p. 12—15.

589. *Cerambyces varii.*

J. Aloys FRÖLICH.
Kritisches verzeichniss der Oesterreichischen Schnecken-
käfer, Saperda Fabr.
Naturforscher, 27 Stück, p. 128—157.

590. *Cerambyx moschatus.*

Anton Maria VASSALLI.
Memoria sopra il Cerambice odoroso.
Opuscoli scelti, Tomo 13. p. 81—94.

591. *Necydalis major* et *minor.*

Jacobus Christianus SCHÆFFERUS.
De Musca-Cerambyce seu Cerambyce spurio, novum Insectorum ordinem constituente. Editio secunda.
Pagg. 14. tab. ænea color. 1.   Ratisbonæ, 1757. 4.
———— : Der Afterholzbock, mit einer nachricht von
der Frühlingsfliege mit kurzen oberflügeln begleitet.
Pagg. 20. tab. ænea color. 1.   ib. 1755. 4.
———— ———— in seine Abhandl. von Insecten, 1 Band,
p. 387—402.

592. *Serropalporum genus.*

Carl Niclas HELLENIUS.
Försök til beskrifning pa et nytt genus ibland Insecterna,
som kunde kallas Serropalpus.
Vetensk. Acad. Handling. 1786. p. 310—319.

Louis Bosc.
   Serropalpus.   Actes de la Soc. d'Hist. Nat. de Paris,
   Tome 1. p. 40, 41.

593. *Elater quidam.*

Emanuel Weiss.
   Observations sur le Notopede.
   Act. Helvet. Vol. 2. p. 250—254.
   ————— Journal de Physique, Introd. Tome 1. p. 232
   —236.
   ————— : Waarneemingen omtrent den Spring-kever.
   Uitgezogte Verhandelingen, 2 Deel, p. 399—407.

594. *Cicindela aptera* Lund.

Niels Tönder Lund.
   Cicindela aptera, et Insekt fra Ostindien.
   Naturhist. Selsk. Skrivt. 1 Bind, 1 Heft. p. 65—78.

595. *Buprestes varii.*

Johannes Hotz. ·
   Descriptio Buprestis. impr. cum ejus Dissertatione, Præside Ge. Frid. Sigwart, de Balneis infantum; p. 40—
   48; cum tab. ænea.   Tubingæ, 1758. 4.
Johann Friedrich Wilhelm Herbst.
   Beschreibung aller Prachtkäfer, die bisher bey Berlin gefunden sind, auch etwas über die naturgeschichte dieser
   käfergattung.
   Schr. der Berlin. Ges. Naturf. Fr. 1 Band, p. 85—100.

596. *Carabi varii.*

Gustavus de Paykull.
   Monographia Caraborum Sveciæ.
   Pagg. 138.   Upsaliæ, 1790. 8.

597. *Carabus crepitans.*

Daniel Rolander.
   Skjut-Flugan.
   Vetensk. Acad. Handling. 1750. p. 290—295.
   ————— : Musca crepitum explodens.
   Analect. Transalpin. Tom. 2. p. 247—250.

598. *Lytta vesicatoria.*

Friedrich Heinrich Loschge.
Beytrag zur geschichte der Spanischen fliege.
Naturforscher, 23 Stück, p. 37—48.

599. *Meloës genus.*

Frid. Alb. Ant. Meyer.
Tentamen monographiæ generis Meloës.
Pagg. 32.   Gottingæ, 1793. 8.

600. *Meloë Schæfferi.*

Jacob Christian Schæffer.
Der weichschaalige Cronen-und Käulenkäfer. in seine
Abhandl. von Insecten, 2 Band, p. 289—312.

601. *Ripiphorus* Bosc.

Louis Bosc.
Ripiphorus. Journal d'Hist. Nat. Tome 2. p. 293—296.

602. *Staphylini varii.*

Gustavus de Paykull.
Monographia Staphylinorum Sveciæ.
Pagg. 81.   Upsaliæ, 1789. 8.

603. *De Hemipteris Scriptores.*

Caspar Stoll.
Natuurlyke afbeeldingen en beschryvingen der Cicaden,
in alle vier waerelds deelen. belgice et gallice.
Pagg. 124. tabb. æneæ color. 29.
                              Amsterdam, 1788. 4.
Natuurlyke afbeeldingen en beschryvingen der Wantzen,
in alle vier waerelds deelen. belgice et gallice.
Pagg. 172. tabb. æneæ color. 41.   ib. 1788. 4.
Natuurlyke afbeeldingen en beschryvingen der Spooken,
Wandelende bladen, Zabelspringhaanen, Krekels,
Treksprinkhaanen en Kakkerlakken. belgice et gallice.
No. 1—5.   ib.   4.

Spoken en Wandelende bladen. pagg. 56. tabb. æneæ
color. 18. Zabelspringhaanen. pagg. 16. tabb. 6. Trek-
springhaanen. pagg. 16. tabb. 6.

604. *Monographiæ Hemipterorum.*

Blattæ variæ.

Johann Christian Daniel SCHREBER.
 Beytrag zum Schabengeschlechte.
  Naturforscher, 15 Stuck, p. 87—90.
Johann August Ephraim GOEZE.
 Beytrag zur verwandlungsgeschichte der Schaben. ib.
 17 Stück, p. 183—189.

605. *Blatta orientalis.*

Comte DE FRAULA.
 Sur la generation singuliere d'une espece de Gryllon.
  Mem. de l'Acad. de Bruxelles, Tome 3. p. 219—225.
 ——— Journal de Physique, Tome 22. p. 130—133.
 ———: Ueber die besondere erzeugung einer art von
 Grillen.
  Lichtenberg's Magaz. 2 Band. 2 Stück, p. 29—34.
WILLEMET.
 Lettre aux Auteurs du Journal de Physique. dans ce
 Journal, Tome 24. p. 62.

606. *Pneumorarum genus.*

Carl Peter THUNBERG.
 Pneumora, ett nytt genus ibland Insecterne.
  Vetensk. Acad. Handling. 1775. p. 254—260.

607. *Mantes, Grylli, et Cicadæ variæ.*

Johanne BILBERG
 Præside, Dissertatio: Locustæ. Resp. Petr. Salonius.
  Pagg. 20.   Upsaliæ, 1690. 8.
Antonius VALLISNERI.
 De rara quadam locusta.
  Ephem. Acad. Nat. Curios. Cent. 3. & 4. p. 81—84.
 ———: Vita e costumi d'una rara Locusta, detta dal
 Autore Ragno-locusta. in ejus Opere, Tomo 2. p.
 62, 63.

Julius PONTEDERA.
De Cicada. in epistola ad Sherardum, p. xiv—xxiii, impr.
cum ejus Compendio tabularum Botanicarum.
Patavii, 1718. 4.

Giuseppe ZINANNI.
Osservazioni giornali sopra le Cavallette. impr. cum
libro ejus : Delle uova degli Uccelli.
Pagg. 55. tabb. æneæ 8. Venezia, 1737. 4.

KRAMER.
Gryllorum 5 species in Austria observatæ.
Commerc. liter. Norimberg. 1740. p. 226—230.

Jobann Samuel SCHRÖTER.
Von den Heuschrecken, sonderlich denen, welche sich in
Thüringen aufhalten.
Berlin. Sammlung. 4 Band, p. 496—541.
——— in seine Abhandl. über die Naturgesch. 1 Theil,
p. 258—316.

POIRET.
Observations sur la Mante.
Journal de Physique, Tome 25. p. 334—336.
——— : Beobachtungen über die Mantis religiosa, oder
das wandelnde blatt.
Lichtenberg's Magaz. 3 Band. 2 Stück, p. 40—43.

Louis BOSC.
Acheta sylvestris. Locusta punctatissima. Actes de la
Soc. d'Hist. Nat. de Paris, Tome 1. p. 44, 45.

608. *Gryllus ephippiger.*

Jobann FIEBIG.
Beschreibung des Sattelträgers.
Schr. der. Berlin. Ges. Naturf. Fr. 5 Band, p. 260—263.

609. *Gryllus migratorius.*

Theodorus KIRCHMAJER.
De Locustis Dissertatio. Resp. Ge. Henr. Ursinus.
Plagg. 2. Wittebergæ. 4.

Joachimo HOPPIO
Præside, Dissertatio de edaci Locustarum pernicie ad L.
excepto tempore. 18. C. d. Locat. et Cond. Resp.
Gust. Martini.
Edit. altera. Plagg. 5. Jenæ, 1682. 4.
Sect. 19—27 de Locustis agit.

TOM. 2. R

ANON.

Eine Heuschreckliche schreck-rute so—zu Plauen im
Voigt-lande am 15. und folgenden tage Augusti dieses
lauffenden 1693sten jahres, sich mercklich blicken lassen.
Plag. dimidia.   Dresden, (1693.) 4.

Joanne Philippo TREUNERO

Præside, Dissertatio: Phænomena Locustarum, præcipue
nuperrimarum. Resp. Arnold. Richertz.
Pagg. 32. tab. ænea 1.   Jenæ, 1693. 4.

Johanne Paulo HEBENSTREIT

Præside, Dissertationes: De Locustis immenso agmine
aërem nostrum implentibus, et quid portendere puten-
tur. Resp. Christ. Prange.
Pagg. 65. tab. ænea 1.   ib. 1693. 4.

De Remediis adversus Locustas, inprimis Pontificiorum
quorundam methodo expellendi eas per excommunica-
tionem, aquam lustralem, et exorcismum. Resp. Joh.
Ge. Lippoldt.
Plagg. 5.   ib. 1693. 4.

Georgio Andrea WOLLENHAUPT·

Præside, Dissertatio: Locustæ et portentosa earum nubes.
Resp. Joh. Nic. Oberländer.
Plagg. 3.   Erfordiæ, 1693. 4.

Ludovicus Christianus CRELLIUS.

Disputatio de Locutis in Germania nuper conspectis.
Resp. Joh. Frid. Hauptvogel.
Plagg. 3½.   Lipsiæ, 1693. 4.

Georgius Caspar KIRCHMAJER.

De Locustis insolitis, tergemino examine et portentoso
numero, e Thracia Daciaque in Pannoniam Inf. perque
Austriam, in Germaniæ region. plures sese infunden-
tibus, et pabula, quo transitus ferebat, depascentibus.
Pagg. 16.   Wittenbergæ, 1693. 4.

Jobus LUDOLFUS.

Dissertatio de Locustis, anno præterito immensa copia in
Germania visis, cum diatriba, qua sententia autoris de
שלבים defenditur.   Francofurti ad Moen. 1694. fol.
Pagg. 88; cum figg. æri incisis.

Edward FLOYD.

A letter giving an account of Locusts lately observed in
Wales.
Philosoph. Transact. Vol. 18. n. 208. p. 45—47.

Carolus RAYGERUS.

De Locustis volantibus.
Ephem. Acad. Nat. Curios. Dec. 3. Ann. 2. p. 29—31.

Joanne Christophoro ORTLOB
Præside, Dissertatio de præsagiis Locustarum incertis et
falsis. Resp. Maur. Castens.
Pagg. 32.   Lipsiæ, 1713. 4.
Samuel LÖBER.
Epistola de Locustis. Ephem. Acad. Nat. Curios. Cent.
3 & 4. App. p. 137—146.
——————— Valentini Amphitheatr. zootom. Pars 2. p.
182—186.
ANON.
Relazione delle diligenze usate nell' anno 1716 per dis-
truggere le Cavallette, le quali avevano ingombrato
una gran parte delle maremme di Pisa &c.
Pagg. 48. tabb. æneæ 2.   Firenze, 1716. 4.
Franciscus SCUFONIUS.
Observationes circa Locustas.
Ephem. Acad. Nat. Curios. Cent. 9 & 10. p. 485—508.
J. J. REMBOLD.
Historisch und physicalischer tractat von Heuschrecken:
                     Berlin und Leipzig, (1730.) 8.
Pagg. 64. tab. ænea 1.
Johann Christian KUNDMANN.
Anmerckungen über die Heuschrecken in Schlesien von
dem jahre 1748.
Pagg 39. tab. ænea 1.   Bresslau.   4.
ANON.
Beschreibung der Heuschrecken, besonders der heurigen
1748.
Pagg. 70. tab. ænea 1.   Dresden.   8.
An account of the Locusts, which did vast damage in
Walachia, Moldavia, and Transilvania, in the years
1747 and 1748.
Philosoph. Transact. Vol. 46. n. 491. p. 30—37.
——————: Nachricht von den Heuschrecken, welche in
der Wallachey, Moldau, und Siebenbürgen 1747 und
1748 grossen schaden angerichtet.
Hamburg. Magaz. 7 Band, p. 546—554.
Sammlung merkwürdiger nachrichten von den Heuschrec-
ken.   Frankf. am Mayn, 1750. 8.
Pagg. 110. tab. ænea 1.
Johann Gottlieb GLEDITSCH.
Des Sauterelles d'Orient, qui voyagent en troupes, et qui
ont fait des ravages dans la Marche de Brandebourg,
en 1750.
Hist. de l'Acad. de Berlin, 1752. p. 83—101.

————— : Von den morgenländischen Heuschrecken, die in heeren ziehen, und im jahre 1750 in der Mark Brandenburg grosse verwustungen angerichtet haben.
Physikal. Belustigung. 3 Band, p. 1192—1217.
Abhandlung von vertilgung der Zug-heuschrecken.
Pagg. 71. Berlin, 1754. 8.
————— in seine Physic. Botan. Oecon. Abhandl. 3 Theil, p. 228—311.

ANON.
Geschichte der Heuschrecken.
Pagg. 77. Nürnberg, 1753. 8.
Abhandlung von den Strichheuschrecken. aus dem Russischen.
Hamburg. Magaz. 24 Band, p. 186—216.

Gottfried August GRÜNDLER.
Beobachtungen über einige Heuschrecken-arten.
Naturforscher, 5 Stück, p. 19—22.

Johann ROSKOSCHNIK.
Nachricht von den nach Bontzhida in Siebenbürgen gekommenen Zugheuschrecken, nebst einigen die naturgeschichte derselbigen betreffende bemerkungen.
Ungrisch. Magaz. 2 Band, p. 389—399.

BARON.
Recherches sur les Sauterelles, et sur les moyens de les detruire.
Journal de Physique, Tome 29. p. 321—330.

610. *Fulgorarum genus.*

Guillaume Antoine OLIVIER.
Observations sur le genre Fulgore.
Journal d'Hist. Nat. Tome 2. p. 31—34.

611. *Fulgoræ variæ.*

LINDENBERG.
Beschreibung zween seltener Lanternenträger.
Naturforscher, 13 Stuck, p. 19—23.

612. *Fulgora Candelaria.*

Carl LINNÆUS & *Carl* DE GEER.
Lyckte-matken från China.
Vetensk. Acad. Handling. 1746. p. 60—66.
————— : Cicada Sinensis lucens.
Analect. Transalpin. Tom. 1. p. 475—479.

613. *Cicadæ* et præcipue *sanguinolenta.*

Johann August Ephraim GOEZE.
　Beschreibung einer Cikade, nebst anmerkungen über das
　Cikadengeschlecht überhaupt.
　Naturforscher, 6 Stück, p. 41—68.

614. *Cicada septendecim.*

Pehr KALM.
　Beskrifning på ett slags Gräs-hoppor uti Norra America.
　Vetensk. Acad. Handling. 1756. p. 101—116.
Peter COLLINSON.
　Observations on the Cicada of North America.
　Philosoph. Transact. Vol. 54. p. 65—68.
　—————: Von den Graspferden in Nordamerica.
　Naturforscher, 2 Stück, p. 197—200.

615. *Cicada spumaria.*

François POUPART.
　Des Ecumes printanieres.
　Mem. de l'Acad. des Sc. de Paris, 1705. p. 124—127.
Carl DE GEER.
　Beskrifning på ett Insect, som lefver på mäst alla örter
　och trän i et hwitt skum.
　Vetensk. Acad. Handling. 1741. p. 221.—236.
　—————: Cicada fusca, alis superioribus maculis albis,
　in spuma quadam vivens, descripta.
　Analect. Transalpin. Tom. 1. p. 166—176.
　————— gallice in ejus Memoires sur les Insectes,
　Tome 3. p. 163—180.

616. *Nepa quædam.*

Antonio VALLISNERI.
　Scarafaggio notturno marino. in ejus Opere, Tomo 2.
　p. 95.

617. *Cimices varii.*

Cristoforo MARTINI.
　Osservazione intorno ad una spezie di Cimici salvatiche
　non alate.

Memorie di diversi Valentuomini, Tomo 1. p. 247—
267.

——————: Beobachtungen über eine art von Baumwanze
ohne flügel.
Hamburg. Magaz. 26 Band, p. 432—447.

Adolph MODEER.
Någre märkvärdigheter hos Insectet Cimex ovatus pallide
griseus, abdominis lateribus albo nigroque variis, alis
albis, basi scutelli nigricante.
Vetensk. Acad. Handling. 1764. p. 41—47.

Nicolaus HOST.
Cimex Teucrii.
Jacquini Collectanea, Vol. 2. p. 255—259.

618. *Cimex lectularius.*

John SOUTHALL.
A treatise of Buggs. Second edition.
Pagg. 44. tab. ænea 1.   London, 1730. 8.

Samuel ODMANN.
Berättelse om Vägglöss fundne i skogar.
Vetensk. Acad. Handling. 1789. p. 76—78.

Gustaf VON CARLSON.
Tilläggning vid föregående rön. ib. p. 78, 79.

619. *Cimex paradoxus.*

Andreas SPARRMAN.
Beskrifning på Cimex paradoxus. ib. 1777. p. 234—238.

620. *Cimex abietis.*

Joseph Gottlieb KÖLREUTER.
Nachricht von einer schwarzbraunen Wanze, die sich die
Roth-tannenzapfen zu ihrem winterlager erwählt.
Comment. Acad. Palat. Vol. 3. phys. p. 62—68.

621. *Aphides variæ.*

Johann Leonhard FRISCH.
Observationes, quæ ad pleniorem descriptionem insecti
pertinent, quod foliorum pediculos, gallice, Pucerons,
vocant.
Miscellan. Berolinens. Continuat. 2. p. 36—40.

Charles BONNET.
Traité d'Insectologie. Premiere partie, ou Observations

sur les Pucerons. Paris, 1745. 8.
Pagg. 228. tabb. æneæ 4. Partem 2. vide infra, inter
Zoologos physicos.
————: dans ses Oeuvres, Tome 1. p. 1—114.
Johann Salomo SEMLER.
Nachlese zur Bonnetischen Insektologie. 1 Stück.
Pagg. 166. Halle, 1783. 8.
Gottfried REYGER.
Von erzeugung der Blatläuse. Abhandl. der Naturf.
Gesellsch. zu Danzig, 2 Theil, p. 294—301.
Johan LECHE.
Honungs-daggens historia.
Vetensk. Acad. Handling. 1762. p. 87—104.
William RICHARDSON.
Observations on the Aphides of Linnæus.
Philosoph. Transact. Vol. 61. p. 182—194.
Boisier DE SAUVAGES.
Observations sur l'origine du miel.
Journal de Physique, Tome 1. p. 187—197.
————: Beobachtungen über den ursprung des Honigs.
Berlin. Sammlung. 6 Band, p. 453—479.
Clas BJERKANDER.
Anmärkning om Socker på Gran.
Vetensk. Acad. Handling. 1784. p. 238—240.
————: Anmerkung vom Zucker auf der Tanne.
Crell's chemische Annalen, 1786. 1 Band, p. 351—353.

622. *Aphis pruni.*

Carl DE GEER.
Observations sur les Pucerons du Prunier.
Mem. etrangers de l'Acad. des Sc. de Paris, Tome 2.
p. 469—473.
———— dans ses Mem. sur les Insectes, Tome 3. p. 50
—53.
————: Waarneemingen over de Plant-of Boomluizen.
Uitgezogte Verhandelingen, 5 Deel, p. 255—262.

623. *Aphis tremulæ.*

P. ASCANIUS.
Aphis Populi tremulæ, abdomine ecorni descripta.
Prodrom. continuat. Act. Med. Havniens. p. 127—133.

624. *Aphis gallarum.*

Claude Joseph Geoffroy.
Observations sur les vessies qui viennent aux Ormes.
Mem. de l'Acad. des Sc. de Paris, 1724. p. 320.—323.
Wilhelm Friederich Freyherr von Gleichen *genannt Russworm.*
Versuch einer geschichte der Blatläuse und Blatlausfresser des Ulmenbaums.
Pagg. 28. tabb. æneæ color. 4. Nürnberg, 1770. 4.

625. *Coccorum genus.*

Adolph Modeer.
Om Fästflyet, Coccus. Götheb. Wet. Samh. Handl. Wetensk. Afdeln. 1 Styck. p. 11—50.

626. *Chermes* et *Cocci varii.*

Martin Lister.
Observations concerning certain Insect-husks of the Kermes kind.
Philosoph. Transact. Vol. 6. n. 71. p. 2165, 2166.
73. p. 2196, 2197.
7. n. 87. p. 5059, 5060.
Christophorus Jacobus Trew.
De Insectorum quodam genere.
Commerc. literar. Norimb. 1734. p. 361—363.
J. S. Kerner.
Naturgeschichte der Coccus Bromelia oder des Ananasschildes.
Pagg. 56. tab. ænea 1. Stuttgart, 1778. 8.
Karl von Sandberg.
Naturgeschichte der Schildlause des Rosenstrauches.
Abhandl. einer Privatgesellsch. in Böhmen, 6 Band, p. 317—320.
James Anderson.
Five letters to Sir Jos. Banks, Bart. on the subject of Cochineal Insects, discovered at Madras.
Pagg. 13. tabb. æneæ 2, ligno incisa 1.
A sixth letter to Sir Jos. Banks.   Pagg. 4.
A seventh, eighth, and ninth letter.   Pagg. 5.
A tenth letter.   Pagg. 5.
An eleventh letter.   Pagg. 6.
A twelfth letter.   Pagg. 2.

A thirteenth letter.　　Pagg. 2.　　Madras, 1787.　4.
A fourteenth letter.　　Pagg. 4.　　　　　1788.
———— ——— ——— (All the 14 letters printed together.)
　　　　　　　　　　　　Madras, 1788.　4.
　Pagg. 26. tabb. æneæ 2, ligno incisa 1.
———————: Sex priores epistolæ Germanice versæ adsunt
　in Naturforscher, 25 Stück, p. 189—220.
　Excerpta 14 epistolarum, germanice per F. A. Meyer, in
　Voigt's Magaz. 6 Band. 1 Stück, p. 24—47.
　Letters on Cochineal continued.
　　Pagg. 36. tabb. æneæ 2.　　　　Madras, 1789.　4.
　The conclusion of letters on Cochineal.
　　Pagg. 21.　　　　　　　　　　1790.
Adolph Modeer.
　Anmärkningar angående det så kallade Manna foliata, el-
　ler Manna di fronde.
　Vetensk. Acad. Handling. 1792. p. 161—166.

627. *Coccus hesperidum.*

de la Hire et Sedileau.
　Description d'un Insecte, qui s'attache à quelques plantes
　etrangeres, et principalement aux Orangers.
　Mem. de l'Acad. des Sc. de Paris, 1692. p. 8—11.
———————— ibid. 1666—1699, Tome 10. p. 10—14.
　Nouvelles remarques sur les Insectes des Orangers.
　Mem. de l' Acad. des Sc. de Paris, 1704. p. 45—48.

628. *Coccus vitis.*

Dominicus Gusman Galeatius.
　De Insecto quodam in Vite reperto.
　Comm. Instit. Bonon. Tom. 2. Pars 2. p. 279—284.

629. *Coccus uvæ ursi.*

Carl Linnæus.
　Svensk Coccionell.
　Vetensk. Acad. Handling. 1759. p. 26—30.

630. *Thrips Physapus* et *juniperina.*

Carl De Geer.
　Beskrifning på en Insect af ett nytt slägte, kallad Physapus.
　Vetensk. Acad. Handling. 1744. p. 1—9.

—————: Physapus, Insectorum genus novum.
Analect. Transalpin. Tom. 1. p. 277—281.
————— gallice in ejus Memoires sur les Insectes,
Tome 3. p. 4—11.

631. *Lepidopterologi.*

Lexica Lepidopterologica.

Conrad Christoph JUNG.
Verzeichnis der meisten bisher bekannten europäischen
Schmetterlinge, mit ihren synonymen.
Pagg. 156.　　　Frankfurt am Mayn, 1782. 8.
Alphabetisches verzeichnis der bisher bekannten Schmet-
terlinge aus allen welttheilen, mit ihren synonymen.
Pagg. 338.　　　Marktbreit, 1791. 8.

632. *Systemata Lepidopterologica.*

Joh. H. F. MEINEKE.
Versuch einer natürlichen eintheilung der Schmetterlinge.
Beschäft. der Berlin. Gesellsch. Naturf. Fr. 2 Band, p.
420—445.
Eugenius Johann Christoph ESPER.
Die Schmetterlingen in Abbildungen nach der natur, mit
beschreibungen:
Europäische gattungen.
1 Theil. Tagschmetterlinge. pagg. 388. tabb. æn. co-
lor. 50.　　　　　　　Erlangen, 1777. 4.
Fortsezung. pagg. 190. tab. 51—93.
2 Theil. Abendschmetterlinge. pagg. 196. tabb. 25.
1779.
Fortsezung. pag. 197—234. tab. 26—36.
3 Theil. Spinnerphalänen. pagg. 396. tabb. 79.
1782.
4 Theil. Eulenphalenen. pag. 1—352. tab. 80—177;
harum 99, 105, 117 binæ; 125 ternæ.　 1786.
Ausländische Schmetterlinge.
Pag. 1—96. tab. æn. color. 1—24.
ANON.
Namen der sämtlichen gattungen von Schmetterlingen
nach dem Linneischen system. Erlangen, 1784. fol.
Plagg. 3. Continet nomina trivialia Lepidopterorum, altera tantum pagina impressa, in usum collectorum.

633. *Icones Lepidopterorum.*

Carolus CLERCK.
Icones Insectorum rariorum.
Dedicatio et præfatio foll. 4. Tabb. æneæ color. 16.
Holmiæ, 1759. 4.
Sect. 2. Dedicatio foll. 2. Tab. 17—55. Index pagg. 3.
1764.
Exemplar ab auctore coloribus fucatum,. in usum amici,
D. Prof. Bergii.

634. *Descriptiones Lepidopterorum miscellæ, et*
Observationes de Lepidopteris.

Carl DE GEER.
Beskrifning öfver en Chinesisk och en inländsk Fjäril.
Vetensk. Acad. Handl. 1748. p. 208—212.
————: Papiliones duo, alter Sinensis, alter Danicus,
descripti.
Analect. Transalpin. Tom. 2. p. 93, 94.
Christian Friedrich Carl KLEEMANN.
Anmerkungen über verschiedene Raupen und Papilionen.
Naturforscher, 4 Stück, p. 121—127.
Nicolaus MEYER.
Auszug aus seinen bemerkungen über einige Schmetter-
li.·ge.
Fuessly's Entomol. Magaz. 1 Band, p. 242—288.
2 Band, p. 1—51.
Gio. Serafino VOLTA.
Memoria sulle Farfalle.
Opuscoli scelti, Tomo 5. p. 189—218.
Joh. Gottl. SCHALLER.
Beyträge zur geschichte exotischer Papilions.
Naturforscher, 21 Stück, p. 173—179.
23 Stück, p. 49—53.
Jacob HÜBNER.
Beiträge zur geschichte der Schmetterlinge.
Augsburg, 1786—89. 8.
1 Theil. pagg. 33. tabb. æneæ color. 4. 2 Theil. pagg.
29. tabb. 4. 3 Theil. pagg. 34. tabb. 4. 4 Theil. pagg.
32. tabb. 4.

Eugenius Johann Christoph Esper.
Beschreibung einiger der prächtigsten Schmetterlinge von
den kleinsten arten, nach ihrer vergrösserten abbildung.
Naturforscher, 25 Stück, p. 39—51.

G. L. Scharfenberg.
Lepidopterologische beobachtungen und berichtigungen.
Journal für die Entomologie, 1 Band, p. 207—244.

635. *Musea Lepidopterologica.*

Heinrich Gottlob Lang.
Verzeichniss seiner Schmetterlinge, meistens in den ge-
genden um Augsburg gesammelt.
Pagg. 60.   Augsburg, 1782. 8.

636. *Lepidopterologi Topographici.*

Europæ.

Papillons d'Europe, peints d'après nature.
Tome 1. pagg. 206. tabb. æneæ color. 48.
                                    Paris, 1779. 4.
   2. pag. 207—343. tab. 49—84 et 8.   1780.
   3. pagg. 132. tab. 85—122.   1782.
   4. pagg. 215. tab. 123—171.   1785.
   5. pagg. 152. tab. 172—210.   1786.
   6. pagg. 176. tab. 211—257.   1788.
   7. pag. 1—114. tab. 258—290.   1790.
(David Heinrich Schneider.)
Systematische beschreibung der Europäischen Schmetterlinge.
1 Theil, von den Tagschmetterlingen.
Pagg. 282. tab. ænea 1.   Halle, 1787. 8.
Partes sequentes junctim cum auctore sequente edidit.
Moriz Balthasar Borkhausen.
Naturgeschichte der Europäischen Schmetterlinge nach
systematischer ordnung.
   1 Theil. Tagschmetterlinge. pagg. 228. tab. æn. color. 1.   Frankfurt, 1788. 8.
   2 Theil. Sphinxe, Schwärmer. pagg. 239. tab. 1.
                                    1789,
   3 Theil. Spinner. pagg. 476.   1790.
   4 Theil. Eulen.   pagg. 809.   1792.
   5 Theil. Spanner. pagg. 572.   1794.

637. *Magnæ Britanniæ.*

James PETIVER.

Papilionum Britanniæ icones, nomina &c.

London, 1717. fol.

Pagg. 2. tabb. æneæ 6. In Operum ejus volumine 2do.

Benjamin WILKES.

Twelve new designs of English Butterflies.

1741, 1742.

Tabb. æneæ, præter titulum, 12; longit. 14 unc. latit. 11 unc.

————: Bowle's new collection of English Moths and Butterflies —— By B. Wilkes.

Tabb. eædem, sola tituli inscriptione mutata.

Exemplar nostrum coloribus fucatum.

The English Moths and Butterflies, together with the plants, flowers, and fruits, whereon they feed, and are usually found.

Pagg. 63. tabb. æneæ color. 120. London. 4.

James DUTFIELD.

Number 1—6. of a new and complete natural history of English Moths and Butterflies, considered through all their progressive states and changes.

London, 1748, 49. 4.

Plura non prodierunt. (Gough British Topography, Vol. 1. pag. 147.) Fasciculus quisque continet tabulas æneas color. 2, totidemque folia impressa. Quintus deest in nostro exemplari.

Moses HARRIS.

The Aurelian, or natural history of English Insects, namely Moths and Butterflies, together with the plants on which they feed. London, 1766. fol.

Pagg. 80. tabb. æneæ color. 44.

The English Lepidoptera, or the Aurelian's pocket companion, containing a catalogue of upward of 400 Moths and Butterflies, &c.

Pagg. 66. London, 1775. 8.

William LEWIN.

The Insects of Great Britain, systematically arranged, accurately engraved, and painted from nature. in english and french.

Vol. 1. pagg. 97. tabb. æneæ color. 46

London, 1795. 4.

638. *Belgii.*

Christiaan SEPP.
Beschouwing der wonderen Gods in de minstgeachte
schepzelen, of Nederlandsche Insecten.
                                    Amsterdam, 1762. seqqu.   4.
1 Deel. pagg. 44, 20, 30, 100, 8 & 32. tabb. æneæ color. 8, 4, 6, 24, 1 & 7.
2 Deels 1 Stuk. pag. 1—12. tab. 1—3 ; 3 Stuk. pag.
1—4. tab. 1 ; 4 Stuk. pag. 1—106. tab. 1—26 ; 5
Stuk. pag. 1—22. tab. 1—5 ; 6 Stuk. pag. 1—38. tab.
1—9.   1786. seqqu.
Tomi 1. partis 6tæ tractatus de Phalæna Cratægata
germanice adest in Beschäft. der Berlin. Gesellsch. Naturf. Fr. 4 Band, p. 29—41.

639. *Germaniæ.*

Ankündung eines systematischen werkes von den
Schmetterlingen der *Wienergegend,* herausgegeben von
einigen lehrern am K. K. Theresianum. (SCHIFFER-
MÜLLER et DENIS.)
Pagg. 322. tabb. æneæ color. 2.   Wien, 1775. 4.
Auszug dieses buchs, mit anmerkungen von G. Am-
stein.   Fuessly's Entomolog. Magaz. 1 Band, p. 71—
130.
Franz von Paula SCHRANK.
Nachrichten von einigen Schmetterlingen des Wiener
Verzeichnisses.
Fuessly's neu. Entomol. Mag. 2 Band, p. 199—210.
D———s.
Bemerkungen, berichtigungen und zuzätze zu dem Wie-
ner systemat. verz. der Schmetterlinge. ibid. p. 370
—387.
Georg Friedrich AHRENS.
Verzeichniss einiger Schmetterlinge, welche zu *Schloss-
Ballenstedt* gefunden und beobachtet worden sind.
Naturforscher, 19 Stück, p. 209—220.
———— Fuessly's neu. Entom. Mag. 2 Band, p. 55—63.
Friedrich Leopold BRUNN.
Anmerkungen und zusäze zu des Hrn. Ahrens verzeich-
niss einiger Schmetterlinge, welche zu Schloss-Ballen-
stedt gefunden und beobachtet worden sind. ibid. p.
64—80.

HUFNAGEL.
Tabelle von den Tagevögeln der hiesigen gegend (um
Berlin.)   Berlin. Magaz. 2 Band, p. 54—90.
Zwote tabelle, worinnen die Abendvögel angezeigt wer-
den. ibid. p. 174—195.
Dritte tabelle von den Nachtvögeln. ibid. p. 391—437.
(Bombyces.)
Vierte tabelle. ibid. 3 Band, p. 202—215; p. 279—309
& p. 393—426. (Noctuæ.)
Fortsezung der tabelle von den Nachtvögeln. ibid. 4
Band, p. 504—527 & p. 599—626. (Geometræ.)
S. A. VON ROTTEMBURG.
Anmerkungen zu den Hufnagelischen tabellen der
Schmetterlinge.
Naturforscher, 6 Stück, p. 1—34.
         7 Stück, p. 105—112.
         8 Stück, p. 101—111.
         9 Stück, p. 111—144.
       11 Stück, p. 63—91.
Carl Friedrich VIEWEG.
Tabellarisches verzeichniss der in der *Churmark Bran-
denburg* einheimischen Schmetterlinge.
1 Heft. pagg. 70. tab. ænea color. 1.   Berlin, 1789. 4.
2 Heft. pagg. 98. tabb. 3.   1790.
Wilhelm GESENIUS.
Versuch einer lepidopterologischen encyklopädie. Anlei-
tung zur kenntniss der Schmetterlinge unsrer gegenden.
(ubi?)
Pagg. 220.   Erfurt, 1786. 8.

640. *Asiæ, Africæ,* et *Americæ.*

Pieter CRAMER.
De uitlandsche Kapellen, voorkomende in de drie waereld-
deelen Asia, Africa en America. belgice et gallice.
1 Deel. pagg. 155. tabb. æneæ color. 96.
                  Amsterdam, 1779. 4.
2 Deel. pagg. 151. tab. 97—192.
3 Deel. pagg. 176. tab. 193—288.   1782.
4 Deel. pagg. 252 et 29. tab. 289—400.
Caspar STOLL.
Aanhangsel van het werk, de uitlandsche Kapellen. belgice et gallice.
Pagg. 184. tabb. æneæ color. 42.   ib. 1791. 4.

641. *Monographiæ Lepidopterorum.*

Papilionum genus.

William JONES.
A new arrangement of Papilios.
Transact. of the Linnean Soc. Vol. 2. p. 63—69.

642. *Papiliones varii.*

Georgius Dionysius EHRET.
Plantæ et Papiliones rariores depictæ et æri incisæ.
(Vide Tom. 3. inter icones plantarum.) In 11 priori-
bus tabulis Papiliones quidam vivis coloribus expressi
sunt.
Nicolaas MEERBURGH.
In ejus Afbeeldingen van zeldzaame gewassen, (vide
Tom. 3. inter icones plantarum) figuræ rudiores Papi-
lionum quorundam exhibentur.
August Christian KÜHN.
Von einigen Papilions, die in andern gegenden seltner
sind, als in der Eisenachischen.
Naturforscher, 8 Stück, p. 112—126.
Conrad QUENSEL.
Beskrifningar öfver 8 nya Svenska Dagfjärillar.
Vetensk. Acad. Handling. 1791. p. 268—281.

643. *Papilio E. A. Machaon.*

Fabius COLUMNA.
Erucæ Rutaceæ, ejusque Chrysalidis et Papilionis observatio. in ejus minus cognitarum stirpium parte altera,
p. 85—89.   Romæ, 1616. 4.

644. *Papilio P. Apollo.*

Jacob Christian SCHÆFFER.
Verwandlung der Hauswurzraupe zum schönen Tagvogel
mit rothen augenspiegeln.
in seine Abhandl. von Insecten, 1 Band, p. 87—108.

645. *Papilio N. G. Iris.*

HUFNAGEL.
Natürliche geschichte des Changeant oder Schielervogels.
Berlin. Magaz. 2 Band, p. 111—131.

646. *Papilio N. P. populi.*

Carl CLERCK.
Beskrifning på Asp-Fjärilen.
Vetensk. Acad. Handling. 1753. p. 278—281.
———— : Papilio in Fraxini (Populi) foliis commorans.
Analect. Transalpin. Tom. 2. p. 370—372.

647. *Papilio P. R. Argus, et affines.*

Johann Samuel SCHRÖTER.
Von dem Argusschmetterling, und dessen in der gegend
um Thangelstedt entdeckten gattungen.
Berlin. Sammlung. 2 Band, p. 341—352.
———— in seine Abhandl. über die Naturgesch. 1
Theil, p. 208—228.

648. *Papilio P. R. rubi.*

Jacob Christian SCHÆFFER.
Die grüngelbe Genisterraupe.
in seine Abhandl. von Insecten, 3 Band, p. 91—98.

649. *Sphinges variæ.*

Carolus RISERUS.
Eruca digitalis magnitudinis, ejusdemque metamorphosis.
Ephem. Acad. Nat. Cur. Dec. 2. Ann. 6. p. 250—252.
Johannes Jacobus DILLENIUS.
De duobus Papilionibus. ib. Cent. 7 & 8. p. 347.
Johann Caspar FUESSLY.
Anmerkungen über die auf der ersten tafel abgebildeten
Schwärmer.
in sein. Entomolog. Magaz. 1 Band, p. 130—141.
Heinrich Wilhelm BERGSTRÆSSER.
Sphingum Europæarum larvæ quotquot adhuc innotu-
erunt.
Pagg. 12. tabb. æneæ 14.   Hanau, 1782. 4.
TOM. 2.   S

650. *Sphinx convolvuli.*

Christophorus Jacobus TREW.
De duabus Erucis.
  Commerc. literar. Norimberg. 1733. p. 316—318.

651. *Sphinx Atropos.*

Lucas SCHRÖCK.
De Phalæna maxima.
  Ephem. Acad. Nat. Curios. Dec. 2. Ann. 7. p. 475—
  477.
Pietro ROSSI.
Lettera sulla Farfalla a testa di morto.
  Opuscoli scelti, Tomo 5. p. 173—188.
Johann Samuel SCHRÖTER.
Schreiben über die Todtenkopfsraupe bey Weimar im jahr
  1783.
  Naturforscher, 20 Stück, p. 173—184.
    21 Stück, p. 66—83.

652. *Phalænæ variæ.*

Johann Leonhard FRISCH.
De Eruca canalicola, et de Papilione qui ex ea fit.
  Miscellan. Berolin. Contin. 2. p. 34, 35.
Georgius DETHARDING.
Disquisitio physica vermium in Norvegia, qui novi visi.
  Diss. Resp. Alb. Aug. Roggenkamp.
  Pagg. 38. tabb. æneæ 3.   Havniæ, 1742. 4.
Friedrich RABEN.
Om Löfmasken på Vildapel, Bok och Törne.
  Vetensk. Acad. Handling. 1749. p. 130—133.
  —————: Eruca foliis Mali silvestris, Fagi et Spinæ in-
  hærens.
  Analect. Transalpin. Tom. 2. p. 192—194.
GODEHEU DE RIVILLE.
Histoire d'une Chenille mineuse des feuilles de Vigne.
  Mem. etrangers de l'Acad. des Sc. de Paris, Tome 1.
  p. 177—190.
  —————: Beobachtungen über eine ganz ohnfüssige Mi-
  nirraupe in den Weinblättern, auf der insel Maltha.
  Naturforscher, 4 Stück, p. 16—32.

Moses BARTRAM.
Observations on the native Silkworms of North-America.
Transact. of the Amer. Society, Vol. 1. p. 224—230.
——: Observations sur les Vers à soye, qui naissent
dans l'Amerique Septentrionale.
Journal de Physique, Tome 2. p. 51—56.
August Christian KüHN.
Von besondern Raupen, die an die Schaalenthiere grenzen.
Naturforscher, 7 Stück, p. 169—188.
9 Stück, p. 169—176.
Jacob Christian SCHÆFFER.
Die Steinmoosraupe.
in seine Abhandl. von Insecten, 3 Band, p. 39—50.
LE FEBURE DES HAYES.
Observations qui peuvent servir à l'histoire naturelle du
Dauphin ou Papillon-crepusculaire.
Journal de Physique, Tome 28. p. 431—434.
——: Beyträge zur naturgeschichte des Delphins
oder Dämmerungsschmetterlings.
Voigt's Magaz. 5 Band. 3 Stück, p. 81—86.
Louis BOSC.
Descriptions of two new species of Phalæna. (in latin.)
Transact. of the Linnean Soc. Vol. 1. p. 196, 197.
Gustav PAYKULL.
Beskriyelse over 5 arter nye Nat-Sommerfugle.
Naturhist. Selsk. Skrivt. 2 Bind, 2 Heft. p. 97—102.
Johann Jakob RÖMER.
Beschreibung und abbildung einiger kleinen Nachtvögel-
chen und ihrer raupen.
Beob. der Berlin. Ges. Naturf. Fr. 5 Band. p. 156—165.

653. *Phalænæ Bombyces variæ.*

Guillaume Antoine OLIVIER.
Observations generales sur les Chenilles fileuses, et de-
scription d'une nouvelle espece de Bombix.
Journal d'Hist. Nat. Tome 1. p. 344—358.
John BECKWITH.
The history and description of four new species of Pha-
læna.
Transact. of the Linnean Soc. Vol. 2. p. 1—6.

654. *Phalæna Bomb. pavonia* γ. *major.*

SEDILEAU.

Observations sur l'origine d'une espece de Papillon.
Mem. de l'Acad. des Sc. de Paris, 1692. p. 135—140.
————— ibid. 1666—1699. Tome 10. p. 158—164.

655. *Phalæna Bombyx Vinula.*

Carl DE GEER.

Sur la proprieté singuliere qu'ont les grandes Chenilles à
quatorze jambes et a double queue, du Saule, de serin-
guer de la liqueur. Mem. etrangers de l'Acad. des Sc.
de Paris, Tome 1. p. 530, 531.

Charles BONNET.

Sur la grande Chenille à queue fourchue du Saule. ibid.
Tome 2. p. 276—282.
————— dans ses Oeuvres, Tome 2. p. 17—24.
————— : Beright wegens het zuure vogt, 't welk de
groote Rups van den Wilgeboom met een gevorkten
staart uit haar lighaam spuit.
Uitgezogte Verhandelingen, 5 Deel, p. 226—254.

Otto Friderich MÜLLER.

Pile-Larven med dobbelt hale, og dens Phalæne.
Pagg. 90. tabb. æneæ 2.   Kiöbenhavn, 1772.   4.

656. *Phalæna Bombyx pityocampa.*

J. G. AMSTEIN.

Geschichte des Fichtenspinners.
Fuessly's Entomol. Magaz. 2 Band, p. 232—271.

DORTHES.

Recherches sur la Chenille processionaire du Pin, appelée
Pityocampe par les anciens.
Journal de Physique, Tome 34. p. 353—360.

657. *Phalæna Bombyx dispar.*

Jacob Christian SCHÆFFER.

Der wunderbare Eulenzwitter, nebst der Baumraupe, aus
welcher derselbe entstanden.
Pagg. 30. tab. ænea color. 1.   Regensburg, 1761.   4.
————— in seine Abhandl. von Insecten, 2 Band, p. 313
—344.

C. G. RIMROD.
Bemerkungen über die Stammraupe.
Naturforscher, 16 Stück, p. 130—150.

658. *Phalæna Bombyx Cossus.*

Byzonderheid de Hout-Rups betreffende.
Algem. geneeskund. Jaarboeken, 3 Deel, p, 115, 116.

659. *Phalæna Bombyx aulica.*

Johann Ernst Immanuel WALCH.
Beschreibung einer seltnen Phaläne.
Naturforscher, 4 Stück, p. 141—144.

660. *Phalæna Bomb. lubricipes, et affines.*

Thomas MARSHAM.
Observations on the Phalæna lubricipeda of Linneus, and
some other Moths allied to it.
Transact. of the Linnean Soc. Vol. 1. p. 67—75.

661. *Phalæna Bombyx Parthenias.*

Gustaf PAYKULL.
Beskrifning öfver förvandlingen of Phalæna Parthenias.
Vetensk. Acad. Handling. 1785. p. 196—198.

662. *Phalæna Geometra papilionaria.*

Jacob Christian SCHÆFFER.
Die Ellernraupe.
in seine Abhandl. von Insecten, 3 Band, p. 81—89.

663. *Phalæna Pyralis pinguinalis.*

Daniel ROLANDER.
Anmärkningar öfver en Larve som lefver af Såfvel-mat.
Vetensk. Acad. Handling. 1755. p. 51—55.
————: Eruca ex communi hominum cibo vivens.
Analect. Transalpin. Tom. 2. p. 375—377.

664. *Phalænæ Noctuæ variæ.*

SCHULZE.
Beschreibung der Pappelweidenraupe und ihres nachtvogels.
Hamburg. Magaz. 18 Band, p. 115—120.
HUFNAGEL.
Beschreibung einer seltenen, bisher unbekannten Raupe, und der daraus entstehenden Phaläne.
Berlin. Magaz. 1 Band, p. 648—654.
Beschreibung einer sehr bunten Raupe auf den Eichen, und der daraus entstehenden Phaläne, Phalæna aprilina minor. ibid. 3 Band. p. 555—559.
Beschreibung einer seltenen Phaläne. (Phalæna pyritoides.) ibid. p. 560—562.
Pehr OSBECK.
Beskrifning på tvänne Fjärilar, tagne i Hasslöf. Götheb. Wet. Samh. Handl. Wetensk. Afdeln. 1 Styck. p. 51 —53.
Christophorus Fridericus SIGEL.
De Phalæna Noctua elingui, ejusque larva, in Dianthi hortensis flore reperta.
Nov. Act. Acad. Nat. Curios. Tom. 7. p. 34—37.
Carl Ludwig GRONAU.
Beytrag zur naturgeschichte des Schattenfreundes. (Phalæna scotophila.)
Schr. der Berlin. Ges. Naturf. Fr. 4 Band, p. 167—170.
Conrad QUENSEL.
Beskrifning öfver en ny Nattfjäril, Noctua Pruni.
Vetensk. Acad. Handling. 1791. p. 153—156.

665. *Phalæna Noctua Fimbria.*

Johann Andreas Benignus BERGSTRÄSSER.
Etwas von der naturgeschichte der Phalæna Fimbria L.
Schr. der Berlin. Ges. Naturf. Fr. 1 Band, p. 297—300.

666. *Phalæna Noctua Gamma.*

Nachricht von einem seltenen Raupenfrasse des 1780sten Jahres, besonders in der Mark Brandenburg und Pommern. ibid 3 Band, p. 177—182.

667. *Phalæna Noctua linariæ.*

Eugenius Johann Christoph Esper.
Bemerkungen über die Phalæna Linariæ.
Naturforscher, 17 Stück, p. 190—194.

668. *Phalæna Noctua serici.*

Carl Peter Thunberg.
Beskrifning på en ny Silkes-mask ifrån Japan, Noctua Se-
rici kallad.
Vetensk. Acad. Handling. 1781. p. 240—243.

669. *Phalæna Noctua telifera.*

Gustaf Paykull.
Beskrifning öfver et nytt Svenskt Nattfly, Ph. Noctua
Telifera.. ibid. 1786. p. 60—64.

670. *Phalænæ Tineæ variæ.*

René Antoine Ferchault de Reaumur.
De la mechanique avec laquelle diverses especes de Che-
nilles et d'autres insectes, plient et roulent des feuilles
de plantes et d'arbres, et surtout celles du Chêne.
Mem. de l'Acad. des Sc. de Paris, 1730. p. 57—77.
——————— dans ses Memoires sur les Insectes, Tome 2. p.
209—235.
Cajetanus Monti.
De Xylophthori terrestris prima specie.
Comm. Instit. Bonon. Tom. 5. Pars 1. p. 333—348.
Petrus Osbeck.
De Larva et Phalæna Boleti.
Nov. Act. Acad. Nat. Curios. Tom. 6. p. 327, 328.
Otto Friderich Müller.
Det nöisomme Möll.
Kiöbenh. Selskab. Skrifter, 12 Deel, p. 85—92.
——————: Die genügsame Motte.
in seine kleine Schriften, 1 Band, p. 22—30.
Clas Bjerkander.
Phalæna Ekebladella, en ny Nattfjäril beskrifven.
Vetensk. Acad. Handling. 1795. p. 58—63.

671. *Phalæna Tinea grandævella.*

Gustaf PAYKULL.
Beskrifning öfver ett nytt Nattfly, Phalæna Tinea Gran-
dævella.
Vetensk. Acad. Handling. 1785. p. 224—228.

672. *Phalæna Tinea Rubiella.*

Clas BJERKANDER.
Beskrifning på en härtils okänd Hallon-Mask.   ibid.
1781. p. 20, 21.

673. *Phalæna Tinea Betulinella.*

Gustaf PAYKULL.
Beskrifning öfver ett nytt Nattfly, Phalæna Tinea Betuli-
nella. ibid. 1785. p. 57—60.

674. *Phalæna Tinea Lappella.*

Carl Fredrik RENSTRÖM.
Beskrifning på Karrborr-Fjärilen. ibid. 1752. p. 66—76.
——————: Papilio Arctio inhærens.
Analect. Transalpin. Tom. 2. p. 404—409.

675. *Phalæna Alucita didactyla.*

Jacob Christian SCHÆFFER.
Der Federfalter.
in seine Abhandl. von Insecten 3 Band, p. 145—150.

676. *Monographiæ Neuropterorum.*

Libellulæ variæ.

Christianus MENTZELIUS.
De Perlis præstantissimo muscarum genere.
Ephem. Ac. Nat. Curios. Dec. 2. Ann. 3. p. 117—123.
François POUPART.
Letter concerning the Insect called Libella.
Philosoph. Transact. Vol. 22. n. 266. p. 673—676.

Laurentio ROBERG
Præside, Dissertatio de Libella insecto lacustri et alato. Resp. Pet. Leetström.
Pagg. 11; cum figg. ligno incisis. Upsaliæ, 1732. 4.
John BARTRAM.
Observations on the Dragon-Fly, or Libella of Pensilvania. Philosoph. Transact. Vol. 46. n. 494. p. 323—325. and p. 400—402.
Otto Fridericus MÜLLER.
Enumeratio ac descriptio Libellularum agri Fridrichsdalensis.
Nov. Act. Acad. Nat. Curios. Tom. 3. p. 122—131.

677. *Libellula Virgo.*

Guillaume HOMBERG.
Observations sur cette sorte d'Insectes qui s'appellent Demoiselles.
Mem. de l'Acad. des Sc. de Paris, 1699. p. 145—151.

678. *Ephemeræ variæ.*

Augerius CLUTIUS.
De Hemerobio sive insecto Ephemero, nec non de verme majali opusculum. impr. cum ejus de Nuce medica tractatu; p. 61—103; cum figg. ligno incisis.
Amsterodami, 1634. 4.
Giovanni TARGIONI.
Lettera sopra una numerosissima specie di Farfalle vedutasi in Firenze sulla metà di Luglio 1741.
Pagg. 32. Firenze, 1741. 4.
Peter COLLINSON.
Some observations on a sort of Libella or Ephemeron.
Philosoph. Transact. Vol. 44. n. 481. p. 329—333.
Carl DE GEER.
Sur les Ephemeres, dont l'accouplement a eté vu en partie. Mem. etrangers de l'Acad. des Sc. de Paris, Tome 2. p. 461—469.
————— : Waarneemingen omtrent het Haft en deszelfs paaring.
Uitgezogte Verhandelingen, 7 Deel, p. 271—284.
Jacob Christian SCHÆFFER.
Das fliegende Uferaas, oder der Haft.
Pagg. 34. Regensburg, 1757. 4.

——————— in seine Abhandl. von Insecten, 3 Band, p. 1
—30.

679. *Ephemera horaria.*

Johannes SWAMMERDAM.
Ephemeri vita, of afbeeldingh van 's menschen leven,
vertoont in de historie van het vliegent ende een-dagh-
levent Haft of Oever-aas.
Pagg. 422. tabb. æneæ 8.   Amsterdam, 1675. 8.
Ephemeri vita, or the natural history and anatomy of the
Ephemeron.   London, 1681. 4.
Pagg. 44. tabb. æneæ 8; quarum 2 postremæ deside-
rantur in nostro exemplo.   Est extractum prioris libri.
Histoire naturelle de l'Ephemere. dans le recueil de voy-
ages de M. Thevenot.   Paris, 1681. 8.
Pagg. 20 et 13. tabb. æn. 2—8; quarum 4ta in nostro
exemplo desideratur.

680. *Phryganea grisea.*

Nachricht von dem Wasser-wurm, der sein gehäusse in
süssem wasser vom kleinen Teller-Schnecken bauet.
Berlin. Magaz. 4 Band, p. 98—107.

681. *Hemerobius Perla.*

Martinus SLABBER.
Van den oorspronk der Paarel-worm, met de daar uit ko-
mende goud-oogige Stink-vlieg.   Verhandel. van de
Maatsch. te Haarlem, 10 Deels 2 Stuk, p. 387—412.

682. *Hemerobius pulsatorius* Fabricii.

Daniel ROLANDER.
Beskrifning på Vägg-smeden.
Vetensk. Acad. Handling. 1754. p. 152—156.

683. *Myrmeleon formicarius.*

François POUPART.
Histoire du Formica-Leo.
Mem. de l'Acad. des Sc. de Paris, 1704. p. 235—246.

684. *Myrmeleon barbarus.*

Jacob Christian SCHÆFFER.
Das Afterjüngferchen.
in seine Abhandl. von Insecten, 2 Band, p. 257—288.

685. *Panorpa Coa.*

Carl LINNÆUS.
En ällsam Phryganea beskrefven.
Vetensk. Acad. Handling. 1747. p. 176—178.
——————: Phryganea Moldaviensis rarior descripta.
Analect. Transalpin. Tom. 1. p. 483, 484.

686. *Monographiæ Hymenopterorum.*

Cynipes variæ.

DE LA TOURETTE.
Sur une nouvelle espece de mouche, du genre des Cinips.
Mem. etrangers de l'Acad. des Sc. de Paris, Tome 9.
p. 730—746.
D'ANTHOINE.
Cynipedologi du Chêne Roure, Quercus Robur.
Nouv. Journal de Physique, Tome 1. p. 34—39.
Louis BOSC.
Supplement à la Cynipedologie du Chêne. ib. p. 391, 392.
Description du Cynips Quercus-Tozae.
Journal d'Hist. Nat. Tome 2. p. 154—157.

687. *Cynips rosæ.*

Christianus MENTZELIUS.
De Bedeguare pharmacopolarum et ejus Vespa rosea.
Ephem. Acad. Nat. Curios. Dec. 2. Ann. 2. p. 30—
33.

688. *Cynips quercus pedunculi.*

Nicolas M A R C H A N T.
Observations de quelques productions extraordinaires du
Chesne.
Mem. de l'Acad. des Sc. de Paris, 1692. p. 71—74.
————— ibid. 1666—1699. Tome 10. p. 81—83.
—————: De baccis seu granis floribus Quercus ad-
natis.
Ephem. Ac. Nat. Curios. Dec. 3. Ann. 2. p. 161—163.
Johannes Matthæus F A B E R.
Uvæ quernæ portentum fabulosum. ib. App. p. 30—35.
Rudolphus Jacobus C A M E R A R I U S.
Oratio de Quercuum Gallis. ibid. p. 37—44.
————— impr. cum ejus de sexu plantarum epistola; p.
85—97.   Tubingæ, 1694. 8.
Salomon R E I S E L I U S.
De Baccis seu Granis floribus Quercus adnatis.
ibid. p. 161—167.

689. *Cynips quercus corticis.*

Torbern B E R G M A N.
Ett sällsamt Galläple.
Vetensk. Acad. Handling. 1762. p. 139—143.
—————: De Galla quadam singulari.
in ejus Opusculis, Vol. 5. p. 141—145.

690. *Cynips quercus calycis.*

Christophorus Jacobus T R E W.
Peculiare quoddam Quercus excrescentiarum genus.
Commerc. literar. Norimb. 1735. p. 339—341.
Friedrich August Ludwig V O N B U R G S D O R F.
Von den verschiedenen Knoppern.
Schrift. der Berlin. Ges. Naturf. Fr. 4 Band, p. 1—12.

691. *Cynips inanita.*

Erik A C H A R I U S.
Beskrifning på insectet Cynips inanita.   Götheb. Wet.
Samh. Handl. Wetensk. Afdeln. 1 Styck. p. 72—74.

692. *Tenthredines variæ.*

Torbern BERGMAN.
Anmärkningar om Wild-Skråpukar och Såg-flugor.
Vetensk. Acad. Handling. 1763. p. 154—175.
————: Supplementum Historiæ Reaumurianæ Tenthredinum.
Nov. Act. Acad. Nat. Curios. Tom. 3. p. 166—179.
————: De natura Tenthredinum et Erucarum spuriarum.
in ejus Opusculis, Vol. 5. p. 146—170.
Jacob Christian SCHÆFFER.
Die Tannensägfliege.
in seine Abhandl. von Insecten, 3 Band, 109—118.
Friedrich Heinrich LOSCHGE.
Beschreibung einer Blatwespenart.
Naturforscher, 22 Stück, p. 91—96.

693. *Ichneumones varii.*

Francis WILLOUGHBY.
Observations about that kind of wasps, called Vespæ Ichneumones.
Philosoph. Transact. Vol. 6. n. 76. p. 2279—2281.
ANON.
Von einer Schnecke, in welcher eine Schlupfwespe eyer gelegt hatte.
Physikal. Belustigung. 3 Band, p. 1461, 1462.
Antoine RICHE.
Ichneumon hemipteron.
Actes de la Soc. d'Hist. Nat. de Paris, Tome 1. p. 39.
Floriano CALDANI.
Osservazioni sopra la trasformazione di un Insetto.
Mem. della Società Italiana, Tomo 7. p. 305—311.

694. *Ihneumon pectinicornis.*

Carl DE GEER.
Beskrifning på en fluga, Ichneumon ater, antennis ramosis.
Vetensk. Acad. Handlingar 1740. p. 464—469.
Andra uplagan, p. 458—463.

————: Ichneumon ater, antennis ramosis, descriptus.
Analect. Transalpin. Tom. 1. p. 106—109.
———— gallice, in ejus Memoires sur les Insectes, Tome
1. p. 588—591.

695. *Vespæ variæ.*

René Antoine Ferchault DE REAUMUR.
Histoire des Guespes.
Mem. de l'Acad. des Sc. de Paris, 1719. p. 230—277.
———— dans ses Memoires sur les Insectes, Tome 6.
p. 155—246. (avec beaucoup d'additions.)

696. *Vespa vulgaris.*

William DERHAM.
Observations about Wasps, and the difference of their
sexes.
Philosoph. Transact. Vol. 33. n. 382. p. 53—59.

697. *Vespa cribraria, et affines.*

Daniel ROLANDER.
Sikt-biet. Vetensk. Acad. Handling. 1751. p. 56—60.
————: Apis cribro instructa.
Analect. Transalpin. Tom. 2. p. 331—333.
Johann August Ephraim GOEZE.
Beobachtungen und gedanken über die vermeynte Sieb-
biene.
Naturforscher, 2 Stück, p. 21—65.
Jacob Christian SCHÆFFER.
Die Afterwespe.
in seine Abhandl. von Insecten, 3 Band, p. 131—144.
Theodosius Gottlieb VON SCHEVEN.
Beschreibung verschiedener arten von Siebbienen.
Naturforscher, 15 Stück, p. 75—86.
Johann Christian Daniel SCHREBER.
Neue beschreibung des Schildsphex. ibid. p. 90—95.
VON SCHEVEN & SCHREBER.
Ueber die Siebbienen. ibid. 20 Stück, p. 79—105.

698. *Apum genus.*

Joannes Antonius Scopoli.
Dissertatio de Apibus.
in ejus Anno 4to historico-naturali, p. 7—47.
A pag. 21—44. de methodo agit, qua in Carniolia ce-
riferæ coluntur apes; hujus tractationis observationes
13 posteriores, italice ab Ign. Monti versi, adsunt in
Opuscoli scelti, Tom. 2. p. 201—213.

699. *Apes variæ.*

M. J.
An account of a strange sort of Bees in the West-Indies.
Philosoph. Transact. Vol. 15. n. 172. p. 1030, 1031.
Jacob Christian Schæffer.
Die Maurerbiene.
in seine Abhandl. von Insecten, 2 Band, p. 1—38.
Bernhard Wartmann.
Naturgeschichte der Mauerbiene.
Naturforscher, 22 Stück, p. 97—112.

700. *Apis florisomnis.*

Jacob Christian Schæffer.
Die Springfederbiene.
in seine Abhandl. von Insecten, 3 Band, p. 125—130.

701. *Formicæ variæ, (et obiter Termites.)*

Jeremias Wilde.
De Formica liber unus.
Pagg. 108.   Ambergæ, 1615. 8.
Edmund King.
Observations concerning Emmets or Ants, their eggs,
production, progress, coming to maturity, use, &c.
Philosoph. Transact. Vol. 2. n. 23. p. 425—428.
Joanne Andrea Schmidt
Præside, Dissertatio: Respublica Formicarum. Resp.
Jo. Sim. Dilger.
Plagg. 4.   Jenæ, 1684. 4.
Paulo Gottfried Sperling
Præside, Dissertatio: Chymica Formicarum analysis.
Resp. Sam. Gotthilff Manitius.
Plagg. 8. tab. ænea. 1.   Wittebergæ, 1689. 4.

Johanne BILBERG
  Præside, Historiola de Formicis. Resp. Joh. Hammarin.
    Pagg. 28.   Upsalæ, 1690. 8.
Carolus RAYGERUS.
  De Formicis volantibus.
    Ephem. Acad. Nat. Curios. Dec. 3. Ann. 2. p. 27—29.
Johanne UPMARCK
  Præside, Dissertatio de Formicis. Resp. Laur. Kyllenius.
    Pagg. 44.   Upsaliæ, 1706. 8.
Laurentio ROBERG
  Præside, Dissertatio de Formicarum natura. Resp. Dan.
    Lindewall.
    Pagg. 16.   ib. 1719. 4.
Carl LINNÆUS.
  Anmärkning öfver Wisen hos Myrorne.
    Vetensk. Acad. Handling. 1741. p. 37—49.
                  Andra uplagan, p. 36—48.
    ————: De femellis Formicarum.
    Analect. Transalpin. Tom. 1. p. 110—118.
William GOULD.
  An account of English Ants.
    Pagg. 109.   London, 1747. 8.
ANON.
  Von einem Ameisenkriege.
    Hamburg. Magaz. 2 Band, p. 317—324.
    ————: Nachricht von einer Ameisenschlacht.
    Physikal. Belustigung. 3 Band, p. 839—843.
    (ex anglico, in Gentleman's Magazine.)
Johan Gottlieb GLEDITSCH.
  Relation concernant un essain prodigieux de Fourmis,
    qui ressembloit à une Aurore Boreale.
    Hist. de l'Acad. de Berlin, 1749. p. 46—55.
    ————: Von einem seltsamen schwarme Ameisen, der
    einem Nordlichte ähnlich sahe.
    Hamburg. Magaz. 8 Band, p. 393—408.
    ————: Von einer ungewöhnlichen lufterscheinung,
    wozu eine ausserordentliche menge von geflügelten
    Ameisen gelegenheit gegeben hat. in seine Physic.
    Botan. Oecon. Abhandl. 2 Theil, p. 1—18.
DORTHES.
  Notice sur un phenomene occasionne par une espece de
    Fourmi.
    Journal de Physique, Tome 37. p. 356—358.
    ————: Relazione di un fenomeno prodotto da una
    specie di Formiche volanti.
    Opuscoli scelti, Tomo 15. p. 317—319.

Tobias Conrad Hoppe.
Verschiedene nachrichten von Ameisen.
 Physikal. Belustigung. 3 Band, p. 1075—1087.
Johann August Unzer.
Unpartheyisches gutachten über die Ameisen.
 in seine physical. Schriften, 1 Samml. p. 372—381.
———— Neu. Hamburg. Magaz. 82 Stück, p. 373—383.
Anon.
Naturgeschichte der Ameisen. (ex anglico, in Moral Mis-
 cellanies.)
 Börner's Samml. aus der Naturgesch. 1 Theil, p. 179
 —196.
Johann Samuel Schröter.
Von der klugheit der Ameisen, wenn sie genöthiget sind
 ihre wohnung zu verändern. in seine Abhandl. über
 die Naturgesch. 1. Theil, p. 251—257.
Barboteau.
Essay sur la Fourmi.
 Journal de Physique, Tome 8. p. 383—395, & p. 444
 —469. Tome 9. p. 21—36, & p. 88—96.
Turbervil Needham.
Observations sur l'histoire naturelle de la Fourmi.
 Mem. de l'Acad. de Bruxelles, Tome 2. p. 295—312.

702. *Formica fusca.*

Fredrik Gerdes.
Anmärkning öfver Svart-Myrorna.
 Vetensk. Acad Handling. 1768. p. 373—376.

703. *Termitum genus.*

Johann Christian Fabricius.
Nähere bestimmung des geschlechts der weissen Ameise.
 Beschäft. der Berlin. Ges. Naturf. Fr. 1 Band, p. 177—
 180.
Johann Gerhard König.
Naturgeschichte der sogenannten weissen Ameise. ibid.
 4 Band, p. 1—28.
Henry Smeathman.
Some account of the Termites, which are found in Africa
 and other hot climates.
 Philosoph. Transact. Vol. 71. p. 139—192.
Tom. 2.   T

Seorsim etiam adest pagg. 56; cum tabb. æneis color. 4.
Excerpta in Lichtenb. Mag. 1 Band, 4. St. p. 13—20.
4 Band. 3. St. p. 19—28.
Olof SWARTZ.
Anmärkningar vid hvita Myrans (Termes L.) historia.
Vetensk. Acad. Handling. 1792. p. 228—238.

704. *Mutillæ variæ.*

LATREILLE.
Mutilles decouvertes en France.   Actes de la Soc. d'Hist.
Nat. de Paris, Tome 1. p. 5—12.
Description de deux nouvelles especes de Mutilles.
Journal d' Hist. Nat. Tome 2. p. 98—101.

705. *De Dipteris Scriptores.*

G. CUVIER.
Observations sur quelques Dipteres.   ibid. p. 253—258.

706. *Monographiæ Dipterorum.*

Œstrorum genus.

Adolph MODEER.
Styng-Flug-Slägtet (Œstrus).
Vetensk. Acad. Handling. 1786. p. 125—158, & p. 180
—185.
Johannes Leonhardus FISCHER.
Observationes de Œstro ovino atque bovino factæ. Disputatio. Resp. Bernh. Gottlob Schreger.
Pagg. 69. tabb. æneæ 4.   Lipsiæ, 1787. 4.
———————: in P. C. F. Werneri Vermium intestinalium
expositionis continuatione tertia, p. 1—64. tab. 1—4.
ib. 1788. 8.

707. *Œstrus tarandi.*

Carl LINNÆUS.
Om Renarnas Brömskulor i Lapland.
Vetensk. Acad. Handling. 1739. p. 119—130.
———————: Œstrus Rangiferinus descriptus.
Act. Societ. Upsal. 1741. p. 102—115.

—————: De tumoribus in pelle Rangiferorum, Curbma Lappis, ab Œstro provenientibus.
Analect. Transalpin. Tom. 1. p. 24—31.
————: De Horsel der Rendieren.
Uitgezogte Verhandelingen, 1 Deel, p. 641—660.
Mårten TRIEWALD.
Bot emot Renarnas sjukdom, Curbma kallad.
Vetensk. Acad. Handling. 1739. p. 130—135.

708. *Keroplatus* BOSC.

Louis BOSC.
Keroplatus. Actes de la Soc. d'Hist. Nat. de Paris, Tome 1. p. 42, 43.

709. *Tipulæ variæ.*

DICQUEMARE.
Larme marine et sa chenille.
Journal de Physique, Tome 8. p. 222—224.
Johann August Ephraim GOEZE.
Naturgeschichte des Müllerischen Gliederwurms.
Naturforscher, 14 Stück, p. 113—125.

710. *Tipula replicata.*

Baron Carl DE GEER.
Tipula fusca, antennis simplicibus, alis longitudinaliter plicatis, descripta.
Nov. Act. Societ. Upsal. Vol. 1. p. 66—77.
————— gallice in ejus Memoires sur les Insectes, Tome 6. p. 351—359.

711. *Tipula littoralis.*

Johann August Ephraim GOEZE.
Beschreibung eines höchst seltenen Wasserthierchen. Beschäft. der Berlin. Ges. Naturf. Fr. 1 Band, p. 359—379.
Ergänzung der geschichte des im 1 Bande beschriebenen Wasserthierchens. ibid. 2 Band, p. 494—509.

712. *Tipula sericea.*

Otto FABRICIUS.
Beschreibung der Atlasmücke und ihrer Puppe.
Schr. der Berlin. Ges. Naturf. Fr. 5 Band, p. 254—259.

713. *Muscæ variæ.*

Jean Etienne GUETTARD.
Caractere et especes des Trupanieres.
Mem. de l'Acad. des Sc. de Paris, 1756. p. 169—176.
Johann Samuel SCHRÖTER.
Von besondern Würmern in der puppe eines grossen
Nachtvogels, daraus Fliegen wurden.
Berlin. Sammlung. 3 Band, p. 59—65.
——————— in seine Abhandl. über die Naturgesch. 1 Theil,
p. 186—195.
Von der Bisselmücke der Thüringer. ib. p. 316—322.
Louis BOSC.
Description de deux Mouches.
Journal d'Hist. Nat. Tome 2. p. 54—56.

714. *Musca Chamæleon.*

Franz von Paula SCHRANK.
Beytrag zur naturgeschichte der Stratiomys Chamæleon.
Naturforscher, 27 Stück, p. 7—25.

715. *Musca Ephippium.*

Jacob Christian SCHÆFFER.
Die Sattelfliege.
in seine Abhandl. von Insecten, 2 Band, p. 241—256.

716. *Musca vomitoria.*

Clas BJERKANDER.
Berättelse om Maskar uti Grädda.
Vetensk. Acad. Handling. 1781. p. 172, 173.

717. *Musca domestica.*

Wilhelm Friedrich Freyherr von Gleichen *genannt Russworm.*
Histoire de la Mouche commune de nos apartemens, donnée au public par J. C. Keller.
Pagg. 34. tabb. æneæ color. 4.
(Nuremberg), 1766. 4.
Blondeau.
Observations sur les Mouches communes.
Journal de Physique, Tome 4. p. 155—157.

718. *Musca cerasi.*

Johann Daniel Flad.
Natürliche geschichte des Kirschenwurms, und der daraus entstehenden Mücke.
Comment. Acad. Palat. Vol. 3. phys. p. 106—115.

719. *Musca Vermileo.*

Carl De Geer.
Rön om Mask-Lejonet.
Vetensk. Acad. Handling. 1752. p. 180—192, & p. 261—265.
————: Vermi-Leo.
Analect. Transalpin. Tom. 2. p. 462—470.
————: gallice in ejus Memoires sur les Insectes, Tome 6. p. 169—183.
René Antoine Ferchault de Reaumur.
Histoire du Ver-Lion.
Mem. de l'Acad. des Sc. de Paris, 1753. p. 402—419.
————: Beschryving van het Insekt genaamd Leeuwworm.
Uitgezogte Verhandelingen, 4 Deel, p. 197—228.

720. *Musca ribesii* et *pyrastri.*

Jacob Christian Schæffer.
Die Blattlausfresserfliege.
in seine Abhandl. von Insecten, 3 Band, p. 151—158.

721. *Tabani varii.*

Carl DE GEER.
Brömsarnas ursprung.
  Vetenskaps Acad. Handling. 1760. p. 276—291.
  —————— gallice in ejus Memoires sur les Insectes, Tome
  6. p. 214—220, et p. 225, 226.

722. *Culex pipiens.*

Pietro Paolo DA SAN GALLO.
Experienze intorno alla generazione delle Zanzare.
  Pagg. 22. tab. ænea 1.   Firenze, 1679. 4.
  —————— : Experimenta circa Culicum generationem.
  Ephem. Acad. Nat. Curios. Cent. 1. & 2. App. p. 220
  —232.
Johannes Jacobus WAGNER.
De generatione Culicum. ibid. Dec. 2. Ann. 3. p. 368
  —370.
Johannes Matthæus BARTHIUS.
De Culice dissertatio.
  Plagg. 8. tabb. æneæ 2.   Ratisbonæ, 1737. 4.
Diego REVIGLIAS.
De Culicum generatione; cum Scholio A. E. Büchneri.
  Act. Acad. Nat. Curios. Vol. 4. p. 14—20.
GODEHEU DE RIVILLE.
Sur l' accouplement des Cousins. Mem. etrangers de
  l'Acad. des Sc. de Paris, Tome 3. p. 617—622.
  —————— : Over de paaring der Muggen.
  Uitgezogte Verhandelingen, 7 Deel, p. 56—66.
John SWINTON.
Some observations on swarms of Gnats.
  Philosoph. Transact. Vol. 57. p. 111—113.

723. *Culex Lanio* Linn. mant. 541.

Peter Simon PALLAS.
Ueber die kolumbachischen viehtödtenden Mücken.
  in seine Neu. Nord. Beyträge, 2 Band, p. 349—354.

724. *Hippobosca hirundinis.*

Martinus SLABBER.
Van de gevleugelde zesendertig-tengelige Vogel-Luis.
Verhand. van de Maatsch. te Haarlem, 10 Deels 2
Stuk, p. 413—425.

725. *De Apteris Scriptores.*

Eleazar ALBIN.
A natural history of Spiders, and other curious insects.
Pagg. 76. tabb. æneæ color. 53. London, 1736. 4.
Jacobus Theodorus KLEIN.
Præludium de Crustatis. impr. cum ejus summa dubio-
rum circa Linnæi classes Quadrupedum et Amphibio-
rum ; p. 31—42. cum tab. ænea.
————— : Remarques sur les Crustacés. impr. avec
ses doutes ou observations ; p. 57—81. cum tab. ænea.
Johann August Ephraim GOEZE.
Insekten an thieren, und selbst an insekten. Beschäft.
der Berlin. Ges. Naturf. Fr. 2 Band, p. 253—286.
Neuentdeckte theile an einigen Insekten.
Naturforscher, 14 Stück, p. 93—102.
Otho FABRICIUS.
Beskrivelse over nogle lidet bekiendte Podurer, og en be-
sönderlig Loppe. Danske Vidensk. Selsk. Skrivt. nye
Saml. 2 Deel, p. 296—311.
Hans STRÖM.
Anmarkningar angående någre Yrfän ; med tilläggningar
af Adolph Modeer.
Vetensk. Acad. Handling. 1783. p. 154—167.

726. *Monographiæ Apterorum.*

Poduræ variæ.

Carl DE GEER.
Observation öfver små Insecter, som kunna håppa i hög-
den. Vetensk. Acad. Handling. 1740. Andra uplagan,
p. 265—281.

——————: Observationes de parvulis insectis, agili saltu corpuscula sua in altum levantibus, quibus Poduræ nomen est.

Act. Societ. Upsal. 1740. p. 48—67.

——————: De insectis subsultandi facultate instructis.

Analect. Transalpin. Tom. 1. p. 46—56.

—————— gallice in ejus Memoires sur les Insectes, Tome 7. p. 18—31.

727. *Podura atra.*

Carl DE GEER.

Beskrifning på en Insect.

Vetensk. Acad. Handling. 1743. p. 296—305.

——————: Podura fusca globosa nitida, antennis longis, articulis plurimis.

Analect. Transalpin. Tom. 1. p. 269—273.

—————— gallice in ejus Memoires sur les Insectes, Tome 7. p. 35—39.

728. *Pediculi varii.*

Gustavus Casimir GAHRLIEP.

De minutiis animalibus curiosis, seu insecto minimo novo.

Ephem. Acad. Nat. Curios. Dec. 3. Ann. 7. & 8. p. 256, 257.

Fridericus Wilhelmus HORCH.

De Pulice Canariæ.

Miscellan. Berolinens. Tom. 6. p. 111—117.

729. *Pulex irritans.*

Diacinto CESTONE.

A new discovery of the original of Fleas.

Philosoph. Transact. Vol. 21. n. 249. p. 42, 43.

730. *Acari varii.*

DE LA HIRE.

Description d'un Insecte qui s'attache aux mouches.

Mem. de l'Acad. des Sc. de Paris, 1693. p. 169—172.

—————— ibid. 1666—1699. Tome 10. p. 425—427.

Gust. Casimir GAHRLIEP

De Musca, innumerorum minorum reptilium nutritia.

Ephem. Acad. Nat. Curios. Dec. 3. Ann. 3. p. 299—302.

Michael Nebelius.
  De Vermiculis plumbum depascentibus. ibid. Ann. 5. &
  6. p. 220, 221.
Laurentius Heisterus.
  De pediculis sive pulicibus Muscarum.
  Act. Acad. Nat. Curios. Vol. 1. p. 409, 410.
Christophorus Gottlieb Bonz.
  Acarus Ypsilophorus.
  Nov. Act. Acad. Nat. Curios. Tom. 7. p. 52, 53.

731. *Acarus reduvius.*

Pehr Zetzell.
  Anmärkning om Acari reduvii dödande med bränvin.
  Vetensk. Acad. Handling. 1780. p. 240, 241.

732. *Acarus americanus.*

Pehr Kalm.
  Berättelse om ett slags yrfä i Norra America, Skogslöss
  kalladt. ibid. 1754. p. 19—31.

733. *Acarus Ricinus.*

Martinus Houttuyn.
  De Tek of Honds-Luis.
  Uitgezogte Verhandelingen, 9 Deel, p. 348—351.

734. *Acarus passerinus.*

Carl De Geer.
  Beskrifning på et särdeles slags Flott.
  Vetensk. Acad. Handling. 1740. p. 351—353.
              Andra uplagan, p. 344—346.
  ————— : Acarus avium, pedibus tertii paris mole mon-
  strosis.
  Analect. Transalpin. Tom. 1. p. 73—75.
  ————— : Description d'une singuliere espece de Ciron.
  Melanges d'Histoire Nat. par Alleon Dulac, Tome 1
  p. 26—29.

———— gallice in ejus Memoires sur les Insectes, Tome 7. p. 109—111.

735. *Acarus Siro.*

Adolph MODEER.
Anmärkningar om Mal, som plägar finnas uti Mjöl.
Vetensk. Acad. Handling. 1774. p. 68—76.

736. *Acarus limacum.*

René Antoine Ferchault DE REAUMUR.
Insecte des Limaçons.
Mem. de l'Acad. des Sc. de Paris, 1710. p. 305—310.

737. *Acarus vegetans.*

Carl DE GEER.
Djur som med en sträng i ändan äro fäste vid andra lefvande djur.
Vetensk. Acad. Handling. 1768. p. 176—183.
———— gallice in ejus Memoires sur les Insectes, Tome 7. p. 123—128.

738. *Acarus aquaticus.*

Otto Friedrich MÜLLER.
Von der rothen Wassermilbe.
Schr. der Berlin. Ges. Naturf. Fr. 3 Band, p. 84—93.

739. *Hydrachnarum genus.*

Otto Fredric MÜLLER.
Memoire sur un nouveau genre des Insectes aquatiques.
Mem. etrangers de l'Acad. des Sc. de Paris, Tome 8. p. 615—624.
———— in libro sequenti, p. xii—xxii.
———— : Ueber ein neues geschlecht der wasserinsekten.
in seine kleine Schriften, 1 Band, p. 112—121.
Hydrachnæ, quas in aquis Daniæ palustribus detexit.
Pagg. lxxxviii. tabb. æneæ color. 11. Lipsiæ, 1781. 4.

740. *Phalangium araneiodes.*

Petrus Simon PALLAS.
Beytrag zur naturgeschichte der giftigen Skorspionspinne.
in seine Neu. Nord. Beyträge, 2 Band, p. 345—348.

741. *Araneæ variæ.*

Martin LISTER and *John* WRAY.
Observations concerning the darting of Spiders.
Philosoph. Transact. Vol. 4. n. 50. p. 1014—1016.
5. n. 65. p. 2103—2105.
Martin LISTER.
Some general enquiries concerning Spiders.
Tabulæ compendiariæ Araneorum Angliæ. ibid. Vol. 6.
n. 72. p. 2171—2175.
Historiæ animalium Angliæ tractatus de Araneis.
Londini, 1678. 4.
Pagg. 100. tab. ænea 1 ; præter tractatus de Cochleis,
de quibus infra ; et de Cochlitis, de quo Tomo 4.
De Araneis addenda et emendanda. in Appendice ad His-
toriæ Animalium Angliæ tractatus tres, p. 5, 6.
Eboraci, 1681. 4.
——— in eadem appendice, impr. cum Goedarto de
Insectis ; p. 1—3. Londini, 1685. 8.
——— ———: Naturgeschichte der Spinnen überhaupt,
und der Engelländischen Spinnen insonderheit, über-
sezt mit anmerkungen von *F. W. H. Martini*, mit zu-
säzen von J. A. E. Goeze.
Quedlinburg und Blankenb. 1778. 8.
Pagg. 302. tabb. æneæ 5.
Jo. Henr. HEUCHERUS.
Araneum homini perniciosum et salutarem, Dissertatione
medica examini subjicit. Resp. Joh. Henr. Heusinge-
rus.
Plagg. 5. Vitebergæ, 1701. 4.
Guillaume HOMBERG.
Observations sur les Araignées.
Mem. de l'Acad. des Sc. de Paris, 1707. p. 339—352.
——— : Anmerkungen über die Spinnen.
Hamburg. Magaz. 1 Band, p. 51—69.
Franciscus Ernestus BRÜCKMANN.
Observationes de Araneis, et præcipue horum oculis.
Epistola itineraria 9. Cent. 2. p. 63—70.

Carolus CLERCK.
Aranei Svecici descriptionibus et figuris illustrati.
Svethice et latine.   Stockholmiæ, 1757. 4.
Pagg. 154. tabb. æneæ color. 6.
Om Spindlars fångande och födande.
Vetensk. Acad. Handling. 1761. p. 243—245.
SAUVAGES.
Sur une Araignée.
Hist. de l'Acad. des Sc. de Paris, 1758. p. 26—30.
ANON.
Naturgeschichte der Tarantel, und einiger andern vor-
züglich berühmten und giftigen Spinnen.
Berlin. Sammlung. 5 Band, p. 61—73.
———: Beschryvingen van zommige uitlandsche
Spinnen.
Geneeskund. Jaarboeken, 4 Deel, p. 271—276.
Comte DE RAZOUMOWSKY.
Lettre sur une Araignée.
Journal de Physique, Tome 31. p. 372—374.
Johann Matthæus BECHSTEIN.
Ueber den wahren ursprung des fliegenden Sommers.
Voigt's Magaz. 6 Band. 1 Stück, p. 53—60.
Abraham Gotthelf KÆSTNER.
Beytrag zur geschichte der untersuchungen über den flie-
genden sommer. ibid. 3 Stück, p. 1—5.
Friedrich Albert Anton MEYER.
Ueber einige Spinnen der Göttingischen gegend.
Pagg. 16.   Göttingen, 1790. 8.
Fortgeseztes verzeichniss der Göttingischen Spinnen.
Journal für die Entomologie, 1 Band, p. 255—258.
DORTHES.
Observations on the structure and œconomy of some cu-
rious species of Aranea.   (in french.)
Transact. of the Linnean Soc. Vol. 2. p. 86—92.

742. *Aranea Tarantula.*

Georgius Casparus KIRCHMAJER.
Disputatio de Aranea, imprimis vero de Tarantulis. Resp.
Andr. Flachs. inter ejus Disputationes Zoologicas,
Wittebergæ, 1661. sign. K 2—L 8.
ibid. 1669. p. 124—152.
Jenæ, 1736. p. 94—112.

Wolferdus Senguerdius.
  Tractatus physicus de Tarantula.
    Pagg. 70.   Lugduni Bat. 1668.   12.
Johanne Mullero
  Præside, Dissertatio de Tarantula.   Resp. Christ. Frid.
    Braunius.
    Plagg. 2.   Wittebergæ, 1676.   4.
Hermannus Grube.
  De ictu Tarantulæ, et vi Musices in ejus curatione, con-
    jecturæ physico-medicæ.
    Pagg. 76.   Francofurti, 1679.   8.
Georgius Baglivus.
  Dissertatio de anatome, morsu, et-effectibus Tarantulæ.
    Pagg. 60. tab. ænea 1.   Romæ, 1696.   8.
  ————— in Operibus ejus, p. 599—640.
                                 Lugduni, 1710.   4.
Haraldo Vallerio
  Præside, Exercitium de Tarantula.   Resp. Ge. Vallerius.
    Pagg. 31. tab. ænea 1.   Upsaliæ, 1702.   4.
Ludovicus Valletta.
  De Phalangio Apulo opusculum.
    Pagg. 173.   Neapoli, 1706.   12.
Nicolaus Caputus.
  De Tarantulæ anatome et morsu.
    Pagg. 252. tabb. æneæ 2.   Lycii, 1741.   4.
Francesco Serao.
  Della Tarantola o vero Falangio di Puglia.
    Pagg. 260.   (Napoli, 1742.)   4.
Stephan Storace.
  Brief über den biss der Tarantul (aus Gentleman's Maga-
    zine übersezt.)
    Hamburg. Magaz. 13 Band, p. 1—8.
  ————— in Büschings gesammlete nachrichten von der
    Tarantel, p. 11—17.
Anton Friedrich Büsching.
  Schreiben von denen, die von den Taranteln gebissen seyn
    sollen.
    Hamburg. Magaz. 14 Band, p. 433—436.
  ————— in libro sequenti, p. 17—21.
Eigene gedanken und gesammlete nachrichten von der
    Tarantel, welche zur gänzlichen vertilgung des vorur-
    theils von der schädlichkeit ihres bisses, und der hei-
    lung desselben durch musik, dienlich und hinlänglich
    sind.
    Pagg. 56.   Berlin, 1772.   8.

Mårten Kähler.
Anmärkningar vid Dans-sjukan, eller den så kallade Ta-
rantismus.
Vetensk. Acad. Handling. 1758. p. 29—39.
Dominico Cirillo.
Some account of the Tarantula.
Philosoph. Transact. Vol. 60. p. 236—238.
———— germanice, in Büschings gesammlete nachrich-
ten von der Tarantel, p. 49—51.
Andrea Pigonati.
Lettera sul Tarantismo.
Opuscoli scelti, Tomo 2. p. 306—310.
de Marcorelle *Baron d'Escalles.*
Sur la Tarentule.
Journal de Physique, Tome 17. p. 135, 136.

743. *Aranea aquatica.*

(*Joseph Albert* la Lande de Lignac.)
Memoire pour servir à commencer l'histoire des Araig-
nées aquatiques.
Pagg. 80.   Paris, 1749. 8.

744. *Scorpiones varii.*

Oligerus Jacobæus.
De Scorpione observationes.
Bartholini Act. Hafniens. Vol. 5. p. 262—266.
Antonius Vallisneri.
De foramine aculei in Scorpione Africano.
Ephem. Acad. Nat. Curios. Cent. 3. & 4. p. 58—60.
————: Fori scoperti nel pungiglione dello Scorpione
Affricano. in ejus Opere, Tomo 2. p. 60—62.

745. *Scorpio occitanus* Amoreux.

Pierre Louis Moreau de Maupertuis.
Experiences sur les Scorpions.
Mem. de l'Acad. des Sc. de Paris, 1731. p. 223—229.
Amoreux *fils.*
Description methodique d'un espece de Scorpion roux
commune à Souvignargues en Languedoc, et details
historiques à ce sujet.
Journal de Physique, Tome 35. p. 9—16.

746. *Cancrorum genus.*

Johann Friedrich Wilhelm HERBST.

Versuch einer naturgeschichte der Krabben und Krebse, nebst einer systematischen beschreibung ihrer verschiedenen arten.

1 Band. pagg. 274. tabb. æneæ color. 21.

Berlin und Stralsund, 1790. 4.

2 Band. pag. 1—162. tab. 22—40.

747. *Cancri varii.*

Samuel HENTSCHEL.

Disputatio de Cancris. Resp. Gottlieb Ge. Schramm.

Plagg. 2½. Wittebergæ, 1661. 4.

Philippus Jacobus SACHS A LEWENHEIMB.

Γαμμαρολογια s. Gammarorum, vulgo Cancrorum consideratio physico-philologico-historico-medico-chymica.

Francof. et Lipsiæ, 1665. 8.

Pagg. 962; cum tabb. æneis.

De Gammaris amaris Silesiacis, et aliis miris Cancrorum.

Ephem. Acad. Nat. Curios. Dec. 1. Ann. 1. p. 153—155.

Matthias Henricus SCHACHT.

Excerptum e literis ejus (de tribus Cancri speciebus e mari Balthico.)

Nov. Literar. Mar. Balth. 1699. p. 118—120.

(*James* PETIVER.)

De animalibus crustaceis caudatis, or an account of divers Crustaceous animals, as lobsters, crawfish, prawns, shrimps, &c. extracted from Bellonius and Rondeletius, with remarks on them.

Memoirs for the Curious, 1708. p. 5—12.

Georgius Fridericus FRANCUS DE FRANKENAU.

De Cancro marino rotundo majori variegato.

Act. Acad. Nat. Curios. Vol. 1. p. 315.

Laurentius Theodorus GRONOVIUS.

Descriptio Astaci Norvegici curiosi.

Act. Helvet. Vol. 4. p. 23—26.

Arnout VOSMAER.

Sur un nouveau genre de Crabes de mer (Notogastropus), qui a des pattes sur le dos et sous le ventre.

Mem. etrangers de l'Acad. des Sc. de Paris, Tome 4. p. 635—645.

—————: Over een nieuw geslacht van Zee-krabben, welk zo wel pooten op de rug als onder aan den buik heeft, Noto-Gastropus genaamd.
Uitgezogte Verhandelingen, 10 Deel, p. 119—135.
Johann Reinhold FORSTER.
Nachricht von einem neuen Insekte.
Naturforscher, 17 Stück, p. 206—213.
Hans STRÖM.
Om Silde-eller Röd-Aat. Norske Vidensk. Selsk. Skrifter, nye Saml. 1 Bind, p. 185—192.

748. *Cancer Pagurus.*

Antonio MINASI.
Dissertazione seconda su de' timpanetti dell' udito scoverti nel Granchio Paguro, e sulla bizzarra di lui vita.
Pagg. 136. tab. ænea 1.   Napoli, 1775. 8.
Dissertatio prima, de phænomeno Fata Morgana dicto, non nostri est scopi.

749. *Cancer personatus.*

Characterisirung einer kleinen art von Taschen-krebsen, deren rückenschild ein menschengesicht vorstellet.
Pagg. 20. tab. ænea color. 1.   Hamburg.   4.
—————: Caracteres d'une espece de Crabes, dont l'ecaille represente au naturel le visage en face d'un homme.
Pagg. 19. tab. ænea 1.   Hambourg.   4.

750. *Cancer Maja* β.

Otho FABRICIUS.
Beskrivelse over den store Grönlandske Krabbe.   Danske Vidensk. Selsk. Skrivt. nye Saml. 3 Deel, p. 181—190.

751. *Cancer Bernhardus.*

Jean SWAMMERDAM.
Histoire naturelle du Cancellus, ou Bernard l'Hermite.
dans le recueil de voyages de Thevenot.
                                        Paris, 1681. 8.
Pagg. 8. tabb. æneæ 6, quarum ultima desideratur in nostro exemplo.
Fusius in Bibliis ejus naturæ, Tomo. 1. p. 194, seqq. et Tomo 2. tab. 11ma.

Fridericus Simon MORGENSTERN.
Descriptio Cancri marini, vulgo Eremitæ.
Nov. Act. Acad. Nat. Curios. Tom. 1. p. 375—379.

752. *Cancer Pulex.*

Samuel ÖDMANN.
Grundmärglan, Cancer Pulex, beskrifven.
Vetensk. Acad. Handling. 1781. p. 163—171.

753. *Cancer linearis.*

DE QUERONIC.
Description d'un Insecte singulier. Mem. etrangers de
l'Acad. des Sc. de Paris, Tome 9. p. 329, 330.

754. *Cancer salinus.*

Johann Albert SCHLOSSER.
Auszug aus einem briefe, wegen einer neuen art von Insec-
ten. (e gallico in Journal Britannique.)
Hamburg. Magaz. 17 Band, p. 108—112.

755. *Cancer stagnalis.*

Jacob Christian SCHÆFFER.
Apus pisciformis, insecti aquatici species noviter detecta.
Editio secunda. Ratisbonæ, 1757. 4.
Pagg. 24. tab. ænea color. 1.
————: Der fischförmige Kiefenfuss in stehenden
wassern um Regensburg. Zweyte auflage.
Pagg. 22. tab. ænea color. 1. Regensburg, 1762. 4.
———————— in seine Abhandl. von Insecten, 2
Band, p. 41—64.
Edward KING.
A description of a very remarkable aquatick Insect.
Philosoph. Transact. Vol. 57. p. 72—74.
————: Beschreibung eines merkwürdigen Wasser-
insects.
Neu. Hamburg. Magaz. 41 Stück, p. 477—480.
George SHAW.
Description of the Cancer stagnalis of Linnæus.
Transact. of the Linnean Soc. Vol. 1. p. 103—110.
TOM. 2. U

756. *Monoculorum genus.*

Otto Fridericus MÜLLER.
Observations on some bivalve Insects found in common
water.
Philosoph. Transact. Vol. 61. p. 230—246.
—————— : Memoire sur les Insectes bivalves d'eau
douce, speciellement sur la tique, appellée la blanche-
lisse.
in libro sequenti p. 20—33.
Entomostraca seu Insecta testacea, quæ in aquis Daniæ
et Norvegiæ reperit.   Lipsiæ et Havniæ, 1785. 4.
Pagg. 134. tabb. æneæ color. 21.

757. *Monoculus Pulex.*

Jacob Christian SCHÆFFER.
Die geschwänzten zackigen Wasserflöhen.
in seine Abhandl. von Insecten, 1 Band, p. 251—298.
Raimondo Maria DE TERMEYER.
Memoria per servire alla compiuta storia di Pulce acqua-
juolo arborescente.
Scelta di Opusc. interess. Vol. 28. p. 79—102.
Filippo CAVOLINI.
Riflessioni sulla memoria del Sig. Abate de Termeyer, so-
pra il Pulce acquajolo.
Opuscoli scelti, Tomo 1. p. 178—190.

758. *Monoculus simus.*

Jacob Christian SCHÆFFER.
Von den ungeschwänzten zackigen Wasserflohen.
in seine Abhandl. von Insecten, 1 Band, p. 299—307.
Otto Friderich MÜLLER.
Von dem mopsnasigten Zackenfloh.
·Schr. der Berlin. Ges. Naturf. Fr: 6 Band, p. 185—192.

759. *Monoculus pilosus* etlvis.

Otto Friderich MÜLLER.
Om tvende smaa Een-öier.   Danske Vidensk. Selsk.
Skrivt. nye Saml. 1 Deel, p. 406—412.

760. *Monoculus Polyphemus.*

Martinus Bernbardus A BERNIZ.
  Cancer Moluccanus.
    Ephem. Acad. Nat. Curios. Dec. 1. Ann. 2. p. 176.
Johann BECKMANN.
  Beytrag zur naturgeschichte des Kiefenfusses.
    Naturforscher, 6 Stück, p. 35—40.
Lorenz SPENGLER.
  Einige neue bemerkungen über die Molukkische Krabbe.
    Beschäft. der Berlin. Ges. Naturf. Fr. 2 Band, p. 446
    —450.

761. *Monoculus Apus.*

Jacobus Theodorus KLEIN.
  Insectum aquaticum antea non descriptum.
    Philosoph. Transact. Vol. 40. n. 447. p. 150—152.
Littleton BROWN.
  A letter concerning the same sort of Insect found in Kent;
    with an addition by Cr. Mortimer.   ibid. p. 153.
Jacob Christian SCHÆFFER.
  Der krebsartige Kiefenfuss mit der kurzen und langen
    Schwanzklappe.
    in seine Abhandl. von Insecten, 2 Band, p. 65—200.
Christian Friedrich SCHULZE.
  Der krebsartige Kiefenfuss in den Dresdner gegenden.
    Neu. Hamburg. Magaz. 68 Stück, p. 99—132.
Friedrich Heinrich LOSCHGE.
  Beobachtungen an dem Monoculus Apus Linn.
    Naturforscher, 19 Stück, p. 60—69.

762. *Monoculus piscinus.*

Petrus LÖFLING.
  Monoculus cauda foliacea plana, descriptus.
    Act. Societ. Upsal. 1744—1750. p. 42—46.
Johann Friedrich Wilhelm HERBST.
  Beschreibung der Flinder-oder Hellebuttenlaus.
    Schr. der Berlin. Ges. Naturf. Fr. 3 Band, p. 94—102.

763. *Monoculus productus.*

Joh. Fr. Wilb. HERBST.
 Beschreibung einer sehr sonderbaren Seelaus vom Hemor-
 fisch.
 Schr. der Berlin. Ges. Naturf. Fr. 1 Band, p. 56—67.
 Excerpta in Lichtenberg's Magaz. 1 Band. 1 Stück,
 p. 62—68.

764. *Onisci varii.*

Auguste Denis FOUGEROUX DE BONDAROY.
 Sur un Insecte, qui s'attache à la Chevrette.   Mem. de
 l'Acad. des Sc. de Paris, 1772. 2 Part. p. 29—34.
Lorenz SPENGLER.
 Beschreibung des besondern Meerinsekts, welches bey den
 Isländern Oskabiörn, oder auch Önskebiörn, Wunsch-
 bär, Wunschkäfer heisset.
 Beschäft. der Berlin. Ges. Naturf. Fr. 1 Band, p. 292
 —315.
Jwan LEPECHIN.
 Tres Oniscorum species descriptæ.
 Act. Acad. Petropol. 1778. Pars pr. p. 247—250.
DICQUEMARE.
 L'Actif.   Journal de Physique, Tome 22. p. 386, 387.
 ————— : Beschreibung des Actif.
 Lichtenberg's Magaz. 2 Band. 2 Stück, p. 53—57.
G. CUVIER.
 Memoire sur les Cloportes terrestres.
 Journal d' Hist. Nat. Tome 2. p. 18—31.

765. *Oniscus ceti.*

Joan Daniel DENSO.
 Von der Walfischlaus.   in seine Beitr. zur Naturkunde,
 12 Stük, p.1044—1060.

766. *Oniscus Psora.*

Olaus BORRICHIUS.
 Argus Islandicus.
 Bartholini Act. Hafniens. Vol. 5. p. 218—222.

767. *Scolopendra Lagura.*

Carl DE GEER.

Sur une espece singuliere de Millepied ou de Scolopendre, qu'on trouve ʼsous l'ecorce des vieux arbres et dans la mousse. Mem. etrangers de l'Acad. des Sc. de Paris, Tome 1. p. 532—538.

——— dans ses Mem. sur les Insectes, Tome 7. p. 572 —578.

768. *Scolopendra electrica.*

George SHAW.

Remarks on Scolopendra electrica, and Sc. subterranea. Transact. of the Linnean Soc. Vol. 2. p. 7—9.

769. *Scolopendra quædam.*

ARTHAUD.

Description de la bête à mille pieds de Saint-Domingue. Journal de Physique, Tome 30. p. 427, 428.

770. *Julus terrestris.*

Carl DE GEER.

Sur un Jule ou Millepied cylindrique, brun-noiratre, à deux raies feuille-morte tout le long du dos, et qui est pourvu de 200 jambes. Mem. etrangers de l'Acad. des Sc. de Paris, Tome 3. p. 61—67.

——— dans ses Mem. sur les Insectes, Tome 7. p. 578 —586.

CATALOGUS

BIBLIOTHECÆ

HISTORICO-NATURALIS

JOSEPHI BANKS

BARONETI, BALNEI EQUITIS,

REGIÆ SOCIETATIS PRÆSIDIS, CÆT.

TOMI II. VOL. II.

771. *Helminthologi.*

Bibliothecæ Helminthologicæ.

Adolphus MODEER.
Bibliotheca helminthologica, seu enumeratio auctorum
qui de Vermibus scripserunt.
Pagg. 222.   Erlangæ, 1786. 8.

772. *Systemata Helminthologica.*

Otho Fridericus MÜLLER.
Vermium terrestrium et fluviatilium, seu Animalium Infu-
soriorum, Helminthicorum et Testaceorum, non mari-
norum, succincta historia.
Vol. 1. Pars 1. Infusoria. Pagg. 135.
                                    Havniæ et Lipsiæ, 1773. 4.
      Pars 2. Helminthica. Pagg. 72.   1774.
Vol. 2. Testacea. Pagg. xxxv et 214.   1774.
James BARBUT.
The genera Vermium exemplified by various specimens of
the animals contained in the orders of the Intestina
et Mollusca Linnæi. in English and French.
Pagg. 101. tabb. æneæ color. 11.   London, 1783. 4.
Adolph MODEER.
Inledning til kunskapen om Maskkräken, i allmänhet.
Vetensk. Acad. Handling. 1792. p. 3—17.
1 Class. Dölgde Maskkräk, Cryptozoa. ibid. p. 81—
114.
2 Class. Odölgde Maskkräk, Gymnodela. ib. p. 243—270.
3 Class. Ovindade Skalkräk, Acochlata. ib. 1793. p. 3
—26.
4 Class. Snäckor, Cochleata. ib. p. 83—112.
5 Class. Musslor, ib. p. 163—183.
6 Class. Växtliknande Maskkräk, Phytozoa, ib. p. 243
—260.

773. *Descriptiones Vermium miscellæ.*

Paulus BOCCONE.
Observatio circa nonnullas plantas marinas imperfectas,
earumque originem. Ephemer. Acad. Nat. Curios.
Dec. 3. Ann. 4. App. p. 142—150.
TOM. 2.   X

DESLANDES.

Observations sur une espece de Ver singuliere.

Mem. de l'Acad. des Sc. de Paris, 1728. p. 401, 402.

Henry BAKER.

The Eye-sucker, a new discovered Sea-Insect.

Philosoph. Transact. Vol. 43. n. 472. p. 35, 36.

Janus PLANCUS.

De duplici Tethyi genere, et de Manu marina.

Atti dell'Accad. di Siena, Tomo 2. p. 217—224.

De duplici Holothurii genere, et de Manu marina. ibid.

Tomo 3. p. 255—261.

De incessu marinorum Echinorum, ac de rebus quibusdam aliis marinis.

Comm. Instit. Bonon. Tom. 5. Pars 1. p. 236—248.

Leendert BOMME.

Bericht wegens een zonderling zee-insect, gevonden aan
eenige zeewieren, gevischt op het strand van het eiland
Walcheren.

Verhandel. van het Genootsch. te Vlissingen, 1 Deel,
p. 394—402.

Bericht aangaande verscheiden zonderlinge zee-insecten,
gevonden aan de zeewieren, op het strand van 't eiland
Walcheren. ibid. 3 Deel, p. 283—318.

(Pars hujus libelli, de ovis Sepiarum, germanice versa,
adest in Schneiders Abhandl. zur aufklärung der zoologie, p. 319. 320.)

Verder bericht aangaande verscheidene zee-insecten, zo in
de wateren van Zeeland, als aan de stranden van het
eiland Walcheren zich bevindende. ibid. 6 Deel. p.
357—400.

Murk VAN PHELSUM.

In brief over de Gewelv-slekken, p. 76—88, de variis vermibus in Fuco quodam inventis agit.

DICQUEMARE.

Description d'un insecte marin remarquable par les iris
qui l'environnent.

Journal de Physique, Tome 6. p. 321, 322.

Le Point-Sanguin. ibid. Tome 9. p. 39, 40.

Sacanimal. ibid. p. 137, 138.

Ver-Meduse. ibid. p. 215, 216.

Le Reclus marin. ibid. p. 356, 357.

Suite de ses observations. ibid. Tome 12. p. 281—285.

Suite des extraits de son porte-feuille.

ibid. Tome 13. p. 19—21, & p. 416—421.

14. p. 54—56, & p. 483—485.

Les Coeurs-unis.
Journal de Physique, Tome 16. p. 304—306.
———— : Die vereinigten herzen.
Lichtenberg's Magaz. 1 Band. 1 Stück, p. 38—41.
La pellicule animée.
Journal de Physique, Tome 17. p. 141, 142.
———— : Das lebende häutchen.
Lichtenberg's Magaz. 1 Band. 2 Stück, p. 25—29.
Insectes marins destructeurs des pierres.
Journal de Physique, Tome 18. p. 222—224.
———— : Nachricht von einem see-insect, das steine zer-
nagt. Licht. Mag. 1 Band. 3 Stück, p. 72—74.
Destructeurs de pierres, seconde espece.
Journal de Physique, Tome 20. p. 228—230.
———— : Nachricht von einer zweyten art see-insecten,
die steine zernagen. Licht. Mag. 2 Band. 1 Stück, p.
68—70.
L'informe. Journ. de Phys. Tome 20. p. 349, 350.
———— : Ueber den unform.
Lichtenberg's Magaz. 2 Band. 1 Stück, p. 70—72.
Le Bouton-gris. Journ. de Phys. Tome 23. p. 75, 76.
———— : Der graue knopf.
Lichtenberg's Magaz. 2 Band. 3 Stück, p. 82, 83.
Production marine. Journ. de Phys. Tome 23. p. 130,
131.
Memoire à l'occasion d'un ver inconnu trouvé entre les
visceres de la Seche. ib. p. 336—339.
———— : Ueber einen unbekannten wurm, der sich in
den eingeweiden des Blackfisches findet.
Lichtenberg's Magaz. 2 Band. 3 Stück, p. 79—82.
Orties marines. Journ. de Ph. Tome 25. p. 450—455.
Limaces de Mer. La Palmifere. ibid. Tome 27. p. 262
—264.
———— : Beschreibung der Palmenträgerin.
Voigt's Magaz. 4 Band. 4 Stück, p. 56—61.
Huitres. Faculté locomotive.
Journal de Physique, Tome 28. p. 241—244.
———— : Beobachtungen über die Austern.
Voigt's Magaz. 5 Band. 1 Stück, p. 73—77.
Le Bifeuille. Journ. de Phys: Tome 28. p. 429, 430.
———— : Beschreibung des Doppelblatts.
Voigt's Magaz. 5 Band. 3 Stück, p. 87—89.
Considerations zoologiques.
Journal de Physique, Tome 29. p. 70—72.
Suite aux floriformes. ib. Tome 34. p. 206—210.

Johann Gerhard König.
Auszug aus einem schreiben an Herrn Spengler. Beschäft.
der Berlin. Ges. Naturf. Fr. 3 Band, p. 427—430.
Johann August Ephraim Goeze.
Mikroskopische beobachtungen. ibid. p. 490—496.
Otto Fredric Müller.
Om maskar med vidhängande inälfvor.
Vetensk. Acad. Handling. 1779. p. 329—335.
Johann Hermann.
Helminthologische bemerkungen.
Naturforscher, 17 Stück, p. 171—182.
19 Stück, p. 31—59.
20 Stück, p. 147—172.
Petrus Simon Pallas.
Marina varia nova et rariora.
Nov. Act. Acad. Petropol. 1784. p. 229—249.
Johann Hieronymus Chemnitz.
Auszug aus einem briefe über die Meerfedern, Chitons u.
s. w.
Schr. der Berlin. Ges. Naturf. Fr. 6 Band, p. 420—423.
Ambrosius Soldani.
Testaceographiæ et Zoophytographiæ parvæ ac microsco-
picæ Tomus 1.
Pag. 1—200. tab. æn. 1—142.   Senis, 1789. fol.
Peter Christian Abildgaard.
Beschreibung einer grossen Seeblase, zween arten des
Steinbohrers, einer grossen Sandröhre.
Beob. der Berlin. Ges. Naturf. Fr. 3 Band, p. 133—
146.
Bemerkninger ved Linnei Sabella Chrysodon, og nogle
Dyrplanter. Danske Vidensk. Selsk. Skrift. nye Saml. 4
Deel, p. 29—36.
Adolph Modeer.
Strödda antekningar, hörande til kunskapen om Mask-
kräken.
Vetensk. Acad. Handling. 1794. p. 161—176.

774. *Musea Helminthologica.*

Johann Samuel Schröter.
Die Conchylien, Seesterne und Meergewächse der ehe-
maligen Göttwaldtischen naturaliensammlung, nach den
vorhandenen 49 kupfertafelm, mit einer kurzen beschreibung begleitet.
Pagg. 64. tabb. æneæ 49.   Nürnberg, 1782. fol.

775. *Helminthologi Topographici.*

Norvegiæ.

Hans Ström.
Beskrivelse over Norske Insecter.
Norske Vidensk. Selsk. Skrift. 3 Deel, p. 434—439.
4 Deel, p. 365—371.
Köbenh. Selsk. Skrifter, 10 Deel, p. 6—28.
Danske Vidensk. Selsk. Skrift. nye Saml. 3 Deel, p. 293—299.

776. *De Intestinis Scriptores.*

Jacobus Theodorus Klein.
In Tentamine Herpetologiæ, p. 58—66, genera Lumbrici, Tæniæ et Hirudinis recenset.
Leidæ et Gottingæ, 1755. 4.
Otto Friderich Müller.
Vom Bandwurme des Stichlings, und vom milchigten Plattwurme.
Naturforscher, 18 Stück, p. 21—37.

777. *Monographiæ Intestinorum.*

Gordius quidam.

Alexandre De Bacounin.
Sur les Gordius d'eau douce des environs de Turin.
Mem. de l'Acad. de Turin, Vol. 4. present. p. 32—42.
———— Journal de Physique, Tome 39. p. 204—214.

778. *Planariæ variæ.*

Johannes Petrus Maria Dana.
De Hirudinis nova specie, noxa, remediisque adhibendis.
Miscellan. Taurin. Tom. 3. p. 199—205.
————: Beschreibung einer neuen und schädlichen gattung Egel, und den dawider zu gebrauchenden mitteln.
Neu. Hamburg. Magaz. 43 Stück, p. 14—33.

————: Observation sur une nouvelle espece de Sang-
sue.
Journal de Physique, Introduct. Tome 1. p. 54—59.
Othon Frederic Müller.
Lettre à M. l'Abbé Rozier.
Journal de Physique, Tome 23. p. 455, 456.
George Shaw.
Description of the Hirudo viridis, a new English Leech.
Transact. of the Linnean Soc. Vol. 1. p. 93—95.
William Kirby.
Description of three new species of Hirudo, with an ad-
ditional note by G. Shaw. ibid. Vol. 2. p. 316—320.

779. *Hirudines variæ.*

Johannes Jacobus Dillenius.
De Hirudinibus.
Ephe ner. Acad. Nat. Curios. Cent. 7 & 8. p. 338—
347.
Torbern Bergman.
Afhandling om Iglar.
Vetensk. Acad. Handling. 1757. p. 304—314.
————: De Hirudinibus.
in ejus Opusculis, Vol. 5. p. 216—225.
Valmont de Bomare.
Observations sur le pretendu Barometre de Sang-sue.
Journal de Physique, Tome 4. p. 369—372.
———— dans son dictionnaire d'histoire naturelle, Tome
8. p. 70—74. Lyon, 1776. 8.
Bernardus Fridericus Bening.
Dissertatio inaug. de Hirudinibus.
Pagg. 32. Hardervici, 1776. 4.
du Rondeau.
Sur la Sangsue medicinale.
Mem. de l'Acad. de Bruxelles, Tome 3. p. 153—167.
———— Journal de Physique, Tome 20. p. 284—292.
————: Over den Bloedzuiger, die in die geneeskunde
gebruikt word.
Algem. geneeskund. Jaarboeken, 1 Deel, p. 1—7.

780. *Hirudo vulgaris.*

Torbern Bergman.
Rön om Coccus aquaticus. Lin. Faun. Sv. 725.
Vetensk. Acad. Handling. 1756. p. 199—204.

———— : De Cocco aquatico, sive Hirudine octoculata.
in ejus Opusculis, Vol. 5. p. 210—215.

781. *De Molluscis Scriptores.*

Antonius VALLISNERI.
 De Stella marina discoide.
  Ephem. Acad. Nat. Cur. Cent. 9 & 10. p. 345—348.
  ———— in ejus Opere, Tomo 3. p. 338—340.
Cornelius NOZEMAN.
 Over een onlangs ontdekt Water-Insekt.
  Uitgezogte Verhandelingen, 2 Deel, p. 282—290.
                              3 Deel, p. 232—245.
John Andrew PEYSSONEL.
 Observations upon the Sea Scolopendre, or Sea Millepes.
  Philosoph. Transact. Vol. 51. p. 35—37.
Joseph GAERTNER.
 An account of the Urtica marina.
  Philosoph. Transact. Vol. 52. p. 75—85.
  ————; Nachricht von der Meer-(See-) Nessel.
  Neu. Hamburg. Magaz. 63 Stück, p. 270—283.
Jacob von der Lippe PARELIUS.
 Beskrivelse over nogle Korstrold.
  Norske Vidensk. Selsk. Skrift. 4 Deel, p. 423—428.
Otto Fridrich MÜLLER.
 Von Würmern des süssen und salzigen wassers.
  Pagg. 200. tabb. æneæ 16.   Kopenhagen, 1771. 4.
   Genera Aphroditæ, Amphitrites, Nereïdis, et Naidis.
C. G. DE R. (RAZOUMOWSKY.)
 Description d'un Zoophyte singulier de la Mer Baltique.
  Journal de Physique, Tome 19. p. 38—43.
Everard HOME.
 Description of a new marine animal, with anatomical re-
  marks upon the same, by John Hunter.
  Philosoph. Transact. Vol. 75. p. 333—345.
Johann David SCHÖPF.
 Bemerkungen über einige Seegewürme.
  Naturforscher, 21 Stück, p. 15—21.
Olof SWARTZ.
 Medusa unguiçulata (et pelagica), och Actinia pusilla be-
  skrifne.   Vetensk. Acad. Handl. 1788. p. 198—202.
DE BADIER.
 Lettre sur·le Scolopendre-polype.
  Journal de Physique, Tome 34. p. 55—58,

782. *De Molluscis Scriptores Topographici.*

Norvegiæ.

Johan Ernst GUNNERUS.
  Beskrifning på trenne Norrska Sjö-kräk, Sjö-pungar kal-
    lade.
  Vetensk. Acad. Handling. 1767. p. 114—124.
Otto Fridericus MÜLLER.
  Molluscorum marinorum Norvagiæ Decas 1.
  Nov. Act. Acad. Nat. Curios. Tom. 6. p. 48—54.
  Decas 2. ibid. Tom. 7. p. 110—120.

783. *Monographiæ Molluscorum.*

Limaces varii.

Franciscus Ernestus BRÜCKMANN.
  De Limacibus, Epistola Itineraria 7. Cent. 2. p. 43—50.
Johann Ernst Immanuel WALCH.
  Beschreibung der weissen nackten Schnecke mit dem gel-
    ben saum.
  Naturforscher, 4 Stück, p. 136—140.
Thomas HOY *and George* SHAW.
  Account of a spinning Limax, or Slug.
  Transact. of the Linnean Soc. Vol. 1. p. 183—186.

784. *Limax agrestis.*

Adam Gottlob SCHIRACH.
  Natürliche geschichte der Erd-Feld-oder Ackerschnecken,
    nebst einer prüfung aller bekannten mitteln wider die-
    selbigen.   Leipzig, 1772. 8.
  Pagg. 152. tabb. æneæ 2, eædemque color.

785. *Doris radiata.*

Andrew Peter DU PONT.
  An Account of a remarkable marine insect.
  Philosoph. Transact. Vol. 53. p. 57 bis, 58.

HANOW.
Warscheinliche erklärung eines ungenannten Meerthieres, welches in dem 53 Vol. der Philosophical Transactions beschrieben ist.
Titius gemeinnüzige Abhandl. 1 Theil, p. 271—275.

786. *Aphrodita aculeata.*

Thomas MOLYNEUX.
Account of a not yet described Scolopendra marina.
Philosoph. Transact. Vol. 19. n. 225. p. 405—412.
A supplement to this account. ib. Vol. 21. n. 251. p. 127—129.

787. *Spionum genus.*

Otto FABRICIUS.
Von dem Spio-geschlecht, einem neuen Wurmgeschlecht.
Schr. der Berlin. Ges. Naturf. Fr. 6 Band, p. 256—270.

788. *Amphitritæ variæ. (Sabellæ Linnæi.)*

Michaël GRUBB.
Ett sällsamt Sjö-kräk.
Vetensk. Acad. Handling. 1765. p. 221—225.
Peter Jonas BERGIUS.
Beskrifning på föregående Sjö-kräk, som är ett slags Teredo, jämte närmare utstakning af Teredinis genus. ib. p. 225—232.
Martinus SLABBER.
Waarneming van een Oost-indischen Zeeworm.
Verhand. van het Gen. te Vlissing. 1 Deel, p. 387—393.
MAZEAS.
Observations sur des Tubulaires à tube elastique et cartilagineux. Mem. etrangers de l'Acad. des Sc. de Paris, Tome 9. p. 299—308.
Observations sur les caracteres specifiques qui distinguent le Tubulaire de l'Ocean à tube elastique et cartilagineux, de son analogue dans la Mediterranée, decrite par M. Ellis. ibid. p. 309—316.
Observations sur la varieté des Tubulaires de la classe-des pinceaux de Mer, et la mecanique que ces animaux emploient dans la construction de leurs tubes. ibid. p. 317—328.

789. *Terebella lapidaria.*

Martin Kähler.
Angående en y art af Vatten-Polyper, som äta sten.
Vetensk. Acad. Handling. 1754. p. 143—146.
——————: De nova specie Polyporum aquæ, calculos
corrodente.
Analect. Transalpin. Tom. 2. p. 372—374.
——————: Over een nieuw soort van Water-polypen, die
steenen uitknaagen.
Uitgezogte Verhandelingen, 4 Deel, p. 229—235.

790. *Nereis cincinnata* Fabr.

Otho Fabricius.
Kröl-nereiden (Nereis cincinnata) beskreven. Danske
Vidensk. Selsk. Skrivt. nye Saml. 3 Deel, p. 191—
201.

791. *Nais proboscidea.*

Jacob Christian Schæffer.
Eine besondere art kleiner Wasseraale.
in seine Abhandl. von Insecten, 1 Band, p. 307—
322.

792. *Ascidia quædam.*

Dominicus Vandelli.
Epistola de Holothurio et Testudine coriacea. vide supra
pag. 155.

793. *Ascidia clavata.*

Joachimus Fridericus Bolten.
Nachricht von einer neuen Thierpflanze.
Pagg. 12. tab. ænea 1.　　　　　Hamburg, 1770. 4.
——————: De novo quodam Zoophytorum genere epis-
tola.
Pagg. 11. tab. ænea color. 1.　　　　ib. 1771. 4.

794. *Ascidia pedunculata.*

BIGOT DE MOROGUES.
Sur un animal aquatique d'une forme singuliere.
  Mem. etrangers de l'Acad. des Sc. de Paris, Tome 2. p.
  145—148.
  ———————: Von einem sonderbar gestallteten Seethier-
  chen.
  Berlin. Sammlung. 9 Band, p. 223—229.
Alexander RUSSELL.
An account of a remarkable marine production.
  Philosoph. Transact. Vol. 52. p. 554—557.
  ———————: Berigt van een zeldzaam Zee-schepzel.
  Uitgezogte Verhandelingen, 10 Deel, p. 354—359.

795. *Clava parasitica.*

Otto Friderich MÜLLER.
Beschreibung eines unbekannten Schleimthiers (Mollus-
  cum.)
  Beschäft. der Berlin. Ges. Naturf. Fr. 1 Band, p. 406
  —410. conf. Schriften derselben Gesellch. 2 Band, p.
  125.

796. *Actiniæ variæ (etiam Hydræ Gmelini.)*

John Andrew PEYSSONEL.
Observations upon the Corona Solis marina Americana.
  Philosoph. Transact. Vol. 50. p. 843—845.
John ELLIS.
An account of the Actinia sociata.
  ibid. Vol. 57. p. 428—437.
  ———————: Nachricht von der Actinia sociata.
  Neu Hamburg. Magaz. 43 Stück, p. 80—90.
DICQUEMARE.
Observations sur les Anemones de Mer.   Journal de
  Physique,
  Introduction Tome 2. p. 511—513, & p. 629, 630.
              Tome 1. p. 473—477.
                  3. p. 372, 373.
                  5. p. 350—352.
                  7. p. 515—523.
                  8. p. 305—313.
                  18. p. 76, 77.

Tome 31. p. 206, 207.
   32. p. 380—385.
Memoires pour servir à l'histoire des Anemones de Mer
  Philosoph. Transact. Vol. 63. p. 361—403.
       65. p. 207—248.
       67. p. 56—84.
ANON.
 Extrait du Journal d'Observations faites à Dunkerque en
  1779, contenant celles faites sur les Polypes, vulgaire-
  ment nommés Anemones de Mer.
 Journal de Physique, Tome 18. p. 199—206.
LEFEBURE DES HAYES.
 Notices sur l'Anemone de Mer à plumes, ou animal-fleur.
  ibid. Tome 27. p. 373—381.
 ————— : Ueber die gefiederte See-anemone.
 Voigt's Magaz. 4 Band. 3 Stück, p. 28—38.

797. *Actinia plumosa.*

Johan Ernst GUNNERUS.
 Actinia polymorpha, en Söe-Pung, beskreven.
 Norske Vidensk. Selsk. Skrift. 5 Deel, p. 425—430.

798. *Actinia Calendula.*

Griffith HUGHES.
 A letter concerning a Zoophyton, somewhat resembling
  the flower of the Marigold.
 Philosoph. Transact. Vol. 42. n. 471. p. 590—593.

799. *Holothuria Phantapus.*

Alexander Michael VON STRUSSENFELT.
 Beskrifning på et sjökräk, Hafs-Spöke kalladt.
 Vetensk. Acad. Handling. 1765. p. 256—266.

800. *Holothuria Physalis.*

Gustaf Fredric HJORTBERG.
 Holothuria Physalis ᾽beskrifven. ibid. 1769. p. 226—
 228.

801. *Lobaria quadriloba.*

Petrus Ascanius.
Philine quadripartita, et förut obekant Sjö-kräk.
Vetensk. Acad. Handling 1772. p. 329—331.

802. *Tritonum genus.*

Adolph Modeer.
Om slägtet Trumpetmask, Triton. ibid. 1789. p. 52—56.

803. *Lernæa branchialis β.*

Joseph Gottlieb Koelreuter.
Lerneæ Gadi Callar. L. branchiis inhærentis descriptio.
Comment. Acad. Palat. Vol. 3. phys. p. 57—61.

804. *Lernæa cyprinacea.*

Johann August Ephraim Goeze.
Von den Fischlernæen.   Leipzig. Magaz. 1784. p. 39—
49.
————— : Beschryving van een Kieuwworm.
Algem. geneeskund. Jaarboeken, 1 Deel, p. 105—112.

805. *Sepiarum genus.*

Johann Gottlob Schneider.
Naturgeschichte der Blakfische. in seine Abhandlungen
zur aufklärung der Zoologie, p. 1—134, & p. 317—
322.
Bemerkungen über die gattung der Dintenfische, und
einige neue arten derselben.
Beob. der Berlin. Ges. Naturf. Fr. 5 Band, p. 33—50.

806. *Sepia octopus.*

Joann. Bern. de Fischer.
De Krakatiza.
Act. Acad. Nat. Curios. Vol. 9. p. 335—340.
Henry Baker.
An account of the Sea Polypus.
Philosoph. Transact. Vol. 50. p. 777—786.

Josephus Theophilus KOELREUTER.
Polypi marini, Russis Karakatiza, recentioribus Græcis
Οκταπες dicti, descriptio.
Nov. Comm. Acad. Petropol. Tom. 7. p. 321—343.

807. *Sepia rugosa* Bosc.

Louis BOSC.
Sepia rugosa.
Actes de la Soc. d'Hist. Nat. de Paris, Tome I. p. 24.

808. *Medusarum genus.*

Adolph MODEER.
Slägtet Sjökalf, Medusa. Vetensk. Acad. Handling. 1791.
p. 81—112, p. 161—187, & p. 241—263.

809. *Medusæ variæ.*

Johannes Petrus Maria DANA.
De quibusdam Urticæ marinæ vulgo dictæ differentiis.
Miscellan. Taurinens. Tom. 3. p. 206—220.
———— : Sur les differences que presentent certains
animaux marins, connus sous la denomination d'Ortie
marine.
Journal de Physique, Introd. Tome I. p. 133—143.
———— : Von einigen verschiedenheiten der sogenann-
ten Meernessel.
Neu. Hamourg. Magaz. 43 Stück, p. 34—59.
Otto Friderich MÜLLER.
Beschreibung zwoer Medusen. Beschäft. der Berlin. Ges.
Naturf. Fr. 2 Band, p. 290—298.
Saverio MACRI.
Nuove osservazioni intorno la storia naturale del Polmone
marino degli antichi.
Pagg. 36. tab. ænea I.   (Napoli, 1778.) 8.
Hans STRÖM.
En omkring et snegle-huus omsnoet Gople eller Söe-
nælde, hvori en Buehummer indlogerer sig. Danske
Vidensk. Selsk. Skrivt. nye Saml. 3 Deel, p. 250—
254.

810. *Medusa aurita.*

Severinus Petrus KLEIST.
Dissertatio de Urtica marina soluta. Resp. Petr. Wöl-
dike.
Pagg. 8.   Hafniæ, (1757.) 4.

811. *Medusa pelagica.*

Olof SWARTZ.
Medusa pelagica beskrifven.
Vetensk. Acad. Handling. 1791. p. 188—190.

812. *Beroes genus* Modeeri.

Adolph MODEER.
Slägtet Klockmask, Beroë, närmare uplyst och stadgadt.
ibid. 1790. p. 33—49.

813. *Phyllidoces genus* Modeeri.

Adolph MODEER.
Slägtet Plättmask, Phyllidoce, beskrifvet. ib. p. 191—
207.

814. *Physsophorarum genus.*

Adolph MODEER.
Slägtet Hafsblåsa, Physsophora, beskrifvet. ib. 1789. p.
277—294.

815. *Asteriadum genus.*

Edwardus LUID.
Prælectio de Stellis marinis. impr. cum Linckio de Stellis
marinis ; p. 77—88.   Lipsiæ, 1733. fol.
————— impr. cum ejus Lithophylacio ; p. 143—156.
                           Oxonii, 1760. 8.
Johannes Henricus LINCKIUS.
De Stellis marinis liber singularis ; digessit C. G. Fischer.
Pagg. 107. tabb. æneæ 42.   Lipsiæ, 1733. fol.

Johann Samuel SCHRÖTER.
 Von einigen natürlichen Seesternen.
 Versuch einer Classifikation der Seesterne.
 in seine Abhandl. über die Naturgesch. 2 Theil, p. 199
 —242.
Anders Jahan RETZIUS.
 Anmärkningar vid Asteriæ genus.
 Vetensk. Acad. Handling. 1783. p. 234—244.

816. *Asteriades variæ.*

Janus PLANCUS *et Nicolaus* GUALTIERUS.
 De Stella marina echinata quindecim radiis instructa epis-
 tolæ binæ.
 Mem. di diversi Valentuomini, Tomo 2. p. 283—294.
Johann Ernst Immanuel WALCH.
 Nachricht von zwey seltenen Seesternen.
 Naturforscher, 2 Stück, p. 76—79.
Casimir Christoph SCHMIDEL.
 Beschreibung eines Seesternes mit rosenförmigen verzier-
 ungen. ibid. 16 Stück, p. 1—7.
Johann Christian Daniel SCHREBER.
 Beschreibung der Seesonne, einer art Seesterne, mit 21
 strahlen. ibid. 27 Stück, p. 1—6.

817. *Echinorum genus.*

Jacobus-Theodorus KLEIN.
 Conspectus dispositionis Echinorum marinorum musei
 Kleiniani.
 Plag. dimidia. Gedani, 1731. 4.
 Naturalis dispositio Echinodermatum, accessit Lucubrati-
 uncula de Aculeis echinorum marinorum.
 Gedani, 1734. 4.
 Pagg. 64; præter appendices, de quibus aliis locis; tabb.
 æneæ 36.
 ———— latine et gallice : Ordre natural des Oursins de
 Mer. Paris, 1754. 8.
 Pagg. 175 ; præter appendices ; tabb. æneæ 28.
 ———— latine ; edidit et descriptionibus, novisque in-
 ventis, et synonymis auctorum auxit Nathan. Godofr.
 Leske.
 Pagg. 278. tabb. æneæ 54. Lipsiæ, 1778. 4.

Joannes Philippus BREYNIUS.
De Echinis et Echinitis, sive methodica Echinorum distri-
butione, schediasma. impr. cum ejus de Polythalamiis ;
p. 49—64. tabb. æneæ 5.   Gedani, 1732. 4.

Murk VAN PHELSUM.
Brief aan C. Nozeman over de Gewelv-Slekken of Zee-
egelen.
Pagg. 145. tabb. æneæ 5.   Rotterdam, 1774. 8.

Adolph MODEER.
Einige anmerkungen über das geschlecht Echinus.
Naturforscher, 21 Stück, p. 22—26.

818. *Echini varii.*

Christian Friedrich WILKENS.
Nachricht von einem birnförmigen mehrfarbigen Friesel-
bunde.
Schr. der Berlin. Ges. Naturf. Fr. 3 Band, p. 161—171.

ANON.
Beschreibung eines Seeigels mit zepterförmigen stacheln.
Leipzig. Magaz. 1782. p. 16—24.

819. *Echinus atratus.*

Gustavus BRANDER.
An account of a remarkable Echinus.
Philosoph. Transact. Vol. 49. p. 295.

820. *Testaceologi.*

Elementa Testaceologica.

Johann Daniel MAJOR.
Doctrinæ de Testaceis in ordinem redactæ specimen.
Dictionarium Ostracologicum, potissimas animalium Tes-
taceorum partes exhibens. impr. cum Columna de pur-
pura.
Plagg. 9; cum figg. ligno incisis.   Kiliæ, 1675. 4.

Johannes Ernestus HEBENSTREIT.
Dissertatio de Ordinibus Conchyliorum methodica ratione
instituendis. Resp. Joh. Gezaur.
Pagg. 28.   Lipsiæ, 1728. 4.

TOM. 2.   Y

FISCHER.
Tabula synoptica Cochlidum et Concharum. impr. cum
    Kleinii dispositione Echinodermatum ; p. 73—75.
                                  Gedani, 1734. 4.
———— in eodem libro, edito a N. G. Leske, ·p. 60—
    62.   Lipsiæ, 1778. 4.
———— latine et gallice. impr. cum : Ordre naturel des
    Oursins de M. Klein ; p. 208—221. Paris, 1754. 8.
Carolus Augustus DE BERGEN.
    Classes Conchyliorum.
    Nov. Act. Ac. Nat. Curios. Tom. 2. App. p. 1—132.
Carolus A LINNE'.
    Dissertatio : Fundamenta Testaceologiæ. Resp. Adolph.
    Murray.
    Pagg. 43. tabb. æneæ 2.   Upsaliæ, 1771. 4.
———— Amoenitat. Academ. Vol. 8. p. 107—150.
    Terminologia Conchyliologiæ (e præcedenti Disserta-
    tione), edita a Joh. Beckmanno.
    Pagg. 16.   Gottingæ, 1772. 8.
    Terminologia Conchyliographiæ (e præcedenti Disserta-
    tione, mutatis concharum terminis nonnullis.)   in I. a
    Born Testaceis Musei Vindobonensis, p. xvii—xxiv.
    Termini Conchyliologici (e præcedenti Dissertatione),
    lateinisch und deutsch, von Johann Samuel Schröter.
    Pagg. 45.   Weimar, 1782. 8.
———— in Schröter : Für die Litteratur und kenntniss
    der Naturgeschichte, 1 Band, p. 207—250.
Emanuel Mendes DA COSTA.
    Elements of Conchology, or an introduction to the know-
    ledge of Shells.
    Pagg. 318. tabb. æneæ 7.   London, 1776. 8.
Jean Baptiste LAMARCK.
    Observations sur les Coquilles, et sur quelques-uns des
    genres, qu'on a etablis dans l'ordre des vers Testacés.
    Journal d'Hist. Nat. Tome 2. p. 269—280.

821. *Systemata Testaceologica.*

Martin LISTER.
    Letter concerning the first part of his tables of Snails,
    together with some quære's relating to those insects,
    and the tables themselves.
    Philosoph. Transact. Vol. 9. n. 105. p. 96—99.
    Historiæ Conchyliorum libri iv.
                             Londini, 1685—1692. fol.

Tabb. æneæ in foliis 583, et tabulæ anatomicæ 21.
Exemplar ab Autore ad J. Rajum missum.

————— : Historiæ sive synopsis methodicæ Conchyliorum et tabularum anatomicarum editio altera, recensuit et indicibus auxit Gul. Huddesford.

Oxonii, 1770. fol.

Pagg. iv, 6, 7, 12 & 77. tabb. æneæ 1059, et anatomicæ 22.

Carolus Nicolaus Langius.

Methodus nova Testacea marina in classes, genera et species distribuendi.

Pagg. 102.   Lucernæ, 1722. 4.

(Antoine Joseph Desallier D'Argenville.)

Conchyliologie, ou traité general des Coquillages de Mer, de Riviere et de Terre. impr. avec sa Lithologie ; p. 107—395. tab. 6—33.   Paris, 1742. 4.

————— Augmentée de la Zoomorphose.

ib. 1757. 4.

1 Partie. pagg. 394. tabb. æneæ 32.

2 Partie. pagg. 84. tabb. 9.; præter elenchum verborum abstrusiorum, de quo Tomo 1.

————— Troisieme. edition, augmentée par M. M. de Favanne de Montcervelle Pere et Fils.   ib. 1780. 4.

Tome 1. pagg. lx et 878. Tome 2. pagg. 848. tabb. æneæ 80.

Caput 8vum, de Conchyliis purgandis et poliendis, germanice versum, adest in Physikalische Belustigungen, 1 Band, p. 563—574.

Jacobus Theodorus Klein.

Tentamen methodi Ostracologicæ, sive dispositio naturalis Cochlidum et Concharum in suas classes, genera èt species.   Lugduni Bat. 1753. 4.

Pagg. 177. tabb. æneæ 12 ; præter Appendices, de quibus supra pag. 40, et infra Parte 2.

Nicolaus Georgius Geve.

Monatliche belustigungen im reiche der natur; an Conchylien und Seegewächsen. Germanice et gallice.

(Hamburg, 1755.) 4.

Pag. 1—120. tab. ænea color. 1—33. Fig. 1—434. Textus figuras tantum 175 describit. Titulus non adest.

Jean Etienne Guettard.

Observations qui peuvent servir à former quelques caracteres de Coquillages.

Mem. de l'Acad. des Sc. de Paris, 1756. p. 145—183.

Y 2

* * * *

Neues systematisches Conchylien-cabinet, geordnet und
beschrieben von *Friedrich Heinrich Wilhelm* MAR-
TINI.

1 Band. pagg. 408. tabb. æneæ color. 31.
                               Nürnberg, 1769. 4.
2 Band. pagg. 362. tab. 32—65.   1771.
3 Band. pagg. 434. tab. 66—121.   1777.
4 Band, fortgesetzet von *Johann Hieronymus* CHEM-
NITZ. pagg. 344. tab. 122—159.   1780.
5 Band. pagg. 324. tab. 160—193.   1781.
6 Band. pagg. 375. tabb. 36.   1782.
7 Band. pagg. 356. tab. 37—69.   1784.
8 Band. pagg. 372. tab. 70—102.   1785.
9 Bandes 1 Abtheilung. pagg. 151. tab. 103—116.
                                  1786.
    2 Abtheilung. pagg. 194. tab. 117—136.
                                  1786.
  10, und letzter Band. pagg. 376. tab. 137—173. 1788.

Vollständiges alphabetisches namen-register über alle zehn
Bände des systematischen Conchylien-cabinets, verfer-
tiget von *Johann Samuel* SCHRÖTER.
Pagg. 124.   1788.

Friedrich Wilhelm Heinrich MARTINI.

Systematischer anhang von Konchylien. gedr. mit seinem
Verzeichniss einer auserlesenen sammlung von Natura-
lien; p. 81—152; cum tabula systematica.
                            Berlin, 1774. 8.

(Emanuel Mendes DA COSTA. Schröter's Journal, 1 : 3 :
154.)

Conchology, or natural history of Shells. in english and
french. p. 1—26. tab. 1—12.   London. fol.
Plura non prodierunt. Textus figuras tantum quatuor
priorum tabularum, et primas quintæ describit.

Johann Samuel SCHRÖTER.

Einleitung in die Conchylienkenntniss nach Linné.
1 Band. pagg. 860. tabb. æneæ 3.   Halle, 1783. 8.
2 Band. pagg. 726. tab. 4—7.   1784.
3 Band. pagg. 596. tab. 8, 9.   1786.

Andrea Jahanne RETZIO

Præside, Dissertatio sistens nova Testaceorum genera.
Resp. Laur. Münter.
Pagg. 23.   Lundæ, 1788. 4.

822. *Testaceologi miscelli.*

Fabius Columna.

Purpura h. e. de Purpura ab animali testaceo fusa, de hoc ipso animali, aliisque rarioribus testaceis quibusdam.

Pagg. 42 ; cum figg. æri incisis. Romæ, 1616. 4.

———— cum annotationibus J. D. Majoris.

Kiliæ, 1675. 4.

Pagg. 44 et 114; cum figg. ligno incisis ; præter specimen doctrinæ de Testaceis et dictionarium Ostracologicum, de quibus supra pag. 313.

Filippo Buonanni.

Ricreatione dell' occhio e della mente nell' osservation' delle Chiocciole. Roma, 1681. 4.

Pagg. 384; cum tabb. æneis pluribus.

————: Recreatio mentis et oculi in observatione animalium Testaceorum. ibid. 1684. 4.

Pagg. 270; cum tabb. æneis, pluribus quam in priori editione.

Supplementum recreationis mentis et oculi in observatione Testaceorum. impr. cum ejus de viventibus in rebus non viventibus; p. 308—335. Tabb. æneæ 10.

ibid. 1691. 4.

Güntherus Christophorus Schelhammer.

Conchæ Cochleæque recenter observatæ.

Ephem. Ac. Nat. Cur. Dec. 2. Ann. 6. p. 212—216.

Franciscus Ernestus Brückmann.

Relatio de duabus Conchis marinis, vulva marina, et concha venerea.

Pagg. 24. tab. ænea 1. Brunsvigæ, 1722. 4.

Johannes Christianus Kundmann.

De Conchis et Cochleis monstrosis pretiosisque.

Act. Acad. Nat. Curios. Vol. 3. p. 316—321.

François Michel Regenfuss.

Choix de Coquillages et de Crustacés. en François et en Allemand.

Tome 1. pagg. xiv, 22 & lxxxvii. tabb. æneæ color. 12.

Copenhague, 1758. fol.

Tomi 2di. inediti, tabb. 12. (harum 1—4, 6 et 8 describuntur in Berlin. Sammlung. 6 Band, p. 667—669.)

George Wolffgang Knorr.

Les delices des yeux et de l'esprit, ou collection generale des differentes especes de Coquillages que la mer renferme.

(1 Partie.) pagg. 52. tabb. æneæ color. 30.

Nuremberg, 1760. 4.

2 Partie. pagg. 56. tabb. 30.   1765.

3 Partie. pagg. 55. tabb. 30.   1768.

4 Partie. pagg. 54 et 24. tabb. 30.   1770.

5 Partie. pagg. 48. tabb. 30.   1771.

6 Partie. pagg. 76, 18 & 11. tabb. 40.   1773.

———— Partis primæ alia editio adest, anni 1764, et partis secundæ alia ejusdem anni 1765.

Johann Samuel SCHRÖTER.

Die Linnäische Synonimie und die figuren des Martini und des Rumphs über die abbildungen in den Knorrischen vergnügen der augen und des gemüths.

in sein. Journal für die Konchyliologie, 4 Band, p. 245 —319.

Johann Hieronymus CHEMNIZ.

Bedenklichkeiten bey der Linnäischen synonimie über das Knorrische Conchilienwerk. ibid. 6 Band, p. 486 —494.

Jean Etienne GUETTARD.

Sur des Coquilles d'une très-grande finesse, et qui se trouvent avec abondance sur les bords de la mer à Calais.

dans ses Memoires, Tome 2. p. xxj, xxij.

Johann Ernst Immanuel WALCH.

Beschreibung einiger neuentdeckten Conchylien.

Naturforscher, 4 Stück, p. 33—56.

      8 Stück, p. 149—162.

      9 Stück, p. 188—204.

     10 Stück, p. 74—85.

     13 Stück, p. 86—90.

Friedrich Heinrich Wilhelm MARTINI.

Konchyliologische rhapsodien. Beschäft. der Berlin. Ges. Naturf. Fr. 2 Band, p. 347—375.

Lorenz SPENGLER.

Auszug eines schreibens an Dr. Martini von einigen Konchyliologischen entdekkungen.   ibid. p. 564—570.

Beschreibung zwoer neuen gattungen Meereicheln, nebst der Isländischen Kammmuschel.

Schr. der Berlin. Ges. Naturf. Fr. 1 Band, p. 101—111.

Tabulæ æneæ 3, longit. 11 unc. latit. 10 unc. figuras variorum testaceorum exhibentes. (descriptæ in Berlin. Sammlung. 6 Band, p. 669—671.)

Tabulæ æneæ 5, longit. 8 unc. latit. 5 unc. figuras variorum testaceorum exhibentes.

Georg Sebastian HELBLING.
Beyträge zur kenntniss neuer und seltener Konchylien.
Abhandl. einer Privatgesellsch. in Böhmen, 4 Band,
p. 102—131.
Johann HERMANN.
Briefe über einige Conchylien.
Naturforscher, 16 Stück, p. 50—56.
17 Stück, p. 126—152.
Giuseppe GIOENI.
Descrizione di una nuova famiglia, e di un nuovo genere
di Testacei, trovati nel littorale di Catania, con qualche
osservazione sopra una spezie di Ostriche.
Pagg. xxxiv. tab. ænea 1.   Napoli, 1783. 8.
Thomas MARTYN.
The universal Conchologist. in english and french.
Vol. 1. pagg. 27. tabb. æneæ color. 40.
London, 1784. fol. obl.
Johann Hieronymus CHEMNIZ.
Ueber die sonderbaren eigenschaften einiger Conchylien.
Naturforscher, 23 Stück, p. 159—174.
————— : Om besynderlige egenskaber ved mange Con-
chylier.   Danske Vidensk. Selsk. Skrivt. nye Saml. 3
Deel, p. 550—562.
Johann Samuel SCHRÖTER.
Conchyliologische rhapsodien.
Naturforscher, 26 Stück, p. 1—54.
Jean Guillaume BRUGUIERE.
Description de deux coquilles, des genres de l'Oscabrion
et de la Pourpre.
Journal d'Hist. Nat. Tome 1. p. 20—33.

823. *Musea Testaceologica.*

Nicolaus GUALTIERI.
Index Testarum Conchyliorum, quæ adservantur in Mu-
seo N. Gualtieri.   Florentiæ, 1742. fol.
Pagg. xxiii & cx. tabb. æneæ 110.
* * * *
Catalogus omnium Animalium Testaceorum, quæ in Mu-
sæo Petri Pauli Scali adservantur.
Pagg. 43.   Genevæ, 1746. 4.
Friedrich August ZORN *von Plobsheim.*
Beschreibung einiger seltnen Conchylien aus der samm-
lung der Naturforschenden Gesellschaft zu Danzig.
Naturforscher, 7 Stück, p. 151—168.

Beschreibung der auf den Tafeln 1. und 2. abgebildeten
Conchylien, nebst dem verzeichniss aller derjenigen sogenannten Südländischen Conchylien, die in der gesell-
schaftlichen sammlung befindlich sind. Neu. Samml.
der Naturf. Gesellsch. in Danzig, 1 Band, p. 247—
288.

Ignatius A BORN.

Index rerum naturalium Musei Cæsarei Vindobonensis,
Pars 1. Testacea. Latine et Germanice.
Pagg. 458. tab. ænea color. 1. Vindobonæ, 1778. 8.
Testacea Musei Cæsarei Vindobonensis. ib. 1780. fol.
Pagg. xxxvi & 442. tabb. æneæ color. 18.
(Emendationes in hunc librum a J. S. Schroeter, ad-
sunt in hujus libro: Für die Litteratur und kenntniss
der Naturgeschichte, 1 Band, p. 41—59.)

Jobann Hieronymus CHEMNIZ.

Von der südländischen Conchylien, welche sich in der
sammlung des Herrn Pastors Chemniz in Kopenhagen
befinden, und bey den Cookischen Seereisen gesammlet
worden.
Naturforscher, 19 Stück, p. 177—208.

C. L. KÄMMERER.

Die Conchylien im cabinette des Herrn Erbprinzen von
Schwarzburg-Rudolstadt.
Pagg. 252. tabb. æneæ color. 12.
Rudolstadt, 1786. 8.
Nachtrag zu den Conchylien im Fürstlichen cabinette zu
Rudolstadt.
Pagg. 76. tabb. æneæ color. 4. Leipzig, 1791. 8.

ANON.

Catalogue raisonné du celebre cabinet de Coquilles de feu
Pierre Lyonet, le quel sera vendu à la Haye le 21 Avril,
1796.
Pagg. 233. 8.

824. *Testaceologi Topographici.*

Magnæ Britanniæ.

Martinus LISTER.

Historiæ Animalium Angliæ tractatus duo de Cochleis
tum terrestribus, tum fluviatilibus, et de cochleis marinis. impr. cum ejus tractatu de Araneis; p. 101—
196. tab. 2—5. Londini, 1678. 4.

Appendix ad historiæ Animalium Angliæ tres tractatus,
   continens addenda et emendanda.
   Pagg. 23. tab. ænea 1.   Eboraci, 1681. 4.
   ———— impr. cum Goedartio de Insectis.
   Pagg. 45. tabb. æneæ 3.   Londini, 1685. 8.
Emanuel Mendes DA COSTA.
Historia naturalis Testaceorum Britanniæ, or the British
   Conchology. in English and French.
   Pagg. 254. tabb. æneæ color. 17. London, 1778. 4.
George WALKER.
Testacea minuta rariora, nuperrime detecta in arena litto-
   ris Sandvicensis a Gul. Boys, multa addidit, et omnium
   figuras delineavit G. Walker. (Textus autor est Ed-
   ward Jacob.)
   Pagg. 25. tabb. æneæ 3.   London, (1784.) 4.
John LIGHTFOOT.
An account of some minute British Shells.
   Philosoph. Transact. Vol. 76. p. 160—170.

Robert SIBBALD.
An account of several Shells observed by him in *Scotland.*
   ibid. Vol. 19. n. 222. p. 321—325.

825. *Galliæ.*

GEOFFROY.
Traité des Coquilles, tant fluviatiles que terrestres, qui se
   trouvent aux environs de *Paris.*
   Pagg. 143.   Paris, 1767. 12.
DUCHESNE.
Recueil des Coquilles fluviatiles et terrestres qui se
   trouvent aux environs de *Paris,* dessinées, gravées et
   enluminées par Duchesne.
   Tabb. æneæ color. 3, longit. 9 unc. latit. 6 unc.

826. *Italiæ.*

Conte Giuseppe GINANNI.
Opere postume, Tomo 2, nel quale si contengono Testa-
   cei marittimi, paludosi e terrestri dell' Adriatico, e del
   Territorio di Ravenna.
   Pagg. 72. tabb. æneæ 38.   Venezia, 1757. fol.

827. *Helvetiæ.*

Philippus Jacobus SCHLOTTERBECCIUS.
De Cochleis quibusdam, nec non de Turbinibus nonnullis.
Act. Helvet. Vol. 5. p. 275—286.

828. *Indiæ Orientalis.*

James PETIVER.
A description of some Shells found on the *Molucca* Islands.
Philosoph. Transact. Vol. 22. n. 274. p. 927—933.
SIPMAN.
Beschryving en verdeeling der *Amboinsche* Hoornen en Schulpen. in d'Amboinische rariteitkamer door Rumphius, p. 167—194.

829. *Africæ.*

Michel ADANSON.
Histoire Naturelle du *Senegal.*   Coquillages.
                                    Paris, 1757.   4.
Pagg. xcvj et 275. tabb. æneæ 19; præter iter in Senegal, de quo Tomo 1.

830. *De Testaceis terrestribus Scriptores.*

Friedrich Wilhelm Heinrich MARTINI.
Abhandlung von den Erd-oder Grundschnecken.
Berlin. Magaz. 2 Band, p. 277—306, p. 335—352, p. 524—545, & p. 602—624. 3 Band, p. 115—154, & p. 335—349.
Johann Samuel SCHRÖTER.
Verzeichniss der in der gegend um Weimar, und besonders um Thangelstädt befindlichen Erdschnecken.
Berlin. Sammlung. 2 Band, p. 229—248.
Versuch einer systematischen abhandlung über die Erdkonchylien, sonderlich derer, welche um Thangelstedt gefunden werden, nebst einer nachlese über die Erdschnecken überhaupt.
Pagg. 240. tabb. æneæ 2.   Berlin, 1771.   8.

Ueber einige merkwürdigkeiten an Erdschnecken, sonderlich an innländischen. in seine Abhandl. über die
Naturgesch. 2 Theil, p. 243—253.

831. *De Testaceis fluviatilibus Scriptores.*

Friedrich Wilhelm Heinrich MARTINI.
Abhandlung von den Conchylien der süssen wasser.
Berlin. Magaz. 4 Band, p. 113—158, p. 227—293,
p. 337—368, & p. 445—474.
Johann Samuel SCHRÖTER.
Die geschichte der Flussconchylien, mit vorzüglicher
rücksicht auf diejenigen welche in den Thüringischen
wassern leben.   Halle, 1779. 4.
Pagg. 434. tabb. æneæ 11, quarum 9 priores coloribus
fucatæ.

832. *Monographiæ Testaceorum Multivalvium.*

Chitonum genus.

Johann Hieronymus CHEMNIZ.
Von einem geschlechte vielschalichter conchylien mit
sichtbaren gelenken, welche beym Linné Chitons heis-
sen.
Pagg. 32. tabb. æneæ color. 2.   Nürnberg, 1784. 4.
————— : Om en slegt af saadanne mangeskallede conchylier, som hos Linné hede Chitons. Danske Vidensk. Selsk. Skrivt. nye Saml. 2 Deel, p. 235—242.
Johann Samuel SCHRÖTER.
Abhandlung von den Chitonen seiner conchyliensamm-
lung.
in sein. Neu. Litteratur, 4 Band, p. 1—54.

833. *Chitones varii.*

Antonio VALLISNERI.
Insetti marini analoghi alle patelle, o cimici degli Agrumi.
in ejus Opere, Tomo 2. p. 95.
LEFEBURE DES HAYES.
Notices concernant le Boeuf-marin, autrement nommé
Bête à huit ecailles, ou Octovalve.
Journal de Physique, Tome 30. p. 209—215.

834. *Chiton squamosus, et affines.*

Lorenz SPENGLER.
Schüsselmuscheln. Beschäft. der Berlin. Ges. Naturf.
Fr. 1 Band, p. 315—331.

835. *Chiton punctatus.*

Georgius Fridericus FRANCUS DE FRANKENAU.
Calva serpentis Americani diademata.
Act. Acad. Nat. Curios. Vol. 1. p. 63, 64.

836. *Lepadum genus.*

Lorenz SPENGLER.
Beskrivelse og oplysning over konchylie-slægtet Lepas.
Naturhist. Selsk. Skrivt. 1 Bind, 1 Heft. p. 158—212.
Tillæg. ibid. 2 Bind, 2 Heft. p. 103—110.

837. *Lepades variæ.*

Robert SIBBALD.
Description of the Pediculus Cæti.
Philosoph. Transact. Vol. 25. n. 308. p. 2314—2317.
John ELLIS.
An account of several rare species of Barnacles. ibid.
Vol. 50. p. 845—855.
Johann Samuel SCHRÖTER.
Ueber die Seeeicheln, und besonders über die verschiede-
nen gattungen derselben.
in sein. Journal, 4 Band, p. 320—365.
5 Band, p. 506—524.
Johann Hieronymus CHEMNIZ.
Auszug aus einem schreiben an Hrn. Silberschlag.
Schr. der Berlin. Ges. Naturf. Fr. 5 Band, p. 463—469.

838. *Lepas testudinaria.*

Friedrich Samuel BOCK.
Beschreibung einer unbekannten vielkammerigen See-
tulpe.
Naturforscher, 12 Stück, p. 168—177.

F. C. Musculus.
Anmerkungen über Hrn. Bock beschreibung einer viel-
kammerigten Seetulpe.
Schröter's Journal, 6 Band, p. 304—315.

8 3 9 . *Lepas anatifera. (conf. sect.* 2 7 6.*)*

Sir Robert Moray.
A relation concerning Barnacles.
Philosoph. Transact. Vol. 12. n. 137. p. 925—927.
Ericus a Möinichen.
Conchæ anatiferæ vindicatæ, sive Dissertatio de genera-
tione et vita Concharum anatiferarum. Resp. Claud.
Ursin.
Plagg. 2.   Hafniæ, 1697. 4.
Cornelius Stalpart van der Wiel.
Conchæ falsis gravidæ anseribus.
in ejus Observation. rariorum Cent. post. p. 458—469.
Jacob Theodor Klein.
Von Schaalthieren, Conchæ Anatiferæ, Entenmuscheln.
Abhandl. der Naturf. Gesellsch. in Danzig, 2 Theil,
p. 349—354.
Anon.
Beschryving van de Ganzen-mossel.
Uitgezogte Verhandelingen, 2 Deel, p. 576—588.
Jean Etienne Guettard.
Sur les Conques Anatiferes.
dans ses Memoires, Tome 4. p. 238—303.

8 4 0 . *Pholadum* et *Teredinum genera.*

Lorenz Spengler.
Betragtninger og anmærkninger ved den Linneiske slægt
Pholas, samt den dermed i forbindelse staaende slægt
Teredo Linn.
Naturhist. Selsk. Skrivt. 2 Bind, 1 Heft. p. 72—106.

8 4 1 . *Pholas siamensis* Spengl.

Lorenz Spengler.
Beskrivelse over en meget sielden sexskallet Pholade, til-
lige med Dyret, fra den Siamske havbugt. Danske
Vidensk. Selsk. Skrivt. nye Saml. 3 Deel, p. 128—
138.

842. *Pholas pusilla.*

James PARSONS.
 An account of the Pholas Conoides.
  Philosoph. Transact. Vol. 55. p. 1—6.
Lorenz SPENGLER.
 Von der fünfschalichten Holzpholade, Pholas Lignorum.
  Beschäft. der Berlin. Ges. Naturf. Fr. 4 Band, p. 167
  —178.

843. *Teredines variæ.*

Antonio VALLISNERI.
 Osservazioni intorno alle Brume delle navi.
  in ejus Opere, Tomo 2. p. 53—57.
Godofredus SELLIUS.
 Historia naturalis Teredinis, seu Xylophagi marini, tu-
  bulo-conchoidis, speciatim Belgici.
   Pagg. 353. tabb. æneæ 2.   Trajecti, 1733. 4.
ROUSSET.
 Observations sur les Vers-de-mer, qui percent les vaisseaux
  et les pilliers, des jetées et des estacades.
   Seconde edition.   la Haye, 1733. 8.
   Pagg. 52. tabb. æneæ 3.
PUTONEUS.
 Beschreibung einer art See-würmer, welche durch ruinirung
  derer dämme und durchbohrung derer schiffe in den Ve-
  reinigten Niederlanden ungemeinen schaden verursachet.
   Pagg. 88. tab. ænea 1.   Leipzig, 1733. 8.
ANON.
 Beschreibung des Holländischen See-oder Pfahl-wurms.
   Pagg. 62. tabb. æneæ 4.   Nürnberg, 1733. 4.
 Omstændelig beretning om Söe-ormene, som haver ind-
  fundet sig udi provincierne Holland og Seeland, taget
  udaf den Hollandske Europæiske Mercurius.
   Pagg. 16. tab. ænea 1.   Kiöbenhavn, 1733. 8.
Cornelius BELKMEER.
 Natuürkundige verhandeling, of waarneminge betreffende
  den hout-uytraspende en doorboorende Zee-worm.
   Pagg. 51. tabb. æneæ 4.   Amsterdam, 1733. 8.
H. V. O.
 Brief an Herrn Petrus Schenk, wegen des in Holland
  grassirenden Meer-wurms.
   Pagg. 14. tabb. æneæ 5.   Leipzig (1733.) 4.

Pierre MASSUET.
Recherches sur les diverses especes de Vers à tuyau, qui
infestent les vaisseaux, les digues &c. de quelques-unes
des Provinces-Unies.
Pagg. 233.   Amsterdam, 1733. 8,
Abraham DE BRUYN.
Den Zeeworm beschouwd in zyn eigen aard en natuur.
Pagg. 190.   Rotterdam, 1735. 8.
Job BASTER.
A dissertation on the Worms which destroy the piles on
the coasts of Holland and Zealand.
Philosoph. Transact. Vol. 41. n. 455. p. 276—288.
Michel ADANSON.
Description d'une nouvelle espece de Ver qui ronge les
bois et les vaisseaux, observée au Senegal.
Mem. de l'Acad. des Sc. de Paris, 1759. p. 249—278.

844. *Teredo Clava.*

Johann Ernst Immanuel WALCH.
Von der Herkuleskeule, einer schaligen wurm-röhre.
Naturforscher, 10 Stück, p. 38—73.
Lorenz SPENGLER.
Nachricht von dem einwohner der Herculeskeule, und dem
cörper, in welchem sich diese wurmröhre einnistelt.
ibid. 13 Stück, p. 53—77.

845. *De Testaceis Bivalvibus Scriptores.*

François POUPART.
Remarques sur les Coquillages à deux coquilles, et pre-
mierement sur les Moules.
Mem. de l'Acad. des Sc. de Paris, 1706. p. 51—61.
(*James* PETIVER.)
De Bivalvibus Asiaticis, or a brief account of such scal-
lops, cockles, oysters, muscles, and other bivalves, as
have been lately brought into England by divers curious
persons from the coasts of India.
Memoirs for the Curious, 1708. p. 223—230, & p. 255
—258.
John BARTRAM.
Observations concerning the Salt-marsh muscle, the oyster-
banks, and the Fresh-water muscle of Pensylvania.
Philosoph. Transact. Vol. 43. n. 474. p. 157—159.

Otto Friedrich MÜLLER.
　Von zwoen wenig bekannten Muscheln.　Beschäft. der
　Berlin. Ges. Naturf. Fr. 4 Band, p. 55—59.
Lorenz SPENGLER.
　Beschreibung einiger neu entdeckten Muscheln.
　Schr. der Berlin. Ges. Naturf. Fr. 4 Band, p. 321—329.
　Beskrivelse over et nyt slægt af de toskallede konkylier,
　forhen af mig kaldet Chæna, saa og over det Linneiske
　slægt Mya, hvilket nöjere bestemmes, og inddeles i
　tvende slægter.
　Naturhist. Selsk. Skrivt. 3 Bind, 1 Heft. p. 16—69.
Johann Hieronymus CHEMNIZ.
　Von der Patelle, welche im Linneischen Natursystem Un-
　guis heisst, und wie solche unleugbar zur zahl der
　zwoschalichten Muscheln gehöre.
　Naturforscher, 22 Stück, p. 23—32.

8 4 6 . *Monographiæ Testaceorum Bivalvium.*

Chænarum genus Retzii et Spengl.

Lorenz SPENGLER.
　Beskrivelse over en nye slægt af toskallede muskeler, som
　kan kaldes Gastrochæna. Danske Vidensk. Selsk. Skrift.
　nye Saml. 2 Deel, p. 174—183.

8 4 7 . *Unio granosa* Bruguiere.

Jean Guillaume BRUGUIERE.
　Sur une nouvelle espece de Mulete.
　Journal d'Hist. Nat. Tome 1. p. 103—109.

8 4 8 . *Tellina inæquivalvis.*

Martin Thrane BRÜNNICH.
　Beschreibung einer seltnen Tellmuschel.　Beschäft. der
　Berlin. Ges. Naturf. Fr. 3 Band, p. 313, 314.
Lorenz SPENGLER.
　Fernere beschreibung dieser Dünnmuschel. ibid p. 315—
　320.

849. *Tellina Spengleri.*

Lorenz SPENGLER.
Beschreibung einer ganz neuen Telline oder Dünnmuschel
von den Friedrichsinseln. Beschäft. der Berlin. Ges. Naturf. Fr. 1 Band, p. 387—394.

850. *Mactra Spengleri.*

Johann Samuel SCHRÖTER.
Von der Mactra Spengleri. in ejus: Für die Litteratur der
Naturgesch. 1 Band, p. 251—264.

851. *Venus mercenaria.*

Lorenz SPENGLER.
Beschreibung der Venus mercenaria Linnæi.
Schr. der Berlin. Ges. Naturf. Fr. 6 Band. p. 307—316.

852. *Venus lithophaga.*

Andreas Jahan RETZIUS.
Venus lithophaga descripta.
Mem. de l'Acad. de Turin, Vol. 3. Corresp. p. 11—14.

853. *Spondylus plicatus.*

Johann Samuel SCHRÖTER.
Von dem Spondylus plicatus. in ejus: Für die Litteratur
der Naturgesch. 1 Band, p. 4—278.

854. *Chama bicornis.*

Johann Hieronymus CHEMNIZ.
Von solchen Muscheln, die sich mit der einen schaale zur
rechten und mit der andern zur linken seite hinkehren.
Naturforscher, 26 Stück, p. 8—16.

855. *Chama concamerata.*

Johann Ernst Immanuel WALCH.
Von einer seltenen Muschel. ibid. 12 Stück, p. 53—55.

856. *Arcarum genus.*

Friedrich Heinrich Wilhelm MARTINI.
>Zwoschalichte Konchylien mit gekerbtem schloss über-
haupt, und einige dahin gehörige neue entdekte schalen.
Beschäft. der Berlin. Ges. Naturf. Fr. 3 Band, p. 273
—312.

Johann HERMANN.
>Zusaz zu des seel. Martini abhandlung über die zwo-
schalichten konchylien mit viel gekerbtem schlosse.
Schrift. derselb. Gesellsch. 2 Band, p. 271—276.

857. *Ostrea nodosa.*

Lorenz SPENGLER.
>Beschreibung einer Korallenmuschel. Beschäft. der Ber-
lin. Ges. Naturf. Fr. 2 Band, p. 451—457.

858. *Ostrea excavata.*

Johann Samuel SCHRÖTER.
>Von der Ostrea excavata des Fabricius. in ejus: Für die
Litteratur der Naturgesch. 2 Band, p. 117—128.

859. *Ostrea edulis.*

Johanne Ludovico HANNEMANN
>Præside, Dissertatio Ostrea Holsatica exhibens. Resp.
Hans Roslin.
>>Pagg. 37. tab. ænea 1.   Kilonii, 1708. 4.
>>————: Valentini Amphitheatr. zootom. Pars 2. p.
146—157.

Rosinus LENTILIUS.
>De Ostreis quædam.
>>Ephem. Acad. Nat. Curios. Cent. 7 & 8. p. 450—457.

J. I. M. M. P. P.
>Des magens vertheidigung der edlen Austern.
>>Pagg. 76. tab. ænea 1.   Prag, 1731. 8.

DESLANDES.
>Eclaircissement sur les Huitres. dans son Recueil de
traitez de Physique et d'Hist. Nat. p. 208—214.

———— : Von verschiedenen Würmern bey den Austern.
Hamburg. Magaz. 19 Band, p. 444—447.
———— ———— Berlin. Sammlung. 6 Band, p. 412
—416.

Johan ÖDMAN.
Minnes-skrift om Ostron.
Vetensk. Acad. Handling. 1744. p. 129—132.
———— : Observationes quædam de Ostreis.
Analect. Transalpin. Tom. 1. p. 298—300.

ANON.
Naturgeschichte der Auster.
Lichtenberg's Magaz. 3 Band. 3 Stück, p. 26—30.

860. *Ostrea gigas* Thunb.

Carl Peter THUNBERG.
Tekning och beskrifning på en stor Ostron-sort ifrån Ja-
pan.
Vetensk. Acad. Handling. 1793. p. 140—142.

861. *Anomiæ variæ.*

Thomas PENNANT.
Anomia. Nov. Act. Societ. Upsal. Vol. 1. p. 38, 39.
Carolus v. LINNE'.
Anomia descripta. ibid. p. 39—43.
DE JOUBERT.
Sur quelques Coquilles nouvellement pechées dans la
Mediterranée.
Mem. etrangers de l'Acad. des Sc. de Paris, Tome 6.
p. 77—80, & p. 83—91.
Gottfried August GRÜNDLER.
Beschreibung zweier natürlichen Terebratuln.
Naturforscher, 2 Stück, p. 80—86.
Johann Ernst Immanuel WALCH.
Beyträge zur naturgeschichte der Bohrmuscheln. ibid. 3
Stück, p. 87—97.

862. *Anomia dorsata.*

Friedrich Christian GÜNTHER.
Beschreibung der gestreiften Bohrmuschel in dem Hoch-
fürstl. cabinet zu Rudolstadt. ibid. p. 83—86.

863. *Craniæ genus* Retzii.

Anders Jahan RETZIUS.
Crania oder Todtenkopfs-muschel beschrieben.
Schr. der Berlin. Ges. Naturf. Fr. 2 Band, p. 66—76.

864. *Mytilus lithophagus.*

James PARSONS.
Observations upon certain Shell-Fish, lodged in a large
stone brought from Mahon harbour.
Philosoph. Transact. Vol. 45. n. 485. p. 44—48.
Auguste Denis FOUGEROUX DE BONDAROY.
Sur le coquillage appelé Datte en Provence. Mem.
etrangers de l'Acad. des Sc. de Paris, Tome 5. p. 467
—478.

865. *Mytilus anatinus.*

Jean MERY.
Remarques faites sur la Moule des etangs.
Mem. de l'Acad. des Sc. de Paris, 1710. p. 408—426.

866. *Mytilus discors.*

Otho FABRICIUS.
Ueens-muslingen (Mytilus discors) beskrevet. Danske
Vidensk. Selsk. Skrivt. nye Saml. 3 Deel, p. 453—461.

867. *Anodontites crispata* Brugu.

Jean Guillaume BRUGUIERE.
Sur une nouvelle coquille du genre de l'Anodontite.
Journal d'Hist. Nat. Tome 1. p. 131—136.

868. *Pinnæ variæ.*

René Antoine Ferchault DE REAUMUR.
Observations sur le coquillage appellé Pinne marine.
Mem. de l'Acad. des Sc. de Paris, 1717. p. 177—194.
Johann Hieronymus CHEMNIZ.
Von der Steckmuschel und ihrer seide, wie auch vom Pin-
nenwächter.
Naturforscher, 10 Stück, p., 1—37.

369. *De Testaceis Univalvibus Scriptores.*

Georgius Eberhardus RUMPHIUS.
    De Ovo marino, Porcellanis, seu conchis venereis.
        Ephem. Acad. Nat. Cur. Dec. 2. Ann. 5. p. 222.
Philippus Jacobus SCHLOTTERBECCIUS.
    De cochlea quadam, ad Turbines referenda.
        Act. Helvet. Vol. 4. p. 46—49.
ANON.
    Nachrichten von etlichen seltsamen Konchylien.
        Berlin. Sammlung. 7 Band, p. 22—43.
Lorenz SPENGLER.
    Von den Conchylien der Südsee überhaupt, und einigen
    neuen arten derselben insbesondere.
        Naturforscher, 9 Stück, p. 145—168.
    Beschreibung eines Turbo mit auswendig beutelförmigen
    kammern. Beschäft. der Berlin. Ges. Naturf. Fr. 4
    Band, p. 179—182.
    Nogle smaa Snekkers beskrivelse. Danske Vidensk. Selsk.
    Skrift. nye Saml. 1 Deel, p. 365—373.
    Beskrivelse over nogle i havsandet nylig opdagede Kokil-
    lier. ibid. p. 373—383.
Friedrich Christian MEUSCHEN.
    Conchyliologische briefe.
        Naturforscher, 13 Stück, p. 78—85.
                18 Stück, p. 8—20.
                19 Stück, p. 22—30.
Otho FABRICIUS.
    Om nogle sieldne smaa Conchylier. Danske Vidensk.
    Selsk. Skrift. nye Saml. 4 Deel, p. 86—101.

370. *Cochleæ sinistræ.*

(*Martin* LISTER.)
    Observations concerning the odd turn of some shell-
    snailes.
        Philosoph. Transact. Vol. 4. n. 50. p. 1011—1014.
Johann Hieronymus CHEMNIZ.
    Von den links gewundenen Schnecken.
        Naturforscher, 8 Stück, p. 163—178.
               12 Stück, p. 76—84.
               14 Stück, p. 126—128.

Von der fortpflanzung der linksgewundenen Weinbergs-
schnecken. Naturforscher, 17 Stück, p. 1—11.
Ueber die erzeugung und fortplanzung der Linksschnec-
ken. ibid. 25 Stück, p. 114—121.

871. *Monographiæ Testaceorum Univalvium.*

Argonauta Argo.

Johannes Michael FEHR.
De Carina Nautili elegantissima.
Ephem. Acad. Nat. Cur. Dec. 2. Ann. 4. p. 210, 211.
Georgius Eberhardus RUMPHIUS.
De Nautilo velificante et remigante. ibid. Ann. 7. p. 8, 9.

872. *Argonauta Cornu.*

Lorenz SPENGLER.
Beschreibung eines kleinen Papier Nautilus mit sichtbaren
windungen. Beschäft. der Berlin. Ges. Naturf. Fr. 2
Band, p. 458—461.

873. *Nautili varii.*

Joannes Philippus BREYNIUS.
De Polythalamiis, nova Testaceorum classe.
Gedani, 1732. 4.
Pagg. 40. tabb. æneæ 6; præter commentationes de
Belemnitis, et de Echinis, de quibus suis locis.
Johann Samuel SCHRÖTER.
Neue bemerkungen über kleine natürliche Ammons hörner.
Naturforscher, 17 Stück, p. 117—125.
Ueber einige entdeckungen und beobachtungen an schal-
thieren aus dem Linnäischen geschlecht Nautilus, aus
einigen arten von Seesande.
in sein. Neu. Litteratur der Naturg. 1 Band, p. 301
—320.

874. *Conus Ammiralis δ. Cedo nulli.*

Lorenz SPENGLER.
Die geschichte des ächten Cedo nulli, nebst beschreibung
eines dergleichen prachtstückes vom 2ten range.

Beschäft. der Berlin. Ges. Naturf. Fr. 1 Band, p. 411
—420.
——————: Verhandeling over den Cedo-nulli-hoorn.
Geneeskund. Jaarboeken, 5 Deel, p. 70—74.

875. *Conus Textile.*

Johann Hieronymus CHEMNIZ.
Von einer walzenförmiger Tuten, welche den nahmen
Gloria maris führet. Beschäft. der Berlin. Ges. Na-
turf. Fr. 3 Band, p. 321—331.

876. *Bulla fontinalis.*

Otto Friedrich MÜLLER.
Geschichte der Perlen- Blasen.
Naturforscher, 15 Stück, p. 1—20.

877. *Buccinum glabratum.*

Johann Hieronymus CHEMNIZ.
Vom bunten Achatspizhorn mit stark gezahntem nabel.
Beschäft. der Berlin. Ges. Naturf. Fr. 3 Band, p. 332
—343.

878. *Buccinum glaciale.*

Johann Hieronymus CHEMNIZ.
Vom Buccino glaciali Linnæi.
Schr. der Berlin. Ges. Naturf. Fr. 6 Band, p. 317—321.

879. *Murex stramineus* et *australis.*

Lorenz SPENGLER.
Beschreibung zwoer Südländischer Conchylien.
Naturforscher, 17 Stück, p. 24—31.

880. *Turbo Nautileus.*

Johannes HOFER.
Observatio Zoologica.
Act. Helvet. Vol. 4. p. 212, 213.

881. *Helices variæ.*

Johannes Jacobus HARDERUS.
Examen anatomicum Cochleæ terrestris domiportæ.
Basileæ, 1679. 8.
Pagg. 73. tab. ænea 1; præter appendicem de partibus
genitalibus Cochleæ ejusdem, plagulæ dimidiæ.
Güntherus Christophorus SCHELHAMMER.
Animal in Cochlea minuta depressa degens.
Ephem. Ac. Nat. Cur. Dec. 2. Ann. 9. p. 245, 246.
Jean Guillaume BRUGUIERE.
Sur une nouvelle espece de Bulime.
Journal d'Hist. Nat. Tome 1. p. 339—343.

882. *Helix Avellana.*

Lorenz SPENGLER.
Beschreibung einer neuen art Schnecken aus der Südsee.
Beschäft. der Berlin. Ges. Naturf. Fr. 1 Band, p. 395
—397.

883. *Helix decollata.*

BRISSON.
Observations sur une espece de Limaçon terrestre, dont
le sommet de la coquille se trouve cassé, sans que l'animal en souffre.
Mem. de l'Acad des Sc. de Paris, 1759. p. 99—114.

884. *Helix glutinosa.*

Otto Friderich MÜLLER.
Om Slimhornet.
Kiöbenh. Selsk. Skrifter, 12 Deel, p. 237—246.
———— : Von der schleimigten hornschnecke.
in seine kleine Schriften, 1 Band, p. 99—111.

885. *Helix Auricularia.*

Joannes Fridericus HOFFMANN.
De Concha sphærica fluviatili, alata, ex badio et nigro co-
lore variegata.
Act. Acad. Mogunt. Tom. 2. p. 1—15.

886. *Cavolina* Abildgaardi.

Peter Christian ABILDGAARD.
Nyere efterretning om det skaldyr fra Middelhavet, som
Forskål har beskrevet under navn af Anomia triden-
tata.
Naturhist. Selsk. Skrivt. 1 Bind, 2 Heft. p. 171—175.

887. *Patellæ variæ.*

George FORBES.
A letter relating to the Patella, or Limpet Fish, found at
Bermuda.
Philosoph. Transact. Vol. 50. p. 859, 860.
Johann Samuel SCHRÖTER.
Abhandlung von den Patellen seiner conchyliensamm-
lung.
in sein. Neu. Litteratur der Naturg. 3 Band, p. 1—
175.
LE GENTIL.
Observations sur une espece de Varech qui croit sur les
côtes occidentales de la Basse-Normandie, et sur une
petite Coquille qui se loge dans le tronc de cette plante,
et y prend son accroissement.
Mem. de l'Acad. des Sc. de Paris, 1788. p. 439—442.

888. *Dentalia et affinia genera.*

Jacobus Theodorus KLEIN.
Descriptiones Tubulorum marinorum.
Gedani, 1731. 4.
Pag. 1—7. huc faciunt; reliqua ad Petrefacta spectant.
Jean Etienne GUETTARD.
Sur le rapport qu'il y a entre les Coraux et les Tuyaux
marins, et entre ceux-ci et les Coquilles.
Mem. de l'Acad. des Sc. de Paris, 1760. p. 114—146.
Sur les tuyaux marins.
dans ses Memoires, Tome 3. p. 18—196.

889. *Dentalium?* (*Sabella scabra Linn.,*

Josephus Theophilus KOELREUTER.
Dentalii Americani, ingentis magnitudinis, descriptio.
Nov. Comm. Acad. Petropol. Tom. 10. p. 352—356.

890. *Serpula filograna.*

Josephus Theophilus KOELREUTER.
Descriptio Tubiporæ, maris albi indigenæ.
Nov. Comm. Acad. Petropol. Tom. 7. p. 374—376.

891. *Serpula quædam.*

Joannes Fridericus HOFFMANN.
Dissertatiuncula de Cornu ammonis nativo littoris Ber-
gensis in Norvegia.
Act. Acad. Mogunt. Tom. 1. p. 110—117.
De Tubulis vermicularibus marinis, Cornua ammonis re-
ferentibus, ulteriores observationes. ibid. Tom. 2. p.
16—20.

892. *De Zoophytis Scriptores.*

Systemata.

Jacob Theodor KLEIN.
Zufällige gedanken über ein obhandenes system vor die
bisherige Stein-artige See-gewächse; nebst einem abris,
wie selbige in begreifliche ordnung zu bringen.
Abhandl. der Naturf. Gesellsch. in Danzig, 1 Theil,
p. 346—357.
Petrus Simon PALLAS.
Elenchus Zoophytorum.
　　Pagg. 451. 　　　　　　　Hagæ Comitum, 1766. 8.
————— : Lyst der Plant-Dieren, vertaald, en met
aanmerkingen en afbeeldingen voorzien, door P. Bod-
daert.
　　Pagg. 654. tabb. æneæ 14. 　　　Utrecht, 1768. 8.
J. E. ROQUES DE MAUMONT.
Memoire sur les Polypiers de Mer.
　　Pagg. 75. tabb. æneæ 16. 　　　　Zelle, 1782. 8.
John ELLIS.
The natural history of many curious Zoophytes.
　　Pagg. 206. tabb. æneæ 63. 　　　London, 1786. 4.
In nostro exemplo ectypa etiam adsunt 6 tabularum,
quæ post mortem auctoris deperditæ, in libris editis
desiderantur.

Eugenius Johann Christoph ESPER.
Die Pflanzenthiere in abbildungen nach der natur, nebst
beschreibungen.   Nürnberg, 1791. 4.
1 Theil. pagg. 320. tabb. æneæ color. 68.
2 Theil. pagg. 303. tabb. 108.   1794.
Fortsezungen. 1 Theil. pag. 1—100. tab. Madrep. 32
—79.
Adsunt etiam, absque textu, tabulæ sequentes: Isis
tab. 9. Millep. 18—24. Cellep. 7—11. Gorg. 39.
A. 40—46. Antipath. 10, 11. Spong. 50. Tubipora
1. Alcyon. 1, 1. A. 2—18. Flustra 1—8. Tubularia
1—11. Corallina 1—10. Sertular. 1—21. Pennatula
1—6. Petrif. 1—6.

893. *Descriptiones Zoophytorum miscellæ.*

Vitaliano DONATI.
New discoveries relating to the history of Coral.
Philosoph. Transact. Vol. 47. p. 95—108.
———— italice adest, in ejus Saggio della storia naturale
dell' Adriatico, p. 44—56.   Venezia, 1750. 4.
———— gallice, in ejus Essai sur l'histoire naturelle de
la mer Adriatique, p. 42—54.   la Haye, 1758. 4.
Pehr LÖFLING.
Beskrifning på tvänne fina Coraller.
Vetensk. Acad. Handling. 1752. p. 109—122.
John ELLIS.
A letter concerning a particular species of Coralline.
Philosoph. Transact. Vol. 48. p. 504—507.
A letter concerning the animal life of those Corallines,
that look like minute trees, and grow upon Oysters and
Fucus's.   ibid. p. 627—633.
Essay towards a natural history of Corallines.
Pagg. 103. tabb. æneæ 39.   London, 1755. 4.
Iwan LEPECHIN.
Novæ Pennatulæ et Sertulariæ species descriptæ.
Act. Acad. Petropol. 1778. Pars poster. p. 236—238.
ANON.
Sur un Polypier singulier.
Journal de Physique, Tome 16. p. 315, 316.
————: Nachricht von einem seltenen Polypengebäude.
Lichtenberg's Magaz. 1 Band. 1 Stück, p. 68, 69.
Filippo CAVOLINI.
Memorie per servire alla storia de' Polipi marini.
Pagg. 279. tabb. æneæ 9.   Napoli, 1785. 4.

894. *De Zoophytis Scriptores Topographici.*

Maris Mediterranei.

Joannes Franciscus MARATTI.
De plantis Zoophytis et Lithophytis in Mari Mediterraneo viventibus.
Pagg. 62. Romæ, 1776. 8.

895. *Norvegiæ.*

Hans STRÖM.
Beskrivelse over Norske Söe-væxter.
Kiöbenh. Selk. Skifter, 10 Deel, p. 249—259.
12 Deel, p. 299—314.
Norske Vidensk. Selsk. Skrifter, nye Saml. 2 Bind, p. 349—356.

896. *Indiæ Orientalis.*

Nicolaus Laurentius BURMANNUS.
Series Zoophytorum Indiæ Orientalis. impr. cum ejus Flora Indica.
Pagg. 2. Lugduni Bat. 1768. 4.
James PETIVER.
A description of some Coralls and other submarines, sent from the *Philippine* Isles by G. J. Kamel.
Philosoph. Transact. Vol. 23. n. 286. p. 1419—1421.

897. *Monographiæ Zoophytorum.*

Tubiporarum genus.

Adolph MODEER.
Slägtet Pipmask, Tubipora beskrifvet.
Vetensk. Acad. Handling. 1788. p. 219—239, & p. 241—251.

898. *Madreporæ variæ.*

Franciscus Ernestus BRÜCKMANN.
Lapides fungiformes maris rubri.
Act. Acad. Nat. Curios. Vol. 8. p. 217—219.
Lorenz SPENGLER.
Beskrivelse over et ganske besynderligt Corall-produkt,
hvilket man kunde kalde en Snekke-Madrepore (Ma-
drepora Cochlea.) Danske Vidensk. Selsk. Skrivt. nye
Saml. 1 Deel, p. 240—248.
Johann HERMANN.
Ueber eine noch unbeschriebene Stern-koralle, Madrepora
Calendula.
Naturforscher, 18 Stück, p. 115—122.
Jean Guillaume BRUGUIERE.
Description d'une nouvelle espece de Madrepore.
Journal d'Hist. Nat. Tome 1. p. 461—463.

899. *Millepora quædam.*

Marcus Elieser BLOCH.
Nachricht von einem ästigen Punktkorall mit pfriemen-
förmigen öfnungen oder punkten. Beschäft. der Berlin. Ges. Naturf. Fr. 3 Band, p. 415—419.

900. *Isis Hippuris.*

Johannes Christophorus GOTTWALDT.
De Equiseto submarino Orientali lapidefacto.
Ephem. Ac. Nat. Curios. Dec. 3. Ann. 9 & 10. p.
289, 290.

901. *Isis dichotoma.*

Johann HERMANN.
Isis dichotoma.
Naturforscher, 15 Stück, p. 135—138.

902. *Isis ochracea.*

John ELLIS.
An account of a red Coral from the East-Indies.
Philosoph. Transact. Vol. 50. p. 188—194.

903. *Isis Asteria.*

John ELLIS.
 An account of an Encrinus, or Star-fish, with a jointed
 stem, taken on the coast of Barbadoes.
 Philosoph. Transact. Vol. 52. p. 357—365.

904. *Gorgonia ceratophyta.*

Georgius Fridericus FRANCUS DE FRANKENAU.
 Lithophyton purpureum Gesneri marinum.
 Ephem. Acad. Nat. Cur. Dec. 3. Ann. 3. p. 307, 308.

905. *Gorgonia verrucosa.*

Hans SLOANE.
  A description of a curious Sea-plant.
  Philosoph. Transact. Vol. 44. n. 478. p. 51—53.

906. *Alcyonia varia.*

Jean Etienne GUETTARD.
 Sur les Alcyonions.
 dans ses Memoires, Tome 4. p. 162—237.

907. *Alcyonium arboreum.*

Josephus Theophilus KOELREUTER.
 Zoophyti marini, e Coralliorum genere, historia.
 Nov. Comm. Acad. Petropol. Tom. 7. p. 344—373, &
 p. 377—387.

908. *Alcyonium digitatum.*

Joannes Philippus BREYNIUS.
 De Alcyonio reperto in Mari Britannico.
 Ephem. Acad. Nat. Cur. Cent. 7 & 8. App. p. 153—
 160.

909. *Alcyonium Schlosseri.*

John Albert Schlosser.
An account of a curious, fleshy, coral-like substance;
with observations by John Ellis.
Philosoph. Transact. Vol. 49. p. 449—452.

Steffano Andrea Renier.
Lettera sopra il Botrillo piantanimale marino.
Opuscoli scelti, Tomo 16. p. 256—267.

910. *Spongiæ variæ.*

John Strange.
An account of some specimens of Spongiæ from the coast
of Italy.
Philosoph. Transact. Vol. 60. p. 179—183.
———: Lettera contenente la descrizione di alcune
Spugne dei lidi del mare Mediterraneo in Italia.
impr. cum Olivi Zoologia Adriatica; p. i—viii.
Bassano, 1792. 4.

Johann Ernst Immanuel Walch.
Beyträge zur naturgeschichte der Saugschwämme.
Naturforscher, 8 Stück, p. 179—213.

Jean Etienne Guettard.
Sur les Eponges.
dans ses Memoires, Tome 4. p. 76—161.

Guido Vio.
Della natura delle Spongie di mare, e particolarmente
delle piu rare, che allignano nel golfo di Smirne.
impr. cum Olivi Zoologia Adriatica; p. ix—xxxi.
Bassano, 1792. 4.

Martin Vahl.
Beskrivelse af en nye Söe-svamp.
Naturhist. Selsk. Skrivt. 2 Bind. 2 Heft. p. 51—55.

911. *Spongia officinalis.*

Abrahamus Krigel.
Dissertatio de Spongiarum apud veteres usu. Resp. Jo.
Gotthold. Hænischius.
Pagg. 32.   Lipsiæ, 1734. 4.

912. *Spongia lacustris.*

RENEAUME.
Spongia fluviatilis, ramosa, fragilis et piscem olens.
Mem. de l'Acad. des Sc. de Paris, 1714. p. 231—239.

913. *Spongia fluviatilis.*

Franciscus Ernestus BRÜCKMANN.
De Badiaga, Epistola itiner. 86. Cent. 2. p. 1113—1117.

914. *Spongia friabilis.*

Bernhard WARTMANN.
Von dem Fisch-brod.
Naturforscher, 21 Stück, p. 113—128.
22 Stück, p. 113—122.

915. *Tubulariæ variæ.*

Petrus Simon PALLAS.
Descriptio Tubulariæ fungosæ prope Wolodimerum observatæ.
Nov. Comm. Acad. Petropol Tom. 12. p. 565—572.
Johann Friedrich BLUMENBACH.
Von den Federbusch-Polypen in den Göttingischen gewässern.
Götting. Magaz. 1 Jahrg. 4 Stück, p. 117—127.
Seorsim etiam adest.

916. *Sertulariæ variæ.*

François GRISELINI.
Observations sur la Baillouviana. impr. avec ses observations sur la Scolopendre marine luisante; p. 25—32.
tab. 2da.   Venise, 1750.   8.
Joannes LEPECHIN.
Sertulariæ species duæ determinatæ.
Act. Acad. Petropol. 1780. Pars pr. p. 223—225.

917. *Sertularia Myriophyllum.*

Joannes Hieronymus ZANNICHELLI.
De Myriophyllo pelagico, aliaque marina plantula ano-
nyma, epistola.
Pagg. 17. tabb. æneæ 3. Venetiis, 1714. 8.

918. *Sertularia neritina.*

John ELLIS.
Observations on a remarkable Coralline.
Philosoph. Transact. Vol. 48. p. 115—117.
————: Waarneemingen omtrent een aanmerklyk
Koraalgewas.
Uitgezogte Verhandelingen, 1 Deel, p. 18—22.

919. *Pennatularum genus.*

Adolph MODEER.
Slägtet Sjöpenna, (Pennatula).
Vetensk. Acad. Handling. 1786. p. 267—302.

920. *Pennatulæ variæ.*

Bernhard Sigfrid ALBINUS.
De penna marina, alba, et rubente.
in ejus Academ. Annotat. Lib. 1. p. 77—79.
John ELLIS.
An account of the Pennatula phosphorea of Linnæus,
likewise a description of a new species of Sea Pen, with
observations on Sea Pens in general.
Philosoph. Transact. Vol. 53. p. 419—428.
ANON.
Von einem meerthier, welches die Meerfeder genannt
wird.
Berlin. Magaz. 3 Band, p. 20—29.
(Maximam partem ex priori libelli.)

921. *Pennatula Encrinus.*

Christlob MYLIUS.
Beschreibung einer neuen Grönländischen Thierpflanze.
Pagg. 19. tab. ænea 1. London, 1753. 4.
———— Physikal. Belustigung. 3 Band, p. 1003—1020.
TOM. 2. A a

—————: An account of a new Zoophyte from Groenland.
> Pagg. 27. tab. ænea 1.   London, 1754. 8.

John ELLIS.
A letter concerning a Cluster-Polype, found in the sea near the coast of Greenland.
> Philosoph. Transact. Vol. 48. p. 305—307.

—————: Brief over een Tros-Polypus, in zee gevonden omtrent de kust van Groenland.
> Uitgezogte Verhandelingen, 1 Deel, p. 98—103.

922. *De Infusoriis Scriptores.*

Edmund KING.
Observations and experiments on the Animalcula in Pepper-water &c.
> Philosoph. Transact. Vol. 17. n. 203. p. 861—865.

John HARRIS.
Some microscopical observations of vast numbers of Animalcula seen in water. ibid. Vol. 19. n. 220. p. 254—259.

Henry MILES.
Observations on the mouth of the Eels in vinegar, and also a strange aquatic animal. ibid. Vol. 42. n. 469. p. 416—419.

Henricus Augustus WRISBERG.
Observationum de Animalculis infusoriis satura, quæ in Societatis Regiæ scientiarum solemni anniversarii consessu præmium reportavit.
> Pagg. 110. tabb. æneæ 2.   Goettingæ, 1765. 8.

John ELLIS.
Observations on a particular manner of increase in the Animalcula of vegetable infusions.
> Philosoph. Transact. Vol. 59. p. 138—151.

Martinus TERECHOWSKY.
Dissertatio inaug. de Chao infusorio Linnæi.
> Pagg. 60.   Argentorati, 1775. 4.

Lazaro SPALLANZANI.
Osservazioni e sperienze intorno agli Animalucci delle Infusioni. Volume 1. degli sui Opuscoli di Fisica animale e vegetabile.   Modena, 1776. 8.
> Pagg. 221. tabb. æneæ 2; præter epistolas Bonneti mox dicendas.

—————: Observations et experiences faites sur les Animalcules des Infusions.

Tome 1. de ses Opuscules de Physique animale et
vegetale, traduits par J. Senebier.
Pagg. 255. tabb. æneæ 2.　　　　Geneve, 1777.　8.
Carolus BONNET.
Lettere due relative al suggetto degli Animali Infusorj.
impr. cum Opusculi di Fisica da Spallanzani ; Vol. 1.
p. 223—304.　　　　　　　　Modena, 1776.　8.
———— : Deux lettres relativement aux Animalcules.
in Tome 2. des Opuscules de Physique de Spallanzani,
traduits par J. Senebier, p. 1—89.
　　　　　　　　　　　　　　Geneve, 1777.　8.
———— ———— dans les Oeuvres de Bonnet, Tome
5. Part. 2. p. 104—182.
Johann August Ephraim GOEZE.
Infusionsthierchen, die andre fressen.　Beschäft. der Ber-
lin. Ges. Naturf. Fr. 3 Band, p. 375—384.
Otto Friderich MÜLLER.
Om Infusions-dyrenes forplantelses-maader.　Danske Vi-
densk. Selsk. Skrift. nye Saml. 2 Deel, p. 240—276.
Om Infusions-dyrenes frembringelse.　ibid. 3 Deel, p. 1
—64.
Animalcula infusoria, fluviatilia et marina, quæ detexit,
systematice descripsit et ad vivum delineari curavit ;
opus posthumum, cura Othonis Fabricii.
　　　　　　　　　　　　　　Havniæ, 1786.　4.
Pagg. LVI & 367. tabb. æneæ 50, quarum quædam
color.
BESEKE.
Mikroskopische beobachtungen über thiere des ˜üssen
wassers.
Leipzig. Magaz. 1784. p. 316—331.
ANON.
Verhandeling over de Diertjes, welke men in de aftrekze-
len van planten gewaar word.
Algem. geneeskund. Jaarboeken, 2 Deel, p. 49—74.
　　　　　　　　　　　　　 3 Deel, p. 22—43.
　　　　　　　　 4 Deel, p. 84—91, & p. 218—235.
Beobachtungen über die Infusions-thierchen. (e Gallico,
in Journal de Normandie.)
Voigt's Magaz. 5 Band. 2 Stück, p. 111—114.
Pierre Antoine PERENOTTI.
Sur une nouvelle espece d'Insecte, trouvé dans l'eau d'un
puits d'Alexandrie.
Mem. de l'Acad. de Turin, Vol. 4. p. 255—258.
　　　　　　　　A a 2

——————: Sopra una nuova specie d'Insetti, trovati nell'
acqua d'un pozzo d'Alessandria.
Opuscoli scelti, Tomo 14. p. 226—228.
Hans STRÖM.
Om en röd materie paa fiskedamme.
Naturhist. Selsk. Skrivt. 1 Bind, 2 Heft. p. 18—24.
Peter Christian ABILDGAARD.
Nogle forsög beträffende Infusions-dyrenes oprindelse, og
aarsagen til vandets forraadnelse. ibid. 3 Bind, 1 Heft.
p. 70—87.
Beskrivelse og aftegning af tvende nye Infusions-dyr, som
findes i de Danske Vande. ibid. p. 88—90.

923. *Monographiæ Infusoriorum.*

Vorticellarum genus.

Adolph MODEER.
Försök til närmare stadgande af det besynnerliga slägtet
ibland mask-kräken, som blifvit kalladt Masklilja,
Vorticella.
Vetensk. Acad. Handling. 1790. p. 241—266.
1791. p. 3—23.

924. *Vorticellæ variæ.*

T. BRADY.
An account of some remarkable insects of the Polype
kind, found in the waters near Brussels.
Philosoph. Transact. Vol. 49. p. 248—251.
Lazaro SPALLANZANI.
Osservazioni e sperienze intorno ad alcuni prodigiosi ani-
mali, che e' in balia dell' osservatore il farli tornare da
morte a vita. in ejus Opuscoli di Fisica, Vol. 2. p. 179—
253.   Modena, 1776. 8.
——————: Observations et experiences sur quelques ani-
maux surprenants, que l'observateur peut à son gré faire
passer de la mort à la vie.
in ejus Opuscules de Physique, traduits par J. Senebier,
Tome 2. p. 299—381.
Jacobus WATERVLIET.
Waarnemingen over de voort-teeling van de zoetwater
Raderdiertjes. Verhand. van het Genootsch. te Vlissingen, 11 Deel, p. 390—400.

925. *Vorticella Anastatica.*

Carl DE GEER.
Öfver små Vattu-djur af en besynnerlig art.
Vetensk. Acad. Handling. 1747. p. 209—214.
——————: Monoculi, insecti aquatici, species nova.
Analect. Transalpin. Tom. I. p. 480—483.
—————— gallice in ejus Memoires sur les Insectes, Tome
7. p. 437—441.

926. *Vorticella rotatoria.*

Johann August Ephraim GOEZE.
Eine bequeme art Räderthiere des winters in der stube zu
ziehen. Beschäft. der Berlin. Ges. Naturf. Fr. 2 Band,
p. 287—289.

927. *Vorticella polymorpha.*

Otto Friedrich MÜLLER.
Nachricht von der vielgestalteten Vortizelle. ibid. p. 20
—27.

928. *Gonium pectorale.*

Otto Friedrich MÜLLER.
Om Bröst-hörningen, Gonium pectorale.
Vetensk. Acad. Handling. 1781. p. 21—28.
—————— : Von Kugelquadraten.
in seine kleine Schriften, 1 Band, p. 15—21.

929. *Vibrio aceti.*

Johann August Ephraim GOEZE.
Mikroskopische erfahrungen über die Essigaale.
Naturforscher, 1 Stück, p. 1—53.
Etwas aus meinem beobachtungsdiarium über die oekono-
mie der Essigaale. ibid. 18 Stück, p. 38—65.

930. *Vibrio glutinis.*

James SHERWOOD.
A letter concerning the minute Eels in paste being vivi-
parous.
Philosoph. Transact. Vol. 44. n. 478. p. 67—69.

———: Schreiben kleine älchen im sauerteige betref-
fend, die ihre jungen lebendig zur welt bringen.
Hamburg. Magaz. 2 Band, p. 126—129.
Johann August Ephraim Goeze.
Beytrag zur geschichte der Kleister-aale.
Naturforscher, 9 Stück, p. 177—182.

931. *Bacillaria paradoxa.*

Otto Friderich Müller.
Om et besönderligt væsen i strandvandet. Danske Vidensk.
Selsk. Skrift. nye Saml. 2 Deel, p. 277—286.
———: Von einem sonderbaren wesen im meerwasser.
in seine kleine Schriften, 1 Band, p. 1—14.

932. *Volvox Globator.*

Carl De Geer.
Beskrifning af Klot-Masken.
Vetensk. Acad. Handling. 1761. p. 111—116.

933. *De Vermibus Intestinalibus Scriptores Syste-*
matici.

Petrus Simon PALLAS.
Dissertatio inaug. de infestis viventibus intra viventia.
  Pagg. 62.   Lugduni Bat. 1760.   4.
Marcus Elieser BLOCH.
Abhandlung von der erzeugung der Eingeweidewürmer,
und den mitteln wider dieselben.
  Pagg. 54. tabb. æneæ 10.   Berlin, 1782.   4.
———— : Traité de la generation des Vers des Intestins,
et des vermifuges.
  Pagg. 127. tabb. æneæ 10.   Strasbourg, 1788.   8.
Johann August Ephraim GOEZE.
Versuch einer naturgeschichte der Eingeweidewürmer
thierischer körper.
  Pagg. 471. tabb. æneæ 44.   Blankenburg, 1782.   4.
Anders Jahan RETZIUS.
Lectiones publicæ de Vermibus intestinalibus, inprimis
humanis.
  Pagg. 55.   Holmiæ, 1786.   8.
Otto Friderich MÜLLER.
Verzeichniss der bisher entdeckten Eingeweidewürmer, der
thiere, in welchen sie gefunden worden, und der besten
schriften, die derselben erwähnen.
  Naturforscher, 22 Stück, p. 33—86.
Franz von Paula SCHRANK.
Verzeichniss der bisher hinlänglich bekannten Einge-
weidewürmer, nebst einer abhandlung über ihre anver
wandtschaften.
  Pagg. 116.   München, 1788.   8.
Peter Christian ABILDGAARD.
Almindelige betragtninger over Indvolde-orme, bemærk-
ninger ved Hundsteilens Bændelorm, og beskrivelse af
nogle nye Bændelorme.
  Naturhist. Selsk. Skrivt. 1 Bind, 1 Heft. p. 26—64.

934. *De Animalibus viventibus intra Animalia viva*
Scriptores miscelli.

Francesco REDI.
Osservazioni intorno agli animali viventi che si trovano
negli animali viventi.
 Pagg. 232. tabb. æneæ 26. Firenze, 1684. 4.
 ——————— : De animalculis vivis, quæ in corporibus ani-
 malium vivorum reperiuntur, observationes; latinas
 fecit P. Coste.
 Pagg. 342. t bb. æneæ 26. Amstelædami, 1708. 12.
Philippus Jacobus HARTMANN.
De Lumbrico in Rene Cınis sanguineo.
 Ephem. Acad. Nat. Cur. Dec. 2. Ann. 4. p. 149—152.
Laurentius HEISTERUS.
De singularibus vermibus in Equo repertis. ibid. Cent.
 3 & 4. p. 466.
Vermes in Columbis singulares. ibid. p. 467, 468.
Johann Leonhard FRISCH.
De Tæniis in Anserum intestinis, et in piscibus; vestigia
 generationis Tæniarum in piscibus et avibus ; de Lum-
 bricis et Tæniis in superficie hepatis piscium et murium;
 observationes ad anatomiam Lumbricorum in visceribus
 pertinentes.
 Miscellan. Berolinens. Contin. 2. p. 42—48.
De Tæniis in stomacho Mustelæ fluviatilis; de Lum-
 bricis in Locustis ; de Tæniis in pisciculo aculeato, Ste-
 cherling. ibid. Tom. 4. p. 392—396.
De Tænia capitata. ibid. Tom. 6. p. 121.
De Tæniis, quæ in jecore piscium inveniuntur. ibid. p.
 129.
Laurentius GARCIN.
Hirudinella marina, or Sea-Leach.
 Philosoph. Transact. Vol. 36. n. 415. p. 387—394.
Frank NICHOLLS.
An account of worms in animal bodies.
 Philosoph. Transact. Vol. 49. p. 246—248.
 ——————: Nachrichten von würmern in thierischen kör-
 pern.
 Hamburg. Magaz. 19 Band, p. 219—221.
BOURGELAT.
Sur des Vers trouvés dans les sinus frontaux, dans le ven-
 tricule, et sur la surface exterieure des intestins d'un

Cheval. Mem. etrangers de l'Acad. des Sc. de Paris, Tome 3. p. 409—432.
————— : Onderzoek naar eenige ziekten der Paarden, afhangelyk van Wormen.
Uitgezogte Verhandelingen, 8 Deel, p. 196—235.
Joannes Jacobus D'ANNONE.
Epistola ad Jo. Henricum Respingerum.
Act. Helvet. Vol. 4. p. 301—306.
Joannes Philippus DE LIMBOURG.
Observationes de Ascaridibus et Cucurbitinis, et potissimum de Tænia, tam humana quam leporina.
Philosoph. Transact. Vol. 56. p. 126—132.
Jean Etienne GUETTARD.
Sur des Vers ascarides des Harengs.
dans ses Memoires, Tome 1. p. lxxxv, lxxxvj.
Anton Rolandson MARTIN.
Gordier, Knut-eller Tråd-Maskar, fundne hos Fiskar och Människor.
Vetensk. Acad. Handling. 1771. p. 261—269.
Otto Friderich MÜLLER.
Om Dyr i Dyrs indvolde, især om Giedde-Kratseren.
Kiöbenh. Selsk. Skrifter, 12 Deel, p. 223—236.
————— : Von Thieren in den eingeweiden der Thiere, insonderheit vom Krazer im Hecht.
Naturforscher, 12 Stück, p. 178—196.
Unterbrochene bemühungen bey den Intestinalwürmern.
Schr. der Berlin. Ges. Naturf. Fr. 1 Band, p. 202—218.
Marcus Elieser BLOCH.
Beytrag zur naturgeschichte der Würmer, welche in andern Thieren leben. Beschäft. der Berlin. Ges. Naturf. Fr. 4 Band, p. 534—561.
Paulus Christianus Fridericus WERNER.
Vermium intestinalium, præsertim Tæniæ humanæ, brevis expositio.
Pagg. 144. tabb. æneæ 7.   Lipsiæ, 1782. 8.
Vermium intestinalium expositionis continuatio.
Pagg. 28. tabb. 8 & 9.   ib. 1782. 8.
Continuatio secunda, edita et animadversionibus aucta, a Jo. Leon. Fischer.
Pagg. 96. tabb. 4.   ib. 1786. 8.
Continuatio tertia, auctore J. L. Fischer.
Pagg. 79. tabb. 5.   ib. 1788. 8.

Friedrich Carl Ludwig Herzog von HOLSTEIN BECK.
Ueber die Trichuriden in den gedärmen der Hasen, (und
Würmern in den gedärmen einer Wasserschlange.)
Naturforscher, 21 Stück, p. 1—9.
Friedrich Heinrich LOSCHGE.
Nachricht von besondern eingeweidewürmern aus der harn-
blase des Frosches. ibid. p. 10—14.
HETTLINGER.
Ueber eine art von Bandwurm im leibe einer Raupe.
Lichtenberg's Magaz. 3 Band. 3 Stück, p. 31, 32.
Bernhard NAU.
Beschreibung eines neuen geschlechtes der Eingeweide-
würmer.
Beob. der Berlin. Ges. Naturf. Fr. 1 Band. p. 471—474.
Joseph Aloysius FRÖLICH.
Beschreibungen einiger neuen Eingeweidewürmer.
Naturforscher, 24 Stück, p. 101—162.
Beyträge zur naturgeschichte der Eingeweidewürmer. ibid.
25 Stück, p. 52—113.
Franz von Paula SCHRANK.
Förtekning på några hittils obeskrifne Intestinal-kräk;
med tilläggningar af Ad. Modeer.
Vetensk. Acad. Handling. 1790. p. 118—130.
Carolus Asmund RUDOLPHI.
Observationes circa Vermes Intestinales; Præside Joanne
Quistorp.
Pagg. 46.   Gryphiswaldiæ, 1793. 4.
Pars 2. Præside Chr. Ehrenfr. Weigel.
Pagg. 19.   ib. 1795. 4.

935. *Animalia homini infesta.*

Johan-Ruperto SULTZBERGERO
Præside, Disputatio de Vermibus in homine. Resp. Joh.
Michael.
Plagg. 6.   Lipsiæ, 1628. 4.
Gustavus Daniel LIPSTORP.
Disputatio inaug. de Animalculis in humano corpore ge-
nitis.
Plagg. 4.   Lugduni Bat. 1687. 4.
Johannes Jacobus HARDERUS.
De Lumbrico, Fascia lata dicto, et Lumbrici per urinam
et nares excreti; cum Scholio de Lumbricorum ovis, et
generatione in corpore humano. in ejus Apiario, p.
368—372.

R. C.
Vermiculars destroyed, with an historical account of worms, with directions for the taking those most famous medicines, entituled Pulvis benedictus, &c.
Pagg. 31 ; cum figg. ligno incisis.
London, 1690. 4.

Johannes Jacobus STOLTERFOHT.
De Vermibus in corpore humano.
Nov. Literar. Mar. Balth. 1699. p. 301—312.

Nicolas ANDRY.
De la generation des Vers dans le corps de l'homme.
Pagg. 468. tabb. æneæ 5.   Paris, 1700.   12.
——————— Pagg. 317. tab. ænea 1.
                                      Amsterdam, 1701.   12.
——————— Pagg. 533.   Paris, 1715.   12.
Eclaircissement sur le livre de la generation des vers dans le corps de l'homme.
Pagg. 69.   ib. 1704.   12.
In tertia editione libri prioris, libellus hic est caput 14tum.

Antonio VALLISNERI.
Disamina d'un solo Articolo dell' opera della generazione de' Vermi del corpo umano del Signor Andry.
in ejus Opere, Tomo 2. p. 363—375.

Gian-Tommaso BRINI.
Lettera in cui espone i motivi, pe' quali il Sig. Andry ha maltrattato il Sig. Vallisneri, &c. ibid. p. 375—385.

Agostino SARASINI.
Lettera nella quale fa vedere, quanto profitto ha fatto il Sig. Andry dopo la lettura dell' Opera del Sig. Vallisneri. ibid. p. 385—401.

Daniel CLERICUS S. LE CLERC.
Historia naturalis et medica latorum Lumbricorum, accessit, de ceteris hominum Vermibus, de omnium origine, de remediis quibus pelli possunt, disquisitio.
Pagg. 456. tabb. æneæ 14.   Genevæ, 1715.   4.
——————— : A natural and medicinal history of Worms, bred in the bodies of men and other animals.
Pagg. 436. tabb. æneæ 3.   London, 1721.   8.

Elia CAMERARIO
Præside, Disputatio: Helminthologia intricata, Clericanis, Andryanisque placitis illustrata. Resp. Jac. Bernh. Hummel.
Pagg. 34.   Tubingæ, 1724.   4.

Christophorus Guilielmus BAJER.
Dissertatio inaug. de generatione Insectorum in corpore humano.
Pagg. 32.   Altorfii, 1740. 4.
Joannes Baptista BIANCHI.
De naturali in humano corpore, vitiosa morbosaque generatione historia.
Pagg. 468. tabb. æneæ 3.   Aug. Taurin. 1741. 8.
(Pars 3. de morbosa generatione, hujus loci.)
Christiano Gottfried STENTZELIO
Præside, Dissertatio de Insectorum in corpore humano genitorum varia forma et indole. Resp. Ge. Vaghi.
Pagg. 90.   Vitembergæ, 1741. 4.
Christian Gottlieb KRATZENSTEIN.
Abhandlung von der erzeugung der Würmer im menschlichen cörper.
Pagg. 52. tab. ænea 1.   Halle, 1748. 8.
Gualtherus VAN DOEVEREN.
Dissertatio inaug. de Vermibus intestinalibus hominum.
Pagg. 83.   Lugduni Bat. 1753. 4.
Johanne Hieronymo KNIPHOFIO
Præside, Dissertatio de Pediculis inguinalibus, Insectis et Vermibus homini molestis. Resp. Chph. Wilh. Eman. Reichard.
Pagg. 51. tabb. æneæ 3.   Erfurti, 1759. 4.
Joannes Henricus JÆGER.
Spicilegium de Pathologia animata, præmissa tractatione de generatione æquivoca. (Dissertatio inauguralis.)
Pagg. 64.   Gottingæ, 1775. 4.
Christiano Friderico LUDWIG
Præside, Dissertatio : Observationes pathologico-anatomicæ, auctarium ad Helminthologiam humani corporis continentes. Resp. Frid. Aug. Treutler.
Pagg. 44. tabb. æneæ 4.   Lipsiæ, 1793. 4.

936. *Vermes Intestinales hominum.*

Alexander TRALLIANUS.
De Lumbricis epistola. græce et latine. impr. cum H. Mercurialis variis lectionibus.
Plagg. 2¼.   Venetiis, 1571. 4.
Hieronymus GABUCINUS.
De Lumbricis alvum occupantibus commentarius.
Foll. 57.   ib. 1547. 8.

Rutgerus van Loen.
  Disputatio inaug. de Lumbricis.
  Plag. 1.   Lugd. Bat. 1647. 4.
Johanne Theodoro Schenckio
  Præside, Disputatio de Vermibus intestinorum. Resp.
  Imm. Guil. Ayrerus.
  Pagg. 45.   Jenæ, 1670. 4.
Herbertus Dapper.
  Disputatio inaug. de Vermibus.
  Plagg. 2.   Lugduni Bat. 1671. 4.
Georgius Reitmeyer.
  Dissertatio inaug. de Lumbricis.
  Pagg. 16.   Altdorffii, 1673. 4.
Abrahamus Raven.
  Disputatio inaug. de Vermibus intestinorum.
  Plag. 1½.   Lugduni Bat. 1675. 4.
Rudolfo Wilhelmo Crausio
  Præside, Disputatio de Lumbricis. Resp. Joh. Ge.
  Glytz.
  Plagg. 2½.   Jenæ, 1685. 4.
Casparus Commelin.
  Disputatio inaug. de Lumbricis.
  Plagg. 2.   Lugduni Bat. 1694. 4.
Johannes Georgius Lucius.
  Disputatio inaug. de Lumbricis alvum occupantibus.
  Plagg. 3.   ib. 1694. 4.
Ernesto Henrico Wedelio
  Præside, Dissertatio de Vermibus. Resp. Franc. Balth.
  von Lindern.
  Pagg. 52.   Jenæ, 1707. 4.
Joannes Tauber.
  Disputatio inaug. de Lumbricis.
  Pagg. 10.   Lugduni Bat. 1714. 4.
Giuseppe Volpini.
  Sentimenti della origine e natura de' Vermini del **corpo**
  umano.   Parma, 1721. 8.
  Pagg. 71; præter libellum de vesicatoriis, non hujus
  loci.
Jacobus Leonis Aronis.
  Dissertatio inaug. de Lumbricis.
  Pagg. 13.   Lugduni Bat. 1728. 4.
Antonio Vallisneri.
  Considerazioni ed esperienze intorno alla generazione de'
  Vermi ordinarii del corpo umano.
  in ejus Opere, Tomo 1. p. 113—178, & p. 282—319.

Friderico HOFFMANNO
Præside, Dissertatio de Animalibus humanorum corporum
infestis hospitibus, von denen Bauchwürmern. Resp.
Sam. de Drauth.
Pagg. 68.   Halæ, 1734. 4.
Jacobus MALBOIS.
Dissertatio inaug. de intestinis ac Vermibus in iis nidulan-
tibus.
Pagg. 25.   Lugduni Bat. 1751. 4.
Jacob Theodor KLEIN.
Untersuchung unterschiedlicher meynungen von dem
herkommen und der fortpflanzung der im menschlichen
körper befindlichen Würmer.
Hamburg. Magaz. 18 Band, p. 19—58.
J. L. MÜLLER.
Von erzeugung der Würmer im menslichen leibe. ibid.
20 Band, p. 424—434.
Nils ROSE'N
Rön om Maskar, och i synnerhet om Binnike-Masken.
Vetensk. Acad. Handling. 1760. p. 159—191.
Murk VAN PHELSUM.
Natuurkundige verhandeling over de Wormen, welke
veeltyds in de darmen der menschen gevonden worden.
Leeuwarden, 1763. 8.
Pagg. 314. tabb. æneæ 4.
Brief aan den Heere M. Houttuyn.
Pagg. 20.   ib. 1770. 8.
Joannes Fysbe PALMER.
Tentamen inaug. de Vermibus intestinorum.
Pagg. 34. tabb. æneæ 7.   Edinburgi, 1766. 4.
Godofredo Christophoro BEIREISIO
Præside, Dissertatio de febribus et variolis verminosis.
Resp. Phil. Ern. Hinze.
Pagg. 53.   Helmstadii, 1780. 4.
Henr. Ern. Aug. SCHROETER.
Dissertatio inaug. de Vermibus corporis humani intesti
nalibus.
Pagg. 103.   Halæ, 1787. 8.
Michael Franciscus BUNIVA.
De generatione et propagatione Vermium, in canali ciba-
rio hospitantium, et morbis ab iisdem originem haben-
tibus. in ejus Disputatione publica, p. 116—215.
Aug. Taurin. 1788. 8.

937. *Insecta eorumque Larvæ in intestinis hominum.*

Johan Gustaf WAHLBOM.
Rön om Flugo-maskar uti människans kropp.
Vetensk. Acad. Handling. 1752. p. 46—52.
————: Observationes circa Vermes hominis intestina habitantes.
Analect. Transalpin. Tom. 2. p. 395—398.
Nils ROSE'N.
Rön om Insecter i människans kropp.
Vetensk. Acad. Handling. 1752. p. 52—57.
————: Observationes circa Insecta in corpore humano obvia.
Analect. Transalpin. Tom. 2. p. 398—400.
Andreas SPARRMAN.
Om Flug-maskar, utdrefne ifrån en människa.
Vetensk. Acad. Handling. 1778. p. 65—70.
(Larva Muscæ meteoricæ.)
Annibale BASTIANI.
Istoria medica sopra un animale bipede evacuato per secesso in cardialgia verminosa.
Atti dell' Accad. di Siena, Tomo 6. p. 241—252.
Johan Lorens ODHELIUS.
Et sällsynt slags Larver (Muscæ pendulæ) utdrifne ifrån et ungt fruntimmer.
Vetensk. Acad. Handling. 1789. p. 221—224.

938. *Vermes et Insecta eorumque Larvæ in aliis humani corporis partibus (præter Intestina.)*

Burcardo Davide MAUCHARTO
Præside, Dissertatio: Lumbrici teretis in *ductu pancreatico* reperti historia et examen. Resp. Phil. Frid. Gmelin.
Pagg. 28.   Tubingæ, 1738. 4.

D. C. E. BERDOT.
Observatio de Lumbricis e *cubito* erumpentibus.
Act. Helvetic. Vol. 7. p. 177—179.

Fulvius ANGELINUS.
De verme admirando per *nares* egresso, brevis discursus.
Ravennæ, 1610. 4.
Pagg. 18; præter libellum sequentem.
Vincentius ALSARIUS A CRUCE.
De eodem verme commentariolus. impr. cum priori; p.
19—47.
Johannes Augustus WOHLFAHRT.
Observatio de vermibus per nares excretis.
Pagg. 24. tab. ænea 1. Halæ, 1768. 4.
———— Nov. Act. Ac. Nat. Cur. Tom. 4. p. 277—289.
————: Memoire sur des vers rendus par les narines.
Journal de Physique, Introd. Tome 1. p. 143—148.
————: Osservazioni su alcuni vermi usciti a un uomo
dalle narici.
Scelta di Opusc. interess. Vol. 5. p. 96—109.

John HEYSHAM and *John* LATHAM.
An account of a painful affection of the *Antrum maxil-*
lare, from which three insects were discharged.
Medical Communications, Vol. 1. p. 430—443.

Christianus A STEENEVELT.
Dissertatio de *ulcere* verminoso.
Pagg. 24. tabb. æneæ 2. Lugduni Bat. 1698: 4.
Joannes Andreas MURRAY.
De vermibus in Lepra obviis.
Gottingæ, 1769. 8.
Pagg. 45. tab ænea 1; præter historiam Lepræ, non
hujus loci; et observationes de Lumbricorum setis, de
quibus infra, Parte 2.
———— in ejus Opusculis, Vol. 2. p. 351—386.
Murk VAN PHELSUM.
Beschryving eener soorte van maaden, in een vuile ver-
zweeringe gevonden. impr. cum ejus Brief over de
Gewelv-slekken; p. 89—130. Rotterdam, 1774. 8.

Michael ETTMÜLLER.
Observatio medica de *Sironibus.*
Act. Erudit. Lips. 1682. p. 317, 318.
Giovanni Cosimo BONOMO.
Osservazioni intorno a' pellicelli del corpo umano.
Pagg. 16. tab. ænea 1. Firenze, 1687. 4.
————: Observationes circa humani corporis Tere-
dinem, latinitate donatæ a Jos. Lanzono.

Ephem. Ac. Nat. Cur. Dec. 2. Ann. 10. App. p. 33
—44.
An Abstract is in the Philosoph. Transact. Vol. 23. n.
283. p. 1296—1299.
Augusto Quirino Rivino
Præside, Dissertatio de pruritu exanthematum ab Acaris.
Resp. Joh. Jac. Schwiebe.
Pagg. 38. tab. ænea 1.   Lipsiæ, 1722.   4.
Carolus Linnæus.
Dissertatio: Exanthemata viva. Resp. Joh. C. Nyander.
Pagg. 16.   Upsaliæ, 1757.   4.
———— Amoenit. Academ. Vol. 5. p. 92—105.
Jobann Ernst Wichmann.
Ætiologie der Kräze.
Pagg. 140. tab. ænea 1.   Hannover, 1786.   8.

Anon.
De vermiculis *Pique* et *Culebrilla*, incolis Americæ infestis.
Act. Acad. Nat. Curios. Vol. 3. p. 18—26.
Olof Swartz.
Pulex penetrans Linn. beskrifven.
Vetensk. Acad. Handling. 1788. p. 40—48.

939. *Monographiæ Vermium Intestinalium.*

Ascaris vermicularis.

Murk van Phelsum.
Historia physiologica Ascaridum.
Pagg. 135. tabb. æneæ 3.   Leovardiæ, 1762.   8.
David Meese.
Waarneemingen aangaande de aars-maden of wormpjes,
genaamd Ascarides.
Uitgezogte Verhandelingen, 9 Deel, p. 338—347.

940. *Ascaris lumbricoides.*

Edward Tyson.
Lumbricus teres, or some anatomical observations on the
round worm bred in human bodies.
Philosoph. Transact. Vol. 13. n. 147. p. 154—161.
Martinus Houttuyn.
Vergelyking der aardwormen met den menschen-of kin-
deren-worm, inzonderheid ten opzigt van derzelver dee-

Tom. 2.   B b

len van voortteeling, by gelegenheid van een zeldzaame
vertooning in een Worm, die uit de darmen was geloosd.
Uitgezogte Verhandelingen, 5 Deel. p. 207—225.
Johan Lor. ODHELIUS.
Rön om Ascaris Lumbricoides.
Vetensk. Acad. Handling, 1776. p. 140—142.
Carl Magnus BLOM.
Ytterligare rön om masken Ascaris Lumbricoides. ibid.
p. 313—317.
Johan Lor. ODHELIUS.
Påminnelser vid Herr Doctor Bloms rön om Ascaris Lum-
bricoides. ibid. p. 318, 319.
Ytterligare rön om Ascaris Lumbricoides med ett stort
uthängande knippe. ibid. 1781. p. 13—19.
Daniel Cornelius RAUH.
Dissertatio inaug. de Ascaride lumbricoide Linn. vermium
intestinalium apud homines vulgatissimo.
Pagg. 37. Gottingæ, 1779. 4.
———— in J. A. Murray Opusculis, Vol. 2. p. 1—46.
Cornelis PEREBOOM.
Descriptio novi generis vermium Stomachidæ. latine et
belgice.
Pagg. 51. tab. ænea 1. Amstelædami, 1780. 8.
Johann MAYER.
Abhandlung von den Würmern der Menschen.
Abhandl. einer Privatgesellsch. in Böhmen, 5 Band,
p. 77—81.

941. *Ascaris visceralis.*

Polycarpus Gottlieb SCHACHER.
De verme in rene Canis animadverso, Programma.
Plag. 1. Lipsiæ, 1719. 4.

942. *Ascaris vituli.*

Petrus CAMPER.
Ueber die Lungenwürmer.
Schr. der Berlin. Ges. Naturf. Fr. 1 Band, p. 114—118.
———— in seine klein. Schriften, 3 Band. 1 Stück, p.
201—206.
Zusäze. ibid. p. 207—209.

9 4 3. *Ascaris apri.*

J. Ch. E.
Etwas von Fadenwürmern, besonders in den Lungen eines
Frischlinges. (Apri junioris.)
Beschäft. der Berlin. Ges. Naturf. Fr. 3 Band, p. 420
—423.

9 4 4. *Tricocephalus hominis.*

Henricus Augustus Wrisberg.
De Trichuridibus, novo vermium genere, præfatio ad Roe-
dereri et Wagleri tractatum de morbo mucoso, p. v—
xxxii. Goettingæ, 1783. 8.
Prior pars hujus commentarii (p. v—xxv.) adest in
Wrisbergii Observationibus de animalculis infusoriis,
p. 6—13. in notis. (vide supra pag. 346.)
——————: Beschryving der Trichurides, een nieuw soort
van Wormen.
Nieuwe geneeskund. Jaarboeken, 3 Deel, p. 287—293.
Carolus Gottl. Wagler.
In tractatu citato de morbo mucoso, p. 61—64. de Tri-
churidibus agit.

9 4 5. *Filaria medinensis.*

Georgius Hieronymus Velschius.
De vena Medinensi, et de vermiculis capillaribus infantum
exercitationes. Augustæ Vindel. 1674. 4.
Pagg. 456 ; cum tabb. æneis.
Anon.
Part of a letter from Fort St. George, in the East Indies,
giving an account of the long worm, which is trouble-
some to the inhabitants of those parts.
Philosoph. Transact. Vol. 19. n. 225. p. 417, 418.
Engelbert Kæmpfer.
Dracunculus Persarum, in littore sinus Persici.
in ejus Amoenitat. exoticis, p. 524—535.
B. Hussem.
Aanmerkingen betreffende den Dracunculus. Verhand.
van het Gen. te Vlissingen, 2 Deel, p. 443—464.
David Henricus Gallandat.
Dissertatio de Dracunculo, sive vena Medinensi.
Nov. Act. Ac. Nat. Cur. Tom. 5. App. p. 103—116.

————: Abhandlung von dem Nestelwurm.
  Neu. Hamburg. Magaz. 96 Stück, p. 526—549.
Christianus Godofredus GRUNER.
  De vena Medinensi Arabum, sive Dracunculo Græcorum.
    Act. Acad. Mogunt. 1777. p. 257—264.
Georgius Frid. Christ. FUCHS.
  Commentatio historico-medica de Dracunculo Persarum,
    sive vena Medinensi Arabum.
    Pagg. 40.   Jenæ, 1781. 4.

946. *Echinorhynchus in genere.*

Fridericus Augustus TREUTLER.
  Quædam de Echinorhynchorum natura.
    Pagg. xvi. tabb. ænea 1.   Lipsiæ, 1791. 8.

947. *Echinorhynchus marænæ.*

Anton MARTIN.
  Om en mask, som liknar sprutor, och gör hydatides i
    Norsens inälfvor; med anmärkningar af Erik Acharius.
    Vetensk. Acad. Handling. 1780. p. 44—55.

948. *Fasciolæ variæ.*

Blasius MERREM.
  Sack-Egel. (in Muribus variis.) in seine vermischte Ab-
    handlungen aus der Thiergeschichte, p. 169—172.
M. BRAUN.
  Beyträge zur geschichte der eingeweidewürmer.
    Beob. der Berlin. Ges. Naturf. Fr. 2 Band, p. 236—238.
                                    4 Band, p. 57—65.

949. *Fasciola hepatica.*

Jean PECQUET.
  Lettre sur le sujet des vers qui se trouvent dans le foye de
    quelques animaux. Mem. de l'Acad. des Sc. de Paris,
    1666—1699, Tome 10. p. 476, 477.
Johannes Christ. FROMMANN.
  De verminoso in Ovibus et Juvencis reperto hepate.
    Ephem. Ac. Nat. Cur. Dec. 1. Ann. 6 & 7. p. 249
    —255.

Antonius de HEIDE.

Vermes in hepate Ovillo. in ejus Experimentis, p. 46, 47. Amstelodami, 1686. 8.

Godefridus BIDLOO.

Observatio de animalculis, in Ovino aliorumque animan-
tium hepate detectis. Lugduni Bat. 1698. 4.
Pagg. 33; cum figg. æri incisis. Adest etiam titulus
Dissertationis Academicæ, Resp. Henr. Snellen.

Jacob Chrisiian SCHÆFFER.

Die Egelschnecken in den Lebern der Schaafe, und die
von diesen Würmern entstehende schaafkrankheit.
in seine Abhandl. von Insecten, 1 Band, p. 1—56.

950. *Fasciola elaphi.*

Johann Georg Heinrich ZEDER.

Beschreibung des Hirsch-Splitterwurms, Festucaria cervi.
Beob. der Berlin. Ges. Naturf. Fr. 4 Band, p. 65—74.

951. *Tæniæ variæ.*

Charles BONNET.

Dissertation sur le Tænia. Mem. etrangers de l'Acad.
des Sc. de Paris, Tome 1. p. 478—529.

————— dans ses Oeuvres, Tome 2. p. 65—134.

—————: Natuurkundige aanmerkingen over den Lint-
worm.
Uitgezogte Verhandelingen, 3 Deel, p. 309—348.
Nouvelles recherches sur la structure du Tænia.
Journal de Physique, Tome, 9. p. 243—267.

————— dans ses Oeuvres, Tome 5. part. 1. p. 178—
212.
Supplement aux nouvelles recherches sur la structure du
Tænia. ibid. p. 213—235.

Samuel Sigefriedus BEDDEUS.

Dissertatio inaug. de verme Tænia dicto.
Pagg. 35. Viennæ, 1767. 8.

Otto Fridrich MÜLLER.

Om Bændel-Orme. Danske Vidensk. Selsk. Skrift. nye
Saml. 1 Deel, p. 55—96.

—————: Von Bandwürmern.
Naturforscher, 14 Stück, p. 129—203.
Il y en a un precis dans le Journal de Physique, Tome
21. p. 40—53, qui est traduit en Hollandois, dans
Nieuwe geneeskund. Jaarboeken, 3 Deel, p. 15—37.

Petrus Simon PALLAS.
Bemerkungen über die Bandwürmer in menschen und thieren.
in seine Neu. Nord. Beyträge, 1 Band, p. 39—112.
Einige erinnerungen die Bandwürmer betreffend. ibid. 2 Band. p. 58—82.
Aug. Joh Georg Carl BATSCH.
Naturgeschichte der Bandwurmgattung überhaupt, und ihrer arten insbesondere.
Pagg. 298. tabb. æneæ 5.   Halle, 1786. 8.

952. *Tæniæ hydatigenæ variæ.*

Marcus Elieser BLOCH.
Beytrag zur naturgeschichte der Blasenwürmer.
Schr. der Berlin. Ges. Naturf. Fr. 1 Band, p. 335—347.
Felice FONTANA.
Lettera sopra le Idatidi, e le Tenie.
Opuscoli scelti, Tomo 6. p. 108—113.
Carl Nic. HELLENIUS.
Anmärkningar öfver Laklefver-masken.
Vetensk. Acad. Handling. 1785. p. 180—191.
Theodorus Guilielmus SCHROEDER.
Commentationis de Hydatidibus in corpore animali, præsertim humano, repertis Sectio 1. (Programma.)
Pagg. 48.   Rintelii, 1790. 8.

953. *Tænia visceralis.*

Alexander Bernhard KÖLPIN.
Merkwürdige krankheitsgeschichte und leichenöfnung.
Schr. der Berlin. Ges. Naturf. Fr. 1 Band, p. 348—355.

954. *Tænia caprina.*

Philippus Jacobus HARTMANN.
Vermes vesiculares sive Hydatⲱdes in Caprearum omentis.
Ephem. Ac. Nat. Cur. Dec. 2. Ann. 4. p. 152—157.

955. *Tænia cerebralis.*

John THORPE.
A letter concerning Worms in the heads of Sheep.
Philosoph. Transact. Vol. 24. n. 295. p. 1800—1804.
Nathanael Gotfried LESKE.
Von dem drehen der Schafe, und dem Blasenbandwurme

im gehirne derselben, als der ursache dieser krankheit.
Pagg. 52. tab. ænea 1.   Leipzig, 1780. 8.

956. *Tænia globosa.*

Edward Tyson.
  Lumbricus hydropicus, or an essay to prove that Hydatides often met with in morbid animal bodies, are a
  species of worms, or imperfect animals.
  Philosoph. Transact. Vol. 17. n. 193. p. 506—510.
  ————: Tentamen quo probabile redditur, Hydatides,
  sæpius in morbidis corporibus animalium obvias, esse
  speciem vermium.
  Act. Eruditor. Lips. 1692. p. 435—440.

957. *Tænia Finna.*

Otho Fabricius.
  Tinteormen (Vesicaria lobata). Danske Vidensk. Selsk.
  Skrift. nye Saml. 2 Deel, p. 287—295.
Johann August Ephraim Goeze.
  Neueste entdeckung: dass die Finnen im Schweinefleisch
  keine drüsenkrankheit, sondern wahre Blasenwürmer
  sind.
  Pagg. 40. tab. ænea 1.   Halle, 1784. 8.

958. *Tænia Solium* et *vulgaris.*

Polycarpo Gottlieb Schachero
  Præside, Dissertatio de Tænia. Resp. Jo. Godofr. Hahn.
  Pagg. 32.   Lipsiæ, 1717. 4.
Carolus Linnæus.
  Dissertatio: Tænia. Resp. Godofr. Dubois.
  Pagg. 36. tab. ænea 1.   Upsaliæ, 1748. 4.
  ———— Amoenit. Acad. Vol. 2. ed. 1. p. 59—99.
                        ed. 2. p. 53—88.
                        ed. 3. p. 59—99.
Charles Dionis.
  Dissertation sur le Tænia ou ver-plat. Paris, 1749. 12.
  Pagg. 63 ; præter libellum de pulvere sympathetico,
  non hujus loci.
Wilhelm Friedrich Freyherr von Gleichen *genannt Russ-*
  worm.
  Zergliederung und mikroscopische beobachtungen eines

Bandwurms, Tænia lata L. und eines Kürbiswurms,
Cucurbitinus Beschäft. der Berlin. Ges. Naturf. Fr.
4 Band, p. 203—224.
Cusson *fils.*
Remarques sur le Tenia. Assemblée publ. de la Societé
de Montpellier, 1781. p. 97—133
————— Journal de Physique, Tome 22. p. 133—156.

959. *Tænia Solium.*

Edward Tyson.
Lumbricus latus, or a discourse of the joynted Worm.
Philosoph. Transact. Vol. 13. n. 146. p. 113—144.
————— : latine, in Clerici historia latorum lumbrico-
rum, p. 37—63.
Stephanus Coulet.
Disputatio inaug. de Ascaridibus, et Lumbrico lato.
Pagg. 8.   Lugduni Bat. 1728. 4.
————— in sequenti libro, p. 130—137.
Tractatus historicus de Ascaridibus, et lumbrico lato.
Pagg. 228.   Lugduni Bat. 1729. 8.
Samuel Ernst.
Dissertatio inaug. de Tænia secunda Plateri.
Pagg. 31 ; cum fig. æri incisa.   Basileæ, 1743. 4.
Emanuel König.
De ore et proboscide vermium Cucurbitinorum.
Act. Helvet. Vol. 1. p. 27—32.
Johann August Unzer.
Beobachtung von den breiten würmern, (vermes cucurbi-
tini.)
Hamburg. Magaz. 8 Band, p. 312—315.
————— : Observatio de Tæniis ; cum dubiis Kleinii.
impr. cum hujus Herpetologia ; p. 67—72.
Antonio Cocchi.
De i vermi cucurbitini.
Pagg. xviii.   Pistoja, 1764. 8.

960. *Tænia vulgaris.*

Adrianus Spigelius.
De Lumbrico lato liber.   Patavii, 1618. 4.
Pagg. 74. tab. ænea 1 ; præter epistolam de incerto
tempore partus, non hujus loci.

Tænia vulgaris. 369

Antonius DE HEIDE.
Lumbrici lati frustum excretum, et examini anatomico
subjectum. in ejus Experimentis, p. 47, 48.
Amstelodami, 1686. 8.
Nicolaus TULPIUS.
Caput lati lumbrici.
in ejus Observat. medicis, p. 170—173.
Nicolai ANDRY *et Georgii* BAGLIVI
Epistolæ de Lumbricis latis. in hujus Operibus, p. 687
—701. Lugduni, 1710. 4.
Carolo Friderico KALTSCHMIED
Præside, Dissertatio de Vermibus, et præcipue de specie
quam Tæniam vocamus. Resp. Jo. Henr. Jænisch.
Pagg. 56. tab. ænea 1. Jenæ, 1755. 4.
Marx Jacob MARX.
Observata quædam medica. Berolini, 1772. 8.
Pagg. 63. tab. ænea 1. P. 1—22 de Lumbrico lato
agit.
ANON.
Beschreibung des Bandwurmes, nebst den mitteln wieder
denselben.
Pagg. 24. tabb. æneæ 2. Kempten, 1777. 4.

961. Tænia pectinata β.

MARIGUES.
Observation sur des vers Tenia trouvés dans le ventre de
quelques Lapins sauvages.
Journal de Physique, Tome 12. p. 229—231.

962. Furia infernalis.

Daniel SOLANDER.
Furia infernalis, vermis, et ab eo concitari solitus morbus.
Nov. Act. Societ. Upsal. Vol. 1. p. 44—58.
——: Von dem Mordwurm, und von der dadurch
verursachten krankheit.
Naturforscher, 11 Stuck, p. 183—204.
Carolus Godofredus HAGEN.
Dissertatio de Furia infernali. Resp. Car. Metzger.
Pagg. 20. Regiomonti, 1790. 4.

PARS II.

PHYSICA.

---

1. *Encomia Physiologiæ.*

Nathanaelis Godofredus LESKE.
  Programma, qua Physiologiam animalium commendat.
  Pagg. xxiii.   Lipsiæ, 1775. 4.

2. *Historia Anatomiæ comparatæ.*

Christianus Fridericus LUDWIG.
  Historiæ Anatomiæ et Physiologiæ comparantis brevis ex-
  positio. (Programma.)
  Pagg. 20.   Lipsiæ, 1787. 4.

3. *Bibliothecæ Anatomicæ.*

Albertus VON HALLER.
  Bibliotheca anatomica, qua scripta ad Anatomen et Phy-
  siologiam facientia a rerum initiis recensentur.
  Tom. 1. pagg. 816.   Tiguri, 1774. 4.
       2. pagg. 870.   1777.

4. *Anatomes comparatæ Scriptores miscelli.*

ALBERTUS MAGNUS.
  De animalibus libb. xxvi. vide supra pag. 9.
Marcus Aurelius SEVERINUS.
  Zootomia Democritæa. i. e. Anatome generalis totius
  animantium opificii.   Noribergæ, 1645. 4.
  Pagg. 408 ; cum figg. ligno incisis.
Samuel COLLINS.
  A system of Anatomy, treating of the body of Man, Beasts,
  Birds, Fish, Insects, and Plants.   London, 1685. fol.
  Vol. 1. pagg. 678. Vol. 2. pag. 679—1263. tabb. æneæ
  73.

(*Alexander* MONRO.)
    An essay on comparative Anatomy.
       Pagg. 138.   London, 1744. 8.
Pietro MOSCATI.
    Delle corporee differenze essenziali che passano fra la
    struttura de Bruti, e la Umana.
       Pagg. 61.   (2da editione.)   Brescia, 1771. 8.
  ————: Von dem körperlichen wesentlichen unter-
    schiede zwischen der structur der Thiere und der Men-
    schen, übersezt durch J. Beckmann.
       Pagg. 100.   Göttingen, 1771. 8.
    Appendice al discorso delle corporee differenze, &c. aggi-
    unta alla seconda edizione.
       Pagg. 32.   Brescia, 1771. 8.
Joannes Godofredus HAHN.
    Dissertatio: Manus Hominem a Brutis distinguens. Resp.
    Jo. Sigism. Hahn.
       Pagg. 27.   Lipsiæ, 1716. 4.

5. *Collectiones Opusculorum Anatomico-Physiologi-corum.*

ARISTOTELES.
    De partibus animalium libb. 4.
    De generatione animalium libb. 5.
    latine, Theodoro Gaza interprete, impr. cum Historia
    animalium, vide supra pag. 7.
                         Venetiis, 1476. fol.
  ———— cum expositione Aug. Niphi. impr. cum his-
    toria animalium.
       Pagg. 216 et 169.   ib. 1546. fol.
  ———— accessit:
    De communi animalium-gressu lib. 1.
    De communi animalium motu lib. 1. Petro Alcyonio in-
    terprete.
    in Aristotelis et Theophrasti historiis editis per Andr.
    Cratander, p. 160—320.   Basileæ, 1534. fol.
  ———— ———— in Aristotelis et Theophrasti historiis,
  p. 245—495.   Lugduni, 1552. 8.
  ———— ———— in Tomo 4to Operum ejus, p. 399—
  800.   ib. 1579. 12.
  ———— ———— et de spiritu lib. 1. Græce, ex recen-
    sione Fr. Sylburgii.
       Pagg. 412.   Francofurti, 1585. 4.

Parva naturalia (quarum huc faciunt: de animalium
motu, de longitudine et brevitate vitæ, de juventute et
senectute, de respiratione, de morte et vita, de somno et
vigilia) latine, cum commentariis Aug. Niphi.
Foll. 121.   Venetiis, 1523. fol.
Opuscula hæc zoologico-physica, græce et latine, adsunt
in Operibus ejus ex bibliotheca Is. Casauboni, Tomo 1.
p. 425—702.   Lugduni, 1590. fol.

Joannes Petrus MARTELIUS.
Libri de natura animalium, in quibus explanatur Aristotelis philosophia de animalibus.   Parisiis, 1638. 4.
Pagg. 280; præter tractatum de animi immutabilitate,
non hujus loci.

Hieronymus FABRICIUS AB AQUAPENDENTE.
Opera omnia Anatomica et Physiologica, cum præfatione
B. S. Albini.   Lugduni Bat. 1738. fol.
Pagg. 452. tabb. æneæ 60.

Joh. Conr. PEJERUS, et *Joh. Jac.* HARDERUS.
Pæonis et Pythagoræ exercitationes Anatomicæ et medicæ
familiares bis L.
Pagg. 280.   Basileæ, 1682. 8.

Antonius de HEIDE.
Experimenta circa sanguinis missionem, fibras motrices,
urticam marinam, &c.
Pagg. 48. tabb. æneæ 5.   Amstelodami, 1686. 8.

Marcellus MALPIGHI.
Opera omnia.   Londini, 1686. fol.
Tom. 1. pagg. 78 & 35. Tom. 2. pagg. 72, 44, 20, &
144; cum tabb. æneis.
Opera posthuma.   ibid. 1697. fol.
Pagg. 110, 187 & 10; cum tabb. æneis.

Joannes Hieronymus SBARAGLI.
Oculorum et mentis vigiliæ (operibus Malpighi oppo-
sitæ.)
Pagg. 700.   Bononiæ, 1704. 4.

Guichard Joseph DUVERNEY.
Oeuvres Anatomiques.   Paris, 1761. 4.
Tome 1. pagg. 608 & 82. tabb. æneæ 19.
Tome 2. pagg. 698. tabb. æneæ 11.

Albertus von HALLER.
Opera Anatomici argumenti minora.
Tomus 1. pagg. 608. tabb. æneæ 12.
                                     Lausannæ, 1763. 4.
Tomus 2. pagg. 607. tabb. æneæ 5.   1767.
Tomus 3. pagg. 388. tab. 7—22.   1768.

John HUNTER.
Observations on certain parts of the animal oeconomy.
Pagg. 225; cum tabb. æneis.   London, 1786. 4.

6. *Physiologi miscelli.*

ANON.
Observationes quædam circa animalia, cum scholio P. J.
Sachs.
Ephem. Ac. Nat. Cur. Dec. 1. Ann. 2. p. 245—247.
Thomas WILLIS.
De Anima brutorum exercitationes duæ, prior physiolo-
gica, altera pathologica.
Pagg. 400. tabb. æneæ 7.   Londini, 1672. 8.
Johannes SWAMMERDAM.
Extracts of two letters concerning some animals, that
having lungs are yet found to be without the arterious
vein; together with some other curious particulars.
Philosoph. Transact. Vol. 8. n. 94. p. 6040—6042.
Andrew SNAPE.
Of the motion of the Chyle, and circulation of the bloud.
Printed with his anatomy of an Horse, append. p. 36—
45.
Friderico SCHRADERO
Præside, Dissertatio de brutorum animantium armatura.
Resp. Joh. Chr. Kunze.
Plagg. 8½.   Helmestadii, 1697. 4.
John WALLIS.
A letter to Dr. Tyson, concerning mens feeding on flesh
(De distinctione inter animalia carnivora et phytivora);
with the answer of Dr. Tyson.
Philosoph. Transact. Vol. 22. n. 269. p. 769—783.
René Antoine Ferchault DE REAUMUR.
Sur la matiere qui colore les perles fausses, et sur quelques
autres matieres animales d'une semblable couleur.
Mem. de l'Acad. des Sc. de Paris, 1716. p. 229—244.
Joannes Henricus WINKLERUS.
Oratio exponens quam mirabiles sint quamque necessariæ
in animalibus parvitates.
Pagg. 16.   Lipsiæ, 1739.. 4.
Georgius MARTINIUS.
De similibus animalibus et animalium calore libb. 2.
Pagg. 275.   Londini, 1740. 8.
BAZIN.
De l'accroissement des animaux et des vegetaux, et la

raison pour laquelle cet accroissement finit à un certain
terme.

dans ses Observations sur les plantes, p. 1—27.

——————: Von dem wachsthum der thiere und pflanzen,
und der ursache, warum derselbe zu einer gewissen zeit
aufhöret.

Hamburg. Magaz. 1 Band. 6 Stück, p. 133—153.

Jacobus Theodorus KLEIN.

Discursus de periodo vitæ humanæ collato cum brutis.
impr. cum ejus Summa dubiorum circa Linnæi classes
Quadrupedum et Amphibiorum ; p. 46—50.

——————: Dissertation sur la longueur de la vie de
l'homme, comparée avec celle des bêtes. impr. avec ses
doutes ou observations ; p. 87—96.

Erörterung: ob Ribbenfleisch eines Thieres durch die
länge der zeit könne verbeinert werden ? Abhandl. der
Naturf. Gesellsch. in Danzig, 2 Theil, p. 252—262.

Richard BROCKLESBY.

Experiments on the sensibility and irritability of the several parts of animals.

Philosoph. Transact. Vol. 49. p. 240—245.

ANON.

Betrachtung über das leben der thiere, und den einfluss
des clima in dieselben.

Physikal. Belustigung. 3 Band. p. 1497—1511.

Job BASTER.

Over de Bekleedselen van de huid der dieren in 't algemeen, en byzonder over de Schubben der Vissen. Verhand. van de Maatsch. te Haarlem, 6 Deel, p. 746—766.

Over de Bekleedselen van de huid der dieren, voornamelyk
van het Hair. ibid. 14 Deel, p. 379—436.

Pieter BODDAERT.

De deelen van het dierlyk leven in verscheiden soorten van
dieren beschouwdt. ibid. p. 437—492.

Comte MOROZZO.

Examen physico-chimique des Couleurs animales.

Mem. de l'Acad. de Turin, Vol. 3. p. 275—302.

——————: Esame fisico-chimico de' colori animali.

Opuscoli scelti, Tomo 11. p. 260—281.

Johannes Fridericus BLUMENBACH.

Specimen Physiologiæ comparatæ inter animantia calidi
et frigidi sanguinis.

Pagg. xxxvi.   Gottingæ, 1787. 4.

——————— Commentat. Societ. Gotting. Vol. 8. p. 69—
100.

Specimen Physiologiæ comparatæ inter animalia calidi
sanguinis vivipara et ovipara.
Pagg. 24. tab. æn. 1.   Gottingæ, 1789. 4.
————— Commentat. Societ. Gotting. Vol. 9. p. 108
—128.
Jacobus Josephus AUDIRAC.
Quæstio utrum ex recentioris chemiæ detectis, verosimilior
assignari queat animalis Caloris origo.
Parisiis, 1788. 4.
Pagg. 23; præter tabulam viventium ex relationibus
quæ inter organa circulationis et respirationis existunt.
Erik VIBORG.
Om de almindeligste hidindtil bekiendte gifters virkning
hos forskiellige dyrearter, med nogle deels nye deels
igientagne forsög, i hensyn, hvorvidt man af hines ulige
eller eensformige virkning paa disse kan slutte til ar-
ternes forskiellighed eller beslægtning i dyreriget.
Danske Vidensk. Selsk. Skrift. nye Saml. 4 Deel, p.
485—512.

7. *Variorum Animalium Anatome.*

Volcher COITER.
Anatomicæ observationes ex corporibus variorum brutorum dissectis. impr. cum ejus tabulis humani corporis
partium; p. 122—133.   Noribergæ, 1573. fol.
(*Claude* PERRAULT.)
Extrait d'une lettre, qui contient les observations, qui ont
esté faites sur un grand Poisson dissequé dans la Biblio-
theque du Roy, le 24 Juin, 1667.
Pagg. 10. tab. ænea 1.   4.
Ces observationes sont imprimés dans les Memoires in
folio, p. 55—57.
11. Observations qui ont eté faites sur un Lion dissequé
dans la Bibliotheque du Roy, le 28 Juin, 1667.
Pag. 13—27. tab. ænea 1.   Paris, 1667. 4.
Ces observations sont imprimés dans les Memoires in
folio, p. 1—5.
————— : Observationes dissecti Leonis.
Ephem. Ac. Nat. Cur. Dec. 1. Ann. 2. p. 14—21.
Description Anatomique d'un Cameleon, d'un Castor,
d'un Dromadaire, d'un Ours, et d'une Gazelle.
Pagg. 120. tabb. æneæ 5.   Paris, 1669. 4.
Ces descriptions se trouvent dans les Memoires in folio,
p. 12—27, p. 64—71, & p. 28—46.

Memoires pour servir à l'histoire naturelle des Animaux.
Pagg. 91 ; cum tabb æneis.   Paris, 1671. fol.
Suite des Memoires pour servir à l'histoire naturelle des
Animaux.
Pagg. 93—205 ; cum tabb. æneis.   ib. 1676. fol.
———— ——— (imprimés tous d'une suite.)
Pagg. 205 ; cum tabb. æneis.   ib. 1676. fol.
———— Mem de l'Acad. des Sc. de Paris, 1666—1699,
Tome 3. 1 Partie entiere, et 2 Partie, p. 1—205.
————: The natural history of Animals, containing
the anatomical description of several creatures dissected
by the Royal Academy of Sciences at Paris.
Pagg. 267 ; cum tabb. æneis.   London, 1702. fol.
———— latine (ex Anglico versi) adsunt in Valentini
Amphitheatro zootomico.
Suites des Memoires pour servir à l'histoire naturelle des
animaux.
Mem. de l'Acad. des Sc. de Paris, 1666—1699. Tome
3. 3 Partie.
Anon.
Observationes anatomicæ selectiores Collegii privati Am-
stelodamensis.
Pagg. 45. tab. ænea 1.   Amstelodami, 1667. 12.
Pars altera. Pagg. 53. tabb. 11.   1673.
Georgius Ent.
Mantissa Anatomica. impr. cum Onomastico Zoico
Charletoni ; p. 197—213.   Londini, 1668. 4.
———— impr. cum Charletono de differentiis Anima-
lium ; p. 71—93.   Oxoniæ, 1677. fol.
Gerardus Blasius.
Miscellanea Anatomica, hominis, brutorumque variorum
fabricam exhibentia.
Pagg. 309 ; cum tabb. æneis. Amstelodami, 1673. 8.
————: Zootomiæ seu anatomes variorum animalium
pars prima.
Pagg. 292 ; cum tabb. æneis.   ib. 1676. 8.
A pag. 1. ad 288. omnino eadem editio cum priori ;
reliqua diversa.
Anatome Animalium, ex veterum, recentiorum propriis-
que observationibus.
Pagg. 494. tabb. æneæ 60.   ib. 1681. 4.
Justus Schrader.
Observationum anatomico-medicarum decades IV. impr.
cum ejus Observationibus de generatione animalium ;
p. 182—235.   Amstelodami, 1674. 12.

Johannes DE MURALTO.
(Examen anatomicum variorum Animalium.)
Ephem. Ac. Nat. Cur. Dec. 2. Ann. 1. p. 124—167.
———— in Valentini Amphitheatro zootomico, Parte 2.
Johannes Conradus PEYERUS.
(Observationes variæ Anatomicæ.)
Ephem. Ac. Nat. Cur. Dec. 2. Ann. 1. p. 199—211.
Johannes Jacobus HARDERUS.
Examen anatomicum variorum animalium. in ejus Apia-
rio, p. 16—106.
Les Peres Jesuites François, Missionaires à la Chine.
Descriptions anatomiques de quelques animaux, envoyées
de Siam à l'Academie en 1687.
Mem. de l'Acad. des Sc. de Paris, 1666—1699, Tome
3. 2 Partie, p. 251—288.
Philippus Jacobus HARTMANN.
(Variorum animalium anatome.)
Ephem. Ac. Nat. Cur. Dec. 2. Ann. 7. p. 36—83.]
Michaël Bernhardus VALENTINI.
Amphitheatrum zootomicum, exhibens historiam Anima-
lium Anatomicam, e variis scriptis collectam.
Francofurti, 1720. fol.
Pars 1. pagg. 231. tabb. æneæ 45. Pars altera pagg.
231. tab. 46—102 ; præter appendicem, ad anatomen
humanam spectantem.
Mauricius HOFFMANNUS.
Variorum animalium anatome. in ejus Mantissa observatio-
num selectiorum, edita a filio Joh. Maur. Hoffmanno.
Ephem. Ac. Nat. Cur. Cent. 9 & 10. p. 444—470.
Johannes Jacobus PEYERUS.
Observationes Anatomicæ, in Homine non minus post
mortem, quam in Brutis Avibusque viventibus ac mor-
tuis, contemplando notatæ secando. impr. cum J Conr.
Peyeri Parergis Anatomicis.
Pagg. 81.   Lugduni Bat. 1750. 8.
Johann Gottlob SCHNEIDER.
Anatomische beyträge zur naturgeschichte einiger ein-
heimischen vierfüssigen Thiere, Vögel, Schlangen und
Fische.
Leipzig. Magaz. 1787. p. 194—227.

8. *Osteologi.*

Volcher COITER.
Diversorum animalium sceletorum explicationes iconibus
TOM. 2.   C c

illustratæ. impr. cum Gabr. Fallopii Lectionibus de
partibus similaribus humani corporis; sign. F 4—I 5;
cum tabb. æneis 4.   Noribergæ, 1575. fol.
Teodor Filippo D'LIAGNO.
   Tabb. æneæ 18, long. 6 unc. lat. 4 unc. continentes sceleta variorum animalium, cum nominibus italicis et distichis latinis. In prima tabula dedicatio Johanni Fabro
   Lynceo.
William CHESELDEN.
   Osteographia, or the anatomy of the Bones.
                                   London, 1733. fol.
   Textus folia 20, et tabulæ æneæ repetitæ 56, cum ex-
   plicatione paginis totidem, ad osteologiam humanam
   spectant; sed in fronte et calce singulorum capitum
   textus, sceleta variorum animalium æri incisa exhiben-
   tur, cum brevi explicatione in pagg. 5.
Louis Jean Marie DAUBENTON.
   Sur les differences de la situation du grand trou occipital
   dans l'homme et dans les animaux.
   Mem. de l'Acad. des Sc. de Paris, 1764. p. 568—575.
Joannes Gottlob HAASE.
   Dissertatio sistens comparationem clavicularum animan-
   tium brutorum cum humanis. Resp. Car. Frey.
   Pagg. 34.   Lipsiæ, 1766. 4
Joannes Fridericus HERMANN.
   Observationes et anecdota ex Osteologia comparata. Diss.
   inaug.
   Pagg. 40.   Argentorati, 1792. 4.

9. *Ossa coloranda per Rubiam, &c.*

John BELCHIER.
   An account of the Bones of Animals being changed to a
   Red colour by aliment only.
   Philosoph. Transact. Vol. 39. n. 442. p. 287, 288.
                                   443. p. 299, 300.
Henry Louis DU HAMEL DU MONCEAU.
   Sur une racine qui a la faculté de teindre en Rouge les Os
   des animaux vivants.
   Mem. de l'Acad. des Sc. de Paris, 1739. p. 1—13.
   ————— : Experiments with Madder-root, which has the
   faculty of tinging the Bones of living animals of a Red
   colour.
   Philosoph. Transact. Vol. 41. n. 457. p. 390—406.

Matthæus BAZANUS.
De Ossium colorandorum artificio per radicem Rubiæ.
Comm. Instit. Bonon. Tom. 2. Pars 2. p. 124—135.

Johannes Benjamin BOEHMER.
Dissertatio: Radicis Rubiæ tinctorum effectus in corpore
animali. Resp. Chr. Amand. Gebhardus.
Pagg. 42. Lipsiæ, 1751. 4.

Jean Etienne GUETTARD.
Experiences par lesquelles on fait voir, que les racines de
plusieurs plantes de la même classe que la Garance,
rougissent aussi les Os.
Mem. de l'Acad. des Sc. de Paris, 1746. p. 98—105.

Johannes Philippus NONNE.
De Isate et Carthamo ossa animalium non tingentibus.
Act. Acad. Mogunt. Tom. 1. p. 131, 132.
————— : Erfahrung das Waid und Safflor der thiere
knochen nicht färben.
Hamburg. Magaz. 21 Band, p. 655, 656.

10. *Neurologi.*

Alexander MONRO.
Observations on the structure and functions of the ner-
vous system.
Pagg. 176. tabb. æneæ 47. Edinburgh, 1783. fol.

11. *Myologi.*

Antonius DE HEIDE.
Experimentum de structura fibrarum carnearum musculos
componentium. in ejus Experimentis, p. 31—42.
Amstelodami, 1686. 8

James DOUGLAS.
Myographiæ comparatæ specimen, or a comparative de-
scription of all the Muscles in a man and in a quadruped.
Pagg. 216 & 16. London, 1707. 12.
————— Pagg. 240. Edinburgh, 1763. 8.
————— : Descriptio comparata Musculorum corporis
humani et quadrupedis.
Pagg. 211. Lugduni Bat. 1729. 8.

12. *Motus Animalium.*

Johannes Alphonsus BORELLUS.
De motu animalium. Hagæ Comitum, 1743. 4.

Pars 1. pagg. 228. Pars 2. pagg. 290; præter Dissertationes physicas J. Bernoulli, non hujus loci.

Jacques Benigne WINSLOW.

Remarques et eclaircissements, par l'Anatomie comparée,
sur plusieurs articles de la 2de partie du traité de Borel-
li, de motu animalium.

Mem. de l'Acad. des Sc. de Paris, 1738. p. 65—96.

BAZIN.

Pourquoi les Bêtes nagent naturellement, et que l'Homme
est obligé d'en etudier les moyens. dans ses Observations sur les Plantes, p. 29—52.

——————: Untersuchung, woher es komme, dass die
Thiere von natur schwimmen können, da hingegen der
Mensch solches erst mit mühe lernen muss.

Hamburg. Magaz. 1 Band, p. 327—345.

——————: Waarom de Beesten van nature kunnen zwemmen, en de Mens het zwemmen, als eene konst, moet
leeren.

Uitgezogte Verhandelingen, 1 Deel, p. 260—280.

Johann Esaias SILBERSCHLAG.

Von dem fluge der *Vögel.*

Schr der Berlin. Ges. Naturf. Fr. 2 Band, p. 214—270.

Excerpta in Lichtenberg's Magaz. 1 Band. 4 Stück, p.
45—59.

William ARDERON.

Letter concerning the perpendicular ascent of *Eels.*

Philosoph. Transact. Vol. 44. n. 482. p. 395, 396.

Emanuel WEISS.

Memoire sur le mouvement progressif de quelques *Reptiles.*

Act. Helvet. Vol. 3. p. 373—390.

——————— Journal de Physique, Introd. Tome 1. p. 406
—416.

René Antoine Ferchault DE REAUMUR.

Du mouvement progressif, et de quelques autres mouvemens de diverses especes de *Coquillages, Orties* et
Etoiles de Mer.

Mem. de l'Acad. des Sc. de Paris, 1710. p. 439—490.

Observations sur le mouvement progressif de quelques
Coquillages de mer, sur celuy des *Herissons de mer,* et
sur celuy d'une espece d'Etoile. ibid. 1712. p. 115—
147.

Ex his duabus commentionibus excerptæ observationes
de Stellis marinis, latine adsunt in Linckio de stellis
marinis, p. 89—96.

13. *Angiologi.*

William HEWSON.
An account of the lymphatic system in Birds.
 Philosoph. Transact. Vol. 58. p. 217—226.
 ————: Histoire du systeme lymphatique dans les
 Oiseaux.
 Journal de Physique, Introd. Tome 1. p. 297—302.
 ————: Beschreibung der wassergefässe bey Vögeln.
 Neu. Hamburg. Magaz. 65 Stück, p. 418—429.
 ————: Von den lymphatischen gefässen in den Vö-
 geln.
 Naturforscher, 5 Stück, p. 188—194.
An account of the lymphatic system in Amphibious Ani-
mals, and in Fish.
 Philosoph. Transact. Vol. 59. p. 198—215.
 ————: Histoire des vaisseaux lymphatiques dans les
 animaux Amphibies, et dans les Poissons.
 Journal de Physique, Introd. Tome 1. p. 350—353, &
 p. 401—406.
 ————: Beschreibung der wassergefässe bey Amphi-
 bien, und bey Fischen.
 Neu. Hamburg Magaz. 65 Stück, p. 430—454.
John ABERNETHY.
Some particulars in the anatomy of a Whale.
 Philosoph. Transact. 1796. p. 27—33.

14. *Adenologi.*

Johannes Jacobus HARDERUS.
Glandula nova lachrymalis una cum ductu excretorio in
Cervis et Damis detecta.
 Act. Eruditor. Lips. 1694. p. 49—52.
Samuel NEBELIUS.
De glandula lachrymali Harderiana non tantum in Cervis,
sed etiam aliis diversi generis animalibus reperta.
 Ephem. Ac Nat Cur. Dec. 3. Ann. 3. p. 291—293.
Exupere Joseph BERTIN.
Sur le sac nasal ou lacrymal de plusieurs especes d'ani-
maux.
 Mem. de l'Acad. des Sc. de Paris, 1766. p. 281—302.

Joannes Georgius Du VERNOI.
De glandulis cordis.
  Comm. Acad. Petropol. Tom. 2. p. 288—304.
Michael Bernhardus VALENTINI.
De glandulæ Porcellorum moschata.
  Ephem. Ac. Nat. Cur. Dec. 3. Ann. 5 & 6. p. 95, 96.
John HUNTER.
Observations on the glands situated between the rectum
  and bladder, called vesículæ seminales. in his Observa-
  tions on animal oeconomy, p. 27—43.

15. *Sanguis.*

William MOLYNEUX.
A letter concerning the circulation of the Blood as seen,
  by the help of a microscope, in the Lacerta aquatica.
  Philosoph. Transact. Vol. 15. n. 177. p. 1236, 1237.
Antonius de HEIDE.
Experimenta circa motum Sanguinis in arteriis et venis
  Ranarum. in ejus Experimentis, p. 1—31.
                                        Amstelodami, 1686. 8.
Stephen HALES.
Statical Essays, Vol. 2d. containing Hæmastaticks, or an
  account of hydraulick and hydrostatical experiments
  made on the Blood and Blood-vessels of Animals.
  Pagg. 361.   London, 1733. 8.
Lazaro SPALLANZANI.
De' fenomeni della circolazione osservata nel giro univer-
  sale de' vasi, de' fenomeni della circolazione languente,
  de' moti del sangue independenti dall' azione del cuore,
  e del pulsar delle arterie.
  Pagg. 343.   Modena, 1773. 8.

16. *Cor.*

Bernhardo ALBINO
Præside, Dissertatio de Cervo, corde glande plumbea tra-
  jecto, mortui instar prostrato, et post tres horæ qua-
  drantes quatuor passuum millia aufugiente.
  Resp. Ge. Conr. Wolff.
                           Francofurti ad Viadr. 1686. 4.
  Plagg. 3. tab. ænea 1.
  Excerpta in Ephem. Acad. Nat. Curios. Dec. 2. Ann.
  5. p. 7—11.

Christianus MENTZELIUS.
   De tribus in uno Ansere cordibus.
      Ephem. Acad. Nat. Cur. Dec. 1. Ann. 9 & 10. p. 267
      —269.
Guichard Joseph DU VERNEY.
   Description du coeur de la Tortue et de quelques autres
   animaux.
      Mem. de l'Acad. des Sc. de Paris, 1699. p. 227—275.
      ——— dans ses Oeuvres anatomiques, Tome 2. p.
      458—488.
      Descriptio cordis Carpionis, ex hoc libello, impressa est
      in Walbaumii Artedi renovato, Part. 2. p. 156—167.
Jean MERY.
   Examen des faits observez par M. du Verney au coeur des
   Tortues de Terre.
   Reponse à la critique de M. du Verney.
   Critique de deux descriptions que M. Buissiere a faites du
   coeur de la Tortue de Mer.
   Description du coeur d'une Tortue de Mer.
   Description du coeur d'une grande Tortue terrestre de
   l'Amerique, avec des reflexions sur celle de M. du
   Verney.
      Mem. de l'Acad. des Sc. de Paris, 1703. p. 345—467.
Paul BUSSIERE.
   Anatomical description of the heart of land Tortoises from
   America.
      Philosoph. Transact. Vol. 27. n. 328. p. 170—185.

17., *Respiratio.*

Hermanno CONRINGIO
   Præside, Disputatio de respiratione animalium. Resp.
   Theod. Conerding.
      Plagg. 3.   Helmæstadii, 1634. 4.
Johannes SWAMMERDAM.
   De respiratione usuque pulmonum.
      Pagg. 121.   Lugduni Bat. 1667. 8.
Robert BOYLE.
   Experiments about respiration.
      Philosoph. Transact. Vol. 5. n. 62. p. 2011—2031.
                    63. p. 2035—2056.
Casparus BARTHOLINUS.
   De respiratione animalium Disputatio.
      Pagg. 12.   Hafniæ, 1700. 4.

Albert von HALLER.
Memoire sur plusieurs phenomenes importans de la respiration. impr. avec son 2d memoire sur la formation
du Coeur dans le Poulet; p. 197—366.
Lausanne, 1758. 12.
———— : De respiratione experimenta.
in ejus Oper. Anatom. minor. Tom. 1. p. 269—328.
James PARSONS.
An account of some peculiar advantages in the structure
of the Asperæ Arteriæ, or Wind pipes, of several Birds,
and in the Land-Tortoise.
Philosoph. Transact. Vol. 56. p. 204—215.
———— : Abhandlung von einigen besondern vorzügen
in der structur der Luftröhren bey verschiedenen Vö-
geln, und der Landschildkröte.
Neu Hamburg. Magaz. 73 Stück, p. 3—19.
Petrus Maria Augustus BROUSSONET.
Variæ positiones circa Respirationem.
Plagg. 4.   Monspelii, 1778. 4.
———— Ludwig delect. Opuscul. Vol. 1. p. 118—
146.
Armand SEGUIN.
Observations generales sur la Respiration et sur la Cha-
leur animale.
Journal de Physique, Tome 37. p. 467—470.

18. *Respiratio Avium.*

Ladislaus CHERNAK.
Dissertatio inaug. de respiratione Volucrum.
Pagg. 20.   Groningæ, 1773. 4.
Michele GIRARDI.
Saggio di osservazioni anatomiche intorno agli organi
della respirazione degli Uccelli.
Mem. della Societ. Italiana, Tomo 2. p. 732—748.
———— Opuscoli scelti, Tomo 8. p. 88—102.
Vincenzo MALACARNE.
Conferma delle osservazioni anatomiche intorno agli or-
gani della respirazione degli Uccelli.
Mem. della Società Italiana, Tomo 4. p. 18—36.

19. *Respiratio Piscium.*

Melchiore ZEIDLERN
Præside, Exercitatio physica de respiratione Piscium, quam statuunt nonnulli. Resp. Fab. Bernhardi.
Plagg. 3½. Jenæ, 1656. 4.

Marcus Aurelius SEVERINUS.
Antiperipatias, h. e. adversus Aristoteleos de respiratione Piscium diatriba. Neapoli, 1659. fol.
Pagg. 128 ; præter alias tractationes, de quibus suis locis.

P. M. Auguste BROUSSONET.
Memoire pour servir à l'histoire de la respiration des Poissons.
Mem. de l'Acad. des Sc. de Paris, 1785. p. 174—196.
———— Journal de Physique, Tome 31. p. 289—304.

Paolo CARCANI.
Lettera sulla respirazione de' Pesci.
Opuscoli scelti, Tomo 14. p. 63—68.

20. *Respiratio Insectorum* et *Vermium.*

Joannes Florentius MARTINET.
Dissertatio inaug. de respiratione Insectorum.
Pagg. 29. Lugduni Bat. 1753. 4.

Charles BONNET.
Recherches sur la respiration des Chenilles. Mem. etrangers de l'Acad. des Sc. de Paris, Tome 5. p. 276—303.
———— dans ses Oeuvres, Tome 2. p. 25—64.

Nicolas VAUQUELIN.
Observations chimiques et physiologiques sur la respiration des Insectes & des Vers.
Annales de Chimie, Tome 12. p. 273—291.

21. *Loquela Animalium.*

Antonius DEUSINGIUS.
De Loquela brutorum animantium.
in ejus Dissertation. selectis, p. 187—230.

Johannes Georgius GOCKELIUS.
De Voce animalium. Ephemer. Acad. Nat. Curios. Dec. 2. Ann. 5. App. p. 114—124.

François David HERISSANT.

Recherches sur les organes de la Voix des Quadrupedes, & de celle des Oiseaux.

Mem. de l'Acad. des Sc. de Paris, 1753. p. 279—295.

VICQ-D'AZYR.

Memoire sur la Voix; de la structure des Organes qui servent à la formation de la Voix, considerés dans l'homme et dans les differentes classes d'animaux, et comparés entr'eux. ibid. 1779. p. 178—206.

Joseph BALLANTUS et *Cajetanus* UTTINUS.

De quorumdam animalium organo Vocis.

Comment. Instituti Bonon. Tom. 6. Comm. p. 50—58.

Petrus CAMPER.

Account of the organs of speech of the *Orang Outang*

Philosoph. Transact. Vol. 69. p. 139—159.

——————: Nachricht vom sprachwerkzeuge des Orang Utang.

in seine klein. Schriften, 2 Band. 2 Stück, p. 49—72.

ANON.

Von der Sprache der *Vögel*; aus dem Gentleman's Magazine. gedr. mit J. T. Klein's historie der Vögel; p. 231—234.

Giuseppe BONVICINI.

Lettera sulla voce della *Testuggine.*

Opuscoli scelti, Tomo 17. p. 212, 213.

Petrus CAMPER.

Aanmerkingen over het gezang der mannetjes *Kikvorschen.* Verhandel. van het Genootsch. te Rotterdam, 1 Deel, p. 245—252.

——————: Anmerkungen über das singen der männlichen Frösche.

in seine klein. Schriften, 1 Band. 1 Stück, p 141—150.

22. *Cerebrum.*

Thomas WILLIS.

Cerebri anatome, cui accessit Nervorum descriptio et usus.

Pagg. 456. tabb. æneæ 13.   Londini, 1664. 4.

Christianus Fridericus LUDWIG.

De cinerea Cerebri substantia Dissertatio inaug.

Pagg. 34. tab. ænea 1.   Lipsiæ, 1779. 4.

VICQ-D'AZYR.

Sur la structure du Cerveau des animaux comparé avec celui de l'homme.

Mem. de l'Acad. des Sc. de Paris, 1783. p. 468—504.

Antoine François Fourcroy.
Examen chimique du Cerveau de plusieurs animaux.
Annales de Chimie, Tome 16. p. 282—322.
Albertus von Haller.
De cerebro *Avium* et *Piscium.* latine et belgice. Verhandel. van de Maatsch. te Haarlem, 10 Deels 2 Stuk, p. 287—386.
———— latine, in ejus Oper. Anatom. minor. Tom. 3. p. 191—217.

23. *Organa sensoria.*

Julius Casserius.
Nova anatomia, continens Organorum Sensilium, tam humanorum, quam animalium brutorum, delineationem & descriptionem.   Francofurti, 1622. fol.
Pagg. 354; cum figg. æri incisis.

24. *Auditus.*

Patrick Blair.
A description of the organ of hearing in the *Elephant.*
Philosoph. Transact. Vol. 30. n. 358. p. 885—898.
Gustavus Casimir Gahrliep.
De organo auditus *Lupini.*
Ephem. Ac. Nat. Cur. Dec. 2. Ann. 9. p. 115—117.
———— Valnetini Amphitheatr. zootom. Pars 1. p. 140, 141.
Petrus Camper.
Over het gehoor van den *Cachelot,* of Pot-Walvisch. Verhand. van de Maatsch. te Haarlem, 9 Deels 3 Stuk, p. 193—229.
————: Abhandlung über das gehör des Caschelotts, oder Pottfisches.
in seine klein. Schriften, 1 Band. 2 Stück, p. 32—64.
Over de zitplaats van het beenig gehoortuig, en over een voornaam gedeelte van het zintuig zelve in de Walvischen. Verhand. van de Maatsch. te Haarlem, 17 Deels 2 Stuk, p 157—200.
————: Ueber den siz des beinernen gehörwerkzeugs, und über einen der vornehmsten theile des werkzeugs selbst in den Wallfischen.
in seine klein. Schriften, 2 Band. 1 Stück, p. 1—40.

Aloysius Galvani.
De *Volatilium* aure.
Comment. Instituti Bonon. Tom. 6. p. 420—424.

GEOFFROY,
Sur l'organe de l'ouie des *Reptiles*, et de quelques Poissons
que l'on doit rapporter aux Reptiles. Mem. etrangers de
l'Acad des Sc. de Paris, Tome 2. p. 164—196.
————; Over het werktuig van't gehoor in de Kruipende
Dieren, en in eenige Visschen.
Uitgezogte Verhandelingen, 5 Deel, p. 297—350.
Gabriel BRUNELLI.
De Reptilium organo auditus.
Comment. Instituti Bonon. Tom. 7. p. 301—313.

Georgius SEGERUS.
De *Piscium* auditu. Ephemer. Acad. Nat. Curios. Dec.
1. Ann. 4 & 5. p. 152, 153.
NOLLET.
Memoire sur l'ouie des Poissons.
Mem. de l'Acad. des Sc. de Paris, 1743. p. 199—224.
William ARDERON.
A letter concerning the hearing of Fish.
Philosoph. Transact. Vol. 45. n. 486. p. 149—155.
————: Schreiben das gehör der Fische betreffend.
Hamburg. Magaz. 5 Band, p. 655—663.
Joan Daniel DENSO.
Neue bestätigte erfarung vom gehöre der Fische.
in sein. Physikal. Bibliothek, 2 Band, p. 188—192.
Petrus CAMPER.
Verhandeling over het gehoor det geschubde Visschen.
Verhandel. van de Maatsch. te Haarlem, 7 Deels 1
Stuk, p. 79—117.
————: Abhandlung über das gehör der schuppichten
Fische.
in seine klein. Schriften 1 Band, 2 Stück, p. 1—31.
Memoire sur l'organe de l'ouie des Poissons. Mem.
etrangers de l'Acad. des Sc. de Paris, Tome 6. p. 177
—197.
————: Abhandlung über das gehörorgan der Fische.
in seine klein. Schriften, 2 Band. 2 Stück, p. 1—
34.
Zusäze. ibid. p. 35—39.
John HUNTER.
Account of the organ of hearing in Fish.
Philosoph. Transact. Vol 72. p. 379—383.
———— In his Observations on animal oeconomy, p.
69—75.

—————: Over het zintuig van het gehoor by de Visschen.

Nieuwe geneeskund. Jaarboeken, 4 Deel, p. 208—210.

Johann Christian FABRICIUS.
Om höre redskaberne hos *Krebs* og Krabber. Danske
Vidensk. Selsk. Skrift. nye Saml. 2 Deel, p. 375—
378.

25. *Oculi et Visus.*

Allen MOULIN.
A relation of new anatomical observations in the eyes of
animals. printed with his anatomical account of the
Elephant; p. 47—64, & p. 71, 72.

London, 1682. 4.

Godefridus BIDLOO.
De oculis et visu variorum animalium observationes phy-
sico-anatomicæ.

Pagg. 51. tabb. æneæ 5.   Lugduni Bat. 1715. 4.

Jacobus HOVIUS.
Tractatus de circulari humorum motu in oculis.

Pagg. 203. tabb. æneæ 7.   ibid. 1716. 8.

Petrus BECKER.
Nova hypothesis de duplici visionis et organo et modo,
dioptrico altero, altero catoptrico, quorum hoc insectis,
illud vero animantibus reliquis concessisse natura vi-
detur. Resp. Joh. Herm. Becker.

Plagg. 3.   Rostochii, 1720. 4.

François Pourfour DU PETIT.
Memoire sur plusieurs decouvertes faites dans les yeux de
l'homme, des animaux à quatre pieds, des oiseaux et des
poissons.

Mem. de l'Acad. des Sc. de Paris, 1726. p. 69—83.

Memoire sur le Cristallin de l'oeil de l'homme, des animaux à quatre pieds, des oiseaux et des poissons. ibid.
1730. p. 4—26.

De la capsule du Cristallin. ibid. p. 435—449.

Description anatomique de l'oeil du Coq-d'Inde. ibid.
1735. p. 123—152.

Description anatomique de l'oeil de l'espece de Hibou appellé Ulula. ibid. 1736. p. 121—146.

Description anatomique des yeux de la Grenouille et de
la Tortue. ibid. 1737. p. 142—169.

Johann Gottfried ZINN.
De differentia fabricæ oculi humani et brutorum.
Commentar. Societ. Gotting. Tom. 4. p. 247—270.
Commentat. Societ. Gotting. Vol. 1. Comm. Antiqu.
p. 47—63.
Albet von HALLER
Sur les yeux de quelques poissons.
Mem. de l'Acad. des Sc. de Paris, 1762. p. 76—95.
De oculis quadrupedum, avium et piscium.
in ejus Oper. anatom. minor. Tom. 3. p. 218—262.
Johann August UNZER.
Betrachtung über die augen verschiedener thiere.
in seine physical Schriften, 1 Samml. p. 391—403.
————— Neu. Hamburg. Magaz. 82 Stück, p. 339—
353.
Johannes Fridericus BLUMENBACH.
De oculis Leucæthiopum et Iridis motu commentatio.
Pagg. 38. tab. ænea color. 1. Goettingæ, 1786. 4.
————— Commentat. Soc. Gotting. Vol. 7. p. 29—62.
John HUNTER.
On the colour of the Pigmentum of the eye in different
animals.
in his Observ. on animal oeconomy, p. 199—209.
Thomas YOUNG.
Observations on vision.
Philosoph. Transact. 1793. p. 169—181.
Everard HOME.
The Croonian lecture on muscular motion.
Philosoph. Transact. 1796. p. 1—26.

William HEY.
A description of the eye of the *Seal.*
Mem. of the Manchester Society, Vol. 3. p. 274—278.
Salomon REISELIUS.
Uveæ membranæ in oculo *Bovino* textura.
Ephem. Ac. Nat. Cur. Dec. 2. Ann. 6. p. 118.

Pierce SMITH.
Observations on the structure of the eyes of *Birds.*
Philosoph. Transact. 1795. p. 263—269.

DE LA HIRE.
Decouverte des yeux de la Mouche, et des autres *Insectes*
volans. Mem. de l'Acad. des Sc. de Paris, 1666—1699.
Tome 10. p. 609, 610.

Thomas Jacobæus.
  Dissertatio de oculis Insectorum.   Resp. Melch. M. Ty-
    bring.
    Pagg. 18.   Havniæ, 1708.   4.
Victorius Franciscus Stancarius.
  De *Perlarum* oculis.
    Comment. Instituti Bonon. Tom. 1. p. 301—306.
William Andre'.
  A microscopic description of the eyes of the *Monoculus
    Polyphemus* Linnæi.
    Philosoph. Transact. Vol. 72. p. 440—444.

26. *Dentes.*

Pierre Marie Auguste Broussonet.
  Considerations sur les Dents en general, et sur les organes
    qui en tiennent lieu.   1 Memoire. Comparaison entre
    les dents de l'Homme, et celles des Quadrupedes.
    Mem. de l'Acad. des Sc. de Paris, 1787. p. 550—566.
Jacobus Theodorus Klein.
  De Dentibus Balænarum. impr. cum ejus Missu 2. His-
    toriæ piscium naturalis; p. 28, 29.
William Andre.
  A description of the teeth of the Anarrhichas Lupus L.
    and of those of the Chætodon nigricans; with an at-
    tempt to prove that the teeth of cartilaginous fishes are
    perpetually renewed.
    Philosoph. Transact. Vol. 74. p. 274—282.
François David Herissant.
  Recherches sur les usages du grand nombre de dents du
    Canis Carcharias.
    Mem. de l'Acad. des Sc. de Paris, 1749. p. 155—162.

27. *Digestio.*

Nehemiah Grew.
  The comparative anatomy of Stomachs and Guts begun;
    printed with his Musæum Regalis Societatis.
    Pagg. 42. tab. 23—31.   London, 1681.   fol.
Anon.
  An account of some experiments relating to digestion, and
    of a large bed of glands observed in the stomach of a
    Jack.
    Philosoph. Transact. Vol. 14. n. 162. p. 699—701.

Hermannus Henricus Christianus SCHRADER.
  Dissertatio inaug. de digestione animalium carnivororum.
    Pagg. 35.   Gottingæ, 1755. 4.
Johann Nathanael LIEBERKÜHN.
  Von der valvel des Grimdarms, und dem nuzen des wurm‑
    förmigen fortsazes.
  Physikal. Belustigung. 3 Band, p. 1391—1416.
Georgius Rudolphus BOEHMER.
  De experimentis quæ Cel. Reaumur ad digestionis modum
    in variis animalibus declarandum instituit, Programma.
    Pagg. xvi.   Wittebergæ, 1757. 4.
Lazaro SPALLANZANI.
  Fisica animale e vegetabile.   Venezia, 1782. 12.
    Tomo 1. pagg. 312. Tomo 2. pag. 1—183. Reliqua
    Tomi 2di & Tom. 3us de generatione plantarum et
    animalium agunt; vide infra sect. 35.
  ————: Dissertations relative to the natural history of
    animals and vegetables.
    Vol. 1. pagg. 328.   London, 1784. 8.
John HUNTER.
  Some observations on digestion.
    in his Observations on animal oeconomy, p. 147—189.
Lazaro SPALLANZANI.
  Lettera apologetica in risposta alle osservazioni sulla di‑
    gestione del Sig. Gio. Hunter.
  Opuscoli scelti, Tomo 11. p. 45—95.

28. *Digestio Ruminantium.*

Joannes ÆMYLIANUS.
  Naturalis de ruminantibus historia.
    Pagg. 122.   Venetiis, 1584. 4.
Johannes Conradus PEYERUS.
  Merycologia s. de ruminantibus et ruminatione commen‑
    tarius.
    Pagg. 288. tabb. æneæ 6.   Basileæ, 1685. 4.
Charles PRICE.
  A letter relating to the Villi of the Stomach of Oxen,
    and the expansion of the cuticle through the ductus
    alimentalis.
    Philosoph. Transact. Vol. 35. n. 404. p. 532, 533.
Jacobus Theodorus KLEIN.
  Discursus de'Ruminantibus. impr. cum ejus Summa du‑
    biorum circa Linnæi classes Quadrupedum et Amphi‑
    biorum; p. 43—45.

——————: Dissertation sur les animaux qui ruminent. impr. avec ses doutes et observations; p. 81—87.

Louis Jean Marie DAUBENTON.

Sur le mecanisme de la rumination.
Mem. de l'Acad. des Sc. de Paris, 1768. p. 389—393.

Petrus CAMPER.

Lessen over de thans zweevende veesterfte.
Leeuwarden, 1769. 8.
Pagg. 110. tab. ænea 1. A pag. 27 ad 47, de ruminatione agit.

——————: Vorlesungen über das heutige herumgehende Viehsterben.
in seine klein. Schriften, 3 Band. 1 Stück, p. 35—163.
Neue zusäze zu diesen vorlesungen. ibid. p. 164—169.
Nachtrag zu den vorstehenden ausmessungen der Kiefern besonderer thiere. ibid. p. 170—172.

H. VINK.

Lessen over de herkauwing der Runderen, en tans woedende veeziekte.
Pagg. 124. tabb. æneæ 2. Rotterdam, 1770. 8.

METZGER.

Untersuchung des Magens und der gedärme beym Rindvieh, in vergleichung mit den Menschlichen.
Schr. der Berlin. Ges. Naturf. Fr. 4 Band, p. 421—427.

Johann Gottlob SCHNEIDER.

Von den äussern und innern merkmalen und unterscheidungszeichen der wiederkäuenden Vierfüsser.
Leipzig. Magaz. 1787. p. 407—438.

MACQUART.

Sur la nature du suc gastrique des animaux ruminans.
Journal de Physique, Tome 33. p. 380—384.

29. *Digestio Avium.*

Johannes Georgius SOMMER.

De singulari animalium volatilium digestione.
Ephem. Ac. Nat. Cur. Dec. 3. Ann. 5 & 6. p. 582, 583.

René Antoine Ferchault DE REAUMUR.

Sur la digestion des Oiseaux. Mem. de l'Acad. des Sc. de Paris, 1752. p. 266—307, & p. 461—495.

Paulus AMMAN.

Exercitatio de σιδηροπιψια *Struthionis.* Resp. Joh. Ern. König. Plagg. 2. Lipsiæ, 1657. 4.

Oligerus JACOBÆUS.
Canalis alimentorum *Ululæ* et *Ardeæ*.
Bartholini Act. Hafniens. 1673. p. 241—243.
Johannes Conradus PEYERUS
Anatome Ventriculi *Gallinacei*. in ejus Parergis anato-
micis, edit. Genev. 1681. p. 55—77.
edit. Lugd. Bat. 1750. p. 75—105.
De *Ciconiæ* ventre, et affinitate quadam cum ruminantibus.
Ephem. Ac. Nat. Cur. Dec. 2. Ann. 2. p. 245—247.
———— Valentini Amphitheatr. Zootom. Pars 2. p.
51, 52.
Laurentius HEISTERUS.
De glandulis in ingluvie *Coccothraustæ* observatis.
Act. Acad. Nat. Curios. Vol. 1. p. 408, 409.
François David HERISSANT.
Sur les organes de la digestion du *Coucou*.
Mem. de l'Acad des Sc. de Paris, 1752. p. 417—423.
————: Waarneeming over de ingewanden van den
Koekoek.
Uitgezogte Verhandelingen, 4 Deel, p. 109—118.
John HUNTER.
On a secretion in the crop of breeding *Pigeons*, for the
nourishment of their young.
in his Observ. on animal oeconomy, p. 191—197.

30. *Digestio Piscium.*

Emanuel KÖNIG.
Lupi piscis et *Mugilis* ventriculi conformatio.
Ephem. Ac. Nat. Cur. Dec. 2. Ann. 5. p. 208, 209.
Peter COLLINSON.
Some observations on the food of the *Soal-fish*.
Philosoph. Transact. Vol. 43. n. 472. p. 38, 39.

31. *Lien.*

William STUKELEY.
Of the Spleen, its description and history, uses and dis-
eases.   London, 1723. fol.
Pagg. 88. tabb. æneæ 8; præter anatomen Elephanti,
de qua infra
Joanne Henrico SCHULZE
Præside, Dissertatio de Splene canibus exciso, et ab his ex-
perimentis capiendo fructu Resp. Marc. Paul. Deisch.
Pagg. 20.   Halæ, 1735. 4.

32. *Hepar.*

Joannes Hieronymus BRONZERIUS.
  Dubitatio de principatu Jecoris ex anatome *Lampetræ*.
    Plagg. 2.   Patavii.   4.
Joannes RHODIUS.
  Jecur Lampetræ rubrum, itemque viride. in ejus Man-
    tissa anatomica, p. 15—17. impr. cum Cent. 5 et 6.
    Historiar. anatom. T. Bartholini. Hafniæ, 1661. 8.

33. *Bilis.*

Philippo Jacobo HARTMANN
  Præside, Dissertatio de Bile sanguinis ultimi alimenti ex-
    cremento. Resp Dan. Wagner.
    Plagg. 4.   Regiomonti, 1700.   4.
C. F. WOLFF.
  Descriptio vesiculæ felleæ *Tigridis*, ejusque cum Leonina
    et humana comparatio.
    Act. Acad. Petropol. 1778. Pars pr. p. 234—246.

34. *Succus pancreaticus.*

Regnerus DE GRAAF.
  De succi pancreatici natura et usu.
    Pagg. 216. tabb. æneæ 3.   Lugduni Bat. 1671.   12.

35. *Generatio animalium (et orbiter plantarum.)*

Guilielmus HARVEUS.
  Exercitationes de generatione animalium.
    Pagg. 301.   Londini, 1651.   4.
Theodorus ALDES. (i. e. *Matthæus* SLADE. Hall. biblioth.
    anat. 1. p. 549.)
  Dissertatio epistolica contra G. Harveum, interpolata et
    tribus anatomicis observationibus, in vitulis et vaccino
    utero factis, auctior reddita.
    Pagg. 25. tab. ænea 1.   Amstelodami, 1667.   12.
Janus ORCHAMUS. (i. e. *Joh.* VORSTIUS. Hall. bibl.
    anat. 1. p. 553.)
  De generatione animantium conjectura, observationi cui-
    dam Harveanæ submissa.
    Pagg. 58.   Coloniæ Brandenb. 1667.   12.
D d 2

Georgius Fridericus RALLIUS.

De generatione animalium disquisitio medico-physica, in qua Harvei et Deusingii sententia a nuperis Jani Orchami instantiis vindicatur.

Pagg. 379.   Stetini, (1669.)   12.

Gualterus NEEDHAM.

Disquisitio anatomica de formato Foetu.

Pagg. 234. tabb. æneæ 7.   Amstelodami 1668.   12.

Nicolaus STENONIS.

Observationes anatomicæ spectantes Ova viviparorum.

Bartholini Act. Hafniens. 1673. p. 210—232.

Justus SCHRADER.

Observationes et historiæ omnes et singulæ e Gul. Harvei libello de generatione animalium excerptæ, et in accuratissimum ordinem redactæ.

Wilhelmi *Langly* de generatione animalium observationes quædam.

Ovi fæcundi singulis ab incubatione diebus factæ inspectiones.   Amstelodami, 1674.   12.

Pagg. 181. tabb. æneæ 3; præter observationes Anatomico-medicas, de quibus supra pag 376.

Job. Val. WILLIUS.

De Ovariis et Ovis animalium.

Bartholini Act. Hafniens. Vol. 3. p. 147—151.

Johann-Jacobo DÖBELIO

Præside, Exercitationum de Ovis 1. Resp. Henr. vom Kroge.

Pagg. 26.   Rostochii, 1676.   4.

Honoratus FABER.

De generatione animalium. impr. cum libro ejus de Plantis; p. 146—195.   Norimbergæ, 1677.   4.

Andrew SNAPE.

A discourse of the generation of animals. printed with his Anatomy of an Horse, Append. p. 1—35.

London, 1683. fol.

Job Christophorus STURMIUS.

Diducendi alias uberius argumenti de plantarum animaliumque generatione, σκιαγραφια quædam. Resp. Guil. Bechmann.

Plagg. 3.   Altdorffii, 1687.   4.

Christianus Friedericus GARMANN.

Oologia curiosa, ortum corporum naturalium ex ovo demonstrans.

Pagg. 240.   Cygneæ, (1691.)   4.

Philippo Jacobo Hartmann

Præside, Exercitatio proponens dubia de generatione viviparorum ex ovo. Resp. Mich. Kirchdorff.

Plagg. 4.   Regiomonti, 1699. 4.

Stephano Francisco Geoffroy

Præside, Quæstio medica, an Hominis primordia, Vermis? Resp. Cl. Du Cerf. in ejus Tractatu de materia medica, Tom. 1. p. 123—137.

————: Question, si l'homme a commencé par etre Ver?

dans son Traité de la matiere medicale, Tome 1. p. 73 —95.

Georgio Philippo Nenter

Præside, Dissertatio de generatione viventium univoca atque æquivoca. Resp. Joh. Jac. Leutel.

Pagg. 24.   Argentorati, 1706. 4.

Petrus Savois.

Dissertatio inaug. de generatione hominis (et animalium) ex ovo.

Pagg. 30.   Franequeræ, 1711. 4.

Francesco Maria Nigrisoli.

Considerazioni intorno alla generazione de' viventi, e particolarmente de' mostri. Parte prima.

Pagg. 382. tabb. æneæ 3.   Ferrara, 1712. 4.

Anon.

Difesa delle considerazioni intorno alla generazione de' viventi del. Sig. Dott. F. M. Nigrisoli, dalla lettera critica del Sig. Abate Co. Antonio Conti, inserita ne' Giornali de' Letterati d'Italia.

Pagg. 107.   Ferrara, 1714. 4.

Nostro exemplo adscripta est hæc observatio : " L'Au- " tore di cotesta giusta difesa è il Sig. Dott. Domenico " Ant. Travini Ferrarese, hora Medico in Pariggi di " Mons. Cornelio Bentivoglio Nunzio Apostolico alla " Corona di Franzia."

Hyacinthus Gimma.

De generatione viventium. in Dissertationibus ejus academicis. Tom. 1. p. 72—223.   Neapoli, 1714. 4.

Gottofredo Polycarpo Müllero

Præside, Meditationes in oeconomiam generationis animalium a N. Hartsoekero expositam. Resp. Jo. Zach. Platnerus.

Pagg. 48.   Lipsiæ, 1715. 4.

Rudolpho Jacobo Camerario

Præside, Specimen experimentorum physiologico-thera-

peuticorum circa generationem hominis et animalium.
Resp. Balth. Pfisterus.

Pagg. 40. Tubingæ, 1715. 4.

Giuseppe Maria VIDUSSI.
Motivi di dubitare intorno la generazione de' viventi sensitivi secondo la commune opinione de' moderni.

Pagg. 179. Venezia, 1717. 12.

BOURGUET.
Lettres sur la generation et le mechanisme organique des plantes et des animaux. dans ses Lettres philosophiques, edition de 1729. p. 75—173.
1762. p. 92—216.

Petrus MASSUET.
Dissertatio inaug. de generatione ex animalculo in Ovo.

Pagg. 53. tab. ænea 1. Lugduni Bat. 1729. 4.

Antonio VALLISNERI.
Istoria della generazione dell' uomo e degli animali, se sia da' Vermicelli spermatici, o dalle Uova.
in ejus Opere, Tomo 2. p. 97—304.

Johannes Philippus WOLFFIUS.
De analogia nutritionis viviparorum et oviparorum in utero et ovo.
Commerc. literar. Norimberg. 1739. p. 249—252.

Turbervill NEEDHAM.
A summary of some late observations upon the generation, composition, and decomposition of animal and vegetable substances.
Philosoph. Transact. Vol. 45. n. 490. p. 615—666.
Excerpta germanice, in Hamburg. Magaz. 19 Band, p. 157—169.

George Louis le Clerc Comte DE BUFFON.
Decouverte de la liqueur seminale dans les femelles vivipares.
Mem. de l'Acad. des Sc. de Paris, 1748. p. 211—228.

Pierre LYONET.
Schreiben die Samenthierchen betreffend.
Physikal. Belustigung. 1 Band, p. 241—251.

Christlob MYLIUS.
Antwort auf das vorhergehende Schreiben. ib. p. 252—259.

James PARSONS.
Philosophical observations on the analogy between the propagation of Animals and that of Vegetables, with an explanation of the manner in which each piece of a divided Polypus becomes another perfect animal of the same species.

Pagg. 276. London, 1752. 8.

Giovanni Moro.
Dissertazione intorno la generazione degli animali e vegetabili.
    Pagg. 46.   Bassano, 1753. 4.

Pierre Louis Moreau de Maupertuis.
Sur l'origine des animaux. 1 partie de sa Venus physique.
dans ses Oeuvres, Tome 2. p. 3—96.

Carolus Linnæus.
Dissertatio : Generatio ambigena. Resp. Chr. Lud.
Ramström.
    Pagg. 17.   Upsaliæ, 1759. 4.
———— Amoenit. Academ. Vol. 6. p. 1—16.
———— : De afhanglykheid der voortteeling van de
beide sexen.
Uitgezogte Verhandelingen, 9 Deel, p. 41—62.

J. M. Hube.
Gedanken von der erzeugung der thiere.
Hamburg. Magaz. 24 Band, p. 500—522.

Charles Bonnet.
Considerations sur les corps organisés.
                    Amsterdam, 1762. 8.
Tome 1. pagg. 274. Tome 2. pagg. 328.
———— Tome 3me de ses Oeuvres. Pagg. 579.
Memoire sur les Germes. ibid. Tome 5. Part. 1. p. 1—11.

Johann August Unzer.
Von der erzeugung einiger thiere.
in seine physical. Schriften 1 Samml. p. 203—216.

Don Francisco Garcia Hernandez.
Nuevo discurso de la generacion de plantas, insectos,
hombres y animales.   Madrid, 1767. 4.
Pagg. 143 ; præter librum de anima brutorum.

Job Baster.
Verhandeling over de voortteeling der dieren en planten.
                  Haarlem, 1768. 8.
Pagg. 107 ; a p. 14 ad 35, de generatione animalium agit.

Lazaro Spallanzani.
Prolusio. Pagg. 24.   Mutinæ, 1770. 4.
Osservazioni e sperienze intorno ai Vermicelli spermatici
dell' uomo, e degli animali.
in ejus Opuscoli di Fisica, Vol. 2. p. 1—124.
                 Modena, 1776. 8.
———— : Observations et experiences sur les petits Vers
spermatiques de l'homme et des animaux.
dans ses Opuscules de Physique, traduits par Senebier,
    Tome 2. p. 90—235.

Della generazione di alcuni animali amfibii. in ejus Fisica animale e vegetabile, Tomo 2. p. 185—374. (vide supra pag. 392.)

Della fecondazione artificiale ottenuta in alcuni animali. ibid. Tomo 3. p. 3—304.

——— ——— : Dissertation concerning the generation of certain animals.

Dissertation on the artificial fecundation of certain animals.

in his Dissertations relative to the natural history of animals and vegetables, Vol. 2. p. 5—248.

Otto Friderich Müller.

Bemærkelser om avlingen i almindelighed. in ejus libro, cui titulus : Pile-larven med dobbelt hale, p. 64—86.

Kiöbenhavn, 1772. 4.

Johann Friedrich Blumenbach.

Ueber den Bildungstrieb (Nisus formativus) und seinen einfluss auf die generation und reproduction.

Götting. Magaz. 1 Jahrg. 5 Stück, p. 247—266.

Ueber die liebe der thiere.

ibid. 2 Jahrg. 4 Stück, p. 93—107.

De Nisu formativo et generationis negotio nuperæ observationes.

Pagg. xxxii. tabb. æneæ 2.　　　Gottingæ, 1787. 4.

——— Commentat. Soc. Gotting. Vol. 8. p. 41—68.

Ueber den Bildungstrieb.

Pagg. 116.　　　　　　　Göttingen, 1791. 8.

——— : Verhandeling over de Vormdrift in de voortteeling.　　　　　　　Amsterdam, 1790. 12.

Pagg. 92. (ex editione anni 1789, belgice versa.)

——— : An essay on generation (translated by A. Crichton.)

Pagg. 84.　　　　　　　London, 1792. 8.

Henricus Augustus Wrisberg.

De utero gravido, tubis, ovariis, et corpore luteo quorundam animalium cum iisdem partibus in homine collatis.

Pagg. 40.　　　　　　　Goettingæ, 1782. 4.

Jacobus Edvardus Smith.

Disputatio inaug. quædam de generatione complectens.

Pagg. 16.　　　　　　　Lugduni Bat. 1786. 4.

J. A. Chaptal.

Memoire dans lequel on se propose de faire voir que les vesicules seminales ne servent point de reservoir à la semence separee par les testicules ; on y etablit un nou-

veau reservoir de cette liqueur, et l'on assigne un nou-
vel usage aux vesicules.

> Journal de Physique, Tome 30. p. 101—116.

John HUNTER.

An experiment to determine the effect of extirpating one
Ovarium upon the number of young produced.

> Philosoph. Transact. Vol. 77. p. 233—239.

Thomas DENMAN.

A collection of engravings, tending to illustrate the generation and parturition of animals, and of the human
species. London, 1787. fol.

> Tabb. æneæ 9; foll. textus totidem, altera tantum pa-
> gina impressa.

Jean BRUGNONE.

Observations anatomiques sur les vesicules seminales ten-
dantes à en confirmer l'usage.

> Mem. de l'Acad. de Turin, Vol. 3. p. 609—644.

De ovariis, eorumque corpore luteo observationes anatomicæ. ibid. Vol. 4. p. 393—408.

Paulus Friedericus Hermann GRASMEYER.

Dissertatio inaug. de conceptione et foecundatione humana. (cum observationibus ex anatome comparata.)

> Pagg. 52. Gottingæ, 1789. 8.

Supplementa quædam ad dissertationem de conceptione et
foecundatione humana. Pagg. 22. ib. 1789. 8.

Heinrich Friedrich LINK.

Ueber den Bildungstrieb. in seine Annalen der Naturgesch. 1 Stück, p. 11—23.

Giuseppe BUFALINI.

Lettera sopra le fecondazioni artificiali di diversi Animali.

> Opuscoli scelti, Tomo 14. p. 289—292.

Luigi CALZA.

Memoria de' varii gradi d'analogia tra lo sviluppo, e la riproduzione dei germi nei vegetabili, negli animali,
nell' uomo. Saggi dell' Accad. di Padova, Tomo 3.
P. 1. p. 36—54.

36. *Generatio Mammalium.*

Edmund KING and *Regnerus* DE GRAEFF.

Some observations concerning the organs of generation.

> Philosoph. Transact. Vol. 4. n. 52. p. 1043—1047.

Albert VON HALLER.

De Quadrupedum utero, conceptu et fetu.

> in ejus Oper. Anatom. minor. Tom. 2. p. 422—459.

John HUNTER.

Observations on the placenta of the *Monkey.*
in his observations on animal oeconomy, p. 136—139.

ANON.

An account of the dissection of a *Bitch*, whose Cornua
Uteri being filled with the bones and flesh of a former
conception, had after a second conception the Ova af-
fix't to several parts of the abdomen.
Philosoph. Transact. Vol. 13. n. 147. p. 183—188.

Rudolph. Jac. CAMERARIUS.

Glabrio.
Ephemer. Ac. Nat. Cur. Cent. 5 & 6. p. 347—349.

Christian Gottbold FELLER.

De Utero Canino observatio.
Pagg. 8. tab. ænea 1.   Lipsiæ, 1777. 4,

Chev. D'ABOVILLE.

Genauere umstände von der merkwürdigen fortplanzungs-
weise der weiblichen Beutelratte *(Didelphis marsupialis.)* (e Gallico in Voyage de M. de Chastellux.)
Voigt's Magaz. 5 Band. 2 Stück, p. 29—34.

————: Waarneemingen omtrent de voortteeling van
den Boschrot, of Buidelrot.
Algem. geneeskund. Jaarboeken, 5 Deel, p. 5—13.

Everard HOME.

Some observations on the mode of generation of the *Kan-
guroo*, with a particular description of the organs
themselves.
Philosoph. Transact. 1795. p. 221—238.

Petrus ROMMEL.

Discursus de foetibus *Leporinis* extra uterum repertis,
aliisque tam de Leporibus, quam etiam de conceptione
extra-uterina raris et curiosis.
Pagg. 15.   Ulmæ, 1680. 4,

Jobann August Ephraim GOEZE.

Merkwürdige abdominalkonzeption einer trächtigen
Häsin.
Schr. der Berlin. Ges. Naturf. Fr. 1 Band, p. 382—385.

Daniel LUDOVICI.

Foetus *Cervini* 2 Novembris constitutio.
Ephem. Ac. Nat. Cur. Dec. 1. Ann. 6 & 7. p. 356—
358.
Cervini foetus tempora. ibid. Ann. 8. p. 26—31.

Job. Mauricius HOFFMANN.

Anatome *Ovis* foetum utero gerentis. ibid. Dec. 2. Ann.
1. p. 373—379.

Joannes Christophorus Kuhlemann.
Observationes circa negotium generationis in Ovibus factæ. Editio secunda.
Pagg. 60. tabb. æneæ 2.   Lipsiæ, 1754. 4.
Du Verney *le jeune.*
Observations anatomiques faites sur des Ovaires de *Vaches,* et de *Brebis.*
Mem. de l'Acad. des Sc. de Paris, 1701. p. 182—189.
Nicolaus Hobokenus.
Anatomia Secundinæ *Vitulinæ.*
Pagg. 288 ; cum tabb. æneis.   Ultrajecti, 1675. 8.
Johan Gunther Eberhard.
Verhandeling over het Verlossen der Koeijen.
Pagg. 413. tabb. æneæ 12.   Amsterdam, 1793. 8.
Est Vol. 9. Actorum Societatis oeconomicæ Amstelodamensis.

37. *Generatio Avium.*

Volcher Coiter.
De Ovorum gallinaceorum generationis primo exordio progressuque. impr. cum ejus Tabulis humani corporis partium ; p. 32—39.   Noribergæ, 1573. fol.
Andrea Libavio
Præside, Dissertatio de Ovi gallinarum, et Pulli ex eo generatione. Resp. Ph. Bavarus.
Plag. 1½.   Coburgi, 1610. 4.
Martinus Schoockius.
Dissertatio de Ovo et Pullo.   Editio altera.
Pagg. 183.   Ultrajecti, 1643. 12.
Nicolaus Stenonis.
De Vitelli in intestina pulli transitu, epistola. impr. cum ejus de musculis et glandulis observationibus ; p. 71—84.   Hafniæ, 1664. 4.
In Ovo et Pullo observationes.
Bartholini Act. Hafniens. 1673. p. 81—92.
Marcellus Malpighi.
Dissertatio epistolica de formatione Pulli in Ovo.
Epistolæ quædam circa hanc Dissertationem ultro citroque scriptæ. in Tomo 2do Operum ejus.
Pagg. 20. tabb. æneæ 4.   Londini, 1686. fol.
De Ovo incubato observationes repetitæ auctæque.
Epistolæ quædam circa has observationes ultro citroque scriptæ. impr. cum ejus Anatome plantarum.
Pagg 20. tabb. æneæ 7.   ib. 1675. fol.

————— in Tomo 1mo Operum ejus.
Pagg. 20. tabb. æneæ 7.   ib. 1686.   fol.

Gustavus Casimir GAHRLIEP.
Notabilia quædam circa formationem Pulli gallinacei.
Ephem. Ac. Nat. Cur. Dec. 2. Ann. 10. p. 13—20.

Antoine MAITRE-JAN.
Observations sur la formation du Poulet.
Pagg. 326. tabb. æneæ 9.   Paris, 1722.   12.

Paullus Baptista BALBUS.
De Belliniano problemate circa Ovi cicatriculam.
Comm. Instit. Bonon. Tom. 2. Pars 2. p. 369—377.

BEGUELIN.
Memoire sur l'art de couver les Oeufs ouverts.
Hist. de l'Acad. de Berlin, 1749. p. 71—83.

Charles Denys DE LAUNAY.
Nouveau systeme sur la generation de l'homme et celle de
l'oiseau.
Pagg. 301.   Paris, 1755.   12.

Albert von HALLER.
Sur la formation du coeur dans le poulet, sur l'oeil, sur la
structure du jaune etc.   Lausanne, 1758.   12.
1 Memoire. pagg. 472.   2 Memoire. pagg. 195. tab.
ænea 1; præter libellum de respiratione, de quo supra
pag. 384.

————— : Commentarius de formatione cordis in pullo.
in ejus Oper. Anatom. minor. Tom. 2. p. 54—421.

C. F. WOLFF.
De formatione intestinorum præcipue, tum et de Amnio
spurio, aliisque partibus Embryonis Gallinacei, nondum
visis, observationes, in Ovis incubatis institutæ.
Nov. Comm. Acad. Petropol. Tom. 12. p. 403—507.
13. p. 478—530.

BONNEMAIN.
Waarneemingen aangaande de wyze, op welke het Kieken
den dop van 't ey doorbreekt.
Nieuwe geneeskund. Jaarboeken, 5 Deel, p. 264—
266.

Alexander HUNTER.
The state of an Egg on the fourth day of incubation.
Tab. ænea, long. 8 unc. lat. 7 unc. cum textu anglico
impresso pag. 1.

Francesco CIGNA.
Riflessioni ed esperienze sulla pretesa castrazione delle
Pollastre, e sulla fecondazione dell' Uovo.
Mem. della Società Italiana, Tomo 4. p. 150—155.

Godofredus Guilelmus TANNENBERG
  Dissertatio inaug. sistens spicilegium observationum circa
  partes genitales masculas Avium.
  Pagg. 34. tabb. æneæ 3.   Gottingæ, 1789. 4.
VICQ D'AZYR.
  Ueber das verhalten der Eydotter im leibe des frischaus-
  gebrüteten Küchelchens.
  Voigt's Magaz. 9 Band. 3 Stück, p. 1—11.

38. *Ova Avium.*

Conte Giuseppe ZINANNI.
  Delle Uova e dei Nidi degli uccelli. Lib. 1mo.
                        Venezia, 1737. 4.
  Pagg. 130. tabb. æneæ 22; præter Osservazioni sopra
  le Cavallette, de quibus supra pag. 241.
Georgius Wilhelmus STELLER.
  Observationes quædam Nidos et Ova avium concernentes.
  Nov. Comm. Acad. Petropol. Tom. 4. p. 411—428.
Jacobus Theodorus KLEIN.
  Ova avium plurimarum delineata. latine et germanice.
  Pagg. 36. tabb. æneæ color. 21.   Leipzig, 1766. 4.
Heinrich SANDER.
  Beobachtetes gewicht einiger Vogel-Eyer.
  Naturforscher, 14 Stück, p. 48, 49.
  ———— in seine kleine Schriften, 1 Band, p. 211—213.
Jean Etienne GUETTARD.
  Sur des Oeufs monstrueux de Poules ordinaires; & par
  occasion sur les Oeufs des oiseaux en general.
  dans ses Memoires, Tome 5. p. 331—352.

39. *Ova Galli vulgo credita.*

Johannes HÄNFLER.
  Judicium de Ovo Gallopavonis, in ædibus Prentzlovianis
  Cüstrini d. 12. Junii, 1697. edito.
  Plagg. 2.   Cüstrini. 4.
LAPEYRONIE.
  Observations sur les petits oeufs de Poule sans jaune, que
  l'on appelle vulgairement oeuf de Coq.
  Mem. de l'Acad. des Sc. de Paris, 1710. p. 553—560.
  ———— Mem. de la Societé de Montpellier, Tome 1.
  p. 393—400.

40. *Ovum in Ovo.*

Th. BARTHOLINUS et *Ph. Jac.* SACHS A LEVENHEIMB.
De Ovo prægnante.
Ephem. Ac. Nat. Cur. Dec. 1. Ann. 1. p. 104—107.
Georgius Sebastianus JUNG.
Ovum Ovo prægnans. ibid. Ann. 2. p. 348, 349.
Petrus RIVALIEIZ.
Ovum ovo prægnans.
Act. Eruditor. Lips. 1683. p. 220, 221.
Joannes Jacobus STOLTERFOHT.
Ovum prægnans.
Nov. Literar. Mar. Balth. 1699. p. 29—32.
Claude PERRAULT.
Observations touchant deux choses remarquables qui ont
eté trouvées dans des Oeufs. Mem. de l'Acad. des Sc.
de Paris, 1666—1699. Tome 10. p. 559—561.
Cornelius STALPART VAN DER WIEL.
Ovum in ovo repertum.
in ejus Observation. rarior. Cent. post. p. 475—479.
Jean Etienne GUETTARD.
Sur un Œuf de poule renfermé naturellement dans un
autre Œuf.
dans ses Memoires, Tome 2. p. xiv—xvj.
Ludwig Christian LICHTENBERG.
Beschreibung eines sonderbaren Hühnereyes. in sein.
Magaz. 1 Band. 2 Stück, p. 83, 84.
S. A. DE MORAAZ.
Bericht wegens een ongemeen groot en zwaar Ganzen-ei,
waar in, behalven twee dooiers met hun wit, nog een
voldraagen ei, het geen ook een harde schaal hadt, was
opgesloten.
Algem. geneeskund. Jaarboeken, 3 Deel, p. 44—47.

41. *Ova monstrosa.*

Johannes Henricus RESPINGER.
Observatio duorum Ovorum monstrosorum satis sibi si-
milium.
Act. Helvet. Vol. 1. p. 81, 82.
Cajetanus MONTI.
De Ovo serpentiformi.
Comment. Instituti Bonon. Tom. 4. p. 330—335.

C. F. WOLFF.
Ovum simplex gemelliferum. Nov. Comm. Acad. Pe-
tropol. Tom. 14. Pars 1. p. 456—483.
————: Sur un Oeuf simple, contenant deux embryons.
Journal de Physique, Introd. Tome 2. p. 359—372.

42. *Generatio Amphibiorum.*

Ranarum.

Oligerus JACOBÆUS.
De Ranarum generatione observationes.
Bartholini Act. Hafniens. 1673. p. 109, 110.
Antonius DE HEIDE.
Partes genitales in Rana fæmella. in ejus Centuria ob-
servationum medicarum, p. 196—199.
Augustus Quirinus RIVINUS.
Observationes circa congressum, conceptionem, gestatio-
nem partumque Ranarum.
Act. Eruditor. Lips. 1687. p. 284—288.
———— Valentini Amphitheatr. zootom. Pars 1. p. 209
—212.
Richard WALLER.
Observations on the spawn of Frogs, and of the produc-
tion of Todpoles therein.
Philosoph. Transact. Vol. 17. n. 193. p. 523, 524.
Rosinus LENTILIUS.
Ranarum in pisces matamorphosis.
Ephem. Acad. Nat. Cur. Cent. 3 & 4. p. 386—392.
———— Valentini Amphitheatr. zootom. Pars 1. p.
212—214.
Friderico MENZIO
Præside, Dissertatio: Generatio παραδοξος in Rana con-
spicua. Resp. Casp. Bose.
Pagg. 24. tab. ænea 1.   Lipsiæ, 1724. 4.
BERLINGHIERI, SILVESTRE, ROBILLIARD, et BRON-
GNIART.
Premier rapport des experiences faites, d'après M. l'Abbé
Spalanzani, sur la generation des Grenouilles.
Journal de Fourcroy, Tome 3. p 137—148.
———— Annales de Chimie, Tome 12. p. 77—93.
Floriano CALDANI.
Osservazioni sopra le idatidi delle Ranocchie,
Mem. della Società Italiana, Tomo 7. p. 312—318.

43. *Generatio Ranæ Pipæ.*

Rosinus LENTILIUS.
Bufo ex dorso pariens.
 Ephem. Acad. Nat. Curios. Cent. 3 & 4. p. 393—396.
 ———— Valentini Amphitheatr. Zootom. Pars 1. p.
 208, 209.
Philippe FERMIN.
Dissertation sur le Crapaud de Surinam, nommé Pipa, et
 sur sa generation en particulier. impr. avec son Traité
 des maladies de Surinam ; p. 129—157.
 Amsterdam, 1765. 8.
Developpement parfait du mystere de la generation du
 Crapaud de Surinam nommé Pipa.
 Pagg. 26. Maestricht, 1765. 8.
Petrus CAMPER.
Over de voortteeling der Americaansche Padden, of Pipæ.
 Verhandel. van de Maatsch. te Haarlem, 6 Deels, 1
 Stuk, p. 266—284.
 ————— : Ueber die zeugung der Amerikanischen Krö-
 ten oder Pipæ.
 in seine klein. Schriften, 1 Band. 1 Stück, p. 126—140.
Epistola ad Jo. Frid. Blumenbach de caudatis Piparum
 gyrinis.
 Commentat. Societ. Gotting. Vol. 9. p. 129—135.
Charles BONNET.
Observations sur le Pipa ou Crapaud de Surinam.
 Journal de Physique, Tome 14. p. 425—436.
 ———— dans ses Oeuvres, Tome 5. part. 1. p. 372—393.

44. *Generatio Amphibiorum aliorum.*

DEMOURS.
Observation au sujet de deux animaux, dont le male ac-
 couche la femelle.
 Mem. de l'Acad. des Sc. de Paris, 1778. p. 13—19.
 ———— in English, printed with the translation of
 Spallanzani's Dissertations, Vol. 2. p. 349—356.
Josephus Franciscus DE JACQUIN.
 Lacerta vivipara.
 Nov. Act. Helvet. Vol. 1. p. 33, 34.
Gothofredus VOIGTIUS.
De congressu et partu *Viperarum.*
 in ejus Curiositatibus physicis, p. 107—143.

45. *Generatio Piscium.*

Gottfried THILONE
Præside, Exercitatio de generatione Piscium. Resp.
Gottfr. Balduinus.
Plagg. 2.   Wittebergæ, 1667. 4.
Thomas HARMER.
Remarks on the very different accounts that have been
given of the fecundity of Fishes, with fresh observations
on that subject.
Philosoph. Transact. Vol. 57. p. 280—292.
————: Anmerkungen über die verschiedenen nach-
richten, die man von der fruchtbarkeit der Fische hat,
nebst neuen beobachtungen über diese materie.
Neu. Hamburg. Magaz. 41 Stück, p. 457—476.
Georgius Augustus LANGGUTH.
Programmata: De ortu Piscium absque nuptiis pulchre
fabulari, Commentatio prior et posterior.
Singulæ pagg. xii.   Wittenbergæ, 1777. 4.
Programma de nuptiis Piscium innumera prole beatis.
Pagg. x.   ib. 1780. 4.
Filippo CAVOLINI.
Memoria sulla generazione dei Pesci e dei Granchi.
Pagg 127. tab. ænea 1.   Napoli, 1787. 4.

46. *Generatio Murænæ Anguillæ.*

Benjamin ALLEN.
Of the manner of the generation of Eels.
Philosoph. Transact. Vol. 19. n. 231. p. 664—666.
DALE.
An account of a very large Eel, with some considerations
about the generation of Eels. ibid. Vol. 20. n. 238.
p. 90—97.
Antonio VALLISNERI.
Nuova scoperta delle uova, ovaje, e nascita delle Anguille.
in ejus Opere, Tomo 2. p. 89—95.
————: Dissertatio de ovario Anguillarum.
Ephem. Ac. Nat. Cur. Cent. 1 & 2. App. p. 153—165.
————: Descriptio anatomica Anguillæ.
Valentini Amphitheatr. Zootom. Pars 2 p: 126—131.
Algot FAHLBERG & *Carl* DE GEER.
Angående Åhl-fiskens alstrande och förökelse.
Vetensk. Acad. Handling. 1750. p. 194—197.
TOM. 2.   E e

——————: De propagatione Anguillarum observationes.
Analect. Transalpin. Tom. 2. p. 298—300.
Cajetanus MONTI.
De Anguillarum ortu et propagatione.
Comment. Instituti Bonon. Tom. 6. p. 392—405.
Carolus MUNDINI.
De Anguillæ ovariis. ibid. p. 406—419.

47. *Generatio Pleuronectis Soleæ.*

Von der entstehungsart der Schollen oder Zungenfische.
Berlin. Sammlung. 1 Band, p. 249—252.

48. *Generatio Salmonis Salaris.*

Anders HELLANT.
Berättelse om Laxens alstrande.
Vetensk. Acad. Handling. 1745. p. 267—279.
——————: De propagatione Salmonis.
Analect. Transalpin. Tom. 1. p. 408—414.
W. GRANT.
Om Laxens parnings-och aflelses sätt.
Vetensk. Acad. Handling. 1752. p. 134—138.
——————: De coitu et propagatione Salmonis.
Analect. Transalpin. Tom. 2. p. 422—424.
——————: Berigt wegens het paaren en voortteelen van
de Zalm.
Uitgezogte Verhandelingen, 4 Deel, p. 236—241.
FERRIS.
Lettre sur la generation des Saumons.
Journal de Physique, Tome 20. p. 321, 322.

49. *Generatio Esocis Lucii.*

Abraham ARGILLANDER.
Rön om Gjädd-Leken.
Vetensk. Acad. Handling. 1753. p. 74—77.

50. *Generatio Squalorum.*

Martinus HOUTTUYN.
Aanmerkingen over de voortteling der Haaijen en de
Haaijen-Tasjes.
Uitgezogte Verhandelingen, 9 Deel, p. 480—487.

51. *Generatio Rajarum.*

Joannes BATTARRA.
  Literæ ad C. Toninium.
  Atti dell' Accad. di Siena, Tomo 4. p. 353—356.

52. *Generatio Insectorum.*

Francesco REDI.
  Esperienze intorno alla generazione degl' Insetti.   Quinta impressione.
    Pagg. 176. tabb. æneæ 29.   Firenze, 1688.   4.
  ————— : Experimenta circa generationem Insectorum.
                              Amstelædami, 1671.   12.
    Pagg. 330 ; cum tabb. æneis.
  ————— ————— Pars prior Opusculorum ejus.
    Pagg. 216 ; cum tabb. æneis.   ib. 1686.   12.
Petro HAHN
  Præside, Dissertatio : Vera Insectorum vulgo sponte nascentium genesis.   Resp. Nic. Kiellberg.
    Pagg. 18.   Aboæ, 1703.   8.
Joanne STEUCHIO
  Præside, Dissertatio de generatione Insectorum.   Resp. Joh. Mæhlin.
    Pagg. 16.   Upsaliæ, 1719.   8.
Henricus STAMPE.
  Dissertatio de generatione Insectorum.   Resp. Greg. Jensen.
    Pagg. 28.   Havniæ, 1732.   4.
Joannes Ernestus HEBENSTREIT.
  Programma de Insectorum natalibus.
    Pagg. xvi. tab. ænea 1.   Lipsiæ, 1743.   4.
  ————— Ludwig delect. Opuscul. Vol. 1. p. 106—117.
  Programma Historiæ naturalis Insectorum institutiones proponens.
    Pagg. xvi.   Lipsiæ, 1745.   4.
Carl DE GEER.
  Tal om Insecternas alstring.
    Pagg. 40.   Stockholm, 1754.   8.
  ————— : Discours sur la generation des Insectes.
  dans ses Mem. sur les Insectes, Tome 2. p. 17—51.
  ————— : Discurs über die erzeugung der Insekten.
  Naturforscher, 5 Stück, p. 207—256.

George GARDEN.
A letter concerning Caterpillars that destroy fruit.
Philosoph. Transact. Vol. 20. n. 237. p. 54, 55.
Lucas Antonius PORTIUS.
De *Cancri* fluviatilis partibus genitalibus.
Ephem. Ac. Nat. Cur. Dec. 2 Ann. 6. p. 48—67.
———— Valentini Amphitheᵔtr. Zootom. Pars 2. p.
138—144.
Filippo CAVOLINI.
Sulla generazione dei Granchi, vide supra p. 409.

53. *Generatio Insectorum absque coitu.*

Johannes Petrus ALBRECHT.
De Insectorum ovis sine prævia maris cum fœmella con-
junctione nihilominus nonnunquam foecundis.
Ephem. Ac. Nat. Cur. Dec. 3. Ann. 9 & 10. p. 26—
28.
Petrus Simon PALLAS.
Phalænarúm biga, quarum alterius femina artubus pror-
sus destítuta, nuda atque vermiformis, alterius, glabra
quidem et impennis, attamen pedata est, utriusque vero,
sine habito cum masculo commercio, foecunda ova
parit.
Nov. Act. Acad. Nat. Cur. Tom. 3. p. 430—437.
Jean BERNOULLI.
Observations d'histoire naturelle.
Hist. de l'Acad. de Berlin, 1772. p. 24—35.
———— : Observations sur des Oeufs de Papillon.
Journal de Physique, Tome 13. p. 104—113.
————— : Osservazioni sulle Uova delle Farfalle.
Opuscoli scelti, Tomo 2. p. 217—222.
———— : Ueber das vermögen gewisser arten Schmet-
terlinge, fruchtbare Eyer zu legen, ohne sich gepaart
zu haben.
Neu. Hamburg. Magaz. 96 Stück, p. 504—525.
Theodorus Gottlieb VON SCHEVEN.
Von den Zwittern unter den Schmetterlingen.
Naturforscher, 20 Stück, p. 40—68.

54. Generatio Vermium.

Antonio Vallisneri.
Nuova scoperta dell' Ovaja, e delle uova de' Vermi tondi
de' vitelli e degli uomini.
in ejus Opere, Tomo 1. p. 271—282.
Job Baster.
Over de voorttpeling en eijernesten van sommige Hoorns
en Zee-insecten. Verhandel. van de Maatsch. te Haarlem, 4 Deel, pag. 473—489.

55. Generatio Hirudinum.

B. N. Berkenmeijer.
Om Iglars förökande.
Vetensk. Acad. Handling. 1784. p. 81, 82.

56. Generatio Sepiarum.

Joannes Baptista Bohadsch.
Dissertatio de veris Sepiarum ovis.
    Pagg. 31. tabb. æneæ 3.   Pragæ, 1752. 4.
———— mutatis mutandis, in ejus de Animalibus mari-
nis libro, p. 155—169.
———— : Abhandlung von den eyern derjenigen art von
Blackfisch, welche Loligo genannt wird.
Neu. Hamburg. Magaz. 26 Stück, p. 125—145.
Cornelius Nozeman.
Van de Zee-kat en-haare eijeren.
Uitgezogte Verhandelingen, 1 Deel, p. 379—388.
Dicquemare.
Multiplications des grands Polypes marins.
Journal de Physique, Tome 33. p. 371—374.

57. Generatio Testaceorum.

A. F. M. (*Antonio Felice* Marsilli.)
Relazione del ritrovamento dell' uova di Chiocciole.
    Pagg. 83. tab. ænea 1.   Bologna, 1683. 12.
————   Roma, 1695. 12.
Pagg. 43. tab. ænea 1; præter libellum sequentem
Fulberti.
———— : De ovis Cochlearum epistola, cum *Job.*
Jac. Harderi epistolis aliquot de partibus genita-

libus Cochlearum, generatione item Insectorum ex ovo.
> Pagg. 58. tab. æneæ 2.   Aug. Vindel. 1684. 8.

Godefrido FULBERTI.
Riflessioni sopra la relatione del ritrovamento dell' uova di Chiocciole di A. F. M. impr. cum libello Marsilli,
> p. 45—141.   Roma, 1695. 12.

Jacobus BRACHIUS.
De ovis Ostreorum.
> Ephem. Ac. Nat. Cur. Dec. 2. Ann. 8. p. 506—508.

WITSEN.
Descriptions of certain Shells found in the East Indies.
> Philosoph. Transact. Vol. 17. n. 203. p. 871.

Robert WHYTT.
A description of the Matrix or Ovary of the Buccinum ampullatum.
> Essays by a Society in Edinburgh, Vol. 2. p. 8—10.

ANON.
Beschryving van het eijernest der Zeeslek welke Wulk genoemd word.
> Uitgezogte Verhandelingen, 1 Deel, p. 461—465.

Laurens Theodorus GRONOVIUS.
Eene nieuwe waarneeming omtrent zeker Zee-gewas. ibid.
> 2 Deel. p. 219—221.

Adolph MODEER.
Anmärkning om Snäckors parning.
> Vetensk. Acad. Handling. 1764. p. 47, 48.

Johannes LE FRANCQ VAN BERKHEY.
Brief over een hard geschaald ey van een Zee-horn. Verhandel. van de Gen. te Vlissingen, 3 Deel, p. 576—582.

Johann Ernst Immanuel WALCH.
Beytrag zur zeugungsgeschichte der Conchylien.
> Naturforscher, 12 Stück, p. 1—52.

Otto Friedrich MÜLLER.
Von den pfeilen der Schnecken.
> Schr. der Berlin. Ges. Naturf. Fr 5 Band, p. 394—399.

Josephus Theophilus KOELREUTER.
Observationes anatomico-physiologicæ Mytili Cygnei L. ovaria concernentes.
> Nov. Act. Acad. Petropol. Tom. 6. p. 236—239.

DE RIBAUCOURT.
Observations sur la generation des Buccins d'eau-douce.
> Journal d'Hist. Nat. Tome 1. p. 428—443.

58. *Differentia sexus.*

Jodocus Leopold FRISCH.
Von den ursachen des unterschiedes zwischen Männchen und Weibchen, und den grund der verschiedenheit ihrer farben.
Naturforscher, 8 Stück, p. 1—25.
     9 Stück, p. 1—38.
    12 Stück, p. 100—110.
John HUNTER.
Account of an extraordinary Pheasant.
Philosoph. Transact. Vol. 70. p. 527—535.
——————— in his Observ. on animal oeconomy, p. 63—68.

59. *Hermaphroditi.*

Albertus von HALLER.
Commentatio de Hermaphroditis, et an dentur?
Commentar. Societ. Gotting. Tom. 1. p. 1—26.

Johannes Jacobus DÖBELIUS.
De *Glire* hermaphrodito.
Nov. Literar. Mar. Balth. 1698. p. 238, 239.
Benjamin SCHARFF.
De *Lepore* hermaphrodito.
Ephem. Ac. Nat. Cur. Dec. 3. Ann. 5 & 6. p. 174.

Philippus Jacobus HARTMANN.
Ex anatome *Hœdi* hermaphroditi. ibid. Ann. 9 & 10. p. 191—193.
Reinholdus WAGNER.
De *Hœdo* Islandico hermaphrodito. ibid. Cent. 1 & 2. p. 235—237.

Johannes Jacobus WEPFER.
De *Ariete* hermaphrodito. ibid. Dec. 1. Ann. 3. p. 255—277.
Johannes Henricus STARCKE.
Historia anatomica Arietis hermaphroditi. ibid. Dec. 3. Ann. 5 & 6. p. 669—675.
Johannes Melchior VERDRIES.
De Agno hermaphrodito.
ibid. Ann. 9 & 10. p. 435, 436.

Abrahamus Kaau BOERHAAVE.
Historia anatomica Ovis pro hermaphrodito habiti.
Nov. Comm. Acad. Petropol. Tom. 1. p. 315—336.
Ludwig Gottlieb SCRIBA.
Beytrag zur geschichte von den zwittern. Beobacht. der
Berlin. Ges. Naturf. Fr. 4 Band. p. 367, 368.

John HUNTER.
Account of the *Free Martin.*
Philosoph. Transact. Vol. 69. p. 279—293.
———— in his Observ. on animal oeconomy, p. 45—
61.

Peter Simon PALLAS.
Nachricht von einem *Pferde,* welches an den zeugungs-
theilen verunstalltet war. Beschäft. der Berlin. Ges.
Naturf. Fr. 3 Band, p. 226—230.
Antoine PENCHIENATI.
Observations sur quelques pretendus hermaphrodites.
Mem. de l'Acad. de Turin. Vol. 5. p. 18—22.

CARRERE.
Sur une *Ane* pretendu hermaphrodite.
Journal de Physique, Tome 3. p. 443.

Antonius DE HEIDE.
Galli, qui putabatur hermaphroditus, anatome rudis. in
ejus Centuria Observ. medicarum, p. 193, 194.

Thomas BARTHOLINUS.
De *Asello* hermaphroditico.
Ephem. Ac. Nat. Cur. Dec. 1. Ann. 1. p. 248, 249.
Johannes Henricus STARCKE.
De *Pisce* hermaphrodita. ibid. Dec. 3. Ann. 7 & 8. p.
190, 191.
SCHWALBE.
Lactes et ova simul in uno *Carpione.*
Commerc. literar. Norimberg. 1734. p. 305.

Jacob Christian SCHÆFFER.
Der wunderbare *Eulenzwitter,* nebst der baumraupe aus
welcher derselbe entstanden.
Pagg. 30. tab. ænea 1.   Regensburg, 1761. 4.
———— in seine Abhandl. von Insecten, 2 Band, p.
313—344.

Friedrich Eugenius ESPER.
Beobachtungen an einer neuentdeckten zwitterphaläne des
   Bombyx Cratægi.
   Pagg. 20. tab. ænea color. 1.   Erlangen, 1778. 4.
HEFTLINGER.
Lettre sur une *Phalene* hermaphrodite.
Journal de Physique, Tome 26. p. 268—271.
Frank NICHOLLS.
Account of an hermaphrodite *Lobster.*
Philosoph. Transact. Vol. 36. n. 413. p. 290—294.

60. *Monstra Animalium (et obiter Plantarum.)*

Johannes Georgius SCHENKIUS A GRAFENBERG.
Monstrorum historia memorabilis.
                                 Francofurti, 1609. 4.
   Pagg. 135 ; cum figg. æri incisis.
Ulysses ALDROVANDUS.
Monstrorum Historia.   B. Ambrosinus composuit.
                                 Bononiæ, 1642.   fol.
   Pagg. 748 ; cum figg. ligno incisis.
Ambroise PARE'.
Des monstres et prodiges ; le livre 25. de ses Oeuvres ; p.
   644—701.
Fortunius LICETUS.
De Monstris, ex recensione G. Blasii.
                                 Amstelodami, 1665. 4.
   Pagg. 316 ; cum figg. æri incisis.
Thomas BARTHOLINUS.
Monstra varia Animalium.
   in ejus Act. Hafniens. 1671. p. 53, 54.
De naturæ abundantia et defectu. ibid. 1673. p. 77—80.
Friderich Wilhelm SCHMUCK.
Fasciculi admirandorum naturæ accretio, oder der spie-
   lenden natur kunstwercke, in verschidenen missge-
   burthen vorgestellet, fortsezung.
   Pagg. 8. tabb. æneæ 12.   Strassburg, 1679. 4.
   Continuatio 2. pagg. 8. tabb. 12.   1680.
   Continuatio 3. pagg 8. tabb. 12.   1682.
   Continuatio 4. pagg. 8. tabb. 12.   1683.
Wilhelmus TEN RHYNE.
Dissertatio de Monstris.   impr. cum ejus Dissert. de Ar-
   thritide ; p. 305—334.   Londini, 1683. 8.

Gabriel CLAUDERUS.
  Caprea cornuta, et Lepus cornutus.
    Ephem. Ac. Nat. Cur. Dec. 2. Ann. 6. p. 367—369.
Andreas CLEYERUS.
  Monstrosa animalia. ibid. Ann. 8. p. 70.
John FLOYER.
  A relation of two monstrous Pigs, and two young Tur-
  keys joined by the breast.
    Philosoph. Transact. Vol. 21. n. 259. p. 431—435.
Antonio VALLISNERI.
  Relazione di varj mostri, con alcune riflessioni.
    in ejus Opere, Tomo 2. p. 74—81.
C. F. WOLFF.
  De ortu monstrorum commentatio.
    Nov. Comm. Acad. Petropol. Tom. 17. p. 549—575.

61. *Monstra Mammalium.*

Samuel BRADY.
  Account of a (monstrous) *Puppy.*
    Philosoph. Transact. Vol. 24. n. 304. p. 2176.
Allen MULLEN.
  A discourse on the dissection of a monstrous *Cat.* ibid.
  Vol. 15. n. 174. p. 1135—1139.
Jean Etienne GUETTARD.
  Sur un Chat né sans poil.
    dans ses Memoires, Tome 2. p. xvij, xviij.
Pietro Maria DANA.
  Gatto mostruoso.
    Scelta di Opusc. interess. Vol. 23. p. 85—93.
Pietro TABARRANI.
  Gatto mostruoso.
    Atti dell' Accad. di Siena, Tomo 6. p. 227—230.
Salom. REISELIUS et *Georg. Sebast.* JUNG.
  Monstra *Leporina.*
    Ephemer. Ac. Nat Cur. Dec. 1. Ann. 2. p. 301, 302.
Christianus MENTZELIUS.
  De *Alces* monstroso partu. ibid. Dec. 2. Ann. 5. p. 6
  —8
Sauveur MORAND.
  Description d'un Faon de *Biche* monstrueux.
    Mem. de l'Acad. des Sc. de Paris, 1747. p. 23, 24.

62. *Monstra Agnina.*

COLEPRESSE.
    An account of two monstrous births.
        Philosoph. Transact. Vol. 2. n. 26. p. 480, 481.
Thomas BARTHOLINUS.
    Monstrum Agninum duplex.
        in ejus Act. Hafniens. Vol. 3. p. 58.
Stevelinus Adamus REUTZ.
    De monstro Agnino Norwagico.   ibid. p. 99bis, 100.
Johannes Ludovicus HANNEMAN.
    Monstrum Ovinum.   ibid. Vol. 5. p. 22—24.
Mauricius HOFFMANN.
    De Agno monstroso.
        Ephem. Ac. Nat. Cur. Dec. 1. Ann. 9 & 10. p. 32—37.
Georgius SEGER.
    De Anatome Agnæ bicipitis.   ibid. p. 247—249.
Johannes de MURALTO.
    De monstro Ovillo.   ibid. Dec. 2. Ann. 1. p. 123.
Johannes Conradus PEYERUS.
    Agnellus cyclops monstroso capite. ibid. Ann. 3. p. 310
        —313.
Sauveur MORAND.
    Description anatomique d'un Mouton monstrueux.
        Mem. de l'Acad. des Sc. de Paris, 1733. p. 141—146.
Joannes Sebastian ALBRECHT.
    De Agno cyclope.
        Act. Acad. Nat. Curios. Vol. 7. p. 363—367.
P. DODDRIDGE.
    A letter concerning a monstrous Lamb.
        Philosoph. Transact. Vol. 45. n. 489. p. 502—504.
James PARSONS.
    Some account of a Sheep, having a monstrous horn grow-
        ing from his throat.   ibid. Vol. 49. p. 183—186.
Lorenzo NANNONI.
    Sopra un Agnello mostruoso.
        Opusculi scelti, Tomo 6. p. 213—215.
ANON.
    Observation sur un Agneau né sans tête et sans extre-
        mités anterieures.
        Journal de Physique, Tome 25. p. 81—83.
Antoine François FOURCROY.
    Agneau monstrueux.
        dans son Journal, Tome 1. p. 301, 302.

63. *Monstra Vitulina.*

David THOMAS.

  An account of a very odd monstrous calf.
    Philosoph. Transact. Vol. 1. n. 1. p. 10. & n. 2. p. 20, 21.

Georgius SEGER et *Henricus* VOLLGNAD.

  Vitulus biceps, cum monstro vitulino.
    Ephem. Ac. Nat. Cur. Dec. 1. Ann. 2. p. 168.

Nicolaus STENONIS.

  De Vitulo hydrocephalo.
    Bartholini Act. Hafniens. 1671. p. 249—262.

Johannnes SCHMIDIUS.

  De monstro Vitulino.
    Ephem. Ac. Nat. Curios. Dec. 1. Ann. 4 & 5. p. 207, 208.

Christophorus LIPSTORP.

  De Vitula bicipite. ibid. Ann. 6 & 7. p. 103.

Mauricius HOFFMANN.

  De Vitulo bicipite. ibid. Ann. 9 & 10. p. 37—43.

Johannes Mauricius HOFFMANN.

  De Vitulo monstroso gemello. ibid. Dec. 3. Ann. 1. p. 238.

Wilhelmus Huldericus WALDSCHMID.

  De Vitulo monstroso. ibid. Ann. 5 & 6. p. 544, 545.

Sir Robert SOUTHWELL.

  Account of a monstrous Calf with two heads.
    Philosoph. Transact. Vol. 20. n. 238. p. 79, 80.

Philippus Jacobus HARTMANN.

  De genitalibus Vitulæ monstrosis.
    Ephem. Ac. Nat. Curios. Dec. 3. Ann. 7 & 8. p. 59 —62.

Archibald ADAMS.

  Letter concerning a monstrous Calf.
    Philosoph. Transact. Vol. 25. n. 311. p. 2414.

John CRAIG.

  A description of the head of a monstrous Calf. ibid. Vol. 27. n. 333. p. 429, 430.

Antonio VALLISNERI.

  Descrizione di un Vitello mostruoso.
    in ejus Opere, Tomo 2. p. 57—60.

Christoph. Jac. TREW et HUTH.

  Vitulus biceps.
    Commerc. liter. Norimb. 1740. p. 401—405.
                          1743. p. 393—399.

Herman Diedrich SPÖRING.
　Vitulus biceps, bicors &c.
　　Act. Societ. Upsal. 1740. p. 111—119.
Michel Angiolo RUBERTI.
　Lezione sulla testa mostruosa d'un Vitello.
　　Pagg. xiii. tab. ænea 1.　　　　Napoli, 1745. 4.
　———— : Lezione su d'un Vitello a due teste dell' Ac-
　cademico delle scienze, colle note di Lemuel Gulliver.
　　Pagg. 44.　　　　　　　　　　　　　　　　　4.
ANON.
　Dialogo. Interlocutori Lisandro, Aristide, e D. Fastidio.
　(Satyra in libellum Ruberti.)
　　Plagg. 5.　　　　　　　　　　　　　　　　　4.
Sauveur MORAND et LA SONE.
　Description anatomique d'un Veau monstrueux.
　　Mem. de l'Acad. des Sc. de Paris, 1745. p. 35—40.
Claudius Nicolaus LE CAT.
　An account of double foetus's of Calves.
　　Philosoph. Transact. Vol. 45. n. 489. p. 497—501.
C. F. WOLFF.
　Descriptio Vituli bicipitis.
　　Nov. Comm. Acad. Petropol. Tom. 17. p. 540—549.
Ludovico Phil. SCHROETER
　Præside, Dissertatio descriptionem anatomicam duorum
　Vitulorum bicipitum, et conjecturas de causis monstro-
　rum exhibens. Resp. Bern. Chph. Faust.
　　Pagg. 44.　　　　　　　　　　Rintelii, 1777. 4.
ANON.
　Observation sur un Veau monstrueux.
　　Journal de Physique, Tome 25. p. 83, 84.

64. *Monstra Equina.*

Observables upon a monstrous head (of a Colt.)
　Philosoph. Transact. Vol. 1. n. 5. p. 85, 86.

65. *Monstra Suilla.*

Gottofredus Christianus WINCLER.
　De Scropha tripede. Ephemer. Acad. Nat. Curios. Dec. 1.
　　Ann. 6 & 7. p. 154, 155.
ANON.
　The anatomy of a monstrous Pig.
　　Philosoph. Transact. Vol. 13. n. 147. p. 188, 189.

Balthasar HACQUET.
Nachricht von einer sonderbaren missgeburt aus der Schweinsraçe.
Voigt's Magaz. 8 Band. 1 Stück, p. 107—112.

66. *Monstra Avium.*

Eric Gustaf LIDBECK.
Beskrifning på en trefotad Örn.
Vetensk. Acad. Handling. 1762. p. 164, 165.
Gothofredus Samuel POLISIUS.
De *Anserculo* quadrupede.
Ephem. Ac. Nat. Cur. Dec. 2. Ann. 4. p. 100.
Matthias Henricus SCHACHT.
De Ansere monstroso tribus rostris nato.
Nov. literar. Mar. Balth. 1700. p. 253—255.
FOSSIER.
Le *Canard* chat, petit monstre dessiné sur la nature, eclos d'un oeuf de Canne couvé par un Chat, 1778.
Tab. ænea, long. 9 unc. lat. 7 unc.
Petrus ROMMEL.
Pullus gallinaceus quatuor alis totidemque pedibus præditus.
Ephem. Ac. Nat. Cur. Dec. 2. Ann. 5. p. 301—303.
Michael Fridericus LOCHNER.
Gallus cornutus. ibid. Ann. 8. p. 74, 75.
Johannes Mauricius HOFFMANN.
De Pullo Gallinaceo quadrupede. ibid. Dec. 3. Ann. 1. p. 237.
Georgius Fridericus FRANCUS DE FRANKENAU.
De pullo cornuto.
Act. Acad. Nat. Curios. Vol. 1. p. 317.
Conradus GRAFF.
De pullo Gallinaceo monstroso. ibid. Vol. 4. p. 426, 427.
C. F. WOLFF.
De pullo monstroso.
Act. Acad. Pretropol. 1780. Pars pr. p. 203—207.
Johannes BÖHM.
De *Columba* bicipite.
Ephem. Acad. Nat. Cur. Dec. 2. Ann. 6. p. 137.
DESCHAMPS.
Description d'un Pigeon difforme.
Journal de Fourcroy, Tome 1. p. 297—301.

ANON.
Bemerkungen über einen monstreusen *Canarien-vogel.*
Pagg. 18. tab. ænea color. 1. Hamburg, (1780.) 4.
——————: Portrait d'un monstrueux Serin de Canarie.
Pagg. 17. tab. ænea 1. ib. 4.
Beschryving van een *Leeurik* met een bek als van de Kruisvink.
Uitgezogte Verhandelingen, 3 Deel, p. 479, 480.

67. *Monstra Amphibiorum.*

Josephus LANZONI.
De Vipera duplici capite prædita; cum Scholio L.Schröck.
Ephem. Ac. Nat. Cur. Dec. 2. Ann. 9. p. 318, 319.

68. *Monstra Piscium.*

Georgius Erhardus HAMBERGER.
Programma 1. 2. 3. 5. de Cyprino monstroso rostrato.
Jenæ, 1748. 4.
Singula pagg. 8; primo vero addita tabula ænea.

69. *Monstra Insectorum.*

Otto Fredric MÜLLER.
Decouverte d'un *Papillon* à tête de Chenille. Mem.
etrangers de l'Acad. des Sc. de Paris, Tome 6. p. 508
—511.
——————: Entdeckung eines Schmetterlings mit einem Raupenkopfe.
Naturforscher, 16 Stück, p. 203—212.

70. *Color Animalium anomalus.*

Joan Daniel DENSO.
Von weissen Vögeln.
in sein. Physikal. Bibliothek, 1 Band, p. 577—585.
Friedrich Christian GÜNTHER.
Gedanken über die ganz weissen Vögel, welche von anders gefärbten eltern anomalisch erzeuget werden.
Naturforscher, 1 Stück, p. 54—64.
Gedanken über die entstehungsart der anomalisch-schwarzen farbe verschiedener sonst anders gefärbten Vögel.
ibid. 2 Stück, p. 1—9.

Johann Ernst Immanuel WALCH.
Von der anomalisch-weissen farbe der Vögel.
Naturforscher, 4 Stück, p. 128—135.
Immanuel Gottlob GERDESSEN.
De anomalo animalium albidiore colore.
Pagg. x.   Lipsiæ, 1777. 4.
Bernhard Christian OTTO.
Beytrag zu den bemerkungen über die anomalisch weissen
thiere.   Naturforscher, 12 Stück, p. 85—91.
Georg Friedrich GÖTZ.
Ueber die anomalisch weissen Vögel.
Naturforscher, 16 Stück, p. 37—49.
——————— in sein. Naturgesch. einiger Vögel, p. 96—119.
Franz von Paula SCHRANK.
Von der anomalisch weissen farbe der Vögel und der
Säugthiere.   Naturforscher, 23 Stück, p. 138—142.

Bengt BERGIUS.
Hvit *Rotta* beskrifven.
Vetensk. Acad. Handling. 1761. p. 313—317.
Friedrich Eberhard VON ROCHOW.
Aus einem Schreiben von ihm. *(Capreoli nigri.)*
Schr. der Berlin. Ges. Naturf. Fr. 4 Band, p. 385—387.
Johannes Ludovicus WITZELIUS.
De *Corvis* albis.
Ephem. Acad. Nat. Cur. Dec. 1. Ann. 3. p. 81.
Gabriel CLAUDERUS.
Pennæ albæ Corvo nigro ex ala successive excrescentes.
ibid. Dec. 2. Ann. 5. p. 378—380.
DE FRANCHEVILLE.
Dissertation sur un phenomene de la nature dans le regne
animal. (un Corbeau blanc.)
Nouv. Mem. de l'Acad. de Berlin, 1773. p. 23—33.
Carl Magnus BLOM.
Beskritning på en helt ljusgrå, eller nästan hvit, *Orrhöna,*
Tetrao Tetrix foem. L.
Vetensk. Acad. Handling. 1785. p. 230, 231.
Michaël Bernhard VALENTINI.
De *Fringilla* albicante.
Ephem. Acad. Nat. Cur. Dec. 2. Ann. 4. p. 187, 188.
Johannes Jacobus WAGNERUS.
Fringilla candida.   ibid. Ann. 8. p. 320.
Lucas SCHROECK.
De raro *Passerum Canariensium* colore.   ibid. Dec. 1.
Ann. 6 & 7. p. 340.

Anon.
Nachricht von einem weissen *Sperling.*
Voigt's Magaz. 6 Band. 2 Stück, p. 118—120.
Georg Wallin.
De *Hirundine* alba.
Act. Lit. et Scient. Sveciæ, 1731. p. 98—111.
Andreas Gottlieb Masch.
Nachricht von einer ganz weissen *Kornlerche* und einer
mehrentheils weissen *Ackerkrähe.*
Naturforscher, 13 Stück, p. 16—18.

71. *Animalium variatio.*

Joan Daniel Denso.
Ob sich ein geschlecht der thiere in das andere verwan-
deln könne?
in seine Beitr. zur Naturkunde, 6 Stük, p. 494—498.
Affanasey Kawersniew.
Von der abartung der thiere.
Pagg. 24.   Leipzig, (1775.)   8.
Andreas Gottlieb Masch.
Von den bastarten, welche von wilden und zahmen thieren
gezeuget werden.
Naturforscher, 15 Stück, p. 21—36.
Pierre Simon Pallas.
Memoire sur la variation des animaux.
Act. Acad. Petropol. 1780. Pars post. Hist. p. 69—102.
Johann Friedrich Wilhelm Herbst.
Muthmassungen über die ursachen der abweichungen bey
den Insekten.
Schr. der Berlin. Ges. Naturf. Fr. 2 Band, p. 41—55.
W. Hunter.
An enquiry into the cause of the variety observable in the
fleeces of sheep, and the hair of other animals, in dif-
ferent climates.   printed with his Account of Pegu;
p. 97—114.   Calcutta, 1785.   4.
Johann Friedrich Blumenbach.
Ueber Schweine-racen. vide supra pag. 54.
Ueber künsteleyen oder zufällige verstümmelungen am
thierischen körper, die mit der zeit zum erblichen
schlag ausgeartet.
Voigt's Magaz. 6 Band. 1 Stück, p. 13—23.
James Anderson.
Thoughts on what is called varieties, or different breeds
of domestic animals.

On the effect of climate in altering the quality of wool.
Enquiries concerning the change produced on animals by
means of food and management.
printed with Pallas on the different kinds of Sheep in
Russia ; p. 75—151.   Edinburgh, 1794. 8.

72. *Generatio hybrida.*

Memorie sopra i Muli di varii Autori. viz.
Memoria sopra i Muli, del Sign. Bonnet.
Invito a intraprendere sperienze, onde avere Muletti nel
popolo degl' Insetti, per tentar di sciogliere il gran
problema della generazione ; del Sign. Ab. Spallanzani.
Lettera del Sign. Dott. Hebenstreit a S. E. il Sign. Conte
di Bruhl.
Lettera del Sign. Klein, nella quale si contengono delle
osservazioni sopra la lettera del Sign. Hebenstreit in-
torno la sterilita dei Muli.
Riflessioni del Sign. Ab. Spallanzani sopra le due lettere
precedenti.
Pagg. lxiii.   Modena, 1768. 4.
Ernestus Gottlob Bose.
Programmata 2. de generatione hybrida.
Singula pagg. xvi.   Lipsiæ, 1777. 4.
Dicquemare.
Remarques sur la possibilité et le resultat de liaisons
etranges entre des animaux très differens.
Journal de Physique, Tome 12. p. 212—217.
Excerpta italice, in Opuscoli scelti, Tomo 2. p. 72.

Carlo Amoretti.
Osservazione sull' accopiamento fecondo d'un *Coniglio* e
d'una *Lepre.* Opuscoli scelti, Tomo 3. p. 258—261.
Carl Niclas Hellenius.
Berättelse om en blandad afföda efter en *Råget* som blif-
vit parad med en *Skringgumse.*
Vetensk. Acad. Handling. 1790. p. 289—291.
Berättelse om en fruktsam afföda, efter en Råget, parad
med en Gumse. ib. 1794. p. 32—38.
(Annon femina Ovis Ammon ? cum e Sardinia advecta,
ubi Capreolos inveniri negat Cetti.)

Anon.
Nachricht von einer monströsen *Ente.*
Physikal. Belustigung. 1 Band, p. 392—394.

Conrad Dietrich GUTIKE.
Nachricht von monströsen *Hühnerküchlein.* ibid. p. 627, 628.

Balthasar SPRENGER.
De *Avium* hibridarum virtute generandi, usque ad tertiam generationem, observatio.
in ejus Opusculis physico-mathematicis, p. 25—48.
Hannoveræ, 1753. 8.

George EDWARDS.
An account of a bird supposed to be bred between a *Turkey* and a *Pheasant.*
Philosoph. Transact. Vol. 51. p. 833—837.

DEFAY.
Bemerkung über eine bastardart von *Barben* und *Karpfen.*
Beob. der Berlin. Ges. Naturf. Fr. 1 Band, p. 490—494.

73. *Generatio æquivoca.*

Fortunius LICETUS.
De spontaneo viventium ortu libb. 4.
Pagg. 323. Vicetiæ, 1618. fol.

Johannes WERGER.
De generatione æquivoca Diatribe physica prior, Præside Joh. Sperling. Plag. 1½.
Diatribe posterior. Resp. Hieron. Lammers. Plag. 1½.
Wittenbergæ, 1657. 4.

Johanne SIMONI
Præside, Dissertatio de generatione æquivoca. Resp. Joh. Ern. Hering.
Plagg. 3. ib. 1659. 4.

Justo CELLARIO
Præside, Dissertatio de viventibus sponte nascentibus. Resp. Andr. Wilh. Fischbeck.
Plagg. 7½. Helmestadii, 1679. 4.

Philippus BONANNI.
Observationes circa viventia, quæ in rebus non viventibus reperiuntur. Romæ, 1691. 4.
Pagg. 307 ; cum tabb. æneis ; præter supplementum Testaceorum, de quo supra pag. 317, et Micrographiam, de qua Tomo 1.

Joannes Hadrianus SLEVOGT.
Prolusio qua argumenta potiora æquivocam generationem asserentium proponuntur.
Plag. 1. Jenæ, 1697. 4.

Prolusio qua ad argumenta, æquivocam generationem asserentium respondetur.

Plag. 1.   Jenæ, 1697. 4.

Janus Lucoppidanus.

Disputatio de animalibus quæ sponte generantur. Resp.
Baggæo Frisio. Pagg. 8.   Hafniæ, 1703. 4

Jacobo Friderico Below

Præside, Dissertatio de generatione animalium æquivoca.
Resp. Eric. Giers.

Pagg. 21.   Lond. Goth. 1706. 4.

Giovanni Basso.

Lettera nella quale fa con evidenza vedere, che le ragioni
speculative degli Aristotelici intorno a' nascimenti spontanei sono vane, ed insussistenti nel loro stesso sistema.
Opere di Vallisneri, Tomo 1. p. 319—330.

Nicolao Œlreich

Præside, Dissertatio generationem æquivocam ut absonam
demonstrans. Resp Ammund. Gabr. Myrstedt.

Pagg. 15.   Lond. Gothor. 1739. 4.

Joannes Henricus Jæger.

Tractatio de generatione æquivoca, præmissa ejus Spicilegio de pathologia animata, p. 1—39.

(vide supra pag. 356.)

74. *Vis reproductiva Animalium.*

Lazaro Spallanzani.

Prodromo di un opera da imprimersi sopra le riproduzioni animali.

Pagg. 102.   Modena, 1768. 4.

————— : An essay on animal reproductions.

Pagg. 86.   London, 1769. 8.

Vincenzo Ignazio Plateretti.

Su le riproduzione delle gambe, e della coda delle Salamandre acquajuole; premesse alcune riflessioni intorno
alla riproduzione della testa delle Lumache.
Scelta di Opusc. interess. Vol. 27. p. 18—39.

Andreas Jo. Georgius Murray.

Commentatio de redintegratione partium corporis animalis nexu suo solutarum vel amissarum.

Pagg. 63. tabb. æneæ 2.   Gottingæ, 1787. 4.

Giuseppe Baronio.

Ricerche intorno alcune riproduzioni che si operano negli
animali cosi detti a sangue caldo, e nell' uomo.
Mem. della Società Italiana, Tomo 4. p. 480—518.

William Cruikshank.
Experiments on the Nerves, particularly on their repro-
duction.
Philosoph. Transact. 1795. p. 177—189.
John Haighton.
An experimental inquiry concerning the reproduction of
Nerves. ibid. p. 190—201.

75. *Vis reproductiva Amphibiorum.*

Charles Bonnet.
Premier memoire sur la reproduction des membres de la
Salamandre aquatique.
Journal de Physique, Tome 10. p. 385—405.
———— dans ses Oeuvres, Tome 5. part. 1. p. 284—
313.
Second memoire.
Journal de Physique, Tome 13. p. 1—18.
———— dans ses Oeuvres, Tome 5. part. 1. p. 314—339.
Troisieme memoire. ibid. p. 340—358.

76. *Vis reproductiva Piscium.*

P. M. Auguste Broussonet.
Observations sur la regeneration de quelques parties du
corps des Poissons.
Mem. de l'Acad. des Sc. de Paris, 1786. p. 684—688.
———— Journal de Physique, Tome 35. p. 62—65.

77. *Vis reproductiva Insectorum.*

Johann August Ephraim Goeze.
Reproduktionskraft bey den Insekten.
Naturforscher, 12 Stück, p. 221—224.
Claude Joseph Geoffroy.
Observations sur les *Ecrevisses* de riviere.
Mem. de l'Acad. des Sc. de Paris, 1709. p. 309—314.
René Antoine Ferchault de Reaumur.
Sur les diverses reproductions qui se font dans les Ecre-
visses, les Omars, les Crabes, &c. et entre autres sur
celles de leurs jambes et de leurs ecailles. ibid. 1712.
p. 226—245.
Additions aux observations sur la muë des Ecrevisses.
ibid. 1718. p. 263—274.

Peter Collinson.
  Observations on the Cancer major.
    Philosoph. Transact. Vol. 44. n. 478. p. 70—74.
  ——: Anmerkungen von dem Seekrebs.
    Hamburg. Magaz. 2 Band, p. 476—482.
  Some farther observations on the Cancer major.
    Philosoph. Transact. Vol. 47. p. 40—42.
James Parsons.
  A letter concerning the shells of Crabs. ibid. p. 439—440.
Jacob Theodor Klein.
  Cancer quasimodogenitus, oder nackter Taschenkrebs aus der Insul Wight. Abhandl. der Naturf. Gesellsch. in Danzig, 2 Theil, p. 187—208.
de Badier.
  Observations sur la reproduction des pattes des Crabes.
    Journal de Physique, Tome 11. p. 33, 34.

78. *Vis reproductiva Vermium.*

(Confer Actinias, supra pag. 307.)

Dicquemare.
  Lettre sur quelques reproductions animales.
    Journal de Physique, Tome 7. p. 298—300.
  ——: Lettera su alcune riproduzioni animali.
    Scelta di Opusc. interess. Vol. 22. p 47—52.
  Suite des decouvertes sur quelques reproductions animales.
    Journal de Physique, Tome 8. p. 314, 315.
  Reproductions des grandes *Polypes* marins. ibid. Tome 24. p. 213—215.
Johann Ernst Immanuel Walch.
  Von der reproduction der *Seesterne.*
    Naturforscher, 4 Stück, p. 57—66.
Mlle Le Masson-le-Golft.
  Observations sur les *Moules.*
    Journal de Physique, Tome 14. p. 485, 486.
Jacob Christian Schæffer.
  Erstere versuche mit *Schnecken.*
    Pagg. 30. tabb. æneæ color. 3. Regensburg, 1768. 4.
  Fernere versuche mit Schnecken, nebst beantwortung verschiedener gegen solche versuche gemachten einwürfe und zweifel.
    Pagg. 24. tabb. æneæ color. 2. ib. 1769. 4.

Nachtrag zu den erstern und fernern versuchen mit
Schnecken.
Pagg. 15. tabb. æneæ color. 2. Regensburg, 1770. 4.
Cotte.
Suite des experiences et des observations commencées en
1768, sur les Limaçons.
Journal de Physique, Tome 3. p. 370, 371.
(Initium hujus commentationis in Diario : Journal des
Sçavans anni 1770, quærendum.)
Joannes Andreas Murray.
De redintegratione partium Cochleis Limacibusque præ-
cisarum. Programma.
Pagg. 19.   Goettingæ, 1776. 4.
————— in ejus Opusculis, Vol. 1, p. 315—342.
Charles Bonnet.
Experiences sur la regeneration de la tête du Limaçon
terrestre.
Journal de Physique, Tome 10. p. 165—179.
————— dans ses Oeuvres, Tome 5. part. 1. p. 246—266.
————— : Risultato delle sperienze su la regenerazione
della testa della Lumaca terrestre.
Scelta di Opusc. interess. Vol. 36. p. 30—42.
Second Memoire.
dans ses Oeuvres, Tome 5. part. 1. p. 267—283.
Otto Fredric Müller.
Observations sur la reproduction des parties, et nomme-
ment de la tête, des Limaçons à coquilles.
Journal de Physique, Tome 12. p. 111—118.
Heinrich Sander.
Nachricht von geköpften Schnecken.
Naturforscher, 16 Stück, p. 151—159.
————— in seine kleine Schriften, 1 Band, p. 264—272.
Lazaro Spallanzani.
Risultati di esperienze sopra la riproduzione della testa
nelle Lumache terrestri.
Mem. della Società Italiana, Tomo 1. p. 581—612.
                                          2. p. 506—602.

79. *Animalia abscisso capite viventia.*

E. G. Ziegenbalg.
En merkværdig egenskab funden hos Snegle.
Kiöbenh. Selsk. Skrift. 6 Deel, p. 241—248.
Jean Pringle.
Lettre à M. Small.
Journal de Physique, Tome 16. p. 236.

———— : Lettera sulla vita delle Cavallette.
Opuscoli scelti, Tomo 3. p. 427, 428.

80. *Animalia, in partes secta, viventia.*

Johann August UNZER.
  Versuch mit einem zerschnittenen Vielfusse.
  in seine physical. Schriften, 1 Samml. p. 433—437.

81. *Animalia interclusa, et absque victu, viventia.*

J. M. GRÅBERG.
  Berättelse om en lefvande *Groda*, funnen på Gothland uti
    fasta stenen.
    Vetensk. Acad. Handling. 1741. p. 248—251.
  ———— : Historia Bufonis vivi, lapidi solido insidentis.
    Analect. Transalpin. Tom. 1. p. 177—182.
  ———— : Berigt wegens een leevende Pad, welke men in
    Gothland, in vaste en digte steenen gevonden heeft.
    Uitgezogte Verhandelingen, 8 Deel, p. 506—510.
T. WHISTON.
  Von Kröten, die in verschlossenen steinen gefunden wor-
    den; aus dem Gentleman's Magazine.
    Hamburg. Magaz. 17 Band, p. 552—555.
ANON.
  Von lebenden thieren, die man im mittel der härtesten
    steine gefunden, ohne das sich ein weg zeigte, wie sie
    hineingekommen; aus dem Gentleman's Magazine;
    ibid. 18 Band, p. 264—270.
Jean Etienne GUETTARD.
  Sur les Crapauds trouvés vivans au milieu de corps solides,
    dans lesquels ils n'avoient aucune communication avec
    l'air exterieur. dans ses Memoires, Tome 4. p. 615—
    636, & p. 684, 685.

Henry BAKER.
  Experiments on a *Beetle* that lived three years without
    food.
    Philosoph. Transact. Vol. 41. n. 457. p. 441—448.
Cromwell MORTIMER.
  Account of a Capricorne Beetle, found alive in a cavity
    within a sound piece of wood. ibid. n. 461. p. 861,
    862.

Riboud.
  Observations sur la durée de la vie de certains Insectes.
  Journal de Physique, Tome 30. p. 185—192.
  ———: Ueber die lebensdauer gewisser Insekten.
  Voigt's Magaz. 6 Band. 2 Stück, p. 58—66.
Ercole Lodi.
  Osservazione fatta sui Bruchi d'Insetti nocivi.
  Opuscoli scelti, Tomo 12. p. 183, 184.

82. *Animalium interclusorum interitus.*

P. Guide.
  Observations anatomiques, faites sur plusieurs animaux au
    sortir de la machine pneumatique.
  Pagg. 45. tab. ænea 1.   Paris, 1664.   12.
Anon.
  De interitu animalium in vacuo interclusorum.
  Comm. Instit. Bonon. Tom. 2. Pars 1. p. 334—339.
  ———: Vom sterben der thiere im luftleeren raume.
  Hamburg. Magaz. 16 Band, p. 329—336.
Josephus Veratti.
  De Avium quarumdam et Ranarum in aëre interclusarum
    interitu.
  Comm. Instit. Bonon. Tom. 2. Pars 2. p. 267—278.
Thomas Laghius.
  De animalium in aëre interclusorum interitu. ibid. Tom.
    4. p. 80—89.
Lazaro Spallanzani.
  Osservazioni e sperienze intorno agli animali, e ai vege-
    tabili chiusi nell' aria.
  in ejus Opuscoli di Fisica, Vol. 2. p. 125—178.
                                        Modena, 1776.   8.
  ———: Observations et experiences sur les animaux
    et vegetaux enfermés dans l'air.
  dans ses Opuscules de Physique, traduits par J. Sene-
    bier, Tome 2. p. 236—298.   Geneve, 1777.   8.

83. *Animalium Revivificatio.*

Stuckey Simon & *David* Macbride.
  Letters concerning the reviviscence of some Snails pre-
    served many years in Mr. Simon's cabinet.
  Philosoph. Transact. Vol. 64. p. 432—437.

————: Lettera di Mr. Stuckey Simon al Dottor Mac-
bride.
Scelta di Opusc. interess. Vol. 10. p. 114—117.
N. Socoloff.
De revivificatione nonnullorum Insectorum in spiritu
vini mortuorum.
Nov. Act. Acad. Petropol. Tom. 5. p. 245, 246.
Giovacchino Carradori.
Osservazioni sulla morte apparente delle Mosche affo-
gate.
Opuscoli scelti, Tomo 16. p. 284—288.

84. *Calor Animalium.*

Georgius MARTINIUS.
    De animalium calore.   vide supra pag. 373.
Cromwell MORTIMER.
    A letter concerning the natural heat of animals.
      Philosoph. Transact. Vol. 43. n. 476. p. 473—480.
    ——— : Von der natürlichen wärme der thiere.
    Hamburg. Magaz. 1 Band, p. 291—300.
Josephus Adamus BRAUN.
    De calore animalium Dissertatio physica experimentalis.
      Nov. Comm. Acad. Petropol. Tom. 13. p. 419—435.
    ——— : Physikalische experimental-abhandlung von
    der natürlichen wärme des menschen und der thiere.
    Neu. Hamburg. Magaz. 70 Stück, p. 321—341.
John HUNTER.
    Experiments on animals and vegetables, with respect to
    the power of producing heat.
      Philosoph. Transact. Vol. 65. p. 446—458.
    ——— : Experiences sur les animaux et les vegetaux,
    relativement au pouvoir qu'ils ont d'engendrer la cha-
    leur.
    Journal de Physique, Tome 9. p. 294—301.
    ——— : Sperienze sulla facoltà che hanno gli animali,
    e i vegetabili di produr calore.
    Scelta di Opusc. interess. Vol. 34. p. 101—106.
    Of the heat, &c. of animals and vegetables.
      Philosoph. Transact. Vol. 68. p. 7—49.
    ——— : Memoire sur la chaleur des animaux et des
    vegetaux.
    Journal de Physique, Tome 17. p. 12—23, & p. 116—
    128.
    Uterque commentarius, exclusis quæ ad plantas spectant,
    in ejus Observations on animal oeconomy, p. 87—113.
Lazaro SPALLANZANI.
    Degli effetti che produce il caldo, e il freddo sugli ani-
    mali.
    Scelta di Opusc. interess. Vol. 19. p. 3—48.
Adair CRAWFORD.
    Experiments on the power that animals, when placed in
    certain circumstances, possess of producing cold.
      Philosoph. Transact. Vol. 71. p. 479—491.

————: Experiences sur le pouvoir qu'ont les ani-
maux, dans certains cas, de produire du froid.
Journal de Physique, Tome 20. p. 451—459.
Henrich CALLISEN.
Anmærkninger over den animaliske varmes bestandige
tab og frembringelse i det dyriske legeme. Danske
Vidensk. Selsk. Skrift. nye Saml. 4 Deel, p. 398—414.

85. *Electricitas Animalium.*

Johannes Henricus WINKLER.
Programma exponens tentamina, quæstiones et conjectu-
ras circa electricitatem animantium.
   Pagg. 16.   Lipsiæ, 1770. 4.
COTUGNI.
Ueber die elektricität der Hausmaus.
   Voigt's Magaz. 8 Band. 3 Stück, p. 121, 122.
Johann MAYER.
Einige anmerkungen über die electricität der Vögel. Ab-
handl. einer Privatgesellsch. in Böhmen, 5 Band, p. 82
—90.
————: Eenige aanmerkingen over de electriciteit der
Vogelen.
   Nieuwe geneeskund. Jaarboeken, 1 Deel, p. 205—211.
Johann Friedrich HARTMANN.
Etwas von der electricität einer Papagoyen-feder.
   Neu. Hamburg. Magaz. 20 Stück, p. 129—137.
————: De electricitate plumæ Psittaci notata quæ-
dam.
   Nov. Act. Acad. Nat. Cur. Tom. 4. p. 76—82.
————: Einige anmerkungen über die electricität der
pflaumenfedern der Papageyen.
   Neu. Hamb. Magaz. 105 Stück, p. 266—276.

86. *Pisces Electrici.*

Observations sur quelques Poissons electriques.
   Journal de Physique, Introd. Tome 2. p. 432—443.
Sir John PRINGLE, *Bart.*
A discourse on the Torpedo.
   Pagg. 32.   London, 1775. 4.
————: in Six discourses delivered by him, when Pre-
sident of the Royal Society, published by A. Kippis, p.
43—89.   London, 1783. 8.

———— : Discours sur la Torpille.
 Journal de Physique, Tome 5. p. 241—257.
 ———— : Discorso sulla Torpedine, con appendice del
 Traduttore.
 Scelta di Opusc. interess. Vol. 15. p. 15—65.
D. F. L. G. E. V. S. DE MONTELIMART.
 Lettre adressée à M. le Comte de Tressan. (Critique
 sur le discours de M. Pringle.)
 Journal de Physique, Tome 5. p. 444—449.
Georgius Augustus LANGGUTH.
 Programma de Torpedinibus quibusdam nothis.
 Pagg. xii.   Wittenbergæ, 1777. 4.
William PATERSON.
 An account of a new electrical fish.
 Philosoph. Transact. Vol. 76. p. 382, 383.
 ———— : Description d'un nouveau poisson electrique.
 Journal de Physique, Tome 30. p. 196, 197.
 ———— : Ueber einen neuen elektrischen fisch.
 Voigt's Magaz. 4 Band. 4 Stück, p. 48, 49.
             6 Band. 2 Stück, p. 78—80.

87. *Raja Torpedo.*

Engelbertus KÆMPFER.
 Torpedo sinus Persici.
 in ejus Amoenitat. exoticis, p. 509—515.
 ———— Valentini Amphitheatr. zootom. Pars 2. p. 115
 —117.
René Antoine Ferchault DE REAUMUR.
 Des effets que produit le poisson appellée Torpille sur
 ceux qui le touchent, et de la cause dont ils dependent.
 Mem. de l'Acad. des Sc. de Paris, 1714. p. 344—360.
VILLENEUVE.
 Anmerkungen betreffend einen fisch, welchen man für den
 Zitterfisch hält.
 Hamburg. Magaz. 26 Band, p. 545—552.
John WALSH.
 Of the electric property of the Torpedo.
 Philosoph. Transact. Vol. 63. p. 461—480.
 ———— : Lettre à M. Franklin.
 Journal de Physique, Tome 4. p. 206—219.
John HUNTER.
 Anatomical observations on the Torpedo.
 Philosoph. Transact. Vol. 63. p. 481—489.

——————: Observations anatomiques sur la Torpille.
Journal de Physique, Tome 4. p. 219—225.
John INGENHOUSZ.
Experiments on the Torpedo.
Philosoph. Transact. Vol. 65. p. 1—4.
Henry CAVENDISH.
An account of some attempts to imitate the effects of the
Torpedo by electricity. ibid. Vol. 66. p. 196—225.
——————: Verslag van enige proeven ter nabootsing van
de uitwerkingen van den Stompvisch door middel van
de elektriciteit.
Geneeskundige Jaarboeken, 1 Deel, p. 39—64.
Georgio Augusto LANGGUTH
Præside, Dissertatio de Torpedine veterum, genere Raja.
Resp. Jo. Sam. Traug. Frenzel.
Pagg. 38.   Wittenbergæ, 1777. 4.
Michele GIRARDI.
Saggio di osservazioni anatomiche intorno agli organi
elettrici della Torpedine.
Mem. della Società Italiana, Tomo 3. p. 553—570.

88. *Gymnotus electricus.*

Joannes Nicolaus Sebastianus ALLAMAND.
Van de uitwerkzelen, welke een Americaanse Vis veroor-
zaakt op de geenen, die hem aanraaken. Verhandel.
van de Maatsch. te Haarlem, 2 Deel, p. 372—379.
——————: Von den wirkungen, welche ein America-
nischer Fisch bey denenjenigen verursacht, die densel-
ben anrühren.
Neu. Hamburg. Magaz. 20 Stück, p. 178—183.
Laurentius Theodorus GRONOVIUS.
Gymnoti tremuli descriptio, atque experimenta cum eo
instituta.
Act. Helvet. Vol. 4. p. 26—35.
——————: Van den Siddervis of Beef-Aal.
Uitgezogte Verhandelingen, 3 Deel, p. 468—478.
Frans VAN DER LOTT.
Bericht van den Conger-Aal, ofte Drilvisch.
Verhandel. van de Maatsch. te Haarlem, 6 Deels, 2
Stuk, Berichten, p. 87—95.
Godefr. Wilh. SCHILLING.
Observatio physica de Torpedine pisce. impr. cum ejus
Diatribe de morbo Jaws; p. 52—54.
                                    Trajecti, 1770. 8.

——————— gallice in Journal de Physique, Introduct.
Tome 2. p. 437, 438.

——————— : Sur les phenomenes de l'Anguille tremblante.
(Paulo fusior est hæc editio.)
Nouv. Mem. de l'Acad. de Berlin, 1770. p. 68—74.

——————— : Bemerkungen an dem Zitter-Aale.
Neu. Hamburg. Magaz. 73 Stück, p. 73—84.
Excerpta germanice, in Berlin. Samml. 2 Band, p. 362
—366.

BAJON.
Sur un poisson à commotion electrique, connu à Cayenne
sous le nom d'Anguille tremblante.
Journal de Physique, Tome 3. p. 47—58.

——————— dans ses Memoires pour servir à l'histoire de
Cayenne, Tome 2. p. 287—326.

——————— : Descrizione d'un pesce che dà la scossa elet-
trica, conosciuto a Cayenne sotto nome d'Anguilla tremante.
Scelta di Opusc. interess. Vol. 5. p. 69—95.

Hugh WILLIAMSON.
Experiments and observations on the Gymnotus elec-
tricus.
Philosoph. Transact. Vol. 65. p. 94—101.

——————— : Proeven omtrent den Gymnotus electricus.
(Fusior est hæc editio.)   Verhandel. van de Maatsch.
te Haarlem, 17 Deels, 2 Stuk, p. 201—221.

Alexander GARDEN.
An account of the Gymnotus electricus.
Philosoph. Transact. Vol. 65. p. 102—110.

John HUNTER.
An account of the Gymnotus electricus.   ibid. p. 395—
407.

Jean Baptiste LE ROY.
Lettre à l'Auteur du Journal de Physique. dans ce Journal, Tome 8. p. 331—335.
Excerpta italice, in Scelta di Opusc. interess. Vol. 26.
p. 106—108.

Georgio Augusto LANGGUTH
Præside, Dissertatio de Torpedine recentiorum, genere
Anguilla.   Resp. Jo. Andr. Garn.
Pagg. 38.   Wittenbergæ, 1778.   4.

Raimondo Maria DE TERMEYER.
Esperienze su l'Anguilla tremante.
Opuscoli scelti, Tomo 4. p. 324—335.

William BRYANT.
 Account of an electrical Eel, or the Torpedo of Suri-
 nam.
 Transact. of the Amer. Society, Vol. 2. p. 166—169.
Henry Collins FLAGG.
 Observations on the Numb fish, or Torporific Eel. ibid.
 p. 170—173.

89. *Silurus electricus.*

P. M. Auguste BROUSSONET.
 Memoire sur le Trembleur, espece peu connue de Poisson
 electrique.
 Mem. de l'Acad. des Sc. de Paris, 1782. p. 692—698.
 —————— Journal de Physique, Tome 27. p. 139—143.
 —————— : Schreiben über den Zitterwels, eine bis jezt
 unbekannte art der elektrischen Fische.
 Leipzig. Magaz. 1786. p. 305—312.
 —————— : Verhandeling over den Beefvisch, eene weinig
 bekende soort van electrieken Visch.
 Algem. geneeskund. Jaarboeken, 4 Deel, p. 24—30.

90. *Phosphorescentia Animalium.*

Thomas BARTHOLINUS.
 De Luce Animalium libb. 3.
 Pagg. 396.   Lugduni Bat. 1647. 8.
Anton R. MARTIN.
 Naturlig phosphorus, eller rön på Fisk och Kött, som ly-
 ser i mörkret.
 Vetensk. Acad. Handling. 1761. p. 225—230.
 —————— : De natuurlyke phosphorus, of proefneemin-
 gen met Visch en Vleesch, die in 't donker licht gee-
 ven.
 Uitgezogte Verhandelingen, 10 Deel, p. 327—334.

Fried. Alb. Ant. MEYER.
 Ueber das nächtliche leuchten der *Kazenaugen.*
 Voigt's Magaz. 8 Band. 3 Stück, p. 105—117.

Gottfried August GRÜNDLER.
 Von dem leuchten der *Eidexeneyer* im finstern.
 Naturforscher, 3 Stück, p. 218—221.

John TEMPLER.
Some observations concerning *Glow-worms.*
Philosoph. Transact. Vol. 6. n. 72. p. 2177, 2178.
78. p. 3035, 3036.

Richard WALLER.
Observations on the Cicindela volans, or flying Glow-worm. ibid. Vol. 15. n. 167. p. 841—845.

Carl DE GEER.
Sur un Ver luisant femelle, et sur sa transformation.
Mem. etrangers de l'Acad. des Sc. de Paris, Tome 2.
p. 261—275.

C. F. G. WESTFELD.
Von dem Scheinwurme.
Neu. Hamburg. Magaz. 19 Stück, p. 58—61.

GUENEAU DE MONTBEILLARD.
Sur la Lampire ou Ver-luisant.
Nouv. Mem. de l'Acad. de Dijon, 1782. 2 Sem. p. 80
—98.

Georg FORSTER.
Ein versuch mit dephlogistisirter luft.
Götting. Magaz. 3 Jahrg. 2 Stück, p. 281—288.
——————— excerpta gallice, in Journal de Physique, Tome
23. p. 24—26 ; quæ italice versa,
——————— : Osservazioni sui vermi lucenti, o Lucciole
terrestri (Lampyris splendidula Linn.)
Opuscoli scelti, Tomo 6. p. 419—421.

Auguste Denis FOUGEROUX DE BONDAROY.
Memoire sur un *Insecte de Cayenne*, appelé Marechal, et
sur la lumiere qu'il donne.
Mem. de l'Acad. des Sc. de Paris, 1766. p. 339—345.

LUCE.
Description d'un *Insecte* phosporique qu'on recontre
dans une partie du District de Grasse, Departement du
Var.
Nouv. Journal de Physique, Tome 1. p. 300—302.

THULIS et BERNARD.
Observation sur des *Crevettes de riviere* phosphoriques.
Journal de Physique, Tome 28. p. 67, 68.
——————— : Beobachtung über eine art phosphoresciren-
der Flusskrebse.
Voigt's Magaz. 4 Band. 1 Stück, p. 41, 42.
——————— : Waarneeming van Rivier-garnaalen, die een
phosphoriek licht van zig gaven.
Algem. geneeskund. Jaarboeken, 4 Deel, p. 280, 281.

DE FLAUGERGUES *fils.*
Lettre sur le phosphorisme des *Vers de terre*; avec des re-
flexions de M. le Baron de Servières.
Journal de Physique, Tome 16. p. 311—315.
——— : Schreiben über das leuchten der Erdwürmer.
Lichtenberg's Magaz. 1 Band. 1 Stück, p. 45—53.
Jean Guillaume BRUGUIERE.
Sur la qualité phosphorique du Ver de terre, dans certaines
circonstances.
Journal d'Hist. Nat. Tome 2. p. 267, 268.
Oligerus JACOBÆUS.
De *Sæpiæ* luce.
Bartholini Act. Hafniens. Vol. 5. p. 283.
——— : Von dem leuchtenden glanze, welchen die
Blackfische von sich geben.
Neu. Hamburg. Magaz. 26 Stück, p. 112, 113.
Lazaro SPALLANZANI.
Memoria sopra le *Meduse* fosforiche.
Mem. della Società Italiana, Tomo 7. p. 271—290.
René Antoine Ferchault DE REAUMUR.
Des merveilles des *Dails,* ou de la lumiere qu'ils re-
pandent.
Mem. de l'Acad. des Sc. de Paris, 1723. p. 198—204.
Adrien AUZOUT et *Mignot* DE LA VOYE.
Lettres sur les vers luisans dans les *Huitres.*
Mem. de l'Acad. des Sc. de Paris, 1666—1699. Tome
10. p. 453—458.
Excerpta anglice, in Philosoph. Transact. Vol. 1. n.
12. p. 203—206. Confer Deslandes, supra pag. 330.
GIOANETTI.
Sur la source phosphorique de Fontane-more.
Journal de Physique, Tome 15. p. 495, 496.

91. *Phosphorescentia Maris (præcipue ex Anima-
libus.)*
LE ROY.
Observations sur une lumiere produite par l'eau de la
Mer. Mem. etrangers de l'Acad. des Sc. de Paris,
Tome 3. p. 143—154.
——— : Abhandlung über das leuchten des seewassers.
Berlin. Sammlung. 9 Band, p. 3—25.
GODEHEU DE RIVILLE.
Sur la mer lumineuse. Mem. etrangers de l'Acad. des Sc.
de Paris, Tome 3. p. 269—276.

————— : Abhandlung über das leuchtende Meer.
Berlin Sammlung 9 Band, p. 26—43.
————— : Over het vuuren der zee.
Uitgezogte Verhandelingen, 7 Deel, p. 255—270.
NEWLAND.
Observations on the milky appearance of some spots of
water in the sea.
Philosoph. Transact. Vol. 62. p. 93, 94.
————— : Observations sur les apparences laiteuses de
la mer; (avec des additions.)
Journal de Physique, Tome 2. p. 413—415.
BAJON.
Sur les corps lumineux qui brillent, dans l'obscurité, sur
la mer. ibid. Tome 3. p. 106—109.
————— (avec des additions) dans ses Memoires pour
servir à l'histoire de Cayenne, Tome 2. p. 402—414.
DE LA COUDRENIERE.
Observations sur la lumiere de l'eau de la Mer.
Journal de Physique, Tome 5. p. 451, 452.
DICQUEMARE.
Observation sur la lumiere dont la mer brille souvent pen-
dant la nuit. ibid. Tome 6. p. 319, 320.
Memoire sur l'usage qu'on pourroit faire du phenomene
de la mer lumineuse, relativement à la navigation. ibid.
Tome 12. p. 137—141.
DOMBEY.
Sur la lumiere phosphorique de la mer. ibid. Tome 15.
p. 213, 214.
Conte DI BORCH.
Memoria sopra il fosforo marino.
Atti dell' Accad. di Siena, Tomo 6. p. 317—324.
ANON.
Observation sur le phenomene des lueurs phosphoriques
de la mer Baltique.
Journal de Physique, Tome 24. p. 56—60.
————— : Ueber das phosphorische leuchten auf der
Ostsee.
Lichtenberg's Magaz. 2 Band. 4 Stück, p. 48—52.
DALDORF.
Iagttagelser om lysningen i havet.
Naturhist. Selsk. Skrivt. 2 Bind, 2 Heft. p. 168—173.

92. *Nereis noctiluca.*

Giuseppe VIANELLI.

Nuove scoperte intorno le luci notturne dell' acqua marina.

Pagg. xxviii. tab. ænea 1.   Venezia, 1749. 8.

———— : Die ursache des glanzes oder scheines des seewassers zur nachtzeit, entdeckt und erkläret.

Physikal. Belustigung. 3 Band, p. 945—950.

(Contractior est hæc versio, ex anglico, in Gentleman's Magazine.)

François GRISELINI.

Observations sur la Scolopendre marine luisante.

Venise, 1750. 8.

Pagg. 24. tab. ænea 1; præter Observations sur la Baillouviana, de quibus supra pag. 344.

Carolus LINNÆUS.

Dissertatio : Noctiluca marina. Resp. Car. Frid. Adler.

Pagg. 8. tab. ænea 1.   Upsaliæ, 1752. 4.

———— Amoenitat. Academ. Vol. 3. p. 202—210.

Auguste Denis FOUGEROUX DE BONDAROY.

Memoire sur la lumiere que donne l'eau de la Mer, principalement dans les Lagunes de Venise.

Mem. de l'Acad. des Sc. de Paris, 1767. p. 120—126.

93. *Instinctus Animalium.*

Johanne Valentino MERBITZIO
Præsme, Dissertatio exhibens Dissidium animalium. Resp.
Joh Dan. Artopoeus.
    Plagg. 2.   Lipsiæ, 1672.   4.
Johannes Christophorus ORTLOB.
Dissertatio de brutorum Præsagiis naturalibus.
    Plagg. 3.   ib. 1702.   4.
Friedr. Alb. Ant. MEYER.
Ueber das Vorgefühl der thiere bey einer Wetterverände-
rung.
    Voigt's Magaz. 7 Band. 4 Stück, p. 135—147.
ANON.
Histoire des Singes et autres animaux, dont l'instinct et
l'industrie excitent l'admiration des hommes.
    Pagg. 213.   Paris, 1752.   12.
   ——— Pagg. 173.   Francfort, 1769.   8.
Joannes Gottlieb WALDINUS.
Dissertatio de stimulis et instinctibus naturæ animalium.
Resp. Jo. Heilmann.
    Pagg. 18.   Jenæ, 1756.   4.
ANON.
Briefe über die Thiere. (e gallico, in Journal etranger.)
Berlin. Magaz. 1 Band, p. 32—41, 170—197, 389—
413, 535—549, & 654—671.
Hermann Samuel REIMARUS.
Allgemeine betrachtungen über die triebe der thiere,
hauptsächlich über ihre kunsttriebe, zum erkenntniss
des zusammenhanges der welt, des Schöpfers und unser
selbst. Dritte Ausgabe.
    Pagg. 496.   Hamburg, 1773.   8.
Angefangene betrachtungen über die besondern arten
der thierischen kunsttriebe; aus seiner hinterlassenen
handschrift herausgegeben, mit anmerkungen, von J.
A. H. Reimarus.
    Pagg. 232.   ibid. 1773.   8.
A. K. M. J.
Over de voortteeling der dieren.
    Nieuwe geneeskund. Jaarboeken, 3 Deel, p. 267—271.
ANON.
Ueber ein besonderes vorempfindungsvermögen einer Am-
sel.
    Voigt's Magaz. 6 Band. 3 Stück, p. 135—138.

Carolo Nicolao HELLENIO
 Præside, Dissertatio sistens specimina quædam instinctus, quo animalia suæ prospiciunt soboli. Resp. Frid. Juvelius. Pagg. 16.   Aboæ, 1792. 4.

94. *Habitacula Animalium.*

Friderico SCHRADERO
 Præside, Dissertatio de habitaculis animantium. Resp. Joh. Ge. Leschius.
  Plagg. 4.   Helmestadii, 1685. 4.
Georgius AGRICOLA.
 De animantibus subterraneis liber.
  Pagg. 80.   Wittebergæ, 1614. 8.
  ———— impr. cum ejus de re metallica libris; p. 478
  —492.   Basileæ, 1657. fol.
THEOPHRASTUS *Eresius.*
 Περι ιχθυων. (Græce.) Pagg. 7.   Lutetiæ, 1578. 4.
  ———— in Operibus ejus, p. 221, 222.   .
                             Basileæ, (1541.) fol.
  ———— in Operibus ejus, p. 530—533.
                             Venetiis, 1552. 8.
  ————: De Piscibus in sicco degentibus; græce et latine Dan. Furlano interprete.
  in Operibus Theophrasti, ex recensione D. Heinsii, p. 467—470.   Lugduni Bat. 1613. fol.
  ————: De Piscibus in sicco viventibus liber; latine, M. A. Severini commentario declaratus. impr. cum hujus Antiperipatia; append. p. 1—18. Neapoli, 1659. fol.
Elias GEISSLER.
 Disputatio de Amphibiis.
  Plagg. 2.   Lipsiæ, 1676. 4.
James PARSONS.
 Observations upon animals, commonly called Amphibious by authors.
  Philosoph. Transact. Vol. 56. p. 193—203.
  ————: Anmerkungen über die von den schriftstellern insgemein sogenannten Amphibien.
  Neu. Hamburg. Magaz. 72 Stück, p. 483—499.

95. *Nidi Avium.* (*conf. sect.* 38.)

Johannes Daniel GEJERUS.
 De nido Halcyonis.
  Ephem. Ac. Nat. Cur. Dec. 2. Ann. 8. p. 296, 297.

Franciscus Ernestus Brückmann.
    De nido Linariæ avis.
        Epistola itineraria 3. Cent. 2. p. 11—16.
Deslandes.
    Eclaircissement sur les Oiseaux de Mer. dans son Recueil
        de traitez de Physique et d'Hist. Nat. p. 197—208.
Johann Leonhard Frisch.
    De nido Chlorionis sive Turdi lutei.
        Miscellan. Berolinens. Tom. 7. p. 358, 359.
Friedrich Christian Günther.
    Vom dem nest und den eyern des Kreuzvogels.
        Naturforscher, 2 Stück, p. 66—75.
Jean Etienne Guettard.
    Sur les nids des Oiseaux.
        dans ses Memoires, Tome 4. p. 324—418.
Heinrich Sander.
    Von einem zusammengenähten neste.
        in seine kleine Schriften 1 Band, p. 147—154.

96. *Nidi Insectorum.*

Gustavus Casimir Gahrlie?.
    De minutis vegetabilibus, foliorum sambucinorum floscu-
        lis minutissimis sobolescentibus.
        Ephem. Ac. Nat. Cur. Dec. 3. Ann. 7 & 8. p. 258, 259.
Peter Collinson.
    An account of Waspnests made of clay in Pensilvania.
        Philosoph. Transact. Vol. 43. n. 476. p. 363—366.
Jean Etienne Guettard.
    Description de deux especes de nids singuliers faits par
        des Chenilles.
        Mem. de l'Acad. des Sc. de Paris, 1749. p. 163—205.
Christlob Mylius.
    Von Wassermottengehäusen.
        in sein. Physikal. Belustigung. 1 Band, p. 629—632.
John Harrison.
    Two letters concerning a small species of Wasps.
        Philosoph. Transact. Vol. 47. p. 184—187.
Anon.
    Ueber einige gehäuse von sand und kleinen schnecken.
        Physikal. Belustigung. 3 Band, p. 1458—1461.
Israel Mauduit.
    Observations upon an American Wasps-nest.
        Philosoph. Transact. Vol. 49. p. 205—208.

—————: Bermerkungen über ein Americanisches Wes-
pennest.

Hamburg. Magaz. 24 Band, p. 356—359.

Sir Francis Eyles Styles.

An account of a specimen of the labour of a kind of Bees,
which lay up their young in cases of leaves, which they
bury in rotten wood.

Philosoph. Transact. Vol. 51. p. 844—846.

Leendert Bomme.

Natuurkundige waarneeming van een zonderling Wes-
pen-nestje. Verhandel. van het Genootsch. te Vlissingen, 7 Deel, p. 213—226.

von Well.

Over de wyze, hoe de Wespen en Horsels hunne nesten
bouwen. (e germanico in Anzeigen der Leipzig. Ökonom. Societät.)

Nieuwe geneeskund. Jaarboeken, 5 Deel, p. 42—48.

97. *Floræ Insectorum.*

Carolus Linnæus.

Dissertatio: Hospita Insectorum flora. Resp. Jon. Gust.
Forsskåhl.

　　Pagg. 40.　　　　　　　　　　Upsaliæ, 1752.　4.

————— Amoenit. Academ. Vol. 3. p. 271—312.

————— Fundament. botan. edit. a Gilibert, Tom. 2.
p. 99—136.

—————: Flora, de huiswaardin der bloedelooze dieren.
Uitgezogte Verhandelingen, 2 Deel, p. 408—450.

—————: the introduction is translated by F. J. Brand,
in his Select Dissertations, p. 345—368.

————— Flora ipsa, additis nominibus trivialibus Insectorum, redit in Dissertatione, Pandora Insectorum, p.
11—31.

————— Amoenitat. Academ. Vol. 5. p. 242—252.

————— Continuat. alt. select. ex Am. Ac. Dissertat.
p. 117—130.

Matthew Martin.

The Aurelian's Vade Mecum, containing an english al-
phabetical and linnæan systematical catalogue of plants,
affording nourishment to butterflies, hawk moths, and
moths, in the state of caterpillar.

　　Plagg. dimidiæ 4.　　　　　　　Exeter, 1785.　12.

98. *Animalia hyeme sopita.*

Olaus Borrichius.
Oratio de animalibus hyeme sopitis, habita anno 1680.
in ejus Dissertationibus, editis a Lintrupio, Tom. 1. p.
297—351.
Mattbia Asp
Præside, Dissertatio: Animalia quædam ex hyberno so-
pore circa ver evigilantia. Resp. Christ. P. Omnberg.
Pagg. 18.   Upsaliæ, 1735. 8.
Carolo Augusto de Bergen
Præside, Disputatio de animalibus hieme sopitis. Resp.
Franc. Heyn.
Pagg. 24.   Francofurti ad Viadr. 1752. 4.
Joan Daniel Denso.
Von denen thieren, die den winter über einen totenschlaf
haben.
in seine Beitr. zur Naturkunde, 3 Stük, p. 197—216.

99. *Hibernacula Hirundinum (dubia.)*

Jacobo Thomasio
Præside, Dissertatio de hibernaculis hirundinum. Resp.
Chr. Schmidichen. (1658.)
Plagg. 4.   recusa Lipsiæ, 1671. 4.
———— Editio tertia. Pagg. 32.   ib. 1702. 4.
Andrea Goeding
Præside, Dissertatio exhibens descriptionem abitus domi-
ciliique hibernalis hirundinum. Resp. Er. Aurelius.
Pagg. 52.   Upsaliæ, 1702. 8.
Peter Collinson.
A letter concerning the migration of swallows.
Philosoph. Transact. Vol. 51. p. 459—464.
————— : Von der wanderung der schwalben.
Neu. Hamburg. Magaz. 105 Stück, p. 225—233.
Achard.
Remarks on swallows on the Rhine.
Philosoph. Transact. Vol. 53. p. 101, 102.
Johanne Leche
Præside, Dissertatio de commoratione hybernali et pere-
grinationibus hirundinum. Resp. Joh. Grysselius.
Pagg. 34.   Aboæ, 1764. 4.

Joan Daniel DENSO.
  Etwas vom winteraufenthalte der schwalben.
    in sein. Beitr. zur Naturkunde, 9 Stük, p. 779—784.
James CORNISH.
  Of the torpidity of Swallows and Martins.
    Philosoph. Transact. Vol. 65. p. 343—352.
  ————— : Sur l'engourdissement des Hirondelles et
    Martinets.
    Journal de Physique, Supplem. Tome 13. p. 107—111.
  ————— : Su l'intormentimento de Culi-bianchi.
    Scelta di Opusc. interess. Vol. 34. p. 45—55.
Daines BARRINGTON.
  Essay on the torpidity of the swallow tribe, when they
    disappear. in his Miscellanies, p. 225—244.
Samuel DEXTER.
  A letter on the retreat of house-swallows in winter.
    Mem. of the Amer. Academy, Vol. 1. p. 494—496.
Gustaf VON CARLSON.
  Anmärkningar om svalor.
    Vetensk. Acad. Handling. 1789. p. 315—317.

100. *Hibernacula Insectorum.*

(*Petrus* HOLMBERGER.)
  Et kort utkast om Svenska Insecters winterquarter.
    Plagg. 2.	Norrköping, 1779. 8.
  ————— : Ein kurzer entwurf von den Winterwohnun-
    gen der Schwedischen Insekten.
    Fuessly's neu. Entomol. Magaz. 3 Band, p. 1—32.

101. *Migrationes Avium.*

Jan-Georgius SWALBACIUS.
  Dissertatio de Ciconiis, Gruibus, et Hirundinibus, quo
    exeunte æstate abvolent et ubi hyement.
    Pagg. 28.	Spiræ, 1630. 4.
Johannes PRÆTORIUS.
  Disputatio de CrotaLIstrIa tepIDI teMporIs hospIta,
    oder von des Storchs winter-quartier. Resp. Franc.
    Romanus Bruno.
    Plagg. 6.	recusa Lipsiæ, 1672. 4.
  ————— Pagg. 48.	ib. 1702. 4.
  Winter-flucht der nordischen Sommer-vögel.
    Pagg. 445.	Leipzig, 1678. 8.

David Fogius.
Dissertatio de Ciconiarum hibernaculis. Resp.Chr. Litzow.
    Pagg. 12.   Hafniæ, 1692. 4.
William Derham.
Letter concerning the migration of birds.
    Philosoph. Transact. Vol. 26. n. 315. p. 123—124.
Mark Catesby.
Of birds of passage. ibid. Vol. 44. n. 483. p. 435—444.
Jacob Theodor Klein.
Was irrende oder streich-und was zug-vögel sind, auch
    wo die meisten vögel, besonders Schwalben und Störche
    überwintern. Abhandl. der Naturf. Gesellsch. in Dan-
    zig, 1 Theil, p. 407—506,
    ————— : Quænam aves erraticæ, quæ migratoriæ? de-
    nique ubinam nonnullæ, in specie Hirundines et Ciconiæ
    hybernent? est Pars 3. ejus Prodromi historiæ Avium,
    p. 154—229. (vide supra pag. 36, et 112.)
    ————— : Ueberwinterung der vögel.
    3 Abschnitt seiner historie der Vögel, p. 171—230.
    ————— : Verhandeling over de stryk-en trek-vogelen.
    Uitgezogte Verhandelingen, 5 Deel, p. 18—67.
Onderzoek waar de Zwaluwen en Ojevaaren overwin-
    teren. ibid. 2 Deel, p. 184—218. et p. 260—281.
Carolus Linnæus.
Dissertatio : Migrationes Avium. Resp. Car. Dan. Ek-
    marck.
    Pagg. 38.   Upsaliæ, 1757. 4.
    ————— Amoenit. Academ. Vol. 4. p. 565—600.
    ————— : On the migration of birds, translated in Eng-
    lish by F. J. Brand; in his select Dissertations, p. 215
    —263.
Godeheu de Riville.
Sur le passage des Oiseaux. Mem. etrangers de l'Acad.
    des Sc. de Paris, Tome 3. p. 90—92.
Johan Leche.
Utdrag af 12 års meteorologiska observationer, gjorda i
    Åbo: Några flytt-foglars ankomst.
    Vetensk. Acad. Handling. 1763. p. 259—263.
Thomas Pennant.
Of the migration of British birds.
    in his British Zoology, Vol. 2. edit. 1768. p. 505—522.
                       edit. 1776. p. 601—615.
George Edwards.
Of birds of passage. in his Essays upon Natural history,
    p. 69—112, & p. 200.

Jean Etienne GUETTARD.
 Sur le passage d'une grande quantité de Cicognes, au des-
 sus de Paris.
 dans ses Memoires, Tome 2. p. xviij—xx.
Daines BARRINGTON.
 An essay on the periodical appearing and disappearing of
 certain birds.
 Philosoph. Transact. Vol. 62. p. 265—326.
 ————— in his Miscellanies, p. 174—224.
C. W. WAHRMUND.
 Ueber den winteraufenthalt der Schwalben, Störche und
 anderer vögel.
 Neu. Hamburg. Magaz. 81 Stück, p. 195—208.
Clas BJERKANDER.
 Anmärkningar öfver några flytt-foglars ankomst och
 bårtgång, samt huruvida man af dem kan se förut til-
 kommande väderlek.
 Vetensk. Acad. Handling. 1776. p. 293—300.
Carl HABLIZL.
 Beobachtungen welche über die zugvögel in Astrachan
 angestellt worden sind.
 Pallas neue Nord. Beyträge, 3 Band, p. 8—17.
 ————— Lichtenberg's Magaz. 2 Band. 1 Stuck, p. 104
 —111.
William MARKWICK.
 On the migration of certain birds.
 Transact. of the Linnean Soc. Vol. 1. p. 118—128.

102. *Calendaria Faunæ.*

(Confer sect. anteced. et Calendaria Floræ, Tomo 3tio.)

Samuel ÖDMAN.
 Väderleks anmärkningar i Vermdö skärgård för 7 år.
 Vetensk. Acad. Handling. 1780. p. 313—319.
 Anmärkningar öfver 1781 års väderlek, som uplysa Ca-
 lendarium Faunæ för Vermdö skärgård. ibid. 1782.
 p. 158—167.
Johan JULIN.
 Anmärkningar om någre flyttfoglars ankomst, och örters
 blomningstid m. m. i Uhleåborg. ibid. 1789. p. 187
 —189.

103. *Calendaria Insectorum.*

Clas BJERKANDER.
  Insect-Calender för år 1781.
    Vetensk. Acad. Handling. 1782. p. 122—132.
    för år 1784. ibid. 1784. p. 319—329.
    för år 1790. ibid. 1790. p. 267—276.
Johann MADER.
  Raupenkalender, oder verzeichnis aller monate in welchen
    die von Rösel und Kleemann abgebildete Raupen zu
    finden sind; herausgegeben von C. F. C. Kleemann.
    Zweyte auflage.
    Pagg. 120.   Nürnberg, 1785. 8.
Nikolaus Joseph BRAHM.
  Verzeichniss in form eines kalenders der im jahre 1786 um
    Mainz gesammelten Schmetterlinge und Raupen.
    Fuessly's neu. Entomol. Magaz. 3 Band, p. 141—168.
  Insektenkalender für sammler und oekonomen.
    1 Theil. pagg. 248.   Mainz, 1790. 8.
    2 Theils 1 Abtheilung. pagg. 558.   1791.

[454]

104. *Calculi Animalium.*

Caspar BAUHINUS.
De lapidis Bezaar orient. et occident. Cervini item et ger-
manici ortu, natura, differentiis, veroque usu.
Pagg. 288 ; cum figg. ligno incisis. Basileæ, 1613. 8.
Claude Joseph GEOFFROY.
Observations sur le Bezoard, et sur les autres matieres qui
en approchent.
Mem. de l'Acad. des Sc. de Paris, 1710. p. 235—242.
1712. p. 202—212.
Louis Jean Marie DAUBENTON.
Observations sur les Bezoards et autres concretions.
Journal de Fourcroy, Tome 2. p. 101—111, et p. 135
—139.

Sir Hans SLOANE.
Account of the Pietra de Mombazza or the *Rhinoceros*
Bezoar.
Philosoph. Transact. Vol. 46. n. 492. p. 118—124.
Daniel FISCHER.
Lapis Bezoar in *Dama* repertus.
Ephem. Acad. Nat. Cur. Cent. 9 & 10. p. 185.
Pyrrhus Maria GABRIELLIUS.
De lapide lapidi Bezoardico simili, in ventriculo *Capreoli*
adinvento, nucleum plumbeum continente. ibid. Dec.
3. Ann. 7 & 8. p. 309, 310.
Wolfgangus Henricus SCHREY.
De lapide Bezoar orientali, raræ magnitudinis.
Act. Acad. Nat. Cur. Vol. 3. p. 300.
Lapis Bezoardicus insolitæ magnitudinis. ibid. Vol. 4.
p. 377, 378.

105. *Calculi Bovini.*

Lucas SCHRÖCK.
De Calculis renum et vesicæ in Bobus.
Ephem. Ac. Nat. Cur. Dec. 1. Ann. 4 & 5. p. 223—225.
Johannes Jacobus WAGNER.
De Bulithis. ibid. Dec. 2. Ann. 4. p. 161, 162.
De Bulitho renali ramoso. ibid. Ann. 5. p. 210.
Georg DETHARDING.
Om de steene som ere fundne i Galle-Blæren hos det af den-
ne tiids sygdom henfaldne Horn-quæg.
Kiöbenh. Selsk. Skrifter, 2 Deel, p. 375—384.

106. *Calculi Equini.*

Lucas SCHRÖCK.
De Hippolithorum historia.
Ephem. Ac. Nat. Cur. Dec. 1. Ann. 4 & 5. p. 214—223.

H. P.
Observationes de calculo in Equo quodam reperto.
Hooke's philosoph. Collections, n. 7. p. 191—194.
————— Act. Eruditor. Lips. 1682. p. 344—347.

ANON.
Description of a stone found in the body of a Horse.
(translated from the Journal des Sçavans.)
Hooke's philosoph. Collections, n. 7. p. 195.

Michael ALBERTI.
De Hippolitho. Act. Ac. Nat. Cur. Vol. 1. p. 481—484.

Antonio VALLISNERI.
Pietra nella vescica d'un Cavallo.
in ejus Opere, Tomo 2. p. 95.

William WATSON.
A letter concerning a large stone found in the stomach of
a Horse.
Philosoph. Transact. Vol. 43. n. 475. p. 268—271.
A letter in relation to a large calculus found in a Mare.
ibid. Vol. 48. p. 800—802.
—————: Von einem grossen bey einer Stutte gefunden-
en Stein.
Physikal. Belustigung. 3 Band, p. 1286—1289.

Edward BAILEY.
An account of a very large stone, found in the Colon of a
Horse; and of several stones, which were taken from
the intestines of a Mare.
Philosoph. Transact. Vol. 44. n. 481. p. 296—304.

Henry BAKER.
An account of a stony concretion taken from the colon of
a Horse.
Philosoph. Transact. Vol. 51. p. 694, 695.

Carl Peter THUNBERG.
Beskrifning på en Bezoar equinum.
Vetensk. Acad. Handling. 1778. p. 27—29.
—————: Beschreibung eines Pferdesteins.
Crell's Entdeck. in der Chemie, 6 Theil, p. 159, 160.

Paolantonio SANGIORGIO.
Descrizione di una Belzuar trovata in un Cavallo.
Opuscoli scelti, Tomo 1. p. 318—322.

107. *Calculi Piscium.*

Peter COLLINSON.
Observations on the Belluga-stone.
Philosoph. Transact. Vol. 44. n. 483. p. 451—454.

108. *Lapides Cancrorum.*

Gothofredus David MAYER.
Collectionis Lapidum Cancrorum historica exegesis.
Ephem. Acad. Nat. Cur. Cent. 7 & 8. p. 417—419.
Kilian STOBÆUS.
Observatio de Lapillis Astaci marini vulgaris.
Act. Lit. & Scient. Sveciæ, 1733. p. 79—81.
Henry BAKER.
A letter concerning the stones called Crabs-Eyes.
Philosoph. Transact. Vol. 45. n. 486. p. 176—180.

109. *Margaritæ.*

Guernerus ROLFINCIUS
Dissertatio chimica tertia de Margaritis. Resp. Joh. Ge.
Sommero. (1660.)
inter ejus Dissertationes chimicas sex. Pagg. 28.
Sebast. KIRCHMAJERO
Præside, Dissertatio de Margaritis. Resp. Joh. Chph.
Zschav.
Plagg. 2.   Wittebergæ, 1665. 4.
Johanne Rudolpho SALTZMANN
Præside, Dissertatio de Margaritis. Resp. Joh. Oertel.
Pagg. 46.   Argentorati, 1669. 4.
Christophorus SANDIUS.
Letters concerning the origin of Pearls.
Philosoph. Transact. Vol. 9. n. 101. p. 11, 12.
Jo. Jac. STOLTERFOHT.
Uniologia physico-medica.
Plagg. 6.   Lubecæ, (1700.) 4.
Antoine René Ferchault de REAUMUR.
Sur la formation des Perles.
Mem. de l'Acad. des Sc. de Paris, 1717. p. 186—191.
Leonhard David HERMANN.
Disquisitio historico-physica de Conchis fluviatilibus mar-
garitiferis Masla-Silesiacis.
Miscellan. Berolinens. Tom. 5. p. 162—172.

Johann Peter EBERHARD.

Abhandlung von dem ursprung der Perle, worin deren
zeugung, wachsthum und beschaffenheit erklärt, und
eine nachricht von verschiedenen Perlenfischereien ge-
geben wird.

Pagg. 172. tab. ænea 1.   Halle, 1751. 8.

Johan FISCHERSTRÖM.

Om Perle-muslors fortplantning, natur och lefnads-sätt.

Vetensk. Acad. Handling. 1759. p. 139—146.

Johann Hieronymus CHEMNITZ.

Versuch einer neuen theorie vom ursprunge der Perlen.

Beschäft. der Berlin. Ges. Naturf. Fr. 1 Band, p. 344
—358.

———— : Saggio di una nuova teoria su l'origine delle
Perle.

Scelta di Opusc. interess. Vol. 33. p. 41—53.

Vom ursprunge der Perlen.

Naturforscher, 25 Stück, p. 122—130.

WILLEMET.

Observations sur les Perles qu'on trouve en Lorraine.

Journal de Physique, Tome 6. p. 145—147.

Giuseppe BONVICINI.

Lettera sull'origine delle Perle.

Opuscoli scelti, Tomo 15. p. 206—212.
                 17. p. 202—212.

110. *Ægagropilæ.*

Georgius Hieronymus VELSCHIUS.

Dissertatio medico-philosophica de Ægagropilis.

Pagg. 71. tabb. æneæ 3.   Augustæ Vindel. 1660. 4.

———— cui secunda hac editione emendatiori, auctarii
vice altera accedit.

Pagg. 71 et 101. tabb. æneæ 8.   ibid. 1668. 4.

Johannes Mauritius HOFFMANN.

De Elaphopila atque concreto membranaceo-cartilagineo
in Damæcervi ventriculo.

Ephem. Acad. Nat. Cur. Cent. 3 & 4. p. 263, 264.

Francesco TOGGIA.

Storia di un' Egagropile ritrovata nel secondo ventricolo di
un bue.

Mem. della Società Italiana, Tomo 5. p. 382—390.

111. *Analogia inter Animalia et Plantas.*

Matthias Ernestus BORETIUS.
Dissertatio de anatome plantarum et animalium analoga.
Resp. Mich. Frid. Tennigs.
Pag. 16. Regiomonti, 1727. 4.
Johann Gottlieb GLEDITSCH.
Sur quelques indices de ressemblance, qui se trouvent entre
les corps du regne animal, et ceux du regne vegetal.
Hist. de l'Acad. de Berlin, 1757. p. 72—84.
Sur quelques traces de conformité entre les corps du regne
vegetal et ceux du regne animal. ibid. 1758. p. 89—104.
——————: Ueber einige spuren der gleichheit zwischen
den thieren und gewächsen.
in seine vermischte Bemerkungen, 1 Theil, p. 155—
179.
Conte Federigo ALTAN *di Salvarolo.*
Della somiglianza che passa tra il regno vegetabile, ed il
regno animale.
Pagg. xxxii. Venezia, 1763. 8.
Petrus CAMPER.
Oratio de analogia inter animalia et stirpes.
Pagg. 56. Groningæ, 1764. 4.
R. PEIRSON.
On the analogy between plants and animals.
Hunter's Georgical Essays, Vol. 4. p. 55—64.
Martinus VAN MARUM.
Dissertatio inaug. qua disquiritur, quousque motus fluido-
rum, et cæteræ quædam animalium et plantarum func-
tiones consentiunt.
Pagg. 30. Groningæ, 1773. 4.
Felix VICQ D'AZYR.
Table pour servir à l'histoire naturelle et anatomique des
corps organiques ou vivans.
Journal de Physique, Tome 4. p. 479.
Bernardus FELDMANN.
Dissertatio de comparatione plantarum et animalium,
novis accessionibus, ex ipsis defuncti schedis msstis,
aucta, cura J. A. Merck.
Pagg. 111. Berolini, 1780. 8.
ANON.
Aanmerkingen aangaande de Overeenkomst der dieren
met de planten.
Nieuwe geneeskund. Jaarboeken, 5 Deel, p. 115—117.

Johann HEDWIG.
Versuch zur bestimmung eines genauen unterscheidungs-
kennzeichens zwischen thier und pflanze.
Leipzig. Magaz. 1784. p. 215—235.
———— Samml. seiner Abhandl. 1. B. p. 132—158.
Franciscus de Paula SCHRANK.
Dissertatio de charactere plantas ab animalibus discrimi-
nante. in ejus Primitiis floræ Salisburgensis, p. 1—16.

Joannes HEDWIG.
De fibræ vegetabilis et animalis ortu. Sect. 1. (Pro-
gramma.) Pagg. 32.   Lipsiæ, 1789. 4.
Johannes Fridericus ORTLOB.
Dissertatio: Analogia nutritionis plantarum et animalium.
Resp. Chr. Schmeer.
Plagg. 2.   Lipsiæ, 1683. 4.
Alexander HUNTER.
On vegetation, and the analogy between plants and ani-
mals.
in his Georgical Essays, Vol. 1. p. 79—98.
Henry Louis DU HAMEL DU MONCEAU.
Recherches sur la reunion des plaies des arbres, sur la
façon dont la greffe s'unit au sujet sur lequel on l'ap-
plique, sur la reunion des plaies des animaux, et
quelques exemples de greffes appliquées sur des ani-
maux.
Mem. de l'Acad. des Sc. de Paris, 1746. p. 319—362.
Over de vorming der beenderen in de dieren, en van het
hout in de boomen. (e gallico, in Recueil periodique
d'observations de medecine.)
Uitgezogte Verhandelingen, 3 Deel, p. 271—278.
Ludov. Augustin. Joseph. DESROUSSEAUX.
Quæstio medica, an, ut in plantis, sic in animantibus,
perspirationi moderandæ inserviat epidermis?
Pagg. 8.   Parisiis, 1789. 4.
*P. M. Auguste-*BROUSSONET.
Essai de comparaison entre les mouvemens des animaux
et ceux des plantes.
Mem. de l'Acad. des Sc. de Paris, 1784. p. 609—621.
———— Journal de Physique, Tome 30. p. 359—368.
Antoine DE JUSSIEU.
The analogy between plants and animals, drawn from the
difference of their sexes.
in Bradley's Works of nature, p. 25—32.

112. *Anatome Mammalium.*

Volcher COITER.

Analogia ossium humanorum, Simiæ et veræ, et caudatæ, quæ Cynocephali similis est, atque Vulpis. impr. cum ejus Tabulis humani corporis partium; p. 63—70.

Noribergæ, 1573. fol.

Caspar BARTHOLINUS.

De caudæ Vulpinæ odore violaceo, et Ursi suctione.

Th. Bartholini Act. Hafniens. Vol. 3. p. 32—35.

Sauveur MORAND.

Description d'un Reseau osseux observé dans les cornets du Nés de plusieurs quadrupedes.

Mem. de l'Acad. des Sc. de Paris, 1724. p. 405—409.

Joannes Georgius DU VERNOI.

Catopardi, Phocæ, et Elephanti cisterna et canalis thoracicus primum detectus.

Comm. Acad. Petropol. Tom. 1. p. 342—350.

Henry Louis DU HAMEL DU MONCEAU.

Observation anatomique.

Mem. de l'Acad. des Sc. de Paris, 1743. p. 191, 192.

Louis Jean Marie DAUBENTON.

Observations sur la liqueur de l'Allantoide.

Mem. de l'Acad. des Sc. de Paris, 1752. p. 392—398.

Johannes Baptista A COVOLO.

De metamorphosi duorum ossium pedis in quadrupedibus aliquot.

Comm. Instit. Bonon. Tom. 5. Pars 2. p. 59—65.

Auguste Denis FOUGEROUX DE BONDAROY.

Sur le changement qu'eprouve l'os de la partie des pieds de certains quadrupedes, appelé le Canon. Mem. de l'Acad. des Sc. de Paris, 1772. 2 Partie. p. 502—515.

Felix VICQ-D'AZYR.

Sur les rapports qui se trouvent entre les usages et la structure des quatre extremités dans l'Homme et dans les Quadrupedes. ibid. 1774. p. 254—270.

Observations anatomiques sur trois Singes, suivies de quelques reflexions sur plusieurs points d'anatomie comparée. ibid. 1780. p. 478—493.

Sur les Clavicules, et sur les os claviculaires. ibid. 1785. p. 350—360.

———— Journal de Physique, Tome 33. p. 37—39.

ANON.

Overeenkomst der lighaamlyke gesteldheid der viervoetige

dieren met de andere dieren in 't algemeen. (e germa-
nico, in Wittenberg. Wochenblatt.)
Nieu. geneeskund. Jaarboek̄en, 5 Deel, p. 243—246.
Philippe PINEL.
Recherches sur une nouvelle methode de classification des
quadrupedes, fondée sur la structure mechanique des
parties osseuses qui servent à l'articulation de la ma-
choire inferieure.
Actes de la Soc. d'Hist. Nat. de Paris, Tome 1. p. 50
—60.
——————— Journal de Physique, Tome 41. p. 401—414.
Louis Claude RICHARD.
Extrait d'une instruction pour les voyageurs naturalistes.
Act. de la Soc. d'Hist. Nat. de Paris, Tome 1. p. 61—69.

113. *Cornua.*

Henry Louis DU HAMEL DU MONCEAU.
Observations qui ont rapport à l'accroissement des Cornes
des animaux, et qui peuvent servir à expliquer pour-
quoi dans certaines circonstances elles tombent et se re-
nouvellent par d'autres qui remplacent les anciennes.
Mem. de l'Acad. des Sc. de Paris, 1751. p. 93—97.
Comte DE VILLIAMSON.
Observations sur la cause de la chûte du Bois ou des cornes
des Cerfs. Mem. etrangers de l'Acad. des Sc. de Paris,
Tome 4. p. 336—350.

Sir Hans SLOANE.
An account of a pair of large Horns.
Philosoph. Transact. Vol. 34. n. 397. p. 222—229.
——————: Observations sur une paire de Cornes d'une
grandeur et figure extraordinaire.
Mem. de l'Acad. des Sc. de Paris, 1727. p. 108—114.
J. HOPKINS.
Letter concerning an extraordinary large Horn of the Stag
kind, taken out of the sea on the coast of Lancashire.
Philosoph. Transact. Vol. 37. n. 422. p. 257.

114. *Monographiæ Anatomicæ Primatum.*

Simia Troglodytes.

Edward TYSON.
Orang-Outang, sive homo sylvestris: or the anatomy of a

Pygmie, compared with that of a Monkey, an Ape, and
a Man.   -   London, 1699. 4.
Pagg. 108. tabb, æneæ 8; præter Essay concerning the
Pigmies, de quo supra pag. 59.

115. *Simia Satyrus.*

Petrus CAMPER.
Kort berigt wegens de ontleding van verscheidene Orang
  Outangs.
  Pagg. 29.   (1778.) 8.
  Editus fuit libellus in Diario: Algemeene vaderland-
  sche Letteroefeningen.
  ————: Kurze nachricht von der zergliederung ver-
  schiedener Orang Utangs.
  in seine klein. Schriften, 1 Band. 2 Stück, p. 65—94.

116. *Simia Mormon.*

Thomas BARTHOLINUS.
Anatome Cercopitheci Mamonet dicti.
  in ejus Act. Hafniens. 1671. p. 67, 68. & p. 313, 314.
  ————Valentini Amphitheatr. zootom. Pars 1. p. 145,
  146.

117. *Simia quædam.*

François Joseph HUNAULD.
Examen de quelques parties d'un Singe.
  Mem. de l'Acad. des Sc. de Paris, 1735. p. 379—384.

118. *Monographiæ Anatomicæ Brutorum.*

Manis pentadactyla.

Adam BURT.
On the dissection of the Pangolin.
  Transact. of the Soc. of Bengal, Vol. 2. p. 353—358.

119. *Rhinocerotum genus.*

Petrus CAMPER.
Dissertatio de Cranio Rhinocerotis africani cornu gemino;
  cum additamento P. S. Pallas.
  Act. Acad. Petropol. 1777. Pars post. p. 193—212.

Rhinocerotis Africæ catagraphum. Rhinoc. Asiæ Catagr.
1787.
P. Camper delineavit et fig. ad ¼ partem reduxit.
Rein. Vinkeles sculpsit.
Tab. ænea, long. 20 unc. lat. 12 unc.

GEOFFROY et CUVIER.
Lettre sur le Rhinoceros bicorne.
Magazin encyclopedique, Tome 1. p. 326—328.

120. *Elephas maximus.*

(Allen MOULIN.)
Anatomical account of the Elephant accidentally burnt in
Dublin, June 17. 1681.
Pagg. 72. tabb. æneæ 2.   London, 1682. 4.

Patrick BLAIR.
Osteographia Elephantina, or a description of all the bones
of an Elephant, which died near Dundee, Apr. 27. 1706.
Philosoph. Transact. Vol. 27. n. 326 & 327. p. 53—
168.

William STUKELEY.
An essay towards the anatomy of the Elephant, from one
dissected at Fort St. George Oct. 1715, and another at
London Oct. 1720. printed with his History of the
Spleen; p. 89—108. tabb. æneæ 8.

Joannes Georgius DU VERNOY.
De Pene Elephantino.
Comment. Acad. Petropol. Tom. 2. p. 372—403.

Georgius Bernhardus BILFINGER.
De anatomia Elephanti oratio. in ejus Variis in fasciculos
collectis, Fasc. 2. p. 191—198.

Petrus CAMPER.
Kort berigt van de ontleding eens jongen Elephants.
Pagg. 24.   (1774.) 8.
Libellus editus fuit in Diario: Hedendaagsche vader-
landsche Letteroefeningen.
————: Kurze nachricht von der zergliederung eines
jungen Elephanten.
in seine klein. Schriften, 1 Band. 1 Stück, p. 50—93.

Philippe PINEL.
Nouvelles observations sur la structure et la conformation
des os de la tête de l'Elephant.
Journal de Physique, Tome 43. p. 47—60.

121. *Monographiæ Anatomicæ Ferarum.*

Phocæ variæ.

Marcus Aurelius SEVERINUS.
  Phoca illustratus, anatomicum αυτοχεδιασμα.
    impr. cum ejus Antiperipatia ; append. p. 19—66.
Georgius SEGER.
  De anatome Phocæ fœmellæ junioris. Ephem. Acad.
    Nat Cur. Dec. 1. Ann. 9 & 10. p. 250—255.
Güntherus Christophorüs SCHELHAMMER.
  Phocæ Maris anatome, in Academia Kiloniensi suscepta,
    mense Decembri 1699.
    Pagg. 24.   Hamburgi, 1707. 4.
  ———— Ephem. Acad. Nat. Cur. Dec. 3 Ann. 7 & 8.
    App. p. 15—29.
  ———— Valentini Amphith. zootom. Pars 2. p. 85—91.
Johannes Adamus KULM.
  Phocæ anatome. Act. Acad. Nat. Cur. Vol. 1. p. 9—29.
  ————: Anatomie eines Meerkalbes. in Stellers be-
    schreibung von sonderbaren Meerthieren, p. 1—35.
PORTAL.
  Observations sur la structure de quelques parties du Veau
    marin.
    Mem. de l'Acad. des Sc. de Paris, 1770. p. 413—415.
Georg PROCHASKA.
  Beobachtungen bey der zergliederung eines Meerkalbes.
    Abhandl der Böhm. Gesellsch. 1785. p. 13—20.
N. D. RIEGELS.
  Forsög til Sælhundens grandskende beskrivelse, eller
    hvorledes Sælhunden faaer liv, opholder det, forplanter
    sin art, döer, og om hans sæder.
    Naturhist. Selsk. Skrivt. 2 Bind, 1 Heft. p. 137—197.

122. *Felis Leo.*

Johannes Georgius GREISELIUS.
  Anatome Leænæ morbo exstinctæ.
    Ephem. Acad. Nat. Cur. Dec. 1. Ann. 2. p. 6—9.
Laurentius WOLFSTRIGEL.
  Anatome Leonum. ibid. p. 9—23.
Thomas BARTHOLINUS.
  Leonis anatome. in ejus Act. Hafniens. 1671. p. 43—46.

Francesco Serao.

Saggio di considerazioni anatomiche fatte sù d'un Leone, morto in Napoli nel Parco del Ré, à 24 Gennajo 1744. in ejus Opuscoli di fisico argomento, p. 65—85.

C. F. Wolff.

De Leone observationes anatomicæ.
Nov. Comm. Acad. Petropol. Tom. 15. p. 517—552.
De Corde Leonis. ibid. Tom. 16. p. 471—510.
De structura Vesiculæ felleæ Leonis. ibid. Tom. 19. p. 379—393.

123. *Felis quædam.*

Laurentius Wolfstrigel.

Tigridum Anatome.
Ephem. Ac. Nat. Cur. Dec. 1. Ann. 2. p. 23—27.
———— Valentini Amphitheatr. zootom. Pars 1. pag. 94, 95.

124. *Viverra Zibetha.*

Sauveur Morand.

Nouvelles observations sur le sac et le parfum de la Civette.
Mem. de l'Acad. des Sc. de Paris, 1728. p. 403—412.

De la Peyronnie.

Description anatomique d'un animal connu sous le nom de Musc. ibid. 1731. p. 443—463.

125. *Mustela Lutra.*

Georgius Seger.

De anatome Lutræ.
Ephem. Ac. Nat. Cur. Dec. 1. Ann. 3. p. 317, 318.
———— Valentini Amphith. zootom. Pars 1. p. 174, 175.

Johannes Conradus Muraltus.

Lutræ masculi anatome.
Ephem. Ac. Nat. Cur. Dec. 2. Ann. 10. p. 204—206.

Paulus Henricus Gerardus Moehring.

Lutræ maris systema biliosum, urinosum et spermaticum.
Act. Acad. Nat. Curios. Vol. 5. p. 166—173.

Sue.

Description anatomique de trois Loutres femelles. Mem. etrangers de l'Acad. des Sc. de Paris, Tome 2. p. 197—210.

126. *Mustela Lutris.*

Everard Home and *Archibald* Menzies.
A description of the anatomy of the Sea Otter.
Philosoph. Transact. 1796. p. 385—394.

127. *Ursus Arctos.*

Paul. Gottl. Werlhof et *Christ. Jac.* Trew.
Observata in anatomia Ursi.
Commerc. literar. Norimberg. 1734. p. 297—300.

128. *Ursus Meles.*

Johannes DE Muralto.
De anatome Melis seu Taxi.
Ephem. Ac. Nat. Cur. Dec. 2. Ann. 5. p. 55—58.
——— Valentini Amphith. zootom. Pars 1. p. 152—154.
Daniel Nebelius.
De glandulis in Taxi receptaculo, quod inter caudam et anum est, detectis, racemis glandularum nervosarum in hepate, et nervorum intercostalium singulari structura.
Ephem. Ac. Nat. Cur. Dec. 3. Ann. 3. p. 289—291.
Johannes Jacobus Scheuchzer.
Anatome Taxi suilli maris.
Act. Acad. Nat. Curios. Vol. 3. p. 127—133.

129. *Didelphis marsupialis.*

Edward Tyson.
Carigueya, seu Marsupiale Americanum, or the anatomy of an Opossum.
Philosoph. Transact. Vol. 20. n. 239. p. 105—164.
———: Marsupialis americani anatome.
Act. Eruditor. Lips. 1698. p. 407—420.
Supplem. Tom. 3. p. 149—162.
Paulo contractior hæc versio est.
Some further observations on the Opossum.
Philosoph. Transact. Vol. 24. n. 290. p. 1565—1575.
William Cowper.
An account of the anatomy of those parts of a male Opossum that differ from the female. ibid. p. 1576—1590.
———: Anatome earum Marsupialis americani maris partium, quæ a feminæ partibus discrepant.
Act. Eruditor. Lips. 1705. p. 110—117.

130. *Talpa europæa.*

Georgius SEGER.
  Anatomia Talpæ.
    Ephem. Ac. Nat. Cur. Dec. 1. Ann. 2. p. 114, 115.
    ———— Valentini Amphith. zootom. Pars 1. p. 183.
Güntherus Christophorus SCHELHAMMER.
  Anatome Talpæ.
    Ephem. Ac. Nat. Cur. Dec. 2. Ann. 1. p. 323—332.
    ————Valentini Amphith. zootom. Pars 1. p. 183—186.
    ————: The dissection of a Mole.
    Acta germanica, p. 221—225.

131. *Erinaceus europæus.*

Georgius SEGER.
  Echini terrestris utriusque sexus anatome.
    Ephem. Ac. Nat. Cur. Dec. 1. Ann. 2. p. 115, 116.
Olaus BORRICHIUS.
  Anatome Herinacei nostratis.
    Bartholini Act. Hafniens. 1671. p. 175—178.
Johannes Jacobus HARDER.
  Anatome Erinacei terrestris.
    Ephem. Ac. Nat. Cur. Dec. 2. Ann. 6. p. 201, 202.
Joannes Georgius DU VERNOI.
  Animadversiones variæ in Erinaceorum terrestrium ana-
    tomen.
    Comment. Acad. Petropol. Tom. 14. p. 199—206.
Basilius ZOUIEW.
  Anatome musculi subcutanei in Erinaceo europæo Linn.
    Act. Acad. Petropol. 1779. Pars pr. p. 224—228.

132. *Monographiæ Anatomicæ Glirium.*

Cavia Cobaya.

Gualterus CHARLETON.
  Cuniculus sive Porcellus indicus. impr. cum ejus de dif-
    ferentiis animalium; p. 103—106. Oxoniæ, 1677. fol.

133. *Castor Fiber.*

Johannes Jacobus WEPFERUS.
  Anatomia aliquot Castorum.
    Ephem. Ac. Nat. Cur. Dec. 1. Ann. 2. p. 349—371.

———— Valentini Amphith. zootom. Pars 1. p. 161—
169.
———— : The anatomy of two Beavers.
Acta germanica, p. 309—323.
E. G. H.
Castor mas Gedani dissectus. Castoris fœmellæ dissectio.
Act. Eruditor. Lips. 1684. p. 360—364.
Anon.
Observatio anatomica de receptaculis Castorei.
Comment. Acad. Petropol. Tom. 2. p. 415, 416.
———— : Eine anatomische bemerkung von den behält-
nissen des Bibergeils
Hamburg. Magaz. 1 Band, p. 460—462.

134. *Mus Rattus.*

Richard Waller.
Some observations in the dissection of a Ratt.
Philosoph. Transact. Vol. 17. n. 196. p. 594—596.

135. *Arctomys Marmota.*

Georgius Hieronymus Velschius.
Anatome Muris alpini.
Ephem. Acad. Nat. Cur. Dec. 1. Ann. 1. p. 298.
Johannes Jacobus Harder.
Anatome Muris alpini. ibid. Dec. 2. Ann. 4. p. 237—
244.
———— in ejus Apiario, p. 90—95.
Johannes Jacobus Scheuchzer.
Muris alpini anatome.
Philosoph. Transact. Vol. 34. n. 397. p. 237—243.

136. *Sciurus striatus β. americanus.*

Friedrich Heinrich Loschge.
Zergliederung des amerikanischen schwarzgestreiften Erd-
Eichhorns.
Naturforscher, 27 Stück, p. 59—91.

137. *Sciurus volans.*

Johannes Georgius Du Vernoy.
De quadrupede volatili Russiæ observationes.
Comment. Acad. Petropol. Tom. 5. p. 218—234.

———— : Bemerkungen von einem fliegenden vierfüssigen thiere in Russland.
Hamburg. Magaz. 2 Band, p. 199—216.

138. *Lepus timidus.*

Georgius SEGER.
De anatome Leporis masculi, et catulorum Leporinorum
nondum natorum.
Ephem. Ac. Nat. Cur. Dec. 1. Ann. 3. p. 128—131.
———— Valentini Amphith. zootom. Pars 1. p. 142—
145.
Caspar BARTHOLINUS.
Leporis anatome.
Th. Bartholini Act. Hafn. 1671. p. 278—282.
———— Valentini Amphith. zootom. Pars 1. p. 141,
142.
Güntherus Christophorus SCHELHAMMER.
De Leporis anatome. Ephem. Acad. Nat. Cur. Dec. 3.
Ann. 5 & 6. p. 522—526.
John RAY.
Anatomical observations in a Hare.
Philosoph. Transact. Vol. 25. n. 307. p. 2302, 2303.

139. *Monographiæ Anatomicæ Pecorum.*

Cervus Elaphus.

Johannes Jacobus WEPFERUS.
Genitalia et lachryma Cervi.
Ephem. Ac. Nat. Cur. Dec. 2. Ann. 6. p. 241—244.
———— Valentini Amphith. zootom. Pars 1. p. 76, 77.
Johannes Georgius VOLCKAMER.
Anatomia Cervæ.
Ephem. Ac. Nat. Cur. Dec. 2. Ann. 6. p. 459—465.
———— Valentini Amphith. zootom. Pars 1. p. 74—
76.

140. *Cervus Tarandus.*

Thomas BARTHOLINUS.
Anatome Rangiferi.
in ejus Act. Hafniens. 1671. p. 274—278.
———— Valentini Amphith. zootom. Pars 1. p. 72, 73.

141. *Camelopardalis Giraffa.*

Ad Scelet. Giraffæ Hagæ Comitum 17 ped. altitudinis
in Museo Principis. Merk delin. ad natur. J. F. Gout
sculp. 1785.

Tab. ænea, long. 21 unc. lat. 13 unc. Archetypus tabulæ 21. b. in Voesmari descriptione Camelopardali, vide
supra pag. 96.

Adest etiam descriptio sceleti manuscripta, gallice,
pagg. 8, in folio, quam cum tabula hac misit b. Merck.

Petrus CAMPER.

Waarneemingen over het geraamte van de Camelopardalis, 't welk in het Kabinet van den Prinse van Orange
gevonden wordt. impr. cum A. Vosmaers Beschryving
van het Kameel-paard; p. 38—44.

142. *Ovis Aries.*

Robert R. LIVINGSTON.

On the excretory duct of the feet of Sheep.

Transact. of the Soc. of New-York, Part 2. p. 140,
141.

143. *Bos Taurus.*

Johannes Georgius VOLCKAMER.

Exercitatio anatomica in capite Vitulino. Ephem. Ac.
Nat. Curios. Dec. 2. Ann. 5. App. p. 133—146.

———— Valentini Amphith. zootom. Pars 1. pag. 82
—86.

144. *Monographiæ Anatomicæ Belluarum.*

Equus Caballus.

Carlo RUINI.

Anatomia del Cavallo.   Venetia, 1618. fol.

Pagg. 247; cum figg. ligno incisis; præter librum
delle infirmitadi de' Cavalli.

Andrew SNAPE.

The anatomy of an Horse.   London, 1683. fol.

Pagg. 237. tabb. æneæ 44; præter appendicem, de quo
supra pag. 396, et 373.

George STUBBS.
  The anatomy of the Horse.
    Pagg. 47. tabb. æneæ 15.   London, 1766. fol. obl.

Jeremiah BRIDGES.
  No foot, no horse: An essay on the anatomy of the Foot
  of a Horse.   London, 1751. 8.
    Pagg. 151, quarum 21 tantum priores ad anatomen,
    reliqua ad Mulo-medicinam.
Louis Jean Marie DAUBENTON.
  Observation sur les Mamelles des Chevaux.
    Journal de Fourcroy, Tome 2. p. 274—279.

———

Carolus RAYGERUS.
  De Hippomane.
    Ephem. Ac. Nat. Cur. Dec. 1. Ann. 8. p. 94—98.
Gabriel CLAUDERUS.
  De Hippomane. ibid. Dec. 2. Ann. 3. p. 165, 166.
Abrahamus VATER.
  Programma de Hippomane.
    Plagg. 2.   Wittenbergæ, 1725. 4.
Louis Jean Marie DAUBENTON.
  Memoire sur l'Hippomanés.
    Mem. de l'Acad. des Sc. de Paris, 1751. p. 293—300.

145. *Equus Asinus.*

Oligerus JACOBÆUS.
  De Asino observationes anatomicæ.
    Bartholini Act. Hafniens. Vol. 5. p. 272, 273.

146. *Hippopotamus amphibius.*

Antoine DE JUSSIEU.
  Observations sur quelques ossemens d'une tête d'Hippo-
  potame.
    Mem. de l'Acad. des Sc. de Paris, 1724. p. 209—215.

147. *Sus Scrofa.*

COPHON.
  Anatomia Porci. in Severini Zootomia, p. 389—393.
                    Noribergæ, 1645. 4.
  ————— Valentini Amphith. zootom. Pars 1. p. 122,
  123.

148. *Sus Tajassu.*

Edward TYSON.
Tajacu seu Aper mexicanus moschiferus, or the anatomy of the Mexico Musk-Hog.
Philosoph. Transact. Vol. 13. n. 153. p. 359—385.
Excerpta in Actis Erudit. Lips. 1685. p. 75—83.

149. *Anatome Cetorum.*

Louis Jean Marie DAUBENTON.
Observations sur la conformation des os de la tête des Cetacées.
Mem. de l'Acad. des Sc. de Paris, 1782. p. 211—218.
Johann Heinrich MERCK.
Von den Cetaceen.
Hessische Beyträge, 2 Band, p. 297—312.
(Tête de Baleine du Cabinet de J. H. Merck.) J. F. Gout del. et sculp. 1785.
Tab. ænea, long. 12 unc. lat. 8 unc.

150. *Physeter quidam.*

Jean Etienne GUETTARD.
Description d'un poisson jetté à la côte près Saint-Po, au commencement de Mars 1761.
dans ses Memoires, Tome 1. p. cxvij—cxxij.

151. *Delphinus Phocæna.*

John RAY.
An account of the dissection of a Porpess.
Philosoph. Transact. Vol. 6. n. 76. p. 2274—2279.
Johannes Daniel MAJOR.
De Anatome Phocænæ, vel Delphini Septentrionalium.
Ephem. Ac. Nat. Cur. Dec. 1. Ann. 3. p. 22—32.
——— Valentini Amphith. zootom. Pars 2. p. 95—100.
De Respiratione Phocænæ, vel Tursionis.
Ephem. Acad. Nat. Curios. Dec. 1. Ann. 8. p. 4, 5.
Edward TYSON.
Phocæna, or the anatomy of a Porpess, dissected at Gresham Colledge.
Pagg. 48. tabb. æneæ 2.   London, 1680. 4.

DE LA MOTTE.
Anatome Phocænæ. in J. T. Klein Missu 1. Historiæ piscium naturalis, p. 24—32.

Sven PAULSON.
Anatomisk beskrivelse over Delphinus Phocæna. Naturhist. Selsk. Skrivt. 2 Bind, 2 Heft. p. 111—121.

152. *Anatome Avium.*

Olaus BORRICHIUS.
Lingua avium cum osse hyoide expensa. Bartholini Act. Hafniens. 1673. p. 155, 156.

Allen MOULEN.
Anatomical observations in the heads of Fowl. Philosoph. Transact. Vol. 17. n. 199. p. 711—716.

François David HERISSANT.
Observations anatomiques sur les mouvemens du Bec des oiseaux. Mem. de l'Acad. des Sc. de Paris, 1748. p. 345—386.

E. M. ROSTAN.
Parallele de la nourriture des Plumes et celle des Dents. Act. Helvet. Vol. 5. p. 407—411.
———— : Vergleichung der nahrung der Federn, mit der nahrung der Zähne. Neu. Hamburg. Magaz. 16 Stück, p. 315—323.

Felix VICQ-D'AZYR.
Memoires pour servir à l'anatomie des oiseaux. Mem. de l'Acad. des Sc. de Paris,
1772. 2 part. p. 617—633.
1773. p. 566—586.
1774. p. 497—521.
1778. p. 381—392.

Petrus CAMPER.
Verhandeling over het zaamenstel der groote Beenderen in vogelen, en derzelver verscheidenheid in byzondere soorten. Verhandel. van het Genootsch. te Rotterdam, 1 Deel, p. 235—244.
———— : Memore sur la structure des Os dans les oiseaux. Mem. etrangers de l'Acad. des Sc. de Paris, Tome 7. p. 328—335.
———— : Abhandlung über die bildung der grossen Knochen der vögel, und deren verschiedenheit in besondern arten. in seine klein. Schriften, 1 Band. 1 Stück, p 94—107.
Brief an die herausgeber der Hedendaagsche Vaderland-

sche Letteroeffeningen über denselben gegenstand. ibid.
p. 108—122.

Anhang zu der abhandlung über die hohlen Knochen der
vögel. ibid. p. 151—157.

John HUNTER.

An account of certain receptacles of Air, in birds, which
communicate with the lungs, and are lodged both
among the fleshy parts and in the hollow bones of those
Animals.

Philosoph. Transact. Vol. 64. p. 205—213.

————— in his Observations on animal oeconomy, p.
77—86.

————— : Osservazioni su alcuni particolari ricettacoli
d'aria, comunicanti coi polmoni, che negli uccelli si
truovano fra le parti carnose, e dentro alla cavità delle
ossa.

Scelta di Opusc. interess. Vol. 25. p. 90—97.

Marcus Elieser BLOCH.

Ornithologische rhapsodien. Beschäft. der Berlin. Ges.
Naturf. Fr. 4 Band, p. 579—610.

Schriften derselb. Gesellsch. 3 Band, p. 372—379.

Louis Jean Marie DAUBENTON.

Observations sur la disposition de la Trachée-artere de differentes especes d'oiseaux, et surtout de l'oiseau appelé
Pierre.

Mem. de l'Acad. des Sc. de Paris, 1781. p. 369—376.

Vincenzo MALACARNE.

Esposizione anatomica delle parti relative all' Encefalo
degli uccelli.

Mem. della Società Italiana, Tomo 1. p. 747—767.
                                    2. p. 237—255.
                                    3. p. 126—173.
                                    4. p. 37—58.
                                    6. p. 106—119.
                                    7. p. 193—224.

Blasius MERREM.

Ueber die Luftwerkzeuge der vögel.
Leipzig. Magaz. 1783. p. 201—211.

————— Schneiders Abhandlungen zur aufklärung der
Zoologie, p. 323—330.

Johann Gottlob SCHNEIDER.

Bemerkungen über einige vögel zur aufklärung ihres all-
gemeinen körperbaues. ibid. p. 135—174, & p. 322
—335.

Zusaz. Leipzig. Magaz. 1786. p. 460—468.

153. *Monographiæ Anatomicæ Accipitrum.*

Falco Chrysaëtos.

Olaus BORRICHIUS.
  Aquilæ anatome.
    Bartholini Act. Hafniens. 1671. p. 6—10.
    —————— Valentini Amphith. zootom. Pars 2. p. 7, 8.
Nicolaus STENONIS.
  Historia musculorum Aquilæ.
    Bartholini Act. Hatniens. 1673. p. 320—345.
    —————— Valentini Amphith. zootom. Pars 2. p. 8—17.

154. *Falco Milvus.*

Johannes DE MURALTO.
  Milvus examinatus.
    Ephem. Ac. Nat. Cur. Dec. 2. Ann. 2. p. 55—57.
    —————— Valentini Amphith. zootom. Pars 2. p. 69, 70.

155. *Strix quædam.*

Emanuel KÖNIG.
  De Noctuæ anatome, ejusque mira Oculorum fabrica.
    Ephem. Ac. Nat. Cur. Dec. 2. Ann. 4. p. 87—90.

156. *Monographiæ Anatomicæ Picarum.*

Psittaci varii.

Oligerus JACOBÆUS.
  Anatome Psittaci.
    Bartholini Act. Hafniens. 1673. p. 314—318.
    —————— Valentini Amphith. zootom. Pars 2. p. 68, 69.
Richard WALLER.
  Observations in the dissection of a Paroquet.
    Philosoph. Transact. Vol. 18. n. 211. p. 153—157.

157. *Pici varii.*

Oligerus JACOBÆUS.
  Linguæ Pici martii structura mirabilis.
    Bartholini Act. Hafniens. Vol. 5. p. 249—251.

Jean MERY.
Observations sur les mouvemens de la Langue du Piver.
Mem. de l'Acad. des Sc. de Paris, 1709. p. 85—91.
Richard WALLER.
A description of the Wood-pecker's Tongue.
Philosoph. Transact. Vol. 29. n. 350. p. 509—522.

158. *Monographiæ Anatomicæ Anserum.*

Anas Olor.

Georgius Wolfgangus WEDEL.
Cygni Sterni anatomia.
Ephem. Ac. Nat. Cur. Dec. 1. Ann. 2. p. 30, 31.
————— Valentini Amphith. zootom. Pars 2. p. 56.

159. *Anas Clangula.*

Michael Bernhardus VALENTINI.
Anatome Clangulæ.
Ephem. Ac. Nat. Cur. Cent. 9 & 10. p. 431, 432.

160. *Pelecanus Onocrotalus.*

Jean MERY.
Observations sur la peau du Pelican.
Mem. de l'Acad. des Sc. de Paris, 1693. p. 177—181.
————— ibid. 1666—1699. Tome 10. p. 433—438.

161. *Monographiæ Anatomicæ Grallarum.*

Ardea Ciconia.

Laurentio STRAUSS
Præside, Dissertatio de Ciconia. Resp. Jo. Dan. Strauss.
Valentini Amphitheatr. zootom. Pars 2. p. 52—56.
Oligerus JACOBÆUS.
Anatome Ciconiæ.
Bartholini Act. Hafniens. Vol. 5. p. 247—249.
Güntherus Christophorus SCHELHAMMER.
Ciconiæ anatome.
Ephem. Ac. Nat. Cur. Dec. 2. Ann 6. p. 206—208.

Johannes Adamus LIMPRECHT.
  Ciconiæ anatome.
    Ephem. Ac. Nat. Cur. Cent. 5 & 6. p. 209—212.

162. *Ardea major.*

Johannes DE MURALTO.
  Anatome Ardeæ.
    Ephem. Ac. Nat. Cur. Dec. 2. Ann. 5. p. 270, 271.
    ——————— Valentini Amphith. zootom. Pars 2. p. 47, 48.

163. *Ardea stellaris.*

Johannes DE MURALTO.
  Ardea stellaris ex·minata.
    Ephem. Ac. Nat. Cur. Dec. 2. Ann. 2. p. 60, 61.
    ——————— Valentini Amphith. zootom. Pars 2. p. 48, 49.
Michaël Bernhardus VALENTINI.
  Anatome Ardeæ stellaris.
    Act. Acad. Nat. Curios. Vol. 1. p. 283, 284.

164. *Monographiæ Anatomicæ Gallinarum.*

Struthio Camelus.

Edward BROWN.
  An account of the dissection of an Oestridge.
    Hooke's philosophical Collections, n. 5. p. 147—152.
John RANBY.
  Some observations made in an Ostrich.
    Philosoph. Transact. Vol. 33. n. 386. p. 223—227.
                                  36. n. 413. p. 275, 276.
George WARREN.
  Observations upon the dissection of an Ostrich. ibid.
    Vol. 34. n. 394. p. 113—117.
Antonio VALLISNERI.
  Notomia dello Struzzo.
    in ejus Opere, Tomo 1. p. 239—254.

165. *Pavo cristatus.*

Caspar BARTHOLINUS.
  Pavonis anatome.
    Bartholini Act. Hafniens. 1673. p. 288, 289.
    ——————— Valentini Amphith. zootom. Pars 2. p. 66.

166. *Tetrao Urogallus.*

John RAY.
Observatio anatomica in Gallina montana.
Philosoph. Transact. Vol. 25. n. 307. p. 2303.

167. *Monographiæ Anatomicæ Passerum.*

Columba Oenas.

Olaus BORRICHIUS.
Anatome Columbæ.
Bartholini Act. Hafniens. 1671. p. 185—188.
————— Valentini Amphith. zootom. Pars 2. p. 67.

168. *De Amphibiis Scriptores Physici.*

Georgius SEGER.
De Serpentum vernatione, ovorum exclusione, et anato-
mia.
Ephem. Ac. Nat. Cur. Dec. 1. Ann. 1. p. 15—17.
David Erskine BAKER.
A letter concerning the property of Water Efts in slip-
ping off their skins as Serpents do.
Philosoph. Transact. Vol. 44. n. 483. p. 529—534.
Michel TROJA.
Sur la structure singuliere du Tibia et du Cubitus des
Grenouilles et des Crapauds, avec quelques experiences
sur la reproduction des os dans les mêmes animaux.
Mem. etrangers de l'Acad. des Sc. de Paris, Tome 9.
p. 768—780.
Heinrich SANDER.
Beiträge zur anatomie der Amphibien.
in seine kleine Schriften, 1 Band, p. 216—224.
Robertus TOWNSON.
Observationes physiologicæ de Amphibiis. Pars 1. de Re-
spiratione.
Pagg. 26. tab. ænea 1.   Goettingæ, 1794. 4.
Partis 1. de Respiratione continuatio, accedit Partis 2.
de Absorptione fragmentum.
Pagg. 42. tabb. 3.   1795.

169. *Monographiæ Anatomicæ Amphibiorum.*

Testudines variæ.

Giovanni CALDESI.
Osservazioni anatomiche intorno alle Tartarughe marit-
time, d'acqua dolce, e terrestri.
    Pagg. 91. tabb. æneæ 9.   Firenze, 1687. 4.
———— Germanice versæ, absque figuris, continentur
in Schneider's Naturgeschichte der Schildkröten, vide
supra pag. 154.
Jean Henri MERCK.
Tête de la Tortue franche des Indes, de mon cabinet. J.
    F. Gout del. et sculp. 1785.
    Tab. ænea, long. 12 unc. lat. 8 unc.

170. *Rana temporaria.*

Carolus Augustus A BERGEN.
Observationes de Ranarum anatome.
    Commerc. literar. Norimb. 1738. p. 131, 132.

171. *Lacerta Crocodilus.*

Ludovicus VON HAMMEN.
Epistola de Crocodilo Gedani dissecto. impr. cum ejus
de Herniis Dissertationis editione tertia; p. 105—107.
                  Lugduni Bat. 1681. 12.

172. *Lacerta gangetica.*

Tête du Crocodile à long bec, qui ne se trouve qu'aux
bords du Ganges. *P.* CAMPER del. J. F. Gout sc.
1785.
    Tab. ænea, long. 12 unc. lat. 8. unc.

173. *Lacerta Salamandra.*

Oligerus JACOBÆUS.
Anatome Salamandræ.
    Bartholini Act. Hafniens. Vol. 4. p. 5—9.

174. *Crotalus quidam.*

Edward TYSON.
    Vipera caudisona americana, or the anatomy of a Rattle-
    snake.
    Philosoph. Transact. Vol. 13. n. 144. p. 25—58.
    ————: Viperæ caudisonæ anatomia.
    Act. Eruditor. Lips. 1684. p. 138—149.
John BARTRAM.
    A letter concerning a cluster of small teeth observed at
    the root of each fang in the head of a Rattle-snake.
    Philosoph. Transact. Vol. 41. n. 456. p. 358, 359.

175. *Anatome Piscium.*

Augustus Quirinus RIVINUS.
    Observatio circa poros in Piscium cute notandos.
    Act. Eruditor. Lips. 1687. p. 160—162.
Charles PRESTON.
    A general idea of the structure of the internal parts of
    Fish.
    Philosoph. Transact. Vol. 19. n. 225. p. 419—424.
Guichard Joseph DUVERNEY.
    Memoire sur la circulation du sang des Poissons qui ont
    des oüyes, et sur leur respiration.
    Mem. de l'Acad. des Sc. de Paris, 1701. p. 224—239.
    ———— dans ses Oeuvres anatomiques, Tome 2, p. 496
    —510.
    ———— in Walbaumii Artedi renovato, Part. 2. p. 167
    —183.
Johannes Ernestus HEBENSTREIT.
    Programma de organis Piscium externis.
    Pagg. 20.   Lipsiæ, 1733. 4.
Jacobus Theodorus KLEIN.
    Historiæ Piscium naturalis promovendæ Missus 1. de La-
    pillis eorumque numero in craniis Piscium, cum præ-
    fatione de Piscium auditu; accesserunt anatome Tur-
    sionum, et observata in capite Rajæ.
    Pagg. 35. tabb. æneæ 6.   Gedani, 1740. 4.
    Mantissa ichthyologica, de sono et auditu Piscium.
    Pagg. 30.   Lipsiæ, 1746. 4.
    ————: Dass Fische weder stumm noch taub sind.
    Abhandl. der Naturf. Gesellsch. in Danzig, 1 Theil,
    p. 106—143.

Felix VICQ-D'AZYR.

Memoires pour servir à l'histoire anatomique des Poissons.

Mem. etrangers de l'Acad. des Sc. de Paris, Tome 7.
p. 18—36, & p. 233—262.

Markus Elieser BLOCH.

Von den vermeinten doppelten zeugunsgliedern der Rochen und Haye.

Schr. der Berlin. Ges. Naturf. Fr. 6 Band, p. 377—393.

————— Seorsim etiam adest pagg. 16. tab. ænea 1.

Von den vermeinten männlichen gliedern des Dornhayes.

Beob. der Berlin. Ges. Naturf. Fr. 2 Band, p. 9—15.

————— Seorsim etiam adest, auctior, pagg. 9. tab. æn. 1.

Alexander MONRO.

The structure and physiology of Fishes explained, and
compared with those of man and other animals.

Pagg. 128. tabb. æneæ 44.   Edinburgh, 1785.   fol.

P. M. Auguste BROUSSONET.

Observations sur les vaisseaux spermatiques des Poissons
epineux.

Mem. de l'Acad. des Sc. de Paris, 1785. p. 170—173.

Observations sur les ecailles de plusieurs especes de Poissons, qu'on croit communement depourvues de ces
parties.

Journal de Physique, Tome 31. p. 12—19.

Johann Gottlob SCHNEIDER.

Anatomia et Physiologia Piscium, ex Aristotele aliisque
collecta. in ejus Historia piscium naturali et literaria,
p. 179—213.

De Corde, Branchiis et Respiratione Piscium observationes
Aristotelis et veterum scriptorum collectæ. ibid. p.
214—226.

De Respiratione Piscium, vasis sanguineis, odoratu et
partibus genitalibus. ib. p. 271—294.

De Nervis Piscium, atque Oculis. ib. p. 294—308.

De Squammarum natura, forma, diversitate et usu. ib.
p. 308—314.

De Sevo Piscium. ib. p. 314—316.

De Ossibus capitis Piscium, et ductibus muciferis. ib. p.
340—342.

176. *Vesica aërea.*

A. J.

A conjecture concerning the Bladders of air that are found

in fishes, illustrated by an experiment suggested by R. Boyle.

Philosoph. Transact. Vol. 10. n. 114. p. 310, 311.

John RAY.

A letter about the swimming bladders in fishes. ibid. n. 115. p. 349—351.

Joh. Christ. Polykarp ERXLEBEN.

Ueber den nuzen der Schwimmblase bey den fischen.

in seine physikalisch-chemische Abhandlungen, p. 343 —347·

177. *Monographiæ Anatomicæ Piscium Apodum.*

Muræna Anguilla.

Oligerus JACOBÆUS.

De Anguilla.

Bartholini Act. Hafniens. Vol. 5. p. 261, 262.

178. *Muræna Siren.*

John HUNTER.

Anatomical description of an amphibious bipes.

Philosoph. Transact. Vol. 56. p. 307—310.

179. *Xiphias Gladius.*

Philippus Jacobus HARTMANN.

Descriptio anatomico-physica Xiphiæ s. Gladii piscis.

Ephem. Ac. Nat. Cur. Dec. 3. Ann. 2. App. p. 1—22.

Johannes Julius WALBAUM.

Anatomia Xiphiæ. in ejus Artedi renovato, Parte 2. p. 146—155.

180. *Monographiæ Anatomicæ Piscium Abdominalium.*

Esox Belone.

Olaus BORRICHIUS.

Aci marini anatome.

Bartholini Act. Hafniens. 1673. p. 149—151.

———— Valentini Amphith. zootom. Pars 2. p. 119, 120.

181. *Monographiæ Anatomicæ Piscium Branchio-stegorum.*

Syngnathus Hippocampus.

VILLENEUVE.
Von den ohren des Seepferdes. (e Mercure de France, Juin 1756.)
Hamburg. Magaz. 24 Band, p. 598—604.

182. *Lophius piscatorius.*

Emanuel KÖNIG.
De Ranæ piscatricis anatome.
Ephem. Ac. Nat. Cur. Dec. 3. Ann. 2. p. 204—207.
——— Valentini Amphith. zootom. Pars 2. p. 134, 135.

183. *Monographiæ Anatomicæ Piscium Chondro-pterygiorum.*

Accipenser ruthenus et *Huso.*

Josephus Theophilus KOELREUTER.
Observationes splanchnologicæ ad Accipenseris rutheni & Husonis Linn. anatomen spectantes.
Nov. Comm. Acad. Petropol. Tom. 16. p. 511—524.
17. p. 521—539.

184. *Squali varii.*

Nicolaus STENONIS.
Canis Carchariæ dissectum caput.
Historia dissecti piscis ex Canum genere.
impr. cum ejus Specimine Myologiæ; p. 90—147.
Amstelodami, 1669. 8.

LAMORIER.
Sur un organe particulier du Chien de mer.
Hist. de l'Acad. des Sc. de Paris, 1742. p. 32, 33.

Jacobus Theodorus KLEIN.
De lapide Tiburonis. impr. cum ejus Missu 2. Historiæ piscium naturalis; p. 34—38.

185. *Squalus Centrina.*

Oligerus JACOBÆUS.
Anatome piscis Centrines.
Bartholini Act. Hafniens. Vol. 5. p. 251—253.

186. *Raja Torpedo.*

Stefano LORENZINI.
Osservazioni intorno alle Torpedini.
Pagg. 136. tabb æneæ 5.   Firenze, 1678. 4.
————— : Observations on the dissections of the Cramp-
fish, done into english by J. Davis.
Pagg. 75. tabb. æneæ 5.   London, 1705. 4.
Oligerus JACOBÆUS.
Anatome piscis Torpedinis.
Bartholini Act. Hafniens. Vol. 5. p. 253—259.

187. *Raja quædam.*

Nicolaus STENONIS.
De Rajæ anatome epistola. impr. cum ejus de musculis
et glandulis Observationibus ; p. 48—70.
Hatniæ, 1664. 4.

188. *Petromyzon fluviatilis.*

Oligerus JACOBÆUS.
De Lampetra ejusque pulmonibus.
Bartholini Act. Hafniens. Vol. 5. p. 259, 260.
Wilhelmus Huldericus WALDSCHMID.
Lampetræ fluviatilis anatome.
Ephem. Ac. Nat. Cur. Dec. 3. Ann. 5 & 6. p. 545—547.
————— Valentini Amphith. zootom. Pars 2. p. 131.

189. *Anatome Insectorum.*

PUGET.
Observations sur la structure des yeux de divers insectes,
et sur la trompe des Papillons.
Pagg. 157; tabb. æneæ 3.   Lion, 1706. 8.
Carl DE GEER.
Några anmarkningar öfver Fjärillarne i gemen.
Vetensk. Acad. Handling. 1748. p. 212—230.

———— : Generaliora quædam circa Insecta.
Analect. Transalpin. Tom. 2. p. 95—104.
Charles BONNET.
Sur une nouvelle partie, commune à plusieurs especes de
Chenilles. Mem. etrangers de l'Acad. des Sc. de Paris,
Tome 2. p. 44—52.
———— dans ses Oeuvres, Tome 2. p. 3—16.
Jacob Christian SCHÆFFER.
Neuentdeckte theile an Raupen und Zweyfaltern.
in seine Abhandl. von Insecten, 1 Band, p. 57—112.
Moses HARRIS.
An essay, wherein are considered the Tendons and Mem-
branes of the wings of Butterflies. in english and
french.
Pagg. 12. tabb. æneæ color. 7. London, (1767). 4.
Esprit GIORNA.
Account of a singular conformation in the Wings of
some species of Moths. (in french.)
Transact. of the Linnean Soc. Vol. 1. p. 135—146.
Job BASTER.
Over het gebruik der Sprieten by de insecten. Verhand.
van de Maatsch. te Haarlem, 12 Deel, p. 147—188.
Christianus Fridericus LUDWIG.
Diatribe de Antennis.
Pagg. 22. Lipsiæ, 1778. 8.
POIRET.
Dissertation sur la sensibilité des insectes.
Journal de Physique, Tome 25. p. 336—344.
———— Ueber die empfindlichkeit der insekten.
Lichtenberg's Magaz. 3 Band. 2 Stück, p. 44—54.
Guillaume Antoine OLIVIER.
Memoire sur les parties de la bouche des insectes.
Journal de Physique, Tome 32. p. 462—474.
———— : Sulle parti della bocca degl' insetti.
Opuscoli scelti, Tomo 11. p. 422—429.
Gabriel BONSDORFF.
Dissertationes: Differentiæ Capitis insectorum precipuæ,
exemplis illustratæ. Resp. Ulr. Pryss.
Pagg. 31. Aboæ, 1789. 4.
Organa insectorum Sensoria generatim, Oculorumque fa-
brica et differentiæ speciatim. Resp. Abr. Sevon.
Pagg. 14. ib. 1789. 4.
Fabrica, usus et differentiæ Antennarum in insectis.
Resp. Ol. Bernh. Rosenström.
Pagg. 48. ib. 1790. 4.

Fabrica, usus et differentiæ Palporum in insectis. Partic. 1.
   Resp. Joh. Ahlman. Pagg. 16.
   Partic. 2. Resp. Sv. Björklund. Pagg. 17—32.
   Partic. 3. Resp. Dav. Joh. Monselius. Pag. 33—48.
   Partic. 4. Resp. Joh. Lund. Pag. 49—64.
                                          Aboæ, 1792. 4.
Ranieri GERBI.
   Sul modo con cui produconsi dagl' insetti le Galle.
   Opuscoli scelti, Tomo 18. p. 96—111.

190. *Monographiæ Anatomicæ Insectorum.*

Gryllus Gryllotalpa.

Oligerus JACOBÆUS.
   Anatome Gryllotalpæ.
   Bartholini Act. Hafniens. Vol. 4. p. 9—13.

191. *Gryllus quidam.*

Gabriel BRUNELLI.
   De Locustarum anatome.
   Comment. Instituti Bonon. Tom. 7. p. 198—206.

192. *Phalæna Bombyx Cossus.*

Pierre LYONET.
   Traité anatomique de la Chenille, qui ronge le bois de
   Saule.
   Pagg. 616. tabb. æneæ 18.   la Haye, 1762. 4.

193. *De Vermibus Scriptores Physici.*

François David HERISSANT.
   Eclaircissemens sur l'organisation jusqu'ici inconnue
      d'une quantité considerable de productions animales,
      principalement de Coquilles des animaux.
   Mem. de l'Acad. des Sc. de Paris, 1766. p. 508—540.
DICQUEMARE.
   Memoire sur la sensibilité par rapport à la maniere d'être
      de quelques animaux singuliers, et particulierement des
      Anemones de mer.
   Journal de Physique, Tome 11. p. 318—325.
   Sur les premiers et les derniers termes apperçus de l'ani-
      malité.   ibid. Tome 22. p. 226—229.

Memoire sur l'organisation des parties par lesquelles certaines Mollusques s'attachent et saisissent leur proie.
ibid. Tome 25. p. 70—74.
Giuseppe OLIVI.
Osservazioni sopra la squisitezza del senso del tatto di alcuni vermi marini.
Mem. della Società Italiana, Tomo 7. p. 478—481.

194. *Anatome Vermium Intestinalium.*

Jacobus Theodorus KLEIN.
Anatomical description of worms, found in the kidneys of
Wolves.
Philosoph. Transact. Vol. 36. n. 413. p. 269—275.
Anthony CARLISLE.
Observations upon the structure and oeconomy of those
intestinal worms called Tæniæ.
Transact. of the Linnean Soc. Vol. 2. p. 247—262.
Everard HOME.
The Croonian lecture on muscular motion. (Of the struc-
ture, and actions, of the animals called Hydatids.)
Philosoph. Transact. 1795. p. 203—207.

195. *Monographiæ Anatomicæ Intestinorum.*

Lumbricus terrestris.

Joannes Andreas MURRAY.
Observationes de Lumbricorum setis.
impr. cum ejus de Vermibus in Lepra obviis; p. 63—
76. tab. 2. (vide supra pag. 360.)
———— in ejus Opusculis, Vol. 2. p. 401—412.
Johann Ernst WICHMANN.
Vom gürtel des Regenwurms. Beschäft. der Berlin. Ges.
Naturf. Fr. 3 Band, p. 231—240.

196. *Hirudines variæ.*

François POUPART.
The anatomical history of the Leech. (from the Journal
des Sçavans.)
Philosoph. Transact. Vol. 19. n. 233. p. 722—726.

Sauveur MORAND.

Observations sur l'anatomie de la Sangsue.

Mem. de l'Acad. des Sc. de Paris, 1739. p. 189—196.

Franciscus BIBIENA.

De Hirudine sermones quinque.

Comment. Instituti Bonon. Tom. 7. p. 55—105.

197. *Monographiæ Anatomicæ Molluscorum.*

Sepia Loligo.

LAMORIER.

Anatomie de la Seche, et principalement des organes avec lesquels elle lance sa liqueur noire.

Mem. de la Soc. de Montpellier, Tome 1. p. 293—300.

————— : Zergliederung des Blackfisches, und vornehmlich derer werkzeuge, wodurch er seinen schwarzen liquor von sich sprizet.

Neu. Hamburg. Magaz. 26 Stuck, p. 114—124.

LE CAT.

Abhandlung von dem Blackfische. ibid. p. 146—151. (e gallico, in Journal des Sçavans.)

Alexander MONRO.

Anatomy of the Sepia Loligo.

in his Physiology of Fishes, p. 62—65. tab. 41, 42.

198. *Medusa quædam.*

Antonius DE HEIDE.

Urticæ marinæ, quibusdam Holothurii, anatome. in ejus Experimentis, p. 42—46.

Amstelodami, 1686. 8.

————— Valentini Amphith. zootom. Pars 2. p. 168, 169.

199. *Asterias violacea.*

David KADE.

Stellæ marinæ Holsaticæ anatome. impr. cum Linckio de Stellis marinis; p. 97—102.

200. *Echinus esculentus.*

Alexander MONRO.

Anatomy of the Echinus marinus.

in his Physiology of Fishes, p. 66—71. tab. 43, 44.

201. *De Testaceis Scriptores Physici.*

Rene Antoine Ferchault DE REAUMUR.
De la formation et de l'accroissement des Coquilles des
animaux, tant terrestres qu'aquatiques, soit de mer soit
de riviere.
Mem. de l'Acad. des Sc. de Paris, 1709. p. 364—400.
Des differentes manieres dont plusieurs especes d'animaux
de mer s'attachent au sable, aux pierres, et les uns aux
autres. ibid. 1711. p. 109—136.
Eclaircissements de quelques difficultés sur la formation et
l'accroissement des Coquilles. ibid. 1716. p. 303—
311.
Joannes Theophilus MICHAELIS.
Crustaceum in Testaceo, sive Cancellus intra substantiam
Conchæ margaritiferæ delitescens.
Act. Acad. Nat. Curios. Vol. 5. p. 82—86.
Peter COLLINSON.
Some Observations on the hardness of Shells.
Philosoph. Transact. Vol. 43. n. 472. p. 37—39.
Jacobus Theodorus KLEIN.
Lucubratiuncula de formatione, cremento et coloribus
Testarum, quæ sunt Cochlidum et Concharum. impr.
cum ejus Methodo Ostracologica.
Pagg. 44.   Lugduni Bat. 1753. 4.
——————: Vom bau, dem wachsthum und der schilde-
rung der Schneckenschaalen. Abhandl. der Naturf.
Gesellsch. in Danzig, 2 Theil, p. 1—68.
Joan Daniel DENSO.
Vom wachsthume der Muscheln.
in sein. Physikal. Bibliothek, 1 Band, p. 499—523.
ANON.
Von der art, wie die schalen und farben der Schnecken
entstehen. (ex anglico, in Universal Magazine.)
Berlin. Sammlung. 1 Band, p. 349—360.
Benjamin CARRARD.
Doutes ou difficultés sur la formation des Coquilles, et
moyens de les lever. Verhand. van de Maatsch. te
Haarlem, 15 Deel, p. 368—390.
ANON.
Ueber die struktur der Schnecken und Muschelschalen.
(ex anglico in Gentleman's Magazine.)
Schröters Journal, 1 Band. 4 Stück, p. 291—295.

Johann Ernst Immanuel WALCH.
Abhandlung vom wachsthum und den farben der Konchy-
lienschalen.   Beschäft. der Berlin. Ges. Naturf. Fr. 1
Band, p. 230—266.
Anmerkungen zu diesen aufsaz, von *O. F.* MÜLLER.
Schriften derselb. Geselsch. 2 Band, p. 116—124.
Johann Hieronymus CHEMNITZ.
Vom wachsthume der steinschalichten thiere, oder der
Conchylien.
Naturforscher, 25 Stück, p. 131—136.
Jean Guillaume BRUGUIERE.
Sur la formation de la coquille des Porcelaines, et sur la
faculté qu'ont leurs animaux de s'en detacher, et de les
quitter à des differentes epoques.
Journal d'Hist. Nat. Tome 1. p. 307—315, & p. 321
—334.
Giuseppe BONVICINI.
Lettera al Sig. Prof. Michele Girardi.
Mem. della Società Italiana, Tomo 7. p. 291—299.

2 0 2. *Anatome Testaceorum.*

Martinus LISTER.
Exercitatio anatomica de Cochleis, maxime terrestribus et
Limacibus.
Pagg. 208. tabb. æneæ 7.   Londini, 1694.   8.
Exerc. anat. altera de Buccinis fluviatilibus et marinis.
ib. 1695.   8.
Pagg. 267. tabb. æneæ 5 ; præter librum de variolis,
non hujus loci.
Exerc. anat. tertia Conchyliorum bivalvium utriusque
aquæ.   ib. 1696.   4.
Pagg. xliij et 173. tabb. æneæ 9 ; præter dissertationem
de Calculo humano, non nostri scopi.
(Tabulæ æneæ horum tractatuum eædem sunt ac ta-
bulæ anatomicæ Historiæ ejus Conchyliorum, vide
supra pag. 314.)
Johann Hieronymus CHEMNITZ.
Von dem innern wunderbau mancher Schnecken.
Naturforscher, 9 Stück, p. 183—187.
Om nogle ved Conchyliernes afslibning giorte iagttagelser og nye opdagelser.   Danske Vidensk. Selsk. Skrift.
nye Saml. 2 Deel, p. 226—239.

Johann Samuel SCHRÖTER.
Ueber den innern bau der See-und einiger ausländischen Erd-und Flusfschnecken.
                           Frankfurt am Mayn, 1783. 4.
  Pagg. 164. tabb. æneæ 5.

203. *Opercula.*

Johann Samuel SCHRÖTER.
Abhandlung von den Schneckendeckeln, vorzüglich von den deckeln der Seeschnecken.
  in sein. Journal, 5 Band, p. 357—488.
Johann Hieronymus CHEMNITZ.
Om laage, dækseler eller Operculis, hvormed Conchylier pleje at lukke for deres skalboliger. Danske Vidensk. Selsk. Skrift. nye Saml. 3 Deel, p. 449—452.

204. *Monographiæ Anatomicæ Testaceorum.*

Ostrea maxima.

Martin LISTER.
Anatome Pectinis.
  Philosoph. Transact. Vol. 19. n. 229. p. 567—570.

205. *Mytilus edulis.*

Antonius DE HEIDE.
Anatome Mytuli.   Amstelodami, 1684. 8.
  Pagg. 48. tabb. æneæ 8; præter Observationes medicas, de quibus Tomo 1.
  ——————— Valentini Amphith. zootom. Pars 2. p. 158—167.

206. *Bulla lignaria.*

George HUMPHREY.
Account of the Gizzard of the shell called by Linnæus Bulla lignaria.
  Transact. of the Linnean Soc. Vol. 2. p. 15—18.

207. *Patella vulgata.*

G. Cuvier.
De la Patelle commune.
Journal d'Hist. Nat. Tome 2. p. 81—95.

208. *De Zoophytis Scriptores Physici.*

Joseph Pitton Tournefort.
Observations sur les plantes qui naissent dans le fond de
la mer.
Mem. de l'Acad. des Sc. de Paris, 1700. p. 27—38.
Nicolas Venette.
Dissertation sur le Coral. dans son Traité des pierres,
p. 154—162.   Amsterdam, 1701. 12.
Etienne François Geoffroy.
Observatioas sur les analyses du Corail, et de quelques
autres plantes pierreuses, faites par M. le Comte Mar-
sigli.
Mem. de l'Acad. des Sc. de Paris, 1708. p. 102—105.
René Antoine Ferchàult de Reaumur.
Observations sur la formation du Corail, et des autres pro-
ductions appellées plantes pierreuses.
Mem. de l'Acad. des Sc. de Paris, 1727. p. 269—281.
Christianus Gottlieb Ludwig.
Dissertatio de vegetatione plantarum marinarum. Resp.
Mich. Morgenbesser.
Pagg. 32. tab. ænea 1.   Lipsiæ, 1736. 4.
Christophorus Jacobus Trew.
Observationes ad Ludwigii Dissertationem. Commerc.
litterar. Norimberg. 1736. p. 279, 280, & p. 305—309.
Bernard de Jussieu.
Examen de quelques productions marines, qui ont eté
mises au nombre des plantes, et qui sont l'ouvrage
d'une sorte d'insectes de mer.
Mem. de l'Acad. des Sc. de Paris, 1742. p. 290—302.
Carolus Linnæus.
Dissertationis de Coralliis Balticis, Resp. Henr. Fougt,
Caput prius, de Coralliis in genere, p. 1—14.
Upsaliæ, 1745. 4.
———— Amoenitat. Acad. Vol. 1.
Edit. Holm. p. 75—87.
Edit. Lugd. Bat. p. 178—189.
Edit. Erlang. p. 75—87.

——————— Select. ex Am. Acad. Dissert. p. 156—169.
——————— : Essay on Corals, translated by F. J. Brand;
in his select Dissertations, p. 457—480.
Dissertatio: Animalia composita. Resp. Alb. Back.
Pagg. 9.   Upsaliæ, 1759. 4.
——————— Amoenitat. Academ. Vol. 5. p. 343—352.
John Andrew PEYSSONEL.
An account of his Traité du Çorail, presented in manu-
script to the Royal Society, is in the Philosoph. Trans-
act. Vol. 47. p. 445—469.
——————— : Traduction d'un article des Transactions phi-
losophiques, sur le Corail.   Londres, 1756. 12.
Pagg. 79; præter alia, non hujus loci.
New observations upon the Worms that form Sponges.
Philosoph. Transact. Vol. 50. p. 590—594.
——————— : Nieuwe ontdekkingen omtrent de Wormen die
in de Sponsen huisvesten.
Uitgezogte Verhandelingen, 4 Deel, p. 627—632.
James PARSONS.
A letter concerning the formation of Corals, Corallines, &c.
Philosoph. Transact. Vol. 47. p. 505—513.
Job BASTER.
Observationes de Corallinis, iisque insidentibus Polypis,
aliisque animalculis marinis. ibid. Vol. 50. p. 258—
280.
John ELLIS.
Remarks on Dr. Baster's Observationes de Corallinis.
ibid. p. 280—287.
Job BASTER.
Dissertatio de Zoophytis. ibid. Vol. 52. p. 108—118.
Jacobus Theodorus KLEIN.
Dubia circa plantarum marinarum fabricam vermiculo-
sam.
Pagg. 51. tabb. æneæ 3.   Petropoli, 1760. 4.
John ELLIS.
On the nature and formation of Sponges.
Philosoph. Transact. Vol. 55. p. 280—289.
——————— : Von der natur und bildung der Schwämme.
Neu. Hamburg. Magaz. 16 Stück, p. 324—337.
On the animal nature of the genus of zoophytes called Co-
rallina.
Philosoph. Transact. Vol. 57. p. 404—427.
——————— : Ueber die thierische natur des genus von zoo-
phyten, die man Corallen nennt.
Neu. Hamburg. Magaz. 44 Stück, p. 125—151.

On the nature of the Gorgonia, that it is a real marine
animal, and not of a mixed nature, between animal and
vegetable.

Philosoph. Transact. Vol. 66. p. 1—17.

Rocco Bovi.

Dissertazione, italiana e francese, sopra la produzione de'
Coralli, e riflessioni critiche sopra i Polipi, creduti cos-
truttori dei medesimi coralli.

Pagg. 98.   Firenze, 1769. 8.

Philippus Ludovicus Statius Müller.

Dubia Coralliorum origini animali opposita. Programma.

Pagg. xxxii.   Erlangæ, 1770. 4.

Excerpta germanice, cum observationibus, in Berlin.

Sammlung. 4 Band, p. 21—56.

Pieter Boddaert.

Brief aan den schryver der bedenkingen over den dierly-
ken oorsprong der Koraalgewassen.

Pagg. 57.   Utrecht, 1771. 8.

Jean Etienne Guettard.

Des differentes opinions que les naturalistes ont eues sur
la nature du Corail, des Madrepores et des autres corps
de cette classe.

dans ses Memoires, Tome 2. p. 28—99.

Sur les Coralines. ibid. Tome 4. p. 440—456.

Leendert Bomme.

Waarnemingen omtrent de gesteldheid en groeijing der
Zee-polypen. Verhand. van het Genootsch. te Vlissingen, 2 Deel, p. 277—302.

Johann Albert Hinrich Reimarus.

Von der natur und den eigenschaften der Pflanzenthiere; gedr. mit H. S. Reimari Betracht. über die besondern arten der thierischen kunsttriebe; p. 113—
232.   Hamburg, 1773. 8.

Chevalier de Servieres.

Observations sur une Madrepore attaché sur une anse
d'une Urne antique.

Journal de Physique, Tome 9. p. 36—38.

Durande.

Sur la Coralline articulée des boutiques.

Mem. de l'Acad. de Dijon, 1783. 2 Semestre, p. 173—
194

Johann Friedrich Hermann.

Etwas über die Korallen. (aus dem N. Magazin für Frauen-
zimmer.)   Strasburg, (1788.) 8.

Pagg. 38. tabb. æneæ 2, quarum altera color.

[495]

209. *De Polypis Scriptores Physici.*

René Antoine Ferchault DE REAUMUR.
Sur les Polypes. dans ses Memoires sur les Insectes, Tome 6. Preface, p. xlix—lxxvij.
——— ins deutsche übersezt von Goeze. gedr. mit seiner übersezung der Trembleyschen Abhandlungen, p. 437—468.

Johannes Fridericus GRONOVIUS.
Letter concerning a water insect, which being cut into several pieces, becomes so many perfect animals.
Philosoph. Transact. Vol. 42. n. 466. p. 218—220.

ANON.
Part of a letter from ———, occasioned by what has lately been reported concerning the insect mentioned in pag. 218. ibid. p. 227—234.
Some papers lately read before the Royal Society, concerning the Fresh-water Polypus ; viz.
Observations and experiments upon the Fresh water Polypus by M. Trembley, and
An abstract of M. Reaumur's preface (above-mentioned.) ibid. n. 467. pagg. xvij.

Martin FOLKES.
Some account of the insect called the Fresh-water Polypus. ibid. n. 469. p. 422—436.

Charles Duke OF RICHMOND, LENNOX AND AUBIGNE'
Letter to M. Folkes, Pr. R. S. ibid. n. 470. p. 510—513.

Henry BAKER.
An attempt towards a natural history of the Polype.
London, 1743. 8.
Pagg. 218 ; cum figg. l gno incisis.
Some observations on a Polype dried.
Philosoph. Transact. Vol. 42. n. 471. p. 616—619.

Abraham TREMBLEY.
Memoires pour servir à l'histoire d'un genre de Polypes d'eau douce, à bras en forme de cornes.
Pagg. 324. tabb. æneæ 13. Leide, 1744. 4.
——— : Abhandlungen zur geschichte einer Polypenart des süssen wassers mit hörnerförmigen armen, übersezt, mit zusäzen, von J. A. E. Goeze.
Quedlinburg, 1775. 8.
Pagg. 436. tabb. æneæ 13 ; præter appendices, de quibus supra et infra.

Observations sur diverses especes de Polypes d'eau douce.
impr. avec les Decouvertes faites avec le Microscope,
par T. Needham; p. 137—162.   Leide, 1747.   12.
————— : Observations upon several newly discovered
species of Fresh-water Polypi.
Philosoph. Transact. Vol. 43. n. 474. p. 169—183.
————— : Beobachtungen über verschiedene, neuerlich
entdeckte, arten von Süsswasser polypen. impr. cum
Goezii versione libri antecedentis; p. 469—491.
Observations upon several species-of insects of the Poly-
pus kind.
Philosoph. Transact. Vol. 44. Append. p. 627—565.ᵣ
————— : Anmerkungen über verschiedene arten kleine
wasserinsekten von der Polypenart.
Hamburg. Magaz. 7 Band, p. 227—260.
————— ————— impr. cum Goezii versione libri antece-
dentis; p. 491—530.
Abraham Bäck.
Berättelse om Vatn-Polypen.
Vetensk. Acad. Handling. 1746. p. 198—216.
————— : De Polypis aquæ.
Analect. Transalpin. Tom. 2. p. 25—35.
Bazin.
Lettre d'Eugene à Clarice, au sujet des animaux appellés
Polypes. impr. avec son Histoire des Insectes, Tome
2. p. 181—271.   Paris, 1747.   12.
Abraham Gotthelf Kæstner.
Von dreyerley arten bey Leipzig gefundenen Polypen.
Hamburg. Magaz. 3 Band, p. 317—327.
Jacob Christian Schæffer.
Die Armpolypen in den süssen wassern um Regensburg.
in seine Abhandl. von Insecten, 1 Band, p. 153—232.
Die grünen Armpólypen. ibid. p. 233—251.
Die Blumenpolypen der süssen wasser beschrieben, und
mit den Blumenpolypen der salzigen wasser verglichen.
Pagg. 54. tabb. æncæ color. 3.
                          Regensburg, 1755.   4.
————— in seine Abhandl. von Insecten, 1 Band, p. 331
—386.
August Johann Rösel von Rosenhof.
Die historie der Polypen der süssen wasser, und anderer
kleiner wasserinsecten hiesiges landes.
in sein. Insecten Belustigung, 3 Theil, p. 433—624.

J. F. O.
Von den Polypen, welche in Holstein zum erstenmale
gefunden worden sind.
Hamburg. Magaz. 16 Band, p. 486—499.
DEROME DELISLE.
Lettre sur les Polypes d'eau-douce.
Pagg. 57.   Paris, 1766. 12.
————: Von den Polypen im süssen wasser, ein send-
schreiben.
Neu. Hamburg. Magaz. 17 Stück, p. 428—453.
Johann August Ephraim GOEZE.
Prüfung der schrift des Herrn Deromé Delisle über eine
neue art, die erzeugung, die eigenschaften und verrich-
tungen der Polypen im süssen wasser zu erklären.
gedr. mit seiner übersezung der Trembleyschen Ab-
handlungen, p. 531—558.
ANON.
Von einigen in dem wasser um Greifswald gefundenen
arten von Polypen.
Berlin. Magaz. 2 Band, p. 591—601.
Einige beobachtungen von dem tode der langen Armpoly-
pen. Beschäft. der Berlin. Ges. Naturf. Fr. 1 Band,
p. 398—405.
Johann August Ephraim GOEZE.
Entdeckungsgeschichte der wahren Polypenfresser. ibid.
4 Band, p. 225—240.
ANON.
Kurze betrachtung der Armpolypen.
Neu. Hamburg. Magaz. 115 Stück, p. 3—18.
Georg Christoph LICHTENBERG.
Schreiben über die Polypen.
Götting. Magaz. 3 Jahrg. 4 Stück, p. 563—573.
T. ROTHE.
Om nogle, efter synende, sig parrende Polyper.
Naturhist. Selsk. Skrivt. 3 Bind, 1 Heft. p. 91—96.

210. *De Vermibus divisibilibus (præter Polypos.)*

Thomas LORD.
Letter concerning some Worms whose parts live after they
have been cut asunder.
Philosoph. Transact. Vol. 42. n. 470. p. 522, 523.
Charles BONNET.
Traité d'Insectologie. Seconde partie, ou observations

sur quelques especes de Vers d'eau douce, qui coupés par morceaux, deviennent autant d'animaux complets.

Paris, 1745. 8.

Pagg. 232. tabb. æneæ 4. Partem 1. vide supra pag. 246.

———— dans ses Oeuvres, Tome 1. p. 115—258.

Scipione MAFFEI.

Lettera sulla nuova scoperta del moltiplicarsi alcuni insetti con esser tagliati a pezzi. impr. cum ejus Trattato della formazione de' fulmini; p. 109—113.

Verona, 1747. 4.

Johann August Ephraim GOEZE.

Von zerschnittenen wasserwürmen, deren stücke nach einigen tagen wiederwachsen, und vollkommene thiere werden.

Naturforscher, 3 Stück, p. 28—54.

PARS III.

MEDICA.

1. *Materia Medica e Regno Animali.*

SEXTUS *Placitus Papyriensis s. Sextus Philosophus Plato-nicus.*
De medicamentis ex animalibus libellus.

Norimbergæ, 1538. 4.

Plagg. 3¼; præter Musam de valetudine conservanda, et Accorambonum de lacte, non hujus loci.

—————: De medicina animalium bestiarum, pecorum et avium, cum scholiis Gabr. Humelbergii.

Pagg. 122. 1539. 4.

————— ex recensione et cum notis Jo. Chr. Gottlieb Ackermann. Norimb. et Altorf. 1788. 8.

Pagg. 112; præter Constantinum mox sequentem, et Apulejum, de quo Tomo 3tio.

————— in Codice membranaceo, formæ quartæ, Sec. ni fallor, 13tio scripto, medica varia continente.

" Incipit liber medicine sexti placiti papiriensis. ex ani-
" malibus pecoribus et bestiis et avibus." Foll. 12.

CONSTANTINUS *Africanus.*
De Animalibus liber. impr. cum Ackermanni editione libri superioris; p. 113—124.

Caput primum hujus opusculi in codice laudato adest, præfixo titulo: " Libellum octaviani aug. de mele be-
" stiolo incipit. Rex egyptiorum octaviano aug. sa-
" lutem. Plurimis exemplis " etc. Ad calcem: " De
" mele bestiolo libellus augusto directo explicit."
Plura hic continentur, quam in libro edito.

Georgius VALLA.
De natura partium animalium. Argentinæ, 1529. 8.

Plagg. 8. Pars posterior libri ad materiam medicam in genere, et alimentariam spectat.

Joannes URSINUS.
Prosopopeia animalium aliquot, in qua multa de eorum
viribus, natura, proprietatibus præcipue ad rem me-
dicam pertinentibus, continentur; cum scholiis Jac.
Olivarii.
Pagg. 55. Viennæ, 1541. 4.
Francisco VELEZ *de Arciniega.*
Historia de los animales mas recebidos en el uso de Me-
dicina.
Pagg. 454. Madrid, 1613. 4.
Guilielmus VAN DEN BOSSCHE.
Historia Medica, in qua animalium natura, et eorum
medica utilitas tractantur. Bruxellæ, 1639. 4.
Pagg. 422; cum figg. ligno incisis.
Josephus LANZONI.
Zoologia parva s. tractatus de Animalibus.
in Operibus ejus, Tom. 1. p. 361—448.
Lausannæ, 1738. 4.
B. MANDEVILLE.
Zoologia medicinalis Hibernica, or a treatise of Birds,
Beasts, Fishes, Reptiles or Insects, giving an account
of their medicinal virtues.
London, 1744. (Dublin, 1739.) 8.
Pagg. 103; præter prognostica medica, non hujus loci.
Carolus LINNÆUS.
Dissertatio de materia medica in regno Animali. Resp.
Jon. Sidrén.
Pagg. 20. Upsaliæ, 1750. 4.
———— Holmiæ (falso), 1763. 8.
Pagg. 20; præter Mat. Med. regni Lapidei.
———— Amoenit. Acad. Vol. 2. ed. 1. p. 307—331.
ed. 2. p. 281—305.
ed. 3. p. 307—331.
———— impr. cum Mat. Med. regni Vegetabilis; p. 1
—30. Vindobonæ, 1773. 8.
———— cum eadem; p. 1—32.
Lipsiæ et Erlangæ, 1782. 8.
————: Matiere medicale tirée du regne animal. in
Dictionnaire des animaux, par de la Chenaye des Bois,
Tome 4. p. 593—608.
Franciscus DE SENGER.
Dissertatio inaug. de principiis ac viribus substantiarum
animalium medicatarum.
Pagg. 84. Viennæ, 1783. 8.

Est versio latina libelli, authore Thouvenel, præmio ab
Academia Burdigalensi 1778 coronati.

2. *Materia Medica e Mammalibus.*

Georgio Ernesto Stahl
Præside, Dissertatio de Lapide Manati. Resp. Leop.
Alb. Labach.
Plagg. 3.   Halæ, 1710.   4.
Jacobus Theodorus Klein.
De Lapide Manati. impr. cum ejus Missu 2. Historiæ
piscium naturalis; p. 33, 34.
Carolo Augusto a Bergen
Præside, Dissertatio de Dentibus, qui sub nomine Den-
tium Hippopotami in officinis veneunt. Resp. Chr.
Melch. Brücknerus.
Pagg. 23.   Francof. ad Viadr. 1747.   4.
Carolo Linnæo
Præside, Dissertatio: Ambrosiaca. Resp. Jac. Hideen.
Amoenitat. Academ. Vol. 9. p. 106—117.
Johannes Dominicus Schultze.
Dissertatio gradualis de Bile medicina.
Pagg. 54.   Goettingæ, 1775.   4.

3. *Lapis porcinus.*

Michael Bernhardus Valentini.
Disputatio de lapide porcino, vulgo Pedra del Porco.
Resp. Herm. Vogel.
Pagg. 24; cum fig. æri incisa.   Gissæ, 1699.   4.
——— Valentini Polychrest. exotic. p. 30—44.
Franciscus Ernestus Brückmann.
De lapide Hystricino Malacano, Epistola itiner. 28.
Cent. 1.
Pagg. 19. tab. ænea 1.   Wolffenbuttelæ, 1734.   4.
R. A. Behrens.
Experimenta cum lapide porcino instituta.
impr. cum epistola antecedenti; p. 20—28.
Joannes Daniel Schlichting.
De lapidis porcini famosi inertia, impostura ac vi imagi-
naria.
Nov. Act. Acad. Nat. Cur. Tom. 1. p. 339—343.

4. *Castoreum.*

Augustino Henrico FASCHIO
  Præside, Dissertatio: Castoreum. Resp. Joh. Ern.
    Krausoldt. Plagg. 6.   Jenæ, 1677. 4.
Justo VESTI
  Præside, Dissertatio de Castoreo. Resp. Joh. Godofr.
    Tietzmannus. Pagg. 20.   Erfordiæ, 1701. 4.
Simone Paulo HILSCHERO
  Præside, Dissertatio de Castorii natura et genuino in
    praxi medica usu. Resp. Arn. Tilemann dictus Schenck.
    Pagg. 36.   Jenæ, 1741. 4.

5. *Moschus.*

Salomon ALBERTUS.
  De Moschi natura et efficacitate, secunda inter ejus Ora-
    tiones tres, sign. C 2—E 3.   Norimbergæ, 1585. 8.
Johanne Theodoro SCHENCKIO
  Præside, Exercitatio de Moscho. Resp. Luc. Schroeckius.
    Pagg. 89; cum figg. ligno incisis.   Jenæ, 1667. 4.
Joachim Bechtold WERNER.
  Dissertatio inaug. de Moscho.
    Pagg. 60.   Gottingæ, 1784. 4.
Gabriel Gottlieb REINICK.
  Dissertatio inaug. de Moscho naturali et artefacto.
    Pagg. 47.   Jenæ, 1784. 4.
Johann BECKMANN.
  Moschus, Bisam.
    in sein. Waarenkunde, 1 Band, p. 242—267.

6. *Lapis Bezoar.*

Claudius RICHARDUS.
  Bezoar lapidis descriptio.
    impr. cum Baccio de gemmis ; p. 187—196.
                                 Francofurti, 1603. 8.
Antonius DEUSINGIUS.
  Dissertatio de lapide Bezaar. impr. cum ejus Disserta-
    tione de unicornu ; p. 49—107.
                                 Groningæ, 1659. 12.
——————— in ejus Dissertation. selectis, p. 320—382.
Guernero ROLFINCIO
  Præside, Dissertatio de lapide Bezoar. Resp. Joh. Eberh.
    Schmidt. Plagg. 3₇   Jenæ, 1665. 4.

Conrado Victore SCHNEIDER
 Præside, Dissertatio : Lapis Bezoar. Resp. Gottlieb
 Becker.
 Plagg 8.   Wittebergæ, 1673. 4.
Georg Fridericus WAGNERUS.
 Discursus de Bezoar. Resp. Chph. Woschkius.
 Plagg. 2.   Regiomonti, 1683. 4.
Georgius LANGERMANN.
 Disputatio inaug. de fraudibus et erroribus circa lapidem
 Bezoar.
 Plagg 2.   Lugduni Bat. 1696. 4.
Joannes Hadrianus SLEVOGT.
 Programma de lapide Bezoar.
 Plag. 1.   Jenæ, 1698. 4.
Justo VESTI
 Præside, Dissertatio de lapide Bezoardico orientali. Resp.
 Chph. Wilh. Vesti.
 Plagg. 2.   Erfordiæ, 1707. 4.
Frederick SLARE.
 Experiments and observations upon Oriental and other
 Bezoar-stones, which prove them to be of no use in
 physick.   London, 1715. 8.
 Pagg. 47 ; præter libellum de Saccharo, de quo Tomo
 3tio.

.7. *Sperma Ceti.*

Valerius CORDUS.
 De Halosantho, seu Spermate Ceti vulgo dicto, liber, cum
 corollario Conr. Gesneri. inter libros de fossilibus ab
 hoc editis.
 Foll. 37.   Tiguri, 1565. 8.
Joachimus Georgius ELSNER.
 De natura et præparatione Spermatis Ceti.
 Ephem. Acad. Nat. Cur. Dec. 1. Ann. 1. p. 266—269.
 ———————: Of the nature and preparation of Sperma
 Ceti. Acta germanica, p. 180—182.
Michaele ETTMÜLLERO
 Præside, Dissertatio: Cerebrum Orcæ vulgari supposti-
 tia Spermatis Ceti larva develatum. Resp. Adam-
 Sigism. Scholtz.
 Plagg. 3.   Lipsiæ, 1671. 4.
Justo VESTI
 Præside, Dissertatio de Hercule medico, communiter dicto
 Spermate Ceti. Resp. Matth. Fried. Schneider.
 Pagg. 40.   Erfordiæ, 1701. 4.

Job. Sigismundo HENNINGERO
Præside, Dissertatio de Spermate Ceti. Resp. Joh. Ge.
Wilhelm.
Pagg. 22.   Argentorati, 1711. 4.

8. *Ambra.*

Justus Fidus KLOBIUS.
Ambræ historia.
Pagg. 76; cum tabb. æneis. Wittenbergæ, 1666. 4.
Jobanne CLODIO
Præside, Dissertatio Ambram odoratam sistens. Resp.
Ge. Chr. Pfeiffer.
Plagg. 2.   ibid. 1672. 4.
Henricus VOLLGNAD.
De Ambra Augustana insolentioris ponderis.
Ephem. Ac. Nat. Curios. Dec. 1. Ann. 3. p. 448, 449.
Robert BOYLE.
A letter concerning Amber greece, and its being a vege-
table production.
Philosoph. Transact. Vol. 8. n. 97. p. 6113—6115.
Michael Fridericus LOCHNERUS.
Ambræ gryseæ frustum insolitæ magnitudinis & ponderis.
Ephem. Ac. Nat. Cur. Dec. 2. Ann. 9. p. 404, 405.
Robert TREDWEY.
Part of a letter, dated Jamaica Feb. 12. 1696-7, giving an
account of a great piece of Ambergriese thrown on
that Island, with the opinion of some there about the
way of its production.
Philosoph. Transact. Vol. 19. n. 232. p. 711, 712.
Georgio Wolffgango WEDELIO
Præside, Dissertatio de Ambra. Resp. Joh. Jac. Bajer.
Pagg. 44.   Jenæ, 1698. 4.
Nicolas CHEVALIER.
Description de la piece d'Ambre gris, que la chambre
d'Amsterdam a receuë des Indes Orientales, pesant 182
livres; avec un petit traité de son origine et de sa vertu.
Pagg. 67. tabb. æneæ 5.   Amsterdam, 1700. 4.
——————: Beschryving van het stuk graauwen Amber,
dat de kamer van Amsterdam uit Oost-Indien heeft ge-
kregen; (omisso auctoris nomine.) in d'Amboinsche
rariteitkammer van Rumphius, p. 262—274.
Georgius Josephus KAMEL.
Tractatulus de Ambaro.
Philosoph. Transact. Vol. 24. n. 290. p. 1591—1596.

H. Anhalt.
 Ambram a Philosopho in cunis, ad aerem et meteora
 usque, velut in exilium, relegatam, ad avitas sedes, h. e.
 ad mineralia, jure quodam postliminii revocatam, na-
 turæ curiosis examinandam sistere voluit.
  Pagg. 40.   Neo-Ruppini, 1707. 4.
Engelbert Kæmpfer.
 Ambra vindicata.
  in ejus Amoenitat. exoticis, p. 632—638.
  ————— : Some observations concerning Ambergrease.
  printed with his History of Japan ; Append. p. 46—52.
Boylston.
 Ambergris found in Whales.
  Philosph. Transact. Vol. 33. n. 385. p. 193.
Casparus Neumann.
 De Ambra grysea.
  Philosoph. Transact. Vol. 38. n. 433. p. 344—370.
                             434. p 371—402.
                             435. p. 417—437.
 Editoris recensio experimentorum circa Ambram gryseam
  a Joh. Browne et Ambr. Godofredo Hanckewitz insti-
  tutorum, cum Neumanni experimenti sui vindicatione.
  ibid. p. 437—440.
Joannes Boswell.
 Dissertatio inaug. de Ambra.
  Pagg. 65.   Lugduni Bat. 1736. 4.
Abraham Abeleven.
 Sur l'origine de l'Ambre-gris.
  Hist. de l'Acad. de Berlin, 1763. p. 125—128.
  ————— : Vom ursprunge des grauen Ambers.
  Neu. Hamburg. Magaz. 62 Stück, p. 139—144.
Samuel Kriele.
 Analyse chymique de l'Ambre-gris des Moluques.
  Hist. de l'Acad. de Berlin, 1763. p. 129—137.
  ————— : Chymische zerlegung des grauen Ambers
  von den Molukkischen inseln.
  Neu. Hamburg. Magaz. 62 Stück, p. 145—158.
de Francheville.
 Dissertation sur l'origine de l'Ambre-gris.
  Hist. de l'Acad. de Berlin, 1764. p. 38—46.
  ————— : Von dem ursprunge des grauen Ambers.
  Neu. Hamburg. Magaz. 47 Stück, p. 418—442.
Francis Schwediauer.
 An account of Ambergrise.
  Philosoph. Transact. Vol. 73. p. 226—241.
  Tom. 2.   L l

———————: Recherches sur l'Ambre gris.
Journal de Physique, Tome 25. p. 278—287.
Jean Baptiste Louis DE ROME' DE L'ISLE.
Lettre sur les becs de Seche qui se rencontrent dans l'Am-
bre gris. ibid. p. 372—374.
Louis DONADEI.
Lettre sur l'Ambre-gris des côtes de Guyenne.
Journal de Physique, Tome 36. p. 232, 233.
Note sur l'Ambre-gris, et particulierement sur celui de
Guienne.
Journal de Fourcroy, Tome 2. p. 75—77.
* * *
On the production of Ambergris. A communication
from the Committee of Council appointed for the con-
sideration of all matters relating to trade and foreign
plantations.
Philosoph. Transact. Vol. 81. p. 43—47.
———————: Informations sur l'origine de l'Ambre-gris.
Journal de Physique, Tome 40. p. 38—40.
———————: Ueber die erzeugung des grauen Ambers.
Voigt's Magaz. 8 Band. 1 Stück, p. 77—83.
D'ANDRADA.
Remarques relatives aux recherches sur l'Ambre gris du
Docteur Svediaur.
Journal de Fourcroy, Tome 2. p. 70—75.

9. *Materia Medica ex Amphibiis.*

Johanne HERMANN
Praeside, Dissertatio: Amphibiorum virtutis medicatae
defensio inchoata. Resp. Joh. Godofr. Schneiter.
Pagg. 42.   Argentorati, 1787. 4.
Amphibiorum virtutis medicatae defensio continuata,
Scinci maxime historiam expendens. Resp. Jac. Frid.
Schweighæuser.
Pagg. 33.   ib. 1789. 4.
Ludovicus Heinricus LUTZEN.
Ophiographia, das ist eine Schlangenbeschreibung.
Pagg. 128.   Augspurg, 1670. 12.

10. *Materia Medica e Piscibus.*

Gerard Frederic MÜLLER.
Sur la colle de Poisson. Mem. etrangers de l'Acad. des
Sc. de Paris, Tome 5. p. 263—269.

CAMERA.
Notice sur l'Ichthyocolle, fournie par differentes especes
de Gadus que l'on peche au Bresil.
Journal de Fourcroy, Tome 1. p. 364—368.

11. *Materia Medica ex Insectis.*

Eberhardo ROSENBLAD
Præside, Dissertatio Entomologiam medicam sistens.
Resp. Car. Clem. Flodin.
Pagg. 18.   Lundæ, 1780. 4.
Johanne Friderico DE PRE
Præside, Disputatio tractans Millepedes, Formicas et Lum-
bricos terrestres. Resp. Joh. Andr. Reuberus.
Pagg. 17.   Erfordiæ, 1722. 4.
Joanne Henrico SCHULZE
Præside, Dissertatio de Granorum Kermes et Coccionellæ
convenientia, viribus et usu. Resp. Jo. Chph. Frid.
Berthold.
Pagg. 26.   Halæ, 1743. 4.
Ranieri GERBI.
Sull' insetto odontalgico.
Opuscoli scelti, Tomo 18. p. 94—96.

12. *Cantharides.*

Joannes Daniel GEYERUS.
Tractatus physico-medicus de Cantharidibus.
Pagg. 75.   Lipsiæ et Francof. 1687. 4.
Bernhardo ALBINO
Præside, Dissertatio de Cantharidibus. Resp. Ern. Hein-
sius. (1687.)
Pagg. 32.   recusa Francof. ad Viadr. 1694. 4.
Michael KIRCHDORFF.
Dissertatio de Cantharidibus. Resp. Joh. Fab. Goltz.
Pagg 18.   Regiomonti, 1711. 4.
Georgio Wolffgango WEDELIO
Præside, Dissertatio de Cantharidibus. Resp. Joh. Chph.
Arzwieser.
Pagg. 28.   Jenæ, 1717. 4.
Gulielmus WHITAKER.
Dissertatio inaug. de Cantharidibus.
Pagg. 14.   Lugduni Bat. 1718. 4.
Christiano Gottfried STENTZELIO
Præside, Disputatio de Cantharidibus, prosperæ adver-

sæque auctoribus valetudinis. Resp. Jo. Ge. Herr-
mannus.
> Pagg. 46. Vitembergæ, 1740. 4.

Carolus L I N N Æ U S.
Dissertatio de Meloë vesicatorio. Resp. Canut. Aug.
Lenæus.
> Pagg. 15. Upsaliæ, 1762. 4.
——————— Amoenit. Academ. Vol. 6. p. 132—147.

Christiano Friderico J Æ G E R
Præside, Dissertatio de Cantharidibus, earumque actione
et usu. Resp. Chr. Ferd. Kaiser.
> Pagg 28. Tubingæ, 1769. 4.

Rudolphus F O R S T E N.
Disquisitio medica Cantharidum historiam naturalem,
chemicam et medicam exhibens. Editio altera.
> Pagg. 240. Argentorati, 1776. 8.

Gulielmus Pusey H A L E.
Dissertatio inaug. quædam de Cantharidum natura et usu
complectens.
> Pagg. 38. Lugd. Batav. 1786. 8.

13. *Meloë majalis.*

Jacob Christian S C H Æ F F E R.
Abbildung und beschreibung des Mayenwurmkäfers, als
eines zuverlässigen hülfsmittels wider den tollen hunde-
biss.
> Pagg. 20. tab. ænea color. 1. Regensburg, 1778. 4.

Johann Christian Conrad D E H N E.
Versuch einer vollständigen abhandlung von dem May-
wurme, und dessen anwendung in der wuth und was-
serscheu. Leipzig, 1788. 8.
> 1 Theil. pagg. 338. 2 Theil. pag. 339—942.

14. *Mel.*

Joanne Friderico D E P R E
Præside, Dissertatio de quinta essentia regni vegetabilis,
sive de Melle, vom Honig. Resp. Frid. Günth. Seü-
berlich.
> Pagg. 31. Erfordiæ, 1720. 4.

15. *Cancri fluviatiles.*

Laurentio ROBERG
  Præside, Dissertatio de fluviatili Astaco, ejusque usu
  medico. Resp. Nic. Osander.
  Pagg. 32. tab. ligno incisa 1.   Upsalis, 1715. 4.
Joanne Henrico SCHULZE
  Præside, Dissertatio de Cancrorum fluviatilium usu
  medico. Resp. Sam. Deublinger.
  Pagg. 25.   Halæ, 1735. 4.

16. *Lapides Cancrorum.*

Daniel CRÜGER.
  De Oculis cancri factitiis, eorumque notis.
  Ephem. Ac. Nat. Cur. Dec. 3. Ann. 3. p. 262—264.
Johannes Georgius SOMMER.
  De Lapidibus Cancrorum veris et factitiis. ibid. p. 268
  —270.
Joannes Jacobus KIRSTEN.
  Dissertatio inaug. de Lapidibus Cancrorum.
  Pagg. 24.   Altdorfii, 1735. 4.

17. *Millepedæ.*

Georgio FRANCO
  Præside, Ονισκογραφια, h. e. Dissertatio de Asellis seu Mil-
  lepedis. Resp. Dan Birr.
  Pagg. 16.   Heidelbergæ, 1679. 4.
Philippus FRAUNDORFFER.
  Oniscographia curiosa.
  Pagg. 132.   Brunæ, 1700. 12.
Johanne Sigismundo HENNINGER
  Præside, Disputatio sistens Millepedas. Resp. Joh. Phil.
  Elvert.
  Pagg. 30.   Argentorati, 1711. 4.
Joannes Fridericus CARTHEUSER.
  Dissertatio de Millepedis.   Resp. Jo. Dan. Begero. in
  Dissertationibus ejus physico-chymico-medicis, p. 80
  —109.   Francof. ad Viadr. 1774. 8.

18. *Materia Medica e Vermibus.*

Joannes Justus Guilielmus FORCKE.
  Dissertatio inaug. de Vermibus medicatis.
    Pagg. 33.   Goettingæ, 1786. 4.
Martin LISTER.
  Answer to three queries concerning some shells used in Medicine.
    Philosoph. Transact. Vol. 17. n. 197. p. 641—645.
Michael Fridericus LOCHNER.
  Belilli indicum, cujus occasione in Tethyos mythologiam, Tethyorumque naturam inquiritur.
    Ephem. Acad. Nat. Cur Cent. 5 & 6. App. p. 161—200.
    ——— Seorsim etiam adest, pagg. 40.   4.

19. *Lumbrici terrestris.*

Olaus BROMELIUS.
  Disputatio inaug. de Lumbricis terrestribus, illorumque in medicina proprietatibus atque recto usu.
    Plag. 1.   Lugduni Bat. 1673. 4.
Christianus Franciscus PAULLINI.
  De Lumbrico terrestri schediasma.
    Pagg. 208.   Francof. et Lipsiæ, 1703. 8.
Georgio Ernesto STAHL
  Præside, Dissertatio de Lumbricis terrestribus, eorumque usu medico. Resp. Joh. Chph. Fritschius.
    Pagg. 22.   Halæ, 1718. 4.

20. *Hirudines.*

Rudolfo Wilhelmo CRAUSIO
  Præside, Dissertatio de Hirudinibus. Resp. Joh. Leop. Kamper.
    Pagg. 28.   Jenæ, 1695. 4.
Georgio Ernesto STAHL
  Præside, Dissertatio de Sanguisugarum utilitate. Resp. Joh. Jerem. Colerus. (1699.)
    Pagg. 24.   recusa Halæ, 1715. 4.
Nils GISLER.
  Om Blod-Iglars nytta uti medicin.
    Vetensk. Acad. Handling. 1758. p. 96—108.

Carolus v. L ɪ ɴ ɴ ᴇ'.
Dissertatio de Hirudine. Resp. Dan. Weser.
    Pagg. 15.   Upsaliæ, 1765.   4.
——— Amoenitat. Academ. Vol. 7. p. 42—54.

21. *Corallia officinarum.*

Martinus Fridericus Fʀɪᴇss
Dissertatio: Examen Coraliorum tincturæ. Resp. Mich.
Ettmüller.
    Plagg. 3½.   Lipsiæ, 1665.   4.
Joannes Ludovicus Gᴀɴsɪᴜs.
Coralliorum historia. Editio nova.
    Pagg. 248.   Francofurti, 1669.   12.
Christiano Vᴀᴛᴇʀᴏ
Præside, Dissertatio de Coralliorum natura, præparatis et
usibus. Resp. Gottlob Christ. Leisnerus.
    Pagg. 28.   Wittenbergæ, 1720.   4.
Hermanno Friderico Tᴇɪᴄʜᴍᴇʏᴇʀᴏ
Præside, Dissertatio de Coralliorum rubrorum tincturis.
Resp. Chr. Jacobi.
    Pagg. 24.   Jenæ, 1734.   4.
Franciscus Maria Mᴀᴢᴢᴜᴏʟɪ.
Dissertatio de Coralliorum analysi, natura et vero usu in
medicina.
    Mem. di diversi Valentuomini, Tomo 1. p. 123—158.

22. *Spongia officinalis.*

Etienne François Gᴇᴏꜰꜰʀᴏʏ.
Analyse chimique de l'Eponge de la moyenne espece.
    Mem. de l'Acad. des Sc. de Paris, 1706. p. 507, 508.

23. *Spongia fluviatilis.*

Fridericus Augustus Cᴀʀᴛʜᴇᴜsᴇʀ.
Examen chymicum plantæ cujusdam aquaticæ Badiaga
dictæ.
    Act. Acad. Mogunt. 1776. p. 58—60.

24. *Corallina officinalis.*

Joannes Georgius MODEL.

Scheikundige proeven over het gemeene Corael-mos.
Verhand. van de Maatsch. te Haarlem, 14 Deel, p. 93
—111.

——————: Versuche mit dem Korallen-moose.
Crell's Entdeck. in der Chemie, 4 Theil, p. 165—172.

BOUVIER.

Analyse de la Coralline, Corallina officinalis de Linneus.
Annales de Chimie, Tome 8. p. 308—318.

25. *Venena Animalium.*

NICANDER.

Θηριακα, græce et latine, interprete Jo. Gorræo.

    Pagg. 106.   Parisiis, 1557. 4.

———— latine cum scholiis, interprete Joh. Lonicero.

                                 Coloniæ, 1531. 4.

    Pagg. 66; præter Alexipharmaca, de quibus Tomo 1.

———— in latinum carmen redacta.

    impr. cum Grevino de Venenis; p. 276—311.

                          Antverpiæ, 1571. 4.

————: Les Theriaques, traduictes en vers François

    par Jaques Greuin. impr. cum ejus Livres des Venins.

    Pagg. 59; præter Alexipharmaca.   ibid. 1568. 4.

ANON.

Σχολια ανωνυμε τινος συγγραφεως, παλαια τε και χρησιμα, εις τα
τε Νικανδρε Θηριακα.   Parisiis, 1557. 4.

    Pagg. 50; præter Scholia in Alexipharmaca.

Dominicus BROGIANI.

    De veneno animantium naturali et acquisito tractatus.

    Pagg. 152.   Florentiæ, 1752. 4.

———— Editio secunda. Pagg. 148.   ib. 1755. 4.

Johannes Casparus WIETZEL.

    Disputatio inaug. de morsibus et puncturis animalium.

    Pagg. 40.   Argentorati, 1676. 4.

Joannes HOLLAND.

    Dissertatio inaug. de veneno ex rabidis animalibus.

    Pagg. 24.   Lugduni Bat. 1734. 4.

P. J. AMOREUX.

    Tentamen de noxa animalium.

    Pagg. 59.   Avenione, 1762. 4.

———

Richard FORSTER.

    Observations on noxious animals in *England.*

    Philosoph. Transact. Vol. 52. p. 475, 476.

————: Aanmerkingen omtrent de vergiftigheid van

    sommige dieren in Engeland.

    Uitgezogte Verhandelingen, 10 Deel, p. 360—364.

    (Morsum Anguis fragilis innocuum esse.)

Carolus Philippus LOMBARDIUS.

    Animantia venenata in *Hibernia* nec generantur, nec diu

    in illa subsistere valent.

    Ephem. Ac. Nat. Cur. Dec. 3. Ann. 3. p. 113—116.

Josephus BERTHELOT.
　　Dissertatio inaug. de venenatis *Galliæ* animalibus.
　　　　Pagg. 22. 　　　　　　　　Monspelii, 1763. 4.
Jacobo Reinboldo SPIELMANN
　　Præside, Dissertatio de animalibus nocivis *Alsatiæ.* Resp.
　　Joh. Fried. Weiler.
　　　　Pagg. 56. 　　　　　　　　Argentorati, 1768. 4.

26. *Venenum Crotali.*

HALL.
　　An account of some experiments on the effects of the
　　　poison of the Rattle-Snake.
　　　　Philosoph. Transact. Vol. 35. n. 399. p. 309—315.
John RANBY.
　　The anatomy of the poisonous apparatus of a Rattle-
　　　Snake, with an account of the effects of its poison.
　　　　ib. n. 401. p. 377—381.
Benjamin Smith BARTON.
　　An account of the most effectual means of preventing the
　　　deleterious consequences of the bite of the Crotalus
　　　horridus, or Rattle-snake.
　　　　Transact. of the Amer. Society, Vol. 3. p. 100—115.

27. *Venenum Viperæ.*

Confer Monographias Viperæ, supra pag. 165.

Joannes Baptista HODIERNA.
　　De dente viperæ virulento epistola. in M. A. Severini
　　　Vipera Pythia, p. 252—259.
Francesco REDI.
　　Osservazioni intorno alle Vipere.
　　　　Pagg. 66. 　　　　　　　　Firenze, 1686. 4.
　　———: Observationes de Viperis.
　　　　Ephem. Ac. Nat. Cur. Dec. 1. Ann. 1. App. Pagg. 34.
　　——— ——— impr. cum ejus Experimentis circa res di-
　　　versas naturales. 　Pagg. 111. Amstelod. 1675. 12.
　　——— ——— in Parte 2. Opusculorum ejus, p. 153—
　　　248. 　　　　　　　　　　　ib. 1685. 12.
　　Lettera sopra alcune opposizioni fatte alle sue osserva-
　　　zioni intorno alle Vipere.
　　　　Pagg. 31. 　　　　　　　　Firenze, 1685. 4.

————: Epistola ad aliquas oppositiones factas in suas observationes circa Viperas.

Ephem. Ac. Nat. Cur. Dec. 1. Ann. 2. p. 409—427.

———— ———— impr. cum ejus Experimentis circa res diversas naturales. Pagg. 52.

———— ———— in Parte 2. Opuscolorum ejus, p. 249—293.

————: A letter concerning some objections made upon his observations about Vipers.

printed with Charas's Experiments upon vipers.

Pagg. 36.   London, 1673. 8.

Pierre Michon BOURDELOT.

Recherches et observations sur les Viperes; reponse à une lettre qu'il a reçu de M. Redi.

Pagg. 79.   Paris, 1671. 12.

Thomas PLATT.

Letter from Florence, concerning some experiments there made upon Vipers.

Philosoph. Transact. Vol. 7. n. 87. p. 5060—5066.

Oligerus JACOBÆUS.

Serpentum et Viperarum anatome.

Bartholini Act. Hafniens. Vol. 5. p. 266—272.

Sigismundo Ruperto SULTZBERGER

Præside, Dissertatio de morsu Viperæ. Resp. Mich. Ettmüller. (1666.)

Plagg. 5.   recusa Lipsiæ, 1685. 4.

Johannes Jacobus HARDER.

De Viperarum morsu.

Ephem. Ac. Nat. Cur. Dec. 2. Ann. 4. p. 229—237.

———— in ejus Apiario, p. 95—101.

Abraham BÄCK.

Rön om Ormars bett, som äro mindre eller mer farlige.

Vetensk. Acad. Handling. 1748. p. 231—237.

Carolus LINNÆUS.

Disputatio de morsura Serpentum. Resp. Joh. Gust. Acrell.

Pagg. 19.   Upsaliæ, 1762. 4.

———— Amoenitat. Academ. Vol. 6. p. 197—216.

————: On the bite of Serpents, translated by F. J. Brand, in his select Dissertations, p. 265—308.

Felice FONTANA.

Ricerche fisiche sopra il veleno della Vipera.

Pagg. 170.   Lucca, 1767. 8.

———— Gallice versus liber, est Pars 1ma Tomi 1mi libri ejus de Venenis, de quo Tomo 1.

Bassano CARMINATI.
Saggio di osservazioni sul veleno della Vipera.
Opuscoli scelti, Tomo 1. p. 38—48.
Carl Fredric HOFFBERG.
Anmärkningar om Svenska Ormars bett.
Vetensk. Acad. Handling. 1778. p. 89—103.
Patrick RUSSELL.
To the Hon. Major General Sir Archibald Campbell,
K. B. Governor, &c. in Council.
Pagg. 8. tab. ænea 1.   (Madras, 1787.) 4.

28. *Pisces Venenati.*

Marcus Aurelius SEVERINUS.
De radio Turturis marinæ epistola.
impr. cum ejus Antiperipatia, Append. p. 67—70.
Joh. Val. WILLIUS.
De aculeo piscis Fösing.
Bartholini Act. Hafniens. Vol. 3. p. 154—156.
SONNERAT et MUNIER.
Sur quelques poissons de l'Isle de France, qui empoison-
nent ceux qui les mangent.
Journal de Physique, Tome 3. p. 227—233.
                              6. p. 76.
William ANDERSON.
An account of some poisonous fish in the South Seas.
Philosoph. Transact. Vol. 66. p. 544—552.
ANON.
A poisonous fish found near the southern coasts of Africa.
Tab. ænea, long. 6 unc. lat. 9 unc.

29. *Insecta venenata.*

Johannes Gottlob HEISE.
Dissertatio inaug. de Insectorum noxio effectu in corpus
humanum.
Pagg. 26.   Halæ, 1757. 4.
AMOREUX, *fils.*
Notices des Insectes de la France, reputes venimeux.
Pagg. 302. tabb. æneæ 2.   Paris, 1789. 8.
Friedrich Albrecht Anton MEYER.
Gemeinnüzliche naturgeschichte der giftigen Insekten.
1 Theil, pagg. 187.   Berlin, 1792. 8.

ANON.

De Insecto novo Czerkiensi, hominibus jumentisque le-
thifero.

Ephem. Ac. Nat. Cur. Dec. 1. Ann. 10. p. 427—430.

Gothofredus Samuel POLISIUS.

De Muscis Polonicis exitiosis. ibid. Dec. 2. Ann. 4. p.
98—100.

ARTHAUD.

Observations sur les effets de la piqûre de l'Araignée-crabe
des Antilles.

Journal de Physique, Tome. 30. p. 422—426.

30. *Phalæna processionea.*

BRACKENHAUSEN.

Beobachtungen bey den Processionsraupen. Abhandl.
der Hallischen Naturf. Ges. 1 Band, p. 203—216.

Heinrich SANDER.

Zur geschichte des Eichenspinners.
in seine kleine Schriften, 1 Band, p. 254—256.

31. *Mytilus edulis venenatus.*

Paulus Henricus Gerardus MOEHRING.

Mytulorum quorumdam venenum et ab eo natas papulas
cuticulares illustrat, et utriusque rationem definit.

Act. Acad. Nat. Cur. Vol. 7. App. p. 113—140.

J. B. DE BEUNIE.

Memoire sur une maladie produite par des Moules veni-
meuses.

Mem. de l'Acad. de Bruxelles, Tome 1. p. 229—245.

———— Journal de Physique, Tome 14. p. 384—392.

————: Verhandeling over eene door vergiftige Mos-
selen veroorzaakte ziekte.

Geneeskund. Jaarboeken, 4 Deel, p. 406—416.

DU RONDEAU.

Sur les effets pernicieux des Moules.

Mem. de l'Acad. de Bruxelles, Tome 2. p. 313—322.

———— Journal de Physique, Tome 21. p. 66—70.

PARS IV.

ŒCONOMICA.

1. *Zoologi Oeconomici*.

Entwurf einer oekonomischen zoologie.
 Pagg. 235.   Leipzig, 1778.   8.
Christoph Wilhelm Jacob GATTERER.
 Abhandlung vom nuzen und schaden der thiere, nebst den
  vornehmsten arten dieselben zu fangen und die schädlichen zu vermindern.
 1 Band, von Säugthieren.   Pagg. 456.
             Leipzig, 1781.   8.
 2 Band, von den Vögeln.   Pagg. 442.   1782.
Johann Matthæus BECHSTEIN.
 Musterung aller bisher, mit recht oder unrecht, von dem
  jäger als schädlich geachteten und getödeten thiere,
  nebst aufzählung einiger wirklich schadlichen, die er,
  seinem berufe nach, nicht dafür erkennt.
 Pagg. 200. tab. æn. color. 1.   Gotha, 1792.   8.

Johann BECKMANN.
 Elfenbein. in sein. Waarenkunde, 1 Theil, p. 299—349.
LE BRETON,
 Memoire sur les moyens de perfectionner les Remises
  propres à la conservation du Gibier.
 Pagg. 40.   Paris, 1785.   12.
Pehr Adrian GADD.
 Om Sjö-Fogels wård och ans i Finska skärgarden. Resp.
  Jac. Gummerus.
 Pagg. 16.   Abo, 1769.   4.
Johann BECKMANN.
 Betfedern. Eiderdaunen. in sein. Waarenkunde, 1 Theil,
  p. 268—291.
 Raigerfedern. ibid. p. 453—465.
 Strausfedern.   ib. p. 435—451.

Schildkrötenschale. Schildpat. ib. p. 68—82.
Fischhaut. ib. p. 193—204.
Pierre Joseph Buc'hoz.
Histoire des Insectes utiles et nuisibles à l'homme, aux
bestiaux, à l'agriculture et au jardinage.
    Pagg. 379.   Rouen, 1782. 12.
Johann Beckmann.
Galläpfel. Knoppern. in sein. Waarenkunde, 1 Theil,
    p. 363—384.
Kauris. ibid. p. 350—362.

2. *Animalia domestica.*

Leonard Mascal.
The government of Cattell.
    Pagg. 307.   London, 1633. 4.
Petro Kalm
Præside, Dissertatio de Animalibus Vectariis. Resp.
    Henr. Gust. Borenius. Pagg. 15. Aboæ, 1771. 4.
Dissertatio usum animalium sylvestrium domitorum exhi-
    bens. Resp. Gabr. Avellan. Pagg. 8. ib. 1772. 4.
George Culley.
Observations on Live Stock, containing hints for choosing
    and improving the best breeds of the most useful kinds
    of domestic animals.
    Pagg. 195.   London, 1786. 8.
Gabriel Bonsdorff.
Prospectus methodi rem Pecuariam scientifice pertrac-
    tandi. Dissertatio. Resp. Andr. Boxström.
    Pagg. 16.   Aboæ, 1787. 4.
Moreau de Saint-Mery.
Observations sur les animaux utiles aux Colonies Fran-
    çaises, considerés dans leur rapport avec l'economie ru-
    rale et domestique de ces mêmes colonies. Mem. de la
    Soc. R. d'Agricult. de Paris, 1789. Trim. de Prin-
    temps, p. 83—136.
James Anderson.
Catalogue of furbearing animals that are, or may be do-
    mesticated, which are not yet sufficiently known in Bri-
    tain, though suited to the nature of its climate, and
    which it would be of importance to have there, in order
    to ascertain their value by comparative trials.
Directions for choosing Sheep and other wool bearing ani-
    mals, of any particularly valuable breed, when intended

to be sent to Britain from any great distance, so as to
obtain the very best individuals of each kind.
printed with Pallas on the different kinds of Sheep in
Russia; p. 153—185. Edinburgh, 1794. 8.

Johann BECKMANN.
Kamelhaar. in sein. Waarenkunde, 1 Theil, p. 466—
526.

3. *Esca Animalium Domesticorum.*

Carolus LINNÆUS.
Dissertatio : Pan Svecicus. Resp. Nic. Hesselgren.
Pagg. 38. Upsaliæ, 1749. 4.
————— Amœnit. Acad. Vol. z. ed. 1. p. 225—262.
ed. 2. p. 203—241.
ed. 3. p. 225—262.
————— Fundament. botan. edit. a Gilibert, Tom. 2. p.
63—97.
—————: the introduction is translated in english by
B. Stillingfleet, in his Miscellaneous tracts;
1st edition, p. 184—201.
2d edition, p. 339—362.
Pan Svecus, emendatus et auctus a Petro Gust. Teng-
malm.
Amœnit. Academ. Vol. 10. p. 132—172.
Dissertatio de Esca Avium domesticarum. Resp. Pet.
Holmberger.
Pagg. 15. Upsaliæ, 1774. 4.
————— Amoenit. Academ. Vol. 8. p. 205—220.

Johan Otto HAGSTRÖM.
Rön om de örter, som, då de ätas of kreaturen, lemna en
vedervärdig smak på deras kött och mjölk ; med an-
märkningar af S. C. Bjelke.
Vetensk. Acad. Handling. 1750. p. 100—106.
—————: De plantis quarum ex usu lacti et carni ar-
menti ingratus sapor inducitur.
Analect. Transalpin. Tom. 2. p. 257—261.
Om de örter och gräs, som Renar äta vid fjällen om som-
maren.
Vetensk. Acad. Handling. 1750. p. 95—100.

Pehr KALM.
Underrättelse om tjänliga ämnen til boskaps-föda, vid
infallande foderbrist. Resp. Wilh. Granlund.
Pagg. 16. Åbo, 1766. 4.

Johann Gottlieb GLEDITSCH.
Ueber die beschaffenheit der hohen und trocknen weide vor die Schaafe, in einigen theilen der Mark Brandenburg. in seine Physic. Botan. Oecon. Abhandl.

1 Theil, p. 259—318.
3 Theil, p. 312—364.

Petrus HOLMBERGER.
Om de växter, som ätas eller förkastas af Svin-kreaturen.
Vetensk. Acad. Handling. 1776. p. 221—234.
Åtskillige rön hörande til Pan Svecicus.
Physiogr. Sälskap. Handling. 1 Del, p. 167—175.
(Cuniculorum et avium domesticarum.)
Pan Boum, eller hvilka växter Horn-boskapen äter eller ratar.
Vetensk. Acad. Handling. 1779. p. 165—168.
——————: Le Pan des Boeufs, qui indique les plantes que mangent les Bétes à cornes, et celles qu'elles rejettent.
Journal de Physique, Tome 19. p. 448—454.

4. *Equi.*

L. W. C.
A very perfect discourse and order how to know the age of a Horse, and the diseases that breede in him, with the remidies to cure the same, also the description of every veyne and how and when to let him blood.

London, 1630. 4.

Plagg. 5.; cum figura Equi ligno incisa.
Georg Simon WINTER VON ADLERSFLÜGEL.
Tractatio de re Equaria. latine, germanice, italice, et gallice.
Pagg. 223; cum tabb. æneis. Nürnberg, 1687. fol.
J. DE SAUNIER.
La parfaite connoissance des Chevaux, continuée et donnée au public par son fils, Gaspard de Saunier.
Pagg. 256. tabb. æneæ 61. la Haye, 1734. fol.
William GIBSON.
A treatise on the diseases of Horses, wherein what is necessary to the knowledge of a horse, the cure of his diseases, and other matters relating to that subject, are fully discussed.
Second edition. London, 1754. 8.
Vol. 1. pagg. 388. tabb. æneæ 21. Vol. 2. pagg. 428. tab. 22—30.

TOM. 2. M m

5. *Vaccæ.*

Charles WHITE.

On the natural history of the Cow, so far as it relates to its giving milk.

Mem. of the Soc. of Manchester, Vol. 1. p. 442—447.

6. *Oves.*

Friedrich W. HASTFER.

Ausfürlicher unterricht von der zucht und wartung der besten art von Schafen; aus dem schwedischen.

Pagg. 248. 1754. 8.

M. SCHLETTWEIN.

Abhandlung, wie man die Schafwolle verbessern soll; aus dem lateinischen.

Hamburg. Magaz. 19 Band, p. 170—188.

Louis Jean Marie DAUBENTON.

Sur le temperament des Bêtes à laine.

Mem. de l'Acad. des Sc. de Paris, 1768. p. 393—398.

Observations sur des Bêtes à laine parquées pendant toute l'année. ib. 1772. 1 Part. p. 436—444.

Instruction pour les Bergers et pour les proprietaires de troupeaux.

Pagg. 414. tabb. æneæ 22. Paris, 1782. 8.

Clas ALSTRÖMER.

Tal om den fin-ulliga Får-afveln.

Pagg. 110. Stockholm, 1770. 8.

————— : Discours sur la race des Brebis à laine fine.

Journal de Physique, Introd. Tome 1. p. 441—456.

CARLIER.

Observations historiques concernant le regime, la nature et l'etat actuel des troupeaux de Bêtes à laine trasumantes d'Espagne.

Journal de Physique, Tome 24. p. 177—187.

Observations historiques sur l'etat ancien et l'etat actuel des troupeaux et des laines d'Angleterre. ibid. p. 271 —280.

Georg STUMPF.

Versuch einer pragmatischen geschichte der Schäfereien in Spanien, und der Spanischen in Sachsen, Anhalt-Dessau, &c.

Pagg. 156. Leipzig, 1785. 8.

DE LA TOUR-D'AIGUES.
Sur l'introduction des Moutons et des laines d'Espagne en Provence. Mem. de la Soc. R. d'Agricult. de Paris, 1787. Trim. d'Ete, p. 31—40.

Marquis de G * * *
Memoire pour l'amelioration des Bêtes à laine, dans l'Isle de France, suivi d'une instruction sur la maniere de soigner les bêtes à laine, suivant les principes de M. D'Aubenton.
Pagg. 11 et 22. Paris, 1788. 8.

Alessandro DAL TOSO.
Dissertazione della utilità delle Pecore.
Opuscoli scelti, Tomo 12. p. 126—141.

DELPORTE, FLANDRIN, et TENON.
Memoires sur l'education des Bêtes à laine longue, et sur les moyens d'en ameliorer les races; publiés par la Societé d'Agriculture.
Pagg. 98. Paris, 1791. 8.

Sir John SINCLAIR.
Queries, accompanied by a print of the Mysore breed of Sheep, in the East-Indies, with the scale according to which it was drawn, as a specimen and direction for similar drawings of the Ram, the Ewe, and the Lamb, of all the different breeds in every other part of the world. London, 15th May, 1792. fol.
Pag. 1. tabb. æneæ 2.
———— in french. Pag. 1. fol.

7. *Cuniculi.*

F. Ch. S. MAYER.
Anweisung zur Angorischen oder englischen Kaninchenzucht; aus dem fransösischen.
Pagg. 66. Dresden, 1789. 8.

Johann RIEM.
Die verädelte Kanincherey durch Seidenkaninchen-männchen, als zweyter theil zu Mayers anweisung-zur Angorischen kaninchenzucht.
Pagg. 114. ib. 1792. 8.

8. *Apes.*

Georgius PICTORIUS.
De Apibus. impr. cum ejus Παντοπωλιω; p. 93—123.
Basileæ, 1563. 8.

Thomas HILL.

A profitable instruction of the perfite ordering of Bees,
impr. cum ejus Arte of gardening.

    Pagg. 44.   London, 1574. 4.

    ———— cum eodem libro. Pagg. 43. ib. 1579. 4.

Charles BUTLER.

The feminine Monarchie or the histori of Bees.

    Pagg. 182.   Oxford, 1634. 4.

    ———— : Monarchia fœminina, sive Apum historia, in-
terprete R. Richardson.

    Pagg. 199.   Londini, 1673. 8.

Samuel PURCHAS.

A theatre of politicall flying-insects, wherein especially
the nature, the worth, the work, the wonder, and the
manner of right-ordering of the Bee, is discovered and
described.

    Pagg. 387.   London, 1657. 4.

Johanne Jacobo THURMIO

Præside, Exercitatio de Apibus. Resp. Joh. Frid. Lehmann.

    Plagg. 3.   Lipsiæ, 1668. 4.

Moses RUSDEN.

A further discovery of Bees.

    Pagg. 143. cum tabb. æneis.   London, 1679. 8.

Joanne REFTELIO

Præside, Dissertatio de Apibus. Resp. Steno Gram.

    Pagg. 52.   Upsaliæ, 1701. 8.

Theodorus CLUTIUS, sive *Dirck* CLUYT.

Van de Byen.

    Pagg. 217.   Amsterdam, 1705. 8.

Jacques Philippe MARALDI.

Observations sur les Abeilles.

    Mem. de l'Acad. des Sc. de Paris, 1712. p. 299—335.

Joseph WARDER.

The true Amazons, or the monarchy of Bees.

    Pagg. 160.   London, 1713. 8.

    ———— Pagg. 120.   ib. 1716. 8.

Paul DUDLEY.

An account of a method lately found out in New-England,
for discovering where the Bees hive in the wood.

    Philosoph. Transact. Vol. 31. n. 367. p. 148—150.

Mårten TRIEWALD.

Nödig tractat om Bij.

    Pagg. 103. tabb. æneæ 2.   Stockholm, 1728. 8.

ANON.
Traité curieux des Mouches à miel.   Paris, 1734.   12.
Pagg. 304; præter libellum de bombyce, de quo infra,
   pag. 530.
Colin MACLAURIN.
Of the bases of the cells wherein the Bees deposite their
   honey.
Philosoph. Transact. Vol. 42. n. 471. p. 565—571
BAZIN.
Histoire naturelle des Abeilles.   Paris, 1744.   12.
Tome 1. pagg. 412. Tome 2. pagg. 441. tabb. æneæ
   12.
Arthur DOBBS.
A letter concerning Bees, and their method of gathering
   wax and honey.
Philosoph. Transact. Vol. 46. n. 496. p. 536—549.
———: Von den Bienen und ihre art und weise das
   wachs und das honig zu sammlen.
Hamburg. Magaz. 9 Band, p. 49—65.
PALTEAU.
Nouvelle construction de ruches de bois, avec la façon d'y
   gouverner les Abeilles, et l'histoire naturelle de ces in-
   sectes.   Metz, 1756.   8.
Pagg. 422. tabb. æneæ 5. Adest etiam alius titulus,
   anni 1777.
ANON.
Beobachtung von den Bienen auf wilden Castanienblü-
   then.
Hamburg. Magaz. 19 Band, p. 115—117.
Johann Gottlieb GLEDITSCH.
Considerations sur la multiplication precoce des Abeilles,
   retrouvée dans le Marggraviat de Lusace, et qui avoit
   deja eté employée par les Romains.
Hist. de l'Acad. de Berlin, 1760. p. 87—98.
Betrachtung des Bienenstandes in Churmark Branden-
   burg. in seine Physical. Botan. Oecon. Abhandl. 2
   Theil, p. 53—133.
———   Riga und Mietau, 1769.   8.
Pagg. 144: præter libellum: Verzeichniss der Bienen-
   gewächse, de quo sect. sequenti.
Monatliche beschäftigungen bey der Bienenzucht, wie
   solche in einzelnen gegenden des nordlichen Deutsch-
   landes bey vernünftigen bienenvätern abwechseln.
Berlin. Sammlung. 1 Band, p. 553—586.

———— : Behandeling der Byen in alle maanden van het jaar.

Geneeskundige Jaarboeken, 4 Deel, p. 331—345.

Job THORLEY.

An enquiry into the nature, order, and government of Bees.

Pagg. 158. tabb. æneæ 2.　　　　London, 1765. 8.

Johann RIEM.

Physikalische wahrnehmungen in der Bienenzucht.

Bemerk. der Phys. Ökonom. Gesellsch. zu Lautern, 1769. p. 84—142.

Bemerk. der Kuhrpfälz. Phys. Ökonom. Gesellsch. 1770. 1 Theil, p. 140—225.

Joanne Paulo BAUMER

Præside, Dissertatio de Apum cultura, cum primis in Thuringia. Resp. Jo. Fried. Ern. Albrecht.

Pagg. 24.　　　　　　　　　Erfordiæ, 1770. 4.

Adam Gottlob SCHIRACH.

Histoire naturelle de la reine des Abeilles, avec l'art de former des essaims ; on y a ajouté la correspondance de l'auteur avec quelques sçavans ; traduit de l'Allemand ou recueilli par J. J. Blassiere.

Pagg 269 tabb. æneæ 3.　　　　la Haye, 1771. 8.

Charles BONNET.

Lettres et memoires sur les Abeilles. impr. avec l'Histoire nat. de la reine des Abeilles, par Schirach ; p. 168—254.

———— Journal de Physique, Tome 5. p. 327—344, & p. 418—428. Tome 6. p. 23—32.

———— avec deux nouveaux memoires ; dans ses Oeuvres, Tome 5. part. 1. p. 61—177.

Schreiben an Herrn Riem, mit des leztern anmerkungen.

Berlin. Sammlung. 7 Band, p. 245—270.

———— Epistola hæc Bonnetii, gallice, adest in ejus Operibus, loco citato, p. 129—136.

Johann Friedrich STEINMETZ.

Physicalische untersuchung von den verschiedenen geschlechtsarten der Bienen.

Pagg. 176.　　　　　　　　Nürnberg, 1772. 8.

Anmerkungen über Riems Bienenmüttern aus dem arbeits-bienengeschlecht, und über Korsemka's vorschlag die holzbeuten nicht nur magazinmässig zu benuzen, sondern sogar magazinmässig abzulegen.

Pagg. 176.　　　　　　　　ib. 1774. 8.

Nähere aufklärung der sonderbaren abstammung der ver-

schiedenen geschlechtsarten der Bienen, mit angefügten
praktischen anmerkungen.
Pagg. 128.   Breslau, 1776.   8.
Pebr GULLANDER & *Jobann Otto* HAGSTRÖM.
Svar på den af K. Vetenskaps Academien andra gången
framstälda fråga, om Biskötsel.
Pagg. 169.   Stockholm, 1773.   8.
Joanne Theophilo SEGERO
Præside, Disputatio Juris Romani et Germanici de Api-
bus.   Resp. Christ. Gottlob Biener.
Pagg. lviii.   Lipsiæ, 1773.   4.
Friedrich HEROLD.
Muthmassungen von der bestimmung und entstehungsart
der Drohnen unter den Bienen, mit vorrede und an-
merkungen von Joh. Friedr. Steinmetz.
Pagg. 128.   Nürnberg, 1774.   8.
Johann Christian VOIGT.
Einige physikalische bemerkungen über die Bienen, und
eine ihrer krankheiten, die Faulbrut.
Pagg. 47.   1775.   8.
J. F. E. ALBRECHT.
Zootomische und physikalische entdeckungen von der in-
nern einrichtung der Bienen, besonders der art ihrer
begattung.   Pagg. 48.   Gotha, 1775.   8.
C. A. KORTUM.
Grundsäze der Bienenzucht.
Pagg. 438.   Wesel und Leipzig, 1776.   8.
Daniel Magnus ALGREN.
Rön uti Bi-skötslen.
Vetensk. Acad. Handling. 1776. p. 234—241.
                              1777. p. 185—191, & p. 328—333.
Esaias FLEISCHER.
Udförlig afhandling om Bier.
Pagg. 799. tab. ænea 1.   Kiöbenhavn, 1777.   8.
John DEBRAW.
Discoveries on the sex of Bees, with an account of the
utility that may be derived from those discoveries by
the application of them to practice.
Philosoph. Transact. Vol. 67. p. 15—32.
———— printed with Spallanzani's Dissertations, Vol.
2. p. 357—372.   London, 1784.   8.
————: Scoperte sopra al sesso delle Api.
Opuscoli scelti, Tomo 2. p. 126—134.
————: Over de voortteeling der Byen.
Geneeskundige Jaarboeken, 1 Deel, p. 172—183.

Nathaniel POLHILL.
A letter on Mr. Debraw's improvements in the culture of Bees.
Philosoph. Transact. Vol. 68. p. 107—110.
Torbern BERGMAN.
Anmärkningar om Bi.
Vetensk. Acad. Handling. 1779. p. 300—329.
———: De Apibus et mellificii vicissitudinibus ex alveorum ponderatione æstimandis.
in ejus Opusculis, Vol. 5. p. 176—209.
Tubervil NEEDHAM.
Nouvelles recherches sur la nature et l'economie des Mouches à miel.
Mem. de l'Acad. de Bruxelles, Tome 2. p. 323—387.
SYBEL.
Etwas von der Bienenzucht.
Schr. der Berlin. Ges. Naturf. Fr. 2 Band, p. 285—296.
RAY.
Memoire sur l'histoire des Abeilles.
Journal de Physique, Tome 24. p. 117—129.
DELLA ROCCA.
Traité complet sur les Abeilles, avec une methode nouvelle de les gouverner, telle qu'elle se pratique à Syra, île de l'Archipel, precedé d'un precis historique et economique de cette île. Paris, 1790. 8.
Tome 1. pagg. 462. Tome 2. pagg. 500. tabb. æneæ 3.
John HUNTER.
Observations on Bees.
Philosoph. Transact. 1792. p. 128—195.
Baron Carl Gustaf ADLERMARCK.
Anmärkningar öfver Biens byggnads sätt.
Vetensk. Acad. Handling. 1792. p. 178—187.
Om Viseboets byggnad och tilkomst. ib. 1793. p. 208—229.
Benjamin Smith BARTON.
An inquiry into the question, whether the Apis mellifica, or true Honey-bee, is a native of America.
Transact. of the Amer. Society, Vol. 3. p. 241—261.

9. *Esca Apum.*

Johan Gottlieb GLEDITSCH.
Verzeichniss der vornehmsten Bienengewächse in der Mark Brandenburg. in seine Physic. Botan. Oecon. Abhandl. 2 Theil, p. 134—255.

—————— impr. cum ejus Betrachtung des Bienenstandes;
  p. 145—344.   Riga und Mietau, 1769. 8.
Johan Otto HAGSTRÖM.
Pan Apum, eller afhandling om de örter, af hvilka Bien
  hälst draga deras honung och vax.
  Pagg. 38.   Stockholm, 1768. 8.
Christian NIESEN.
Von dem honigthau der Schwezinger Linden, der Bienen
  häufigster nahrung. Bemerk. der Phys. Ökonom.
  Gesellsch. zu Lautern, 1769. p. 143—168.
Christian Friedrich SCHWAN.
Einige anmerkungen über die nahrungsmittel der Bienen.
  Bemerk. der Kuhrpfälz Phys. Ökonom. Gesellsch. 1770.
  1 Theil, p. 107—137.
Friedrich Casimir MEDICUS.
Anmerkung zur vorhergehenden abhandlung. ibid. p.
  137—140.
Clas BJERKANDER.
Biens Flora, eller undervisning om de träd och örter, af
  hvilka Bien hamta honung och vax.
  Vetensk. Acad. Handling. 1774. p. 20—41.
Georg STUMPF.
Von einigen zur Bienenzucht nüzlichen pflanzen (Rhus
  glabrum, & Asclepias syriaca.)
  Leipzig. Magaz. 1784. p. 79—83.

10. *Bombyces.*

Marcus Hieronymus VIDA.
Bombycum libri 2. (Carmen).   Oxonii, 1722. 8.
  Pag. 1—44. Sequuntur alia ejusdem Poemata, ad pag.
  116.
Olivier DE SERRES.
The perfect use of Silk-wormes and their benefit; done
  out of the french, by N. Geffe.   London, 1607. 4.
  Pagg 97; cum figg. ligno incisis; præter libellum se-
  quentem.
Nicholas GEFFE.
A discourse of the meanes and·sufficiencie of England, for
  to have abundance of silke, by feeding of Silke-wormes
  within the same.
  printed with the foregoing book. Pagg. 14.
ANON.
Instructions for the increasing of Mulberie trees, and the
  breeding of Silke-wormes, for the making of silke in this

kingdome, whereunto is annexed his Maiesties letters to
the Lords Liefetenants of the severall Shieres of England,
tending to that purpose.

　　Plagg. 3 ; cum figg. ligno incisis.　　London, 1609.　4.

Johannes COLERUS.

　De Bombyce dissertatio.

　　Pagg. 50.　　　　　　　　　Giessæ, 1665.　4.

Marcellus MALPIGHI.

　Dissertatio epistolica de Bombyce.

　　Pagg. 100. tabb. æneæ 12.　　　Londini, 1669.　4.

　　————— in Tomo 2do Operum ejus.

　　Pagg. 44. tabb. æneæ 12.　　　　ib. 1686.　fol.

　　————— Valentini Amphitheatr. zootom. Pars 2. p. 194
　　—220.

ANON.

　Trattato de' Cavalieri, overo vermicelli, che fanno la
　seda.

　　Pagg. 24.　　　　　　　　Venezia, 1692.　12.

Andreas GONSAGER.

　Exercitium de Bombycibus.　Resp. Conr. Gerlach.

　　Pagg. 8.　　　　　　　　Havniæ, 1712.　4.

Henry BARHAM.

　An essay upon the Silk-worm.

　　Pagg. 180.　　　　　　　London, 1719.　8.

　Experiments and observations on the production of Silk-
　worms, and of their silk in England.

　　Philosoph. Transact. Vol. 30. n. 362. p. 1036—
　　1038.

ANON.

　A compendious account of the whole art of breeding,
　nursing, and the right ordering of the Silk-worm.

　　Pagg. 32. tabb. æneæ 6.　　　London, 1733.　4.

　Traité curieux des vers à soye.　impr. avec un Traité des
　Mouches à miel, p. 305—418.　　Paris, 1734.　12.

Johann Leonhard FRISCH.

　De Bombyce e folliculi sui textura prorepente.

　　Miscellan. Berolinens. Tom. 5. p. 106—108.

DE SAUVAGES.

　Memoria intorno a' Bachi da Seta, ed alla maniera più si-
　cura di allevarli.

　　Mem. di diversi Valentuomini, Tomo 1, p. 213—242.

　　————— : Von den Seidenwürmern, und von der sicher-
　　sten art sie aufzuerziehen.

　　Hamburg. Magaz. 1 Band, p. 107—125.

Mårten TRIEWALD.

Försök angående möjeligheten at Svea Rike kunde äga egit rådt silke.

Vetensk. Acad. Handling. 1745. p. 22—29, p. 136—147, p. 189—206, & p. 253—266.

1746. p. 83—93, & p. 257—273.

Gianfrancesco GIORGETTI.

Il filugello, o sia il Baco da Seta, poemetto, con annotazioni scientifiche, ed una dissertazione sopra l'origine della Seta.

Pagg. 208.   Venezia, 1752.   4.

Zaccaria BETTI.

Del Baco da Seta, Canti 4, con annotazioni.

Pagg. 214.   Verona, 1756.   4.

Carolus LINNÆUS.

Dissertatio de Phalæna Bombyce.   Resp. Joh. Lyman.

Pagg. 12.   Upsaliæ, 1756.   4.

———— Amoenit. Academ. Vol. 4. p. 553—564.

———— : On the Silkworm ; translated by F. J. Brand, in his select Dissertations, p. 437—456.

Eric Gustaf LIDBECK.

Anmärkningar om Silkes-maskarnas skötsel.

Vetensk. Acad. Handling. 1756. p. 231—233.

Lars FORELIUS.

Dissertatio de cultura Bombycum et Serici.   Resp. Er. Isberg.

Pagg. 35.   Londini Gothor. 1757.   4.

Godofredus Daniel HOFFMANNUS.

Observationes circa Bombyces, Sericum et Moros, ex antiquitatum, historiarum, juriumque penu depromtæ.

Pagg. 108 et 48.   Tubingæ, 1757.   4.

Pehr Adrian GADD.

Bewis til möjeligheten af Silkes-afwelens införande i Finland.   Resp. Chph. Herkepæus.

Pagg. 37. tab. ænea 1.   Åbo, 1760.   4.

Rön gjorde vid Silkes-afvelens införande i Finland.

Vetensk. Acad. Handling. 1773. p. 281—287.

Franciscus BIBIENA.

Spicilegium de Bombyce.

Comment. Instit. Bonon. Tom. 5. Pars 1. p. 9—81.

ANON.

Entwurf, wie der Seidenbau sehr vortheilhaft könne im kleinen getrieben, und unter dem land-volk eingeführet und gemein gemacht werden.

Berlin. Sammlung. 1 Band, p. 113—142.

Giambattista TODERINI.
　Lettera sull' induramento di molti Bachi da Seta. impr.
　cum ejus Diss. sopra un legno fossile; p. 23—62.
　　　　　　　　　　　　　　　Modena, 1770. 8.
Wilhelm Hendrik VAN HASSELT.
　Proeven omtrent het opvoeden van Zywormen, en het
　　aanwinnen van Zyde, in Gelderland genomen. Ver-
　　handel. van de Maatsch. te Haarlem, 17 Deels 2 Stuk,
　　p. 34—126.
　Dagverhaal nopens het uitbroeijen der Zywormen, en het
　　opvoeden derzelve in het jaar 1776. ibid. Berichten,
　　p. 3—24.
Joseph BRIGANTI.
　An essay on the method of carrying to perfection the East-
　　India raw silk.
　　Pagg. xiii et 26.　　　　　　　London, 1779. 8.
Carlo MODENA.
　Metodo di coltivare i Bachi da Seta.
　　Opuscoli scelti, Tome 3. p. 28—34.
ANON.
　Istruzione per avere buona semente di Bachi da Seta. ibid.
　　p. 196—199.
Felice SUAVE.
　Relazione dell' esperimento intorno al nuovo metodo d' al-
　　levare i Bachi da Seta. ib. p. 200—203.
(Adamo FABBRONI.)
　Della coltivazione del Gelso, e dell' educazione del filu-
　　gello, o Verme da Seta; secondo che si pratica dai
　　Chinesi.
　　Pagg. 80.　　　　　　　　　　Perugia, 1784. 16.
Ulisses VON SALIS VON MARSCHLINS.
　Entdeckungen die man seit 1779. an der Phalæna Mori
　　Linn. gemacht. Aus dem Giornale d'Italia.
　　Fuessly's neu. Entomol. Magaz. 2 Band, p. 387—395.
ANON.
　The whole process of the Silk-Worm.
　　Transact. of the Amer. Society, Vol. 2. p. 347—366.
Lodovico BELLARDI.
　Estratto della memoria, in cui proponsi un mezzo facile ed
　　economico per nutrire i Bachi da Seta in mancanza
　　della foglia recente de' mori.
　　Opuscoli scelti, Tomo 10. p. 179—184.
M. ALLOATTI.
　Sperienze e riflessioni sulla seconda raccolta de' Bozzoli
　　dentro lo stesso anno. ibid. p. 423—428.

Ranza.
Della seconda raccolta de' Bozzoli. ib. Tomo 11. p. 289
—301.
Giambattista Vasco.
Lettera sulla seconda raccolta de' Bozzoli. ib. Tomo 12.
p. 70—72.
De la Brousse.
Des Muriers, et de l'education des Vers-a-Soie.
Tome 1. de ses Melanges d'Agriculture.
Pagg. 216. tabb. æneæ 5.　　　　Nismes, 1789. 8.
Bissati.
Osservazione sulla educazione de' Bachi da Seta.
Opuscoli scelti, Tomo 12. p. 179—182.
Conte Carlo Maggi.
Transunto d' una memoria sopra un nuovo metodo di far
nascere con miglior esito i Vermi da Seta. ib. Tomo
13. p. 77—81.
Peter Delabigarre.
A treatise on Silkworms. Transact. of the Soc. of New-
York, Part 2. p. 172—205.

11. *Methodi Chrysalides Bombycum occidendi.*

Arnaud du Bouisson.
Memoire sur un nouveau moyen d'etouffer les Chrysalides
dans les cocons des vers à soie, sans le secours du feu, ni
des vapeurs de l'eau bouillante.
Journal de Physique, Tome 11. p. 361—367.
—————: Memoria sopra un nuovo mezzo di soffocare
le Crisalidi ne' bozzoli de' bachi da seta, senza il soc-
corso del fuoco e de' vapori dell' acqua bollente.
Opuscoli scelti, Tomo 1. p. 196—202.
Francesco Casnati.
Sul metodo d' uccidere colla canfora le Crisalidi nei bozzoli de' bachi da seta. ibid. p. 425—427.
Giambattista Vasco.
Giornale dell' esperienza fatta per far morire le Crisalidi
ne' bozzoli de' bachi da seta, senza farli cuocere nel
forno, col vapore della canfora, o dello zolfo. ib. Tomo
2. p. 225—233.
Luigi Petazzi.
Sull' attività della canfora, e dello spirito de trementina
per far perire le Crisalidi ne' bozzoli. ibid. p. 303—
305.

CHAUSSIER.
Observations sur les procedés employés pour faire perir la
Chrysalide du ver-a-soie. Nouv. Mem. de l'Acad. de
Dijon, 1784, 2 Sem. p. 80—85.

12. *Animalia tinctoria.*

René Antoine Ferchault de REAUMUR.
Decouverte d'une nouvelle teinture de Pourpre.
Mem, de l'Acad. des Sc. de Paris, 1711. p. 168—199.
Claude Joseph GEOFFROY.
Observations sur la Gomme Lacque, et sur les autres ma-
tieres animales qui fournissent la teinture de Pourpre.
ibid. 1714. p. 121—140.
———— : Observationes de Gummi Laccæ, aliisque
materiis, prosapiæ animalis, quæ tincturam purpuream
suppeditant.
Act. Acad. Nat. Cur. Vol. 3. App. p. 60—76.
Johann August UNZER.
Vom nuzen einiger Insekten zur färberey.
in seine physical. Schriften, 1 Samml. p. 345—355.
———— Neu. Hamburg. Magaz. 84 Stück, p. 483—
495.
Joannes Guilielmus LINCK.
Disputatio inaug. de Coccionellæ natura, viribus et usu.
Lipsiæ, 1787. 4.
Pagg. 31. cum tab. ænea, figuras Coccinellarum! va-
riarum exhibente, e descriptione musei Herbstiani, in
Fuessly's Archiv, exscriptas.
Clas BJERKANDER.
Berättelse om en brun färg af Bladlöss.
Vetensk. Acad. Handling. 1787. p. 237, 238.
Johann BECKMANN.
Kermes. Cochenille. in seine Beyträge zur Geschichte
der Erfindungen, 3 Band, p. 1—46.

13. *Kermes.*

Luigi Ferdinando MARSILLI.
Annotazioni intorno alla grana de' tintori detta Kermes.
impr. cum. ejus Ristretto del Saggio fisico intorno alla
storia del mare; p. 53—72.   Venezia, 1711. 4.
———— : Annotationes de granis tinctorum, quæ Kermes vocant.
Act. Acad. Nat. Cur. Vol. 3. App. p. 33—48.

NISSOLLE.

Dissertation sur l'origine et la nature du Kermes.

Mem. de l'Acad. des Sc. de Paris, 1714. p. 434—442.

———— : Dissertatio de origine et natura Kermes.

Act. Acad. Nat. Cur. Vol. 3. App. p. 49—56.

EMERIC.

Histoire naturelle du Kermes. dans l'Histoire des plantes aux environs d'Aix par Garidel, p. 247—255.

Don Juan Pablo CANALS Y MARTI.

Memorias sobre là Grana Kermes de Espana, que es el Coccum, o Cochinilla de los antiguos.

Pagg. 54. tab. ænea 1.   Madrid, 1768.   4.

Johann Philipp VOGLER.

Versuche mit den Scharlachbeeren in absicht ihres nuzens in der färbekunst.

Pagg. 76.   Wezlar, 1790.   8.

Michele ROSA.

Nota sopra la storia del Cocco tintorio detto volgarmente Kermes o grana da tingere.

Mem. della Società Italiana, Tomo 7. p. 225—270.

14. *Cochinilla.*

Observations on the making of Cochineal.

Philosoph. Transact. Vol. 17. n. 193. p. 502, 503.

Christophorus Fridericus RICHTER.

Dissertatio de Cochinilla. Resp. Frid. Friedel.

Plagg. 5. tab. ænea 1.   Lipsiæ, 1701.   4.

Anthony VAN LEEUWENHOEK.

A letter concerning Cochineel.

Philosoph. Transact. Vol. 24. n. 292. p. 1614—1628.

Melchior DE RUUSSCHER.

Histoire naturelle de la Cochenille, justifiée par des documens authentiques ; en hollandois, et en françois.

Pagg. 175. tab. ænea 1.   Amsterdam, 1729.   8.

———— : Durch ächte urkunden bewiesene natürliche historie der Cochenille.

Physikal. Belustigung. 1 Band, p. 43—57, p. 96—107, p. 188—195, p. 367—377, p. 546—559, & p. 654—671.

John ELLIS.

An account of the male and female Cochineal insects.

Philosoph. Transact. Vol. 52. p. 661—667.

Nicolas Joseph THIERY DE MENONVILLE.

Traité de la culture du Nopal, et de l'education de la Co-

chenille dans les colonies Françoises de l'Amerique, precedé d'un voyage à Guaxaca. Cap-Français, 1787. 8.
Preface pagg. cxliv; iter ad Guaxaca pag. 1—261;
libellus de Cocco et Cactis pag. 263—436 ; cum 'tabb.
æneis color. 2.

James ANDERSON.
An account of the importation of American Cochineal
insects into Hindostan.
Pagg. 9.   Madras, 1795. 8.

15. *Coccus Polonicus.*

Georgius SEGER.
De Polygono Polonico coccifero, seu Chermesino Polonico.
Ephem. Acad. Nat. Cur. Dec. 1. Ann. 1. p. 23, 24.

Martinus Bernhardus A BERNITZ.
De usu et utilitate Cocci Polonici.   ibid. Ann. 3. p. 143
—146.

Samuel LEDELIUS.
De Polygono Marchico coccifero.   ib. Dec. 3. Ann. 9 &
10. p. 132.

Joannes Philippus BREYNIUS.
Historia naturalis Cocci radicum tinctorii, quod Poloni-
cum vulgo audit.   Gedani, 1731.   4.
Pagg. 22. tab. ænea 1, eademque coloribus fucata.
———— Act. Ac. Nat. Cur. Vol. 3. App. p. 1—27.
Corrigenda et emendanda circa generationem Cocci radi-
cum.
Pagg. 4.   4.
———— Commerc. litterar. Norimberg. 1733. p. 11—14.
———— Act. Eruditor. Lips. 1733. p. 167—171.
———— Act. Ac. Nat. Cur. Vol. 3. App. p. 28—32.
————: Some corrections and amendments concerning
the generation of the Coccus radicum.
Philosoph. Transact. Vol. 37. n. 426. p. 444—447.

Ernest. Frid. BURCHARD.
Epistola ad C. Linnæum de Cocco Polonica.
Act. Societat. Upsal. 1742. p. 53—78.
————: Sendschreiben an Hrn. von Linné, von der
teutschen Cochenille, oder dem sogenannten Johannis-
blute.
Neu. Hamburg. Magaz. 23 Stück, p. 481—496.
                    24 Stück, p. 499—528.

Carolus Augustus A BERGEN.
Epistola de Alchemilla supina, ejusque Coccis.
Pagg. 16.   Francof. ad Viadr. (1748.)   4.

Nathanael Matthew WOLFF.
  An account of the Polish Cochineal.
    Philosoph. Transact. Vol. 54. p. 91—98.
    ———: Beschreibung der Deutschen Cochenille.
    Neu. Hamburg. Magaz. 64 Stück, p. 370—380.
  A farther account of the Polish Cochineal.
    Philosoph. Transact. Vol. 56. p. 184—186.
    ———: Fernere nachricht von der Deutschen Co-
      chenille.
    Neu. Hamburg. Magaz. 71 Stück, p. 476—480.
Johann Daniel TITIUS.
  Von der Cochenille um Wittenberg.
    in seine Gemeinnüzige Abhandl. 1 Theil, p. 321—326.
    ——— Neu. Hamburg. Magaz. 78 Stück, p. 423—428.
Christian Friedrich SCHULZ.
  Von der in Sachsen befindlichen Coccinelle, und von den
    vortheilen, die man sich von derselben in unsern fär-
    bereyen möchte zu versprechen haben.
    Schrift. der Leipzig. Oekonom. Societ. 1 Theil, p. 117
    —161.

16. *Lacca.*

E. P. SWAGERMAN.
  Waarneeming omtrent de insekten, welken in de Gomlak
    gevonden worden. Verhandel. van het Genootsch. te
    Vlissingen, 7 Deel, p. 227—258.
James KERR.
  Natural history of the insect, which produces the Gum
    Lacca.
    Philosoph. Transact. Vol. 71. p. 374—382.
    ———: Naturgeschichte des insekts welches den
      Gummi-Lak hervorbringt.
    Fuessly's neu. Entomol. Magaz. 3 Band, p. 169—178.
Robert SANDERS.
  Some account of the Lac.
    Philosoph. Transact. Vol. 79. p. 107—110.
William ROXBURGH.
  Chermes Lacca.
    Philosoph. Transact. Vol. 81. p. 228—235.
    ———: On the Lacsha, or Lac Insect.
    Transact. of the Soc. of Bengal, Vol. 2. p. 361—364.
    (Initium tantum commentationis in hac editione.)
    ———: Nachricht vom Chermes Lacca.
    Voigt's Magaz. 8 Band. 4 Stück, p. 62—71.
  TOM. 2.   N n

17. *Purpura.*

William Cole.
Observations on the Purple fish.
Philosoph. Transact. Vol. 15. n. 178. p. 1278—1286.
Excerpta latine, in Act. Eruditor. Lips. 1686. p. 620
—623.
Laurentio Normanno
Præside, Dissertatio de Purpura. Resp. El. Bask.
Pagg. 51. tab. ligno incisa 1. Upsalæ, 1686. 8.
Henry Louis Du Hamel du Monceau.
Quelques experiences sur la liqueur colorante que fournit
la Pourpre, espece de coquille qu'on trouve abondam-
ment sur les côtes de Provence.
Mem. de l'Acad. des Sc. de Paris, 1736. p. 49—63.
Georgius Gottlob Richter.
Programma de Purpuræ antiquo et novo pigmento.
Pagg. 15. Gottingæ, 1741. 4.
Sven Bring
Præside, Dissertatio de Purpura. Resp. Ben. Roswall.
Pagg. 19. Lundini Goth. 1750. 4.
John Andrew Peyssonel.
Observations on the Limax non cochleata Purpur ferens.
Philosoph. Transact. Vol. 50. p. 585—589.
————: Waarneemingen omtrent de Purper-Slek.
Uitgezogte Verhandelingen, 5 Deel, p. 538—545.
Hans Ström.
Purpur-Sneglen beskreven efter dens ud-og indvortes dele,
samt dens leve-og yngle-maade, item om purpur-farvens
beredelse.
Kiöbenh. Selsk. Skrifter, 11 Deel, p. 1—46.
Excerpta germanice per J. H. Chemniz, in Beschäft. der
Berlin. Gesellsch. Naturf. Fr. 4 Band, p. 241—253.
Giuseppe Olivi.
Della scoperta di due Testacei Porporiferi, con alcune ri-
flessioni sopra la Porpora degli antichi, e la sua resti-
tuzione ultimamente proposta.
Opuscoli scelti, Tomo 14. p. 361—368.
———— in ejus Zoologia Adriatica, p. 156—163.
Supplimento alla memoria sulla scoperta di due Testacei
Porporiferi, &c. ib. p. 303—306.
Luigi Bossi.
Delle Porpore. Opuscoli scelti, Tomo 16. p. 130—144.

Angelo Maria Cortinovis.
Sopra di alcuni sperimenti da farsi sulle Chiocciole Por-
porifere. ib. Tomo 17. p. 50—58.

18. *Insectorum usus Oeconomicus.*

Fredrik Hasselquist.
Gräshoppors nytta til föda hos Araberne.
Vetensk. Acad. Handling. 1752. p. 76—79.
———— : De Cicadis, Arabum cibo venientibus.
Analect. Transalpin. Tom. 2. p. 410—412.
Samuel Pullein.
An account of a particular species of Cocoon or Silk-pod,
from America.
Philosoph. Transact. Vol. 51. p. 54—57.
Joan Daniel Denso.
Von Raupengeweben. in seine Beitr. zur Naturkunde, 9
Stük, p. 806—820.

19. *Sericum ex telis Aranearum.*

Bon.
Dissertation sur l'utilité de la soie des Araignées.
Mem. de la Soc. de Montpellier, Tome 1. p. 123—136.
———— en latin et en françois. Avignon, 1748. 8.
Pagg. 51 ; præter additiones, p. 52—111, non hujus loci.
———— : A discourse upon the usefulness of the silk of
Spiders.
Philosoph. Transact. Vol. 27. n. 325. p. 2—16.
———— : Discorso sopra l'utile della seta di Ragno.
Pagg. 45.   Siena, 1710. 12.
René Antoine Ferchault de Reaumur.
Examen de la soye des Araignées.
Mem. de l'Acad. des Sc. de Paris, 1710. p. 386—408.
Carolo Friderico Mennander
Præside, Dissertatio de serico ex telis Aranearum. Resp.
Andr. Carling.
Pagg. 21.   Aboæ, 1748. 4.
Raymondo Maria de Termeyer.
Osservazioni su l'utile che può ricavarsi dalla seta de' Rag-
ni, paragonato col vantaggio che ricavasi dalla seta de'
Filugelli.
Scelta di Opusc. interess. Vol. 31. p. 44—79.
Memoria seconda.
Opuscoli scelti, Tomo 1. p. 49—64.

N n 2

20. *Insectorum Noxa.*

Extract of a letter from Aramont in Languedoc, giving an account of an extraordinary swarm of Grasshoppers in those parts.
Philosoph. Transact. Vol. 16. n. 182. p. 147—149.

Umständliche beschreibung derer Raupen, Maden, Käfer, Heuschrecken und andern ungeziefer, insonderheit in baum-und kraut-gärten, desgleichen anderer orten : wie solche sich generiren und zeugen, und wie solche durch geringe mühe nechst göttlichen seegen zu vertreiben; von einem Wohlmeynenden Christl. Nachbar.
Pagg. 32.   1731. 8.

Joannes Ernestus Hebenstreit.
Programma de vermibus Anatomicorum administris.
Pagg. xvi. tab. ænea 1.   Lipsiæ, 1741. 4.

J. G. Orth.
Ueber die Neffen im kraute, und die kleinen insekten, welche den Hopfen verderben, imgleichen über die krautraupen.
Hamburg. Magaz. 3 Band, p. 364—382.
————— Neu. Hamburg. Magaz. 113 Stück, p. 423—443.

Carolus Linnæus.
Dissertatio : Noxa insectorum. Resp. Mich. Bæckner.
Pagg. 32.   Holmiæ, 1752. 4.
————— Amoenit. Academ. Vol. 3. p. 335—362.
————— cum additamento editoris (Biwald.) Contin. select. ex Am. Ac. Dissert. p. 65—94, et p. 264—272.
————— : On noxious insects, translated by F. J. Brand, in his select Dissertations, p. 369—411.
————— : Abhandlung über die schädlichkeit der insekten, mit Prof. Biwalds zusätzen, aus dem lateinischen, mit vielen anmerkungen, übersezt von .... l von .... l (Karl von Moll.)   Salzburg, 1783. 8.
1 Bändgen. pagg. 63. 2 Bändgen. pagg. 47.

Hufnagel.
Gedanken über die mittel, die schädlichen Raupen zu vertilgen.
Berlin. Magaz. 3 Band, p. 3—19.

Johann Gottfried Hübner.
Gedanken über die beste art, die schädlichen Raupen zu vertilgen.
Pagg. 52.   Dessau, 1781. 8.

Uberto HOEFER.
Memoria sull' estirpazione d'alcuni Insetti.
Opuscoli scelti, Tomo 10. p. 173—178.
N. SOCOLOFF.
De modo quo Lumbrici terrestres et varia insecta hortis
agrisque noxia vel necari vel repelli possunt.
Nov. Act. Acad. Petropol. Tom. 5. p. 243—245.
Clas BJERKANDER.
Sätt at döda Natt-fjärilar, hvilke, då de äro maskar, upäta
sädes-brodden, och kålen i trädgårdar.
Vetensk. Acad. Handling. 1793. p. 298—307.
Friedrich Albrecht Anton MEYER.
Versuch zur nähern bestimmung einiger schädlichen,
weniger bekannten Insekten.
Voigt's Magaz. 9 Band. 2 Stück, p. 64—85.

Johan Julius SALBERG.
Et nytt påfund at döda *Wägglöss,* och deras ägg ofrukt-
bara göra.
Vetensk. Acad. Handling. 1745. p. 18—22.
Et Puder hvarigenom Wägglöss kunna fördrifvas. ibid.
179, 180.
Clas BJERKANDER.
Sätt at döda Vägglöss. ibid. 1794. p. 233, 234.
Erik SEFSTRÖM.
At fördrifva *Mygg* utur rum om sommaren. ib. 1787. p.
238, 239.
Gio. Batista DA S. MARTINO.
Sulla maniera di liberarsi dalla molestia delle Zanzare.
Opuscoli scelti, Tomo 10. p. 277—280.

21. *Insecta Segeti noxia.*

Carl LINNÆUS.
Rön om Slö-korn.
Vetensk. Acad. Handling. 1750. p. 179—185.
————: De hordeo casso.
Analect. Transalpin. Tom. 2. p. 294—297.
Daniel ROLANDER.
Hvit-ax-masken.
Vetensk. Acad. Handling. 1752. p. 62—66.
————: Eruca in spicis albis Secalis commorans.
Analect. Transalpin. Tom. 2. p. 401—403.
Conte Francesco GINANNI.
Osservazioni, ed esperienze particolari d'intorno all' in-

festamento degl' Insetti; in ejus libro delle malattie del Grano in erba, p. 127—207.　　Pesaro, 1759.　4.

Pehr Adrian GADD.
Disputation om sättet at utrota och förminska Sädes-masken. Resp. Otto Reinh. Bökman.
　　Pagg. 32.　　　　　　　　　Åbo, 1762.　4.

Pehr OSBECK.
Beskrifning på Vår-Rågs Masken.
　　Vetensk. Acad. Handling. 1769. p. 314—319.
Om Rotmasken.　ibid. 1776. p. 302—304.

Bonaventura CORTI.
Mezzi per distruggere i vermi che rodono il Grano in erba nell' autunno, e nella primavera.
　　Scelta di Opusc. interess. Vol. 34. p. 3—40.

Clas BJERKANDER.
Om Rot-masken.
　　Vetensk. Acad. Handling. 1777. p. 29—43.
　　————— : Ueber das Wurzelinsekt.　Lichtenberg's Magaz. 2 Band. 1. Stück, p. 101—104.
Om Rot-masken.
　　Vetensk. Acad. Handling. 1779. p. 161—164.
Beskrifning på en högst skadelig Rotmask.　ibid. p. 284—288.
Råg-dvergs-masken.　ibid. 1778. p. 240, 241.
Om Hvitax-masken. ibid.　　　　p. 289—293.
Slö-hafre-masken.　ib.　　　　　p. 334, 335.
Hafre-masken.　ib.　1781. p. 171, 172.
Beskrifning på en mask, hvilken om hösten upäter Rågbrodden.　ib 1783. p. 152—154.
Om maskar, som skada Kornet.　ib. 1789. p. 232—234.
Om en Thrips, som skadar Kornbrodden.　ib. 1790 p. 226—229.
Musca subcutanea, eller en ny och obeskrefven fluga uti Kornbladen.　ib. 1793. p. 57—60.

Johann August Ephraim GOEZE.
Von insekten, die dem Getreide schaden.
　　Leipzig. Magaz. 1783. p. 330—338.

DORTHES.
Observations sur quelques insectes nuisibles aux Blés et à la Luzerne.　Mem. de la Soc. R. d'Agricult. de Paris, 1787. Trim. de Printemps, p. 61—71.

Jonathan N. HAVENS.
Observations on the Hessian fly.
　　Transact. of the Soc. of New-York, Part 1. p. 89—107.

William MARKWICK.
Some account of the Musca Pumilionis of Gmelins edition of the Syst. Naturæ; with additional remarks by T. Marsham.
Transact. of the Linnean Soc. Vol. 2. p. 76—82.

22. *Insecta Frumento in Granariis noxia.*

DESLANDES.
Observations nouvelles et physiques, sur la maniere de conserver les Grains. dans son Recueil de traitez de Physique et d'Hist. Nat. p. 89—150.
——————— : Nēue physikalische anmerkungen über die art das Getreide zu erhalten.
Hamburg. Magaz. 13 Band, p. 276—309.
Conradus Tiburtius RANGO.
Tractätlein von denen Curculionibus oder Korn-würmern, und deren ursprung und vertreibung; verbessert von Artophago. Pagg. 66.   Schneeberg, 1746. 8.
Carl DE GEER.
Beskrifning af maskar, som förtära Spannemålen i magaziner, samt försök at utrota dem.
Vetensk. Acad. Handling. 1746. p. 47—59.
——————— : De erucis minimis albis, Granaria infestantibus, et de modo illas depellendi.
Analect. Transalpin. Tom. 1. p. 469—474.
Johann Gottlob LEHMANN.
Anmerkung über die erzeugung der Kornwürmer.
Physikal. Belustigung. 2 Band, p. 522—525.
Johannes GESNERUS.
Dissertatio de variis Annonæ conservandæ methodis.
Pagg. 37. tab. ænea 1.   Turici, 1761. 4.
——————— : Abhandlung über die verschiedenen arten das Getreyd zu bewahren.
Abhandl. der Nat. Ges. in Zürich, 1 Band, p. 231—320.
H. L. DU HAMEL DU MONCEAU et *Mathieu* TILLET.
Memoire sur l'insecte qui devore les Grains de l'Angoumois.
Mem. de l'Acad. des Sc. de Paris, 1761. p. 289—331.
Histoire d'un insecte qui devore les Grains de l'Angoumois.
Pagg. 314. tabb. æneæ 3.   Paris, 1762. 12.
Johann August UNZER.
Einige nüzliche mittel wieder die Kornwürmer und andere insekten auf den Getraideböden.
in seine physical. Schriften, 1 Samml. p. 330—344.
———————Neu. Hamburg. Magaz. 84 Stück, p. 536—552.

Landon CARTER.

Observations concerning the Fly-Weevil, that destroys the Wheat.

Transact. of the Amer. Society, Vol. 1. p. 205—217.

※ ※ ※

Observations on the same subject, by the Committee of Husbandry. ibid. p. 218—224.

———— : Observations sur la Calandre.

Journal de Physique, Tome 2. p. 457—462.

Histoire des Charansons, avec des moyens pour les detruire, et empecher leur degâts dans le bled; (ex tribus commentariis, auctoribus Joyeuse, le Fuel, et Löttinger.)

Journal de Physique, Introd. Tome 1. p. 492—501, & p. 600—605.

Johann Samuel SCHRÖTER.

Mittel wider den Kornwurm, nebst einer kurzen naturgeschichte dieses insekts.

Berlin. Sammlung. 4 Band, p. 341—369.

———— in seine Abhandl. über die Naturgesch. 1 Theil, p. 228—250.

Johann Carl WILCKE.

Om Sädes-masken, Curculio granarius, och dess fördrifvande.

Vetensk. Acad. Handling. 1776. p. 274—293.

23. *Insecta Farinæ noxia.*

Guillaume Antoine OLIVIER.

Insectes qui rongent la farine.

Journal de Fourcroy, Tome 1. p. 204—206.

24. *Insecta Pani noxia.*

J. B. X. JOYEUSE.

Histoire des Vers qui s'engendrent dans le Biscuit, qu'on embarque sur les vaisseaux.

Pagg. 66.   Avignon, (1773.)   12.

25. *Insecta Oleribus noxia.*

Naturgeschichte der Kohlraupe, samt mitteln dieselbe zu vertilgen. Zweyte auflage.

Pagg. 30.   Mannheim, 1768.   8.

Johann Samuel Schröter
  Etwas zur naturgeschichte des Kohlschmetterlings.
  Berlin. Sammlung. 1 Band, p. 505—513.
  ———— in seine Abhandlung. über die Naturgesch. 1
    Theil, p. 195—208.
Olof Gerdes.
  Förklaring huru vida lukt af Hampa fördrifver Kål-mask.
  Vetensk. Acad. Handling. 1771. p. 89—91.

26. *Insecta Rapis noxia.*

William Marshall.
  Account of the black canker caterpillar, which destroys
    the Turnips in Norfolk.
  Philosoph. Transact. Vol. 73. p. 217—222.
Anon.
  A description of a net invented to effectually destroy the
    Turnip Fly.
  Pagg. 8. tab. ænea 1.   Leeds, (1784.)   8.
Clas Bjerkander.
  Beskrifning på tvänne slags maskar, som funnits på Rot-kål.
  Vetensk. Acad. Handling. 1780. p. 194—196.

27. *Insecta Viridariis noxia.*

William Speechly.
  Description of every species of insect that infest hot-houses,
    with effectual methods of destroying them; printed with
    his Treatise on the culture of the Pine-apple; p. 161
    —174, cum tab. ænea 1.   York, 1779.   8.
  ———— : Over de verschillende soorten van insekten,
    welken in stookhuizen gevonden worden, met kragtdaa-
    dige manieren van ze te verdelgen.
  Geneeskundige Jaarboeken, 5 Deel, p. 341—376.

28. *Insecta Arboribus fructiferis noxia.*

Zaccaria Betti.
  Memorie intorno la Ruca de' Meli.
  Pagg. xvi. tabb. æneæ 3.   Verona, 1760.   8.
T. Bergman, *J.* Leche, *Roland* Schröder, *C. N.* Ne-
  lin (*C. v.* Linne'), *E. G.* Lidbeck.
  Svar på K. Vetenskaps Academiens fråga, huru kunna
    maskar, som göra skada på Frukt-träd, bäst förekom-
    mas och fördrifvas?
  Pagg. 64.   Stockholm, 1763.   8.

ANON.
Anmärkningar vid de utkomma svaren på K. Vetenskaps
Academiens fråga, angående bästa sättet at förekomma
maskar på Frukt-trän, samt försök til samma frågas
besvarande.
Pagg. 47. tab. ænea 1.   Stockholm, 1764. 8.
Torbern BERGMAN.
Bref angående anmärkningarna, som utkommit öfver det
svar på frågan om skadeliga Frukt-träds-maskar, hvil-
ket vunnit den af K. Academien utlåfvada belöningen.
Pagg. 16.   ib. 1764. 8.
T. BERGMAN, *Carl Fredric* LUND, *A.* MODEER.
Svar på den af K. Vetenskaps Academien andra gången
framstälda frågan, huru maskar som göra skada på
Frukt-träd, bäst kunna förekommas och fördrifvas.
Pagg. 30.   ib. 1769. 8.
Grefve Carl Johan CRONSTEDT.
Berättelse om Frost-Fjärilarnas fångande.
Vetensk. Acad. Handling. 1770. p. 17—24.
Pehr ADLERHEIM.
Berättelse om et gjordt försök, till Frost-Fjärilars hin-
drande, at komma up och lägga sina ägg uti Frukt-
träden. ibid. p. 24—29.
Joannes Fridericus GLASER.
De erucarum specie, Pomorum flores præcipue exedentium,
commentatio.
Act. Acad. Mogunt. 1776. p. 89—96.
Abhandlung von den schädlichen raupen der Obstbäume.
Pagg. 170. tabb. æneæ color. 2.   Leipzig, 1780. 8.
Jean Etienne GUETTARD.
Memoire sur l'Echenillage.
Journal de Physique, Tome 11. p. 230—247.
ANON.
Abhandlung von der Wickelraupe, nebst einigen vorschlä-
gen zu derselben vertilgung.
                             Berlin und Leipzig, 1779. 8.
Pagg. 28. tabb. ænea 1.
Clas BJERKANDER.
Beskrifning på tvenne maskar, som skada blomstren på
Frukt-träd.
Vetensk. Acad. Handling. 1785. p. 156—158.
DE THOSSE.
Sur la maniere de detruire les Pucerons qui attaquent les
arbres fruitiers. Mem. de la Soc. R. d'Agricult. de
Paris, 1787. Trim. de Printemps, p. 106—111.

Carl Theodor Ludwig F E I G E.
Anweisung zu sicherer vertilgung des schädlichen Blüten-
wiklers, nebst einer beschreibung von mehreren schädli-
chen Obstraupen.
  Pagg. 84.   Berlin, 1790. 8.
William D E N N I N G.
On the decay of Apple trees (and Pear trees.) Transact.
of the Soc. of New-York, Part 2. p. 219—222.

29. *Insecta Grossulariis noxia.*

Pehr K A L M.
Disputation om sättet at utöda mask på Stickelbärs
busken. Resp. And. Cajalén.
  Pagg. 8.   Åbo, 1778. 4.

30. *Insecta Vitibus noxia.*

Johannes Theodorus M O E R E N.
De Ipibus seu Convolvulis.
  Ephem. Ac. Nat. Cur. Dec. 2. Ann. 5. p. 219—221.
Karl Freyherr V O N V O R S T E R.
Abhandlung von den Rebenstichern, so den preis erhalten.
  Bemerkung. der Kuhrpfälz. Phys. ökonom. Gesellsch.
  1770. 2 Theil, p. 22—110.
Israel W A L T H E R.
Abhaudlung von den Rebenstichern, die das accessit erhal-
ten ibid. p. 110—149.
A N O N.
Auszug aus der preis schrift eines ungenannten von den
  Rebenstichern. ibid. p. 150—168.
Des insectes essentiellement nuisibles à la Vigne.
  Journal de Physique, Introd. Tome 1. p. 59—67, p.
  153—157, & p. 198—203.
————— Tableau annuel de Dubois, 1772. p. 108—132.
Nicolaus Josephus J A C Q U I N.
Phalæna Vitisana. in ejus Collectaneis, Vol. 2. p. 97
  —100.
Louis Bosc D A N T I C.
Memoire pour servir à l'histoire de la Chenille qui a ra-
vagé les Vignes d'Argenteuil, en 1786. Mem. de la
Soc. R. d'Agricult. de Paris, 1786. Trim. d'Eté, p. 22—27.
R O B E R J O T.
Memoire sur un moyen propre à detruire les Chenilles qui

ravagent la Vigne. Mem. de'la Soc. R. d'Agricult. de
Paris, 1787. Trim. de Printemps, p. 193—206.
Ercole Lodi.
Storia naturale di quello scarabeo, che apporta grandissi-
mo danno alle Viti, detto da noi Carruga, Vacchetta,
Garzella ec.
Atti della Soc. patriot. di Milano, Vol. 2. p. 44—49.
Francesco Galli.
Su un insetto che danneggia le Viti. ib. p. 50, 51.
———— Opuscoli scelti, Tomo 7. p. 181, 182.

31. *Insecta Saccharo noxia.*

John Castles.
Observations on the Sugar Ants.
Philosoph. Transact. Vol. 80. p. 346—358.
————: Bemerkungen über die Zuckerameisen.
Voigt's Magaz. 8 Band. 3 Stück, p. 90—100.

32. *Insecta Lino noxia.*

Friedrich Christian Lesser.
Nachricht von Fliegen, deren raupen dem Flachs sehr
schädlich sind.
Physikal. Belustigung. 1 Band, p. 470—473.

33. *Insecta Graminibus noxia.*

Abraham Bäck.
Beskrifning om Gräsmatken.
Vetensk. Acad. Handling. 1742. p. 40—46.
————: Eruca gramini infesta.
Analect. Transalpin. Tom. 1. p. 200—204.
Mårten Strömer.
Om Gräsmatkar kring Upsala.
Vetensk. Acad. Handling. 1742. p. 46—48.
————: Eruca circa Upsaliam a. 1741. frequens.
Analect. Transalpin. Tom. 1. p. 204, 205.
Pehr Kalm.
Om den så kallade Gräs-eller ängsmasken, samt des före-
kommande och utödande. Resp. Dan. Alcenius.
Pagg. 16. Åbo, 1766. 4.

34. *Insecta Apibus noxia.*

Adolph MODEER.
Beskrifning om en för Bi-skötseln högstskadelig mask
och Fjäril.
Vetensk. Acad. Handling. 1762. p. 20—44.
Carl M. BLOM.
Beskrifning på en liten Fjäril, som utöder Bi-stockar. ibid.
1764. p. 12—18.
Clas BJERKANDER.
Om maskar af Fluge-slägtet, såsom skadelige för Bien. ib.
1775. p. 260—262.

35. *Insecta Bombycibus noxia.*

Jean-Baptiste VASCO.
Observations sur l'insecte qui ronge les cocons des Vers à
soie.
Mem. de l'Acad. de Turin. Vol. 4. p. 206—233.
————: Osservazioni sul Mangiapelle Lardario (Der-
mestes Lardarius L.) insetto che rode i bozzoli dei Ba-
chi da seta.
Opuscoli scelti, Tomo 13. p. 400—416.

36. *Insecta Piscatoribus noxia.*

Petro Adriano GADD
Præside, Dissertatio sistens insecta, Piscatoribus in mari-
timis Finlandiæ oris, noxia. Resp. Car. Nic. Hellenius.
Pagg. 8. Aboæ, 1769. 4.
————: Dissertation von den insekten welche der Fi-
scherey schaden; übersezt von H. Sander, mit zusäze
von J. Beckmann.
Naturforscher, 5 Stück, p. 195—206.
———— ———— Sanders kleine Schriften, 1 Band, p. 256
—263.

37. *Insecta Arboribus sylvestribus noxia.*

Sir Matthew DUDLEY.
An account of insects in the Barks of decaying Elms and
Ashes.
Philosoph. Transact. Vol. 24. n. 296. p. 1859—1863.

Pehr KALM.

Beskrifning på et slags maskar, som somliga år göra stor skada på Träden i Norra America.

Vetensk. Acad. Handling. 1764. p. 124—139.

William CURTIS.

A short history of the brown-tail Moth, the caterpillars of which are at present uncommonly numerous and destructive in the vicinity of the metropolis.

Pagg. 13. tab. ænea color. 1.   London, 1782. 4.

Some observations on the natural history of the Curculio Lapathi and Silpha grisea.

Transact. of the Linnean Soc. Vol. 1. p. 86—89.

DE PUYMAURIN *fils.*

Recherches sur le ver blanc qui detruit l'Ecorce des Arbres.

Mem. de l'Acad. de Toulouse, Tome 3. p. 342—351.

38. *Insecta Pinetis noxia.*

Gedanken über die verschiedene meynungen von den ursachen und folgen der in den Tannen-und Fuhrenwäldern sich findenden Holzwürmer.

Hamburg. Magaz. 4 Band, p. 555—573.

Torbern BERGMAN.

Uplysning om de skadelige Tall-maskarne.

Vetensk. Acad. Handling. 1769. p. 272—276.

————— : De Pityocampe sive Eruca Pini.

in ejus Opusculis, Vol. 5. p. 171—175.

Friedrich Wilhelm Heinrich VON TREBRA.

Vom schwarzen wurm und der Wurmtrockniss in den Fichten.

Schr. der Berlin. Ges. Naturf. Fr. 4 Band, p. 78—98.

J. H. JÄGER.

Beyträge zur kenntniss und tilgung des Borkenkäfers der Fichte, oder der sogenannten wurmtrockniss fichtener waldungen.

Pagg. 52. tab. ænea 1.   Jena, 1784. 8.

Friedrich Heinrich LOSCHGE.

Naturgeschichte der Forl-oder Kieferraupe.

Naturforscher, 21 Stück, p. 27—65.

Nachtrag, und beschreibung einer Blatwespenart. ibid.

22 Stück, p. 87—96.

ANON.

Etwas über den Borkenkäfer, oder die baumtrockniss fichtener waldungen.

Pagg. 86.   Leipzig, 1786. 8.

Johann Friedrich GMELIN.
Abhandlung über die Wurmtroknis.
  Pagg. 176. tabb. æn. color. 3.   Leipzig, 1787. 8.
Anhang zu der abhandlung von der Wurmtroknis, be-
  stehend in aktenstüken, die troknis am Harze betreffend.
  Pagg. 269.   ib. 1787. 8.
Johann Adam VON HAAS.
Beobachtungen über den Rinden-oder Borkenkäfer, und
  die daher entstehende baumtrockniss, oder abstand der
  fichtwälder; mit einer vorrede herausgegeben von J.
  G. W. Köhler.
  Pagg. 108.   Erlangen, 1793. 8.
C. H. VON SIERSTORPFF.
Ueber einige insektenarten, welche den Fichten schädlich
  sind, und über die wurmtrockniss der fichtenwälder des
  Harzes.
  Pagg. 61. tabb. æn. color. 3.   Helmstedt, 1794. 8.

39. *Insecta Ligno noxia.*

DESLANDES.
Eclaircissement sur les vers qui rongent le Bois des vais-
  seaux. dans son Recueil de traitez de Physique et
  d'Hist. Nat. p. 214—238.
DICQUEMARE.
Insectes marins, destructeurs des Bois.
  Journal de Physique, Tome 22. p. 121—123.
———— : Ueber ein holzzernagendes Seeinsekt.
  Lichtenberg's Magaz. 2 Band. 2 Stück, p. 49—53.

40. *Insecta Panno et Pellibus noxia.*

René Antoine Ferchault DE REAUMUR.
Histoire des Teignes, ou des insectes qui rongent les Laines
  et les Pelleteries. Mem. de l'Acad. des Sc. de Paris,
  1728. p. 139—158, & p. 311—337.
———— dans ses Memoires sur les Insectes, Tome 3.
  p. 41—96.
ANON.
Nachricht von einem den wollenen zeuge sehr schädlichen
  wurme, und dem Käfer, der aus solchen erzeuget wird.
  Neu. Hamburg. Magaz. 116 Stück, p. 179—187.

41. *Insecta Libris noxia.*

Carl von LINNE'.

Nachricht von einem höchst schädlichen Insekt für die Büchersamlungen. (e Svecico, in Inrikes Tidningar, 1766.)

Berlin. Magaz. 4 Band, p. 411—414.

* * *

Drey preisschriften zu beantwortung der von der Kön. Societät der Wissenchaften zu Göttingen aufgegebenen preisfrage die, den Urkunden und Bibliotheken schädlichen Insekten betreffend.

Pagg. 54.   Hannover, 1775.   4.

Horum libellorum primus, auctore

Johanne HERRMANN, italice versus:

Dissertazione sul quesito quante specie d'Insetti vi sono, che danno il guasto a' Manoscritti ed a' Libri? e quali sono e mezzi efficaci per allontanar questi Insetti dalle raccolte di Libri, e di Manoscritti o per distruggerli?

Opuscoli scelti, Tomo 1. p. 28—37.

42. *Insecta Museis noxia.*

Peter Jonas BERGIUS.

Anmärkningar öfver Herbarier, och deras skadande af Insecter.

Vetensk. Acad. Handling. 1786. p. 302—309.

Friedr. Alb. Ant. MEYER.

Beytrag zur naturgeschichte des Spekkäfers.

Voigt's Magaz. 7 Band. 4 Stück, p. 34—36.

43. *Rei Venaticæ Scriptores.*

Bibliothecæ.

Conradus RITTERSHUSIUS.

Catalogus doctorum virorum, qui præter Oppianum de Venatione aut rebus ad eam pertinentibus (græce vel latine) scripserunt. in Prolegomenis ad ejus editionem Oppiani, sign. γ 1—γ 4. Lugd. Bat. 1597. 8.

George Christoph KREYSIG.

Bibliotheca scriptorum Venaticorum, vide supra pag. 1.

44. *Scriptorum Venaticorum Collectiones.*

Janus VLITIUS.

Venatio novantiqua.

Pagg. 491. Lugd. Bat. 1645. 12.

Ad rei venaticæ autores antiquos curæ secundæ.

Pagg. 48. 12.

Thomas JOHNSON.

Gratii Falisci Cynegeticon, cum poematio cognomine M. A. Olympii Nemesiani, notis perpetuis, variisque lectionibus adornavit T. Johnson. Accedunt H. Fracastorii Alcon, carmen pastoritium : J. Caji, de canibus libellus : ut et opusculum vetus Κυνοσοφιον dict.

Pagg. 201. Londini, 1699. 8.

* * *

Poetæ Latini rei Venaticæ scriptores et Bucolici antiqui, cum notis integris Casp. Barthii, J. Vlitii, Th. Johnson, Ed. Brucei.

Lugd. Bat. et Hagæ Com. 1728. 4.

Pagg. 583 et 335.

45. *Rei Venaticæ Scriptores miscelli.*

OPPIANUS.

De Venatione libri 4. græce. impr. cum ejus Libris de piscibus ; fol. 65—102. Venetiis, 1517. 8.

—— græce et latine, cum commentariis Conr. Rittershusii. Lugduni Bat. 1597. 8.

Textus pagg. 141. Commentaria pagg. 155 ; præter Halieutica, de quibus infra pag. 562.

—— curavit Joh. Gottlob Schneider.

Argentorati, 1776. 8.

Pagg. omnino 438, quarum Libri de venatione græce
pag. 1—65, latine, Adr. Turnebo interprete, p. 201—
257, et Animadversiones Schneideri p. 345—379; reliquis libri de piscatione et de aucupio, de quibus infra.
———— recensuit et animadversionibus auxit Jac. Nic.
Belin de Ballu.
Pagg. 366.   Argentorati, 1786. 8.
———— latine, J. Bodino interprete, cum hujus commentariis.   Lutetiæ apud Mich. Vascosanum, 1555. 4.
Foll. 110.
———— ita conversi, ut singula verba singulis respon-
deant; impr. cum libris de Piscatu; p. 125—203.
                      Parisiis apud Guil. Morelium, 1555. 4.
Differt hæc versio ab antecedente Bodini.
Heinrich SANDER.
Ueber Oppians beiträge zur naturgeschichte.
in seine kleine Schriften, 1 Band, p. 80—83.
ARRIANUS.
De Venatione, græce et latine, Luca Holstenio interprete.
Pagg. 95.   Parisiis, 1644. 4.
GRATIUS *Faliscus.*
Cynegeticon, cum commentario Jani Vlitii. in hujus
Venatione novantiqua, p. 1—18, et p. 71—312.
———— cum notis Th. Johnson, in hujus collectione,
p. 1—87.
———— inter rei Venaticæ Scriptores, p. 1—199.
Marcus Aurelius Olympius NEMESIANUS.
Cynegeticon, cum commentario Jani Vlitii. in hujus
Venatione novantiqua, p. 23—34, et p. 313—426.
———— cum notis Th. Johnson, in hujus collectione,
p. 89—131.
———— inter rei Venaticæ Scriptores, p. 215—306.
Matthæus LACIUS.
Vindiciæ nominis Barthiani et poëtarum venaticorum
Gratii et Nemesiani adversus Janum Vlitium, et dispun-
ctio notarum J. Vlitii ad eosdem. inter rei Venaticæ
Scriptores, p. 309—342.
Natalis COMITUM.
De venatione libb. 4. Hier. Ruscellii scholiis illustrati.
Foll. 44.   Venetiis, 1551. 8.
Belisarius AQUIVIVUS *Neritinorum Dux.*
De Venatione. (ex Oppiano.) impr. cum ejus de Prin-
cipum liberis educandis; p. 43—88.
                                        Basileæ, (1578.) 8.

ANON.
The noble art of Venerie or Hunting.
Pagg. 250 ; cum figg. ligno incisis. London, 1611. 4.
Eugenio RAIMONDI.
Delle Caccie libri 4.
Pagg. 635 ; cum figg. æri incisis. (1626.) 4.
Jacques DU FOUILLOUX.
La Venerie, du nouveau revuë. Rouen, 1650. 4.
Foll. 124 ; cum figg. ligno incisis.
Andreas CIRINO.
Variarum lectionum, sive de venatione heroum libb. 2.
Messanæ, 1650. 4.
Adest tantum liber 1mus, pagg. 299.
Robert DE SALNOVE.
La Venerie royale.
Pagg. 437 & 38. Paris, 1665. 4.
ANON.
Traité des Chasses, de la Venerie et Fauconnerie.
Pagg. 59. Paris, 1681. 12.
F. F. F. R. D. G. dit le Solitaire inventif.
Les ruses innocentes, dans lesquelles se voit comment on
prend les Oiseaux, et de plusieurs sortes de Bêtes à
quatre pieds, avec les plus beaux secrets de la Pêche.
Pagg. 292. tabb. æneæ 66. Amsterdam, 1695. 12.
Arthur STRINGER.
The experienced Huntsman, containing observations on
the nature and qualities of the different species of game,
with instructions for hunting the Buck, the Hare, the
Fox, the Badger, the Martern, and the Otter.
Pagg. 304. Dublin, 1780. 12.
Johann Christoph. HEPPE.
Die Jagdlust, oder die hohe und niedere jagd nach allen
ihren verschiedenheiten beschrieben.
1 Theil. pagg. 496. tabb. æn. 10. Nürnberg, 1783. 8.
2 Theil. pagg. 636. tabb. æneæ 6. 1783.
3 Theil. pagg. 806. tabb. æneæ 5. 1784.
ANON.
La Chasse au fusil.
Pagg. 582. tabb. æneæ 8. Paris, 1788. 8.

———

Robert SMITH.
The universal directory for taking alive and destroying
Rats, and all other kinds of four-footed and winged ver-
min.
Pagg. 218. tabb. æneæ 6. London, 1768. 12.

Anon.

Von vertilgung der garten-haus-und feldmäuse.
Berlin. Sammlung. 4 Band, p. 470—495.

Pierre Joseph Buc'hoz.

Methodes sures et faciles pour detruire les animaux nuisibles. Pagg. 380. Pâris, 1783. 12.

46. *Icones Venationum.*

Jachtboeck gheteykent door *Antoni* Tempest ende gedruckt by Claes Janss. Visscher t'jaer 1624.

Tabb. æneæ 12, long. 3½ unc. lat. 5 unc.

Venationes ferarum, avium, piscium, pugnæ bestiariorum
et mutuæ bestiarum delineatæ ab Antonio Tempesta.
t' Amsterdam gedruckt bÿ Claes Janss. Visscher anno
1627.

Partes 4, quarum singulæ continent tabb. æneas 10,
long. 4 unc. lat. 6 unc.

(Venationes.) Antonio Tempest inventor. C. J. Visscher
excudit.

Tabb. æneæ 16, long. 4 unc. lat. 6 unc.

Venationis, piscationis et aucupii typi. Cl. J. Visscher
excudit.

Tabb. æneæ 8, long. 4 unc. lat. 6 unc. cum distichis
latinis.

Animalium quadrupedum venatus. C. J. Visscher excudebat a. 1631.

Tabb. æneæ 9, long. 3 unc. lat. 8½ unc.

Johann Elias Ridinger.

25 Tabulæ Venatorum, literis A ad Z notatæ, long. 1½
unc. lat. 9 unc.

Joh. El. Ridinger del. Mart. El. Ridinger sc.

Nach der natur entworffene vorstellungen, wie alles hoch
und niedere Wild, samt dem Feder Wildpräth auf ver-
schidene weise mit vernunfft list und gewalt lebendig
oder tod gefangen wird. Augsburg, 1750.

Tabb. æneæ 22, long. 10 unc. lat. 14 unc.

Der Parforce Jagt 4 Theile.

Tabb. æneæ 16, long. 10 unc. lat. 18 unc.

Die von verschidenen arthen der Hunden behäzte Jagt-
bare Thiere, mit anmerckungen wie solche von denen-
selben gejagt, angefallen, gefangen, gehalten, niderge-
zogen, und theils gewürget werden.

Augsburg, 1761.

Tabb. æneæ 22, long. 11 unc. lat. 10 unc.

47. *Rei Venaticæ Scriptores Topographici.*

Sveciæ.

Andrea BERCH
Præside, Dissertationes: *Jämtelands* djur-fänge. Resp.
Æschill Nordholm.
Pagg. 60. tab. ligno incisa 1. Upsala, 1749. 8.
Westmanlands Björn-och Warg-fänge. Resp. And. Hil-
lerström.
Pagg. 52. tab. ænea 1. ib. 1750. 8.
Carl Niclas HELLENIUS.
Disputation om de allmännaste djurfängen i *Tavastland.*
Resp. Gabr. Bonsdorff.
Pagg. 24. Åbo, 1782. 4.

48. *Rei Venaticæ Monographiæ.*

Jean DE CLARMORGAN.
La chasse du *Loup.* impr. avec la maison rustique de
Charles Etienne; sign. Xx iiij—Zz ij.
Cum figg. ligno incisis. Rouen, 1625. 4.
Jacobus SAVARY.
Album Dianæ Leporicidæ, sive venationis *Leporinæ* leges.
Pagg. 105. Cadomi, 1655. 8.
Venationis *Cervinæ, Capreolinæ, Aprugnæ,* et *Lupinæ*
leges. Pagg. 118. ib. 1659. 4.
ANON.
Beskrifning om förgiftade kreatur och ludrar emot *War-*
gar och *Räfwar.*
Plag. dimidia. (Stockholm,) 1745. 4.
Berättelse med hvad nytta förgiftade ludrar blefvit brukade
för rofdjur, jemte beskrifning om någre sätt af slik dö-
dande ludring.
Plag. dimidia. Stockholm, 1747. 4.
Carl KNUTBERG.
Giller at fånga Sjö-djuret *Skäl.*
Vetensk. Acad. Handling. 1755. p. 130—136.
Johann Daniel CNEIFF.
Berättelse om Skäl-fänget i Österbotten. ibid. 1757. p.
177—197.
Johann Friedrich HARTMANN.
Neue art *Iltis* zu fangen.
Neu. Hamburg. Magaz. 38 Stück, p. 189—191.
———— Berlin. Sammlung. 2 Band, p. 400, 401.

Elias LAGUS.

Beskrifning på sättet at fånga *Bäfrar,* som brukas i Kusamo Socken uti Kimi Lappmark. Vetensk. Acad. Handling. 1776. p. 218—221.

49. *Canes Venatici.*

Κυνοσοφιον. Liber de cura Canum. græce et latiné. inter rei Accipitrariæ Scriptores, p. 257—278 græce, et p. 163—182 latine.

——————— in Johnsoni collectione scriptorum venaticorum, p. 172—201.

——————— : Demetrii Constantinopolitani de cura et medicina Canum, latine Petro Gillio interprete; impr. cum hujus versione Æliani; p. 655—668.

Lugduni, 1562 et 1565. 8.

Differt hæc versio a præcedenti.

Hieronymus FRACASTORIUS.

Alcon s. de cura Canum venaticorum. impr. ad calcem Scriptorum rei Accipitrariæ, p. 113—120.

——————— in Johnsoni collectione, p. 133—144.

——————— inter Scriptores rei Venaticæ, ad calcem præfationis.

Francesco SFORZINO.

Trattato della cura delli Cani. impr. cum ejus libro de gli Uccelli da rapina; p. 241—249.

——————— : A treatise of the cure of Spaniels. printed with Turbervile's Falconrie; p. 362—370.

50. *Rei Accipitrariæ Scriptores.*

Ιερακοσοφιον. Rei Accipitrariæ Scriptores nunc primum editi, viz.

Δημητριε Κωνϛαντινοπολιτε περι της των ιερακων ανατροφης τε και θεραπειας. græce et latine.

Ορνεοσοφιον αγροικοτερον. græce et latine.

Dell nudriment he de la cura dels Ocels los quals sepertäye ha cassa.

Ex libro incerti auctoris de natura rerum excerpta, de diversis generibus Falconum sive Accipitrum.

Jacobi Augusti Thuani de re Accipitraria libb. 3.

Pagg. 278, 211 et 120.   Lutetiæ, 1612. 4.

FRIDERICUS II. *Imperator.*

Reliqua librorum de arte venandi cum avibus, cum Man-

fredi Regis additionibus, ex membranis vetustis nunc primum edita. Augustæ Vindel. 1596. 8.
Pagg. 355 ; præter Albertum Magnum mox sequentem.

————— quibus annotationes addidit suas Jo. Gottl. Schneider.
Tomus 1. pagg. 198. Lipsiæ, 1788. 4.
Tomus 2. Commentarii Schneideri. pagg. 228. tabb. æneæ 6. 1789.

ALBERTUS *Magnus.*
De Falconibus, Asturibus, et Accipitribus. impr. cum libro antecedenti ; p. 357—411.
Augustæ Vindel. 1596. 8.

————— cum eodem libro, ex editione Schneideri, p. 174—198.

————— in ejus de Animalibus libris, fol. 187—192.
Venetiis, 1519. fol.

DEMETRIUS *Constantinopolitanus.*
De cura et medicina Accipitrum, latine, Petro Gillio, interprete. impr. cum hujus versione Æliani ; p. 527—654. Lugduni, 1562 et 1565. 8.

————— græce et latine, inter rei Accipitrariæ scriptores.

Aloisio BESALU.
Codex manuscriptus, chartaceus, elegantissimus, 540 paginarum in folio, continens libros 14 de re Accipitraria, italice. Incipit : " Joanne Petro Belbasso Vigevio ali lectori de lopera sequente. Quando considero lectori mei candidissimi la gran theorica e pratica del prestante philosopho magistro Aloisio Besalu de Hispania nel quale per lo suo peregrino ingenio ha superato tutti li altri Philosophi in questa scientia strucciaria como nel processo de lopera sua euindentemente appare non posso se non alegrarme : Io como reuisore e correctore dela presente opera ho deliberato douere adiungere la Rubrica a ciascaduno libro — — —"
Ad calcem : " Finita lopera la quale per obligatione et seruitute mia me ha constrecto lo amore : et fede scriuendola al piacere et delecto de lo Illustrissimo Principe Galeacio Maria Duca de Milano Quinto — — —"
" Vigeuii Decimo Septimo Julii Millesimi Quingentesimi Decimi per me Johannem Petrum Belbassum Vigeuiatem."

Federico GIORGI.
Del modo di conoscere i buoni Falconi, Astori e Sparavieri, di farli, di governarli, et di medicarli.
Foll. 53. Vinegia, 1558. 8.

Jan DES FRANCHIERES.
La Fauconnerie.　　　　　　Poitiers, 1567. 4.
　Pagg. 160; præter libellos sequentes; cum figg. ligno
　incisis.
Guillaume TARDIF.
La Fauconnerie. impr. cum priori; pagg. 96; cum figg.
　ligno incisis.
Arthelouche DE ALAGONA, *Seigneur de Maraveques.*
La Fauconnerie. impr. cum prioribus; pagg. 37.
G. B.
Recueil de tous les Oyseaux de proye, qui servent à la
　Vollerie et Fauconnerie. impr. cum prioribus; pagg.
　64; cum figg. ligno incisis.
Francesco SFORZINO.
De gli Uccelli da rapina.　　　Vinegia, 1568. 8.
　Pagg. 240; præter Trattato della cura delli cani, de
　quo supra pag. 558.
Belisarius AQUIVIVUS *Neritinorum Dux.*
Libellus de Aucupio. impr. cum ejus de Principum
　liberis educandis; p. 89—114.　Basileæ, (1578.) 8.
(*Jacobus Augustus* THUANUS.)
Hieracosophiou, sive de re Accipitraria libb. 3.
　　　　　　　　　　　　　　　　Lutetiæ, 1587. 8.
　Pagg. 107; præter alia carmina, non hujus loci.
――――― inter rei Accipitrariæ Scriptores, vide supra.
George TURBERVILE.
The booke of Falconrie or Hawking. London, 1611. 4.
　Pagg. 370; cum figg. ligno incisis.
Edmund BERT.
A treatise of Hawkes and Hawking.
　Pagg. 109.　　　　　　　　　London, 1619. 4.
Charles D'ARCUSSIA *de Capre.*
La Fauconnerie, divisée en 10 parties.
　Pagg. 409; cum figg. æri incisis.　Paris, 1627. 4.
P. DE GOMMER, *Seigneur de Lusancy,* et *F.* DE GOMMER,
Seigneur du Breuil.
De l'Autourserie et de ce qui appartient au vol des oyseaux.
　Pagg. 53.　　　　　　　　　Paris, 1627. 8.
Pierre HARMONT *dit Mercure.*
Le Miroir de Fauconnerie. impr. avec la Venerie du J. du
　Fouilloux.　　　　　　　　Rouen, 1650. 4.
　Pagg. 38; cum figg ligno incisis.
Simon LATHAM.
Faulconry, in two books.
　4th edition.　　　　　　　London, 1658. 8.

Pagg. 177. 2d Book. pagg. 144; cum figg. ligno incisis, et tab. ænea 1.

ANON.

Von dem natürlichen triebe des Falken, und von der ver-
rückung, die er leidet.

Hamburg. Magaz. 5 Band. p. 143—172.

HUBER.

Observations sur le vol des Oiseaux de proie.

    Pagg. 51. tabb. æneæ 5.   Geneve, 1784. 4.

Johann BECKMANN.

Falknerey. in seine Beyträge zur Geschichte der Erfindungen, 2 Band, p. 157—176.

ANON.

Om Falke og Falke-jagt. Norske Vidensk. Selsk. Skrift.
nye Saml. 2 Bind, p. 53—75.

51. *Rei Aucupariæ Scriptores.*

EUTECNIUS *Sophista.*

Paraphrasis in Oppiani Ixeutica. græce et latine per Erasm.
Windingium.

    Pagg. 113.   Hafniæ, 1702. 8.

————— : Paraphrasis Oppiani, vel potius Dionysii, librorum de Aucupio, græce et latine C. Gesnero interprete cum animadversionibus J. G. Schneider.

impr. cum Oppiano; p. 171—200, p. 319—344, & p.
426—438.   Argentorati, 1776. 8.

Giovanni Pietro OLINA.

Ucceliera, overo discorso della natura e proprieta di diversi
uccelli e in particolare di que' che cantano, con il modo
di prendergli, conoscergli, allevargli e mantenergli.

    Pagg. 81; cum tabb. æneis.   Roma, 1622. 4.

————— Pagg. 77; cum tabb. æneis.   ib. 1684. 4.

————— : Les amusemens innocens, contenant le traité
des Oiseaux de voliere, ou le parfait Oiseleur, traduit
en partie de l'ouvrage italien d'Olina, et mis en ordre
d'apres les avis des plus habiles oiseleurs.

    Pagg. 432.   Paris, 1774. 12.

* * *

Aucupationis multifariæ effigies, inventæ ab *Antonio*
TEMPESTIO. Excusum Amstelredami apud Nic. Joa.
Visscher a. 1639. C. J. Visscher sculpsit.

Tabb. æneæ 16, long. 4 unc. lat. 5½ unc.

Gervase MARKHAM.
Hu gers prevention, or the whole arte of Fowling by water
and land.
      Pagg. 285.   London.   8.
——————— Pagg. 285.   ib. 1655.   8.
Diversa editio a priori, cui annus impressionis nullus.

52. *Rei Aucupariæ Scriptores Topographici.*

Galliæ.

B * * *
Aviceptologie Françoise, ou traité general de toutes les
      ruses, dont oi peut se servir pour prendre les oiseaux
      qui se trouvent en France.   Paris, 1778.   12.
      Pagg. 190 et xliij. tabb. æneæ 34.
DE LA TOUR-D'AIGUES.
Essai sur la Chasse à la Tese, en usage en Provence.
      Mem. de la Soc. R. d'Agricult. de Paris, 1786. Trim.
      d'Eté, p. 38—47.

53. *Rei Aucupariæ Monographiæ.*

De la chasse des *Palombes* ou Pigeons Ramiers, dans les
      Pyrenées.
      Journal de Physique, Tome 20. p. 306—312.
Dom FRANC.
Memoire sur la Chasse des Bisets, ou Pigeons-Ramiers,
      qui se fait dans la Bigorre. Mem. de la Soc. R. d'Agri-
      cult. de Paris, 1787. Trim. de Printemps, p. 159—
      166.
Johan LECHE.
Om *Tättingars* eller Grå-Sparfvars utödande.
      Vetensk. Acad. Handling. 1745. p. 153—158.

54. *Rei Piscatoriæ Scriptores.*

OPPIANUS.
De piscibus libb. 5. græce et latine, Laur. Lippio inter-
      prete.   Venetiis, 1517.   8.
      Foll. 166, quorum 65—102 libros de Venatione conti-
      nent, vide supra pag. 553.
——————— opera Conr. Rittershusii. impr. cum libris
      de Venatione; p. 143—376 textus, et p. 157—344

Commentarii Rittershusii; præter scholia græca, pagg.
164.   Lugduni Bat. 1597. 8.
———— interprete J. G. Schneider.
impr. cum libris de venatione; p. 66—170, 259—318, &
380—425.   Argentorati, 1776. 8.
—— latine, interprete Laurentio Lippio ; Joh. Cæsarius
recognovit.   Argentorati, 1534. 4.
Foll. 59; præter Plinium de aquatilibus et Jovium de
   piscibus romanis, vide supra pag. 167 et 170.
———————— latine, Laurentio Lippio interprete.
                                Parisiis, 1555. 4.
Pagg. 124; præter libros de venatione.

Izaak WALTON.
The compleat Angler, or the contemplative man's recrea-
   tion, being a discourse of fish and fishing.
   Pagg. 246.   London, 1653. 8.
———————— 2d edition, much enlarged. pagg. 355.
                                ib. 1655.   12.
———————— 3d edition. pagg. 255.   ib. 1661. 8.
———————— 4th edition. pagg. 255.   ib. 1668. 8.
———————— 5th edition.   ib. 1676. 8.
   Pagg. 275 ; præter libellos R. Venables et C. Cotton,
   mox sequentes.
   In his quinque editionibus figuræ piscium æri incisæ.
———————— published by Moses Browne. ib. 1750.   12.
   Pagg. 312; cum tabb. æneis, et figuris piscium ligno
   incisis.
———————— with notes by John Hawkins.
                                London, 1760. 8.
   Pagg. 303. tabb. æneæ 11; cum figuris piscium æri
   incisis ; præter Cottoni librum.

Robert VENABLES.
The experienced Angler. 4th edition. printed with Wal-
   ton's Angler.   London, 1676. 8.
   Pagg. 96; cum figg. piscium æri incisis.
———————— 5th edition.   ib. 1683. 8.
   Pagg. totidem ; cum figg. piscium æri incisis.

Charles COTTON.
Instructions how to angle for a Trout or Grayling in a
   clear stream. printed with Walton's Angler.
   Pagg. 111.   London, 1676. 8.
———————— in Walton's Angler, published by Moses Brown,
   p. 201—278.   ib. 1750.   12.

———— printed with Walton's Angler, with notes by
John Hawkins. Pagg. 94 tab. 12—14. ib. 1760. 8.

Ro. Nobbes.
The compleat Troller, or the art of trolling.
Pagg. 78. London, 1682. 8.

Nicolaus Parthenius *Giannettasius.*
Halieutica.
Pagg. 245; cum tabb. æneis. Neapoli, 1689. 8.

R. H.
The Anglers sure guide.
Pagg. 296. tabb. æneæ 2. London, 1706. 8.

Anon.
The whole art of Fishing. Pagg. 111. ib. 1714. 8.
———— : The Gentleman Fisher. ib. 1727. 8.
Est eadem editio, novo titulo.

James Saunders.
The compleat Fisherman. Pagg. 234. ib. 1724. 12.

R. Brookes.
The art of angling, rock and sea-fishing: with the natural
history of river, pond, and sea-fish.
London, 1740. 12.
Pagg. 246; cum figg. ligno incisis.
———— 4th edition. ib. 1774. 12.
Pagg. 304; cum figg. ligno incisis.

H. L. Du Hamel du Monceau et de la Marre.
Traité general des Pesches, et histoire des Poissons qu'elles
fournissent, tant pour la subsistance des hommes, que
pour plusieurs autres usages, qui ont rapport aux arts
et au commerce.
1 Section. pagg. 84. tabb. æneæ 21.
Paris, 1769. fol.
2 Section. pagg. 192. tabb. 50.
3 Section. pagg. 140. tabb. 15. 1771.
2 Partie. pagg. 579. tabb. 26, 16 et 31. 1772—76.
Suite de la 2 Partie. Tome 3me. pagg. 336. tabb. 15,
11, 5, 9, 7, et 27. 1777—81.
Suite de la 2 Partie. Tome 4me. pagg. 73. tabb. 15.
1782.

Anon.
The North-country Angler, or the art of angling, as prac-
tised in the northern counties of England.
Pagg. 87. tab. ænea 1. London, 1786. 12.
The Angler's complete assistant.
Plag. 1. London. 4.

Johan ILSTRÖM.

Om Körfogelens (Mergi Merganseris) nytta, när fiskehus blifva bygde för honom uti salt-eller insjö-vikar. Vetensk. Acad. Handling. 1749. p. 190—196.

———— : Mergus pisces captans. Analect. Transalpin. Tom. 2. p. 194—197.

Johan LOW.

Sätt att fånga Uttrar lefvande, och inrätta dem, at bära hem fisk. ibid. 1752. p. 139—145.

———— : Modus Lutram vivam captandi, et pisces adportandi artem edocendi. Analect. Transalpin. Tom. 2. p. 424—427.

———— : Konst om de Otters levendig te vangen, tam te maaken, en zo af te rigten dat zy visch aanbrengen. Uitgezogte Verhandelingen, 2 Deel, p. 61—69.

55. *Rei Piscatoriæ Scriptores Topographici.*

Oceani Borealis.

Sven BRING

Præside, Dissertatio de piscaturis in Oceano boreali. Resp. Carl Estenberg. Pagg. 29. Londini Gothor. 1750. 4.

56. *Imperii Danici.*

Gottlieb Henricus KANNEGIESSER.

De cura piscium per *Slesvici* et *Holsatiæ* Ducatum usitata, libellus.
Pagg. 130. Kilonii, 1750. 8.

Melchior FALCH.

Afhandling om fiskerierne i *Norge,* i særdeleshed om de Söndmörske. Danske Landhuush. Selsk. Skrift. 3 Deel, p. 289—344.

Christian Gran MOLBERG.

Afhandling om saltvands-fiskerierne i Norge. ibid. p. 345—386.

57. *Sveciæ.*

Pehr KALM.

Om *Öst-gjötha* Skäre-boars öfliga fiske-sätt i Östersjön. Resp. Joh. Enholm.
Förra delen. Pagg. 46. Åbo, 1753. 4.
Sednare delen. Pagg. 28. 1754.

Olof STRANDBERG.
Anmärkningar vid fisket i *Hjelmaren.*
Vetensk. Acad. Handling. 1772. p. 79—84.
Andrea CELSIO
Præside, Dissertatio de novo in fluviis *Norlandiarum* pis-
candi modo. latine et svethice. Resp. Andr. Hellant.
Pagg. 27. tab. ligno incisa 1.   Upsaliæ, 1738. 4.
Carolo Friderico MENNANDER
Præside, Dissertatio de regia piscatura *Cumoënsi.* Resp.
Frid. Reginald. Brander.
Pagg. 49. tabb. æneæ 2.   Aboæ, 1751. 4.

58. *Rei Piscatoriæ Monographiæ.*

Carl PONTOPPIDAN.
Hval-og Robbefangsten udi Strat-Davis, ved Spitsbergen,
og under eilandet Jan Mayn.
Pagg. 124. tab. ænea 1.   Kiöbenhavn, 1785. 8.
Ezra L'HOMMEDIEU.
The manner of taking *Porpoises* at the east end of Long-
island.
Transact. of the Soc. of New-York, Part 2. p. 95—97.
Nicolai Christian FRIIS.
Torske-fiskeriet i Nordlandene.
Kiöbenh. Selsk. Skrifter, 10 Deel, p. 177—190.
————— : Berättelse om Torsk-fiskeriet i Norrige.
Vetensk. Acad. Handling. 1770. p. 296—316.
Melchior FALCK.
Om Torske vaar-fiskeriet paa Sundmöer. Norske Vidensk.
Selsk. Skrift. nye Saml. 2 Bind, p. 213—250.
Hans STRÖM.
Om Torske-fiskerie med garn.   ibid. p. 401—416.
Nicolai Christian FRIIS.
Graasey-fiskeriet i Nordlandene.
Kiöbenh. Selsk. Skrifter, 10 Deel, p. 196—199.
————— : Berättelse om Grå-siks-fiskeriet i Nordlanden
i Norrige.
Vetensk. Acad. Handling. 1771. p. 42—47.
Helle-flynder og *Flynder*-fiskeriet i Nordlandene.
Kiöbenh. Selsk. Skrifter, 10 Deel, p. 199—202.
————— : Berättelse om Hälle-Flundre och Flundre-fi-
skeriet uti Nordlanden i Norrige.
Vetensk. Acad. Handling. 1771. p. 247—254.

Sacharias WESTBECK.
  Beskrifning på *Sköt-spiggs* fisket, och huru Olja kokas
  af denna fisk.
  Vetensk. Acad. Handling. 1753. p. 261—266.
DESLANDES.
  Lettre sur la peche du *Saumon.* dans son Recueil de
  traitez de Physique et d'Hist. Nat. p. 161—196.
Nils GISLER.
  Om Laxens natur och fiskande i de Norrländska älf-
  varna.
  Vetensk. Acad. Handling. 1751. p. 11—31, 95—129,
  171—190, 268—284. 1752. p. 11—24, 93—100.
Georg MARIN.
  Anmärkningar vid Laxfisket i Halländska strömmarne.
  ibid. 1774. p. 47—52.
Nils GISLER.
  Anmärkningar om *Sik*-fisket i Norrländska älfver och
  skärgårdar. ibid. 1753. p. 195—209.
Nicolai Christian FRIIS.
  Sild-fiskeriet i Nordlandene.
  Kiöbenh. Selsk. Skrifter, 10 Deel, p. 190—196.
  ————: Berättelse om Sill-fiskeriet uti Norrlanden i
  Norrige.
  Vetensk. Acad. Handling. 1770. p. 158—168.
Elia FRONDIN
  Præside, Dissertatio de piscatura *Harengorum* in Rosla-
  gia. Resp. Nic. Humble.
  Pagg. 26.   Upsaliæ, 1745. 4.
Nils GISLER.
  Beskrifning om *Strömmings* fiskets beskaffenhet i Norr-
  botten.
  Vetensk. Acad. Handling. 1748. p. 107—140.
Nicolai Christian FRIIS.
  Brygde-fiskeriet i Nordlandene.
  Kiöbenh. Selsk. Skrifter, 10 Deel, p. 202—205.
  ————: Berättelse om Brygd-fiskeriet i Nordlanden i
  Norrige.
  Vetensk. Acad. Handling. 1772. p. 157—164.
Sir Robert REDDING.
  A letter concerning *Pearl*-fishing in the North of Ire-
  land.
  Philosoph. Transact. Vol. 17. n. 198. p. 659bis—664.
Olof MALMER.
  Om Pärlemuslor och Pärlefiskerier.
  Vetensk. Acad. Handling. 1742. p. 214—225.

IPROCLIS.
Om Pärlefiskeri i Österbotn och Biörneborgs Län.
Vetensk. Acad. Handling. 1742. p. 225—232.
Fr. Chr. JETZE.
Von Perlen, welche in Liefland gefischet werden. gedr.
mit sein. Betracht. über die weissen Hasen in Liefland ;
p. 49—54. Lübek, 1749. 8.
Nils GISLER.
Om Perle-musslors bästa öpnings-sätt, samt om Perlefiske-
riernes beskaffenhet i Ångermanland, Medelpad och
Jemtland.
Vetensk. Acad. Handling. 1762. p. 65—81.

59. *Piscinæ.*

Janus DUBRAVIUS.
De Piscinis et Piscium, qui in eis aluntur, naturis libb. 5.
1559. 8.
Pagg. 136 ; præter Xenocratem, de quo Tomo 1.
———— cum auctario Joach. Camerarii.
Pagg. 168. Noribergæ, 1596. 8.
ANON.
A discourse of Fish and Fish-Ponds.
Pagg. 79. London, 1713. 8.
Johanne LÅSTBOM
Præside, Dissertatio de Piscinis. Resp. Car. Isberg.
Pagg. 16. Upsaliæ, 1764. 4.
ANON.
Sammandrag af de inkomna fyra svaren på Kongl. Aca-
demiens fråga, om bästa sättet at inrätta och underhålla
Fiske-dammar.
Vetensk. Acad. Handling. 1768. p. 166—175.
————: Observations sur les Etangs.
Journal de Physique, Tome 1. p. 485—487.
LE BLANC.
Sur la construction des Etangs, et sur le debit du Poisson.
Mem. de la Soc. R. d'Agricult. de Paris, 1787. Trim.
d'Eté, p. 99—112.

Johann August UNZER.
Untersuchung, wie die Fische des winters unter dem eisse
zu erhalten sind.
in seine physicalische Schriften, 1 Band, p. 404—415.
VARENNE DE FENILLE.
Memoire sur les causes de la mortalité du Poisson dans

les .etàngs, pendant l'hiver de 1788 à 1789, et sur les moyens de l'en preserver à l'avenir. dans ses Observations sur l'Agriculture, p. 231—285.

Lyon, 1789. 8.

————— Journal de Physique, Tome 35. p. 339—356.

————— Mem. de la Soc. R. d'Agricult. de Paris, 1789. Trim. d'Hiver, p. 77—124.

Clas B. Trozelius.
Oeconomiska anmärkningar vid *Skånska* Karp-dammar. Resp. Ol. Cederlöf. Pagg. 19. Lund, 1766. 4.

John Reinhold Forster.
A letter on the management of Carp in Polish *Prussia.* Philosoph. Transact. Vol. 61. p. 310—325.

60. *Piscium translatio.*

Carl Fredric Lund.
Om fiske-plantering uti insjöar.
Vetensk. Acad. Handling. 1761. p. 184—197.

————— : Manier van voortplanting der Visschen, in de binnenlandsche wateren.
Uitgezogte Verhandelingen, 10 Deel, p. 371—388.

Tiburtz Tiburtius.
Försök gjorde vid fiske-plantering i små skogs-sjöar.
Vetensk. Acad. Handling. 1768. p. 30—39.

————— : Observations sur le transport des poissons d'un etang dans un autre.
Journal de Physique, Tome 1. p. 488.

Peter Simon Pallas.
Auszug aus einem briefe, die naturgeschichte und verpflanzung des Sterlets betreffend. Beschäft. der Berlin. Ges. Naturf. Fr. 2 Band, p. 532—534.

Bengt Bergius.
Auszug eines briefes über dieselbe materie. ibid. p. 534, 535.

von Marwitz.
Auszug eines Schreibens. ibid. 4 Band, p. 91—94.

ADDENDA.

Pag. 20. post lin. 10.
Johann Friedrich BLUMENBACH.
   Abbildungen naturhistorischer gegenstände.
     1 Heft. foll. et tabb. 10.   Göttingen, 1796. 8.
Pag. 21. ante sect. 12.
Friedrich Albert Anton MEYER.
   Magazin für Thiergeschichte, Thieranatomie und Thier-
    arzneykunde.
     1 Bandes 1 Stück. pagg. 126. tabb. æneæ 2.
                    Göttingen, 1790. 8.
Pag. 23. post lin. 6.
Heinrich Friedrich LINK.
   Betrachtungen über die naturgeschichte der alten.
     Meyer's Magaz. für Thiergeschichte, 1 Band, p. 18—38.
Vincenzo ROSA.
   Lettere zoologiche, ossia osservazioni sopra diversi ani-
    mali.
     Opuscoli scelti, Tomo 17. p. 289—315.
Pag. 24. ad calcem.
   Vol. 2. pag. 1—48. cum tabb. æneis color.   1796.
Pag. 42. post lin. 12.
   ———— in ejus Opere, Tomo 3. p. 334, 335.
Pag. 43. post lin. 13 a fine.
K. K. REITZ.
   Neueste nachricht vom Einhorn. (e belgico, in Act. So-
    ciet. Vlissing. Tom. 15.)
     Voigt's Magaz. 10 Band. 3 Stück, p. 64—72.
Pag. 44. post lin. 20.
Antonius DEUSINGIUS.
   De Phœnice. in ejus Dissertat. selectis, p. 636—640.
Pag. 50. post lin. 13.
John CHURCH.
   A cabinet of Quadrupeds.
     No. 1—8. Fasciculus quisque continet tabb. æneas 2, et
    folia textus aliquot.   4.
Pag. 53. lin. 11.
   Particula 1. Resp. J. W. Gulbrand.
     Pagg. 32.   Havniæ, 1764. 8.

Pag. 54. post lin. 6 a fine.

———— Commentat. Soc. Gotting. Vol. 12. p. 38—51.
Pag. 60. post lin. 4.
JOHN.
> Beschreibung einiger Affen. Neu. Schrift. der Berlin.
> Ges. Naturf. Fr. 1 Band, p. 211—218.
Pag. 70. ante sect. 82.

Trichecorum genus.

Anders Jahan RETZIUS.
> Anmärkningar vid Genus Trichechi.
> Vetensk. Acad. Handling. 1794. p. 286—300.
Pag. 72. ad calcem sect. 88.
Peter Simon PALLAS.
> Nachricht von einer um Moskau auf einigen landgütern
> gezognen brut von bastarten des schwarzen Wolfs mit
> Hunden.
> in sein. Neu. Nord. Beyträge, 5 Band, p. 255—258.
Pag. 77. ad calcem.
Johann Julius WALBAUM.
> Beschreibung des braunen Rüsselträgers. Neu. Schrift.
> der Berlin. Ges. Naturf. Fr. 1 Band, p. 131—139.
Pag. 90. ad calcem sect. 158.
Friedrich Albert Anton MEYER.
> Ueber ein neues Säugthiergeschlecht. (Cuniculus.) in
> sein. Magaz. für Thiergeschichte, 1 Band, p. 46—55.
Pag. 93. ante sect. 167.
Friedrich Adam Julius VON WANGENHEIM.
> Naturgeschichte des Preussisch-Litthauenschen Elch,
> Elen oder Elend-thieres. Neu. Schrift. der Berlin. Ges.
> Naturf. Fr. 1 Band, p. 1—69.
Pag. 102. ad calcem sect. 193.
Joachim SPALOWSKY.
> Der Auerochse. Mayer's Samml. physikal. Aufsäze, 4
> Band, p. 387—390.
Pag. 106. post sect. 206.

Sus Scrofa α. ferus.

Joachim SPALOWSKY.
> Das wilde Schwein. Mayer's Samml. physikal. Aufsäze,
> 4 Band, p. 391—394.
Pag. 118. lin. 22. lege: Pag. 1—52.
Pag. 119. lin. 15 a fine, lege: Tab. 1—108.

Pag. 119. lin. 6 a fine, lege : pag. 195—288, cum tabb. 47.
Pag. 120. ad calcem sect. 226.
Moriz Balthasar BORKHAUSEN.
    Ornithologie von Oberhessen, und der oberen grafschaft
    Catzenellenbogen : Passeres, Gallinæ.
    Rheinisch. Magaz. 1 Band. p. 135—225.
Adolph Christian SIEMSSEN.
    Handbuch zur systematischen kenntniss der Meklenburg-
    ischen Land-und Wasservögel.
        Pagg. 271.   Rostok und Leipzig, 1794. 8.
Pag. 121. ad calcem sect. 230.
    Beytrag zur naturgeschichte der vögel Kurlands.
                Mitau und Leipzig, (1792.) 8.
        Pagg. 92. tabb. æneæ 9, quarum 7 priores color.
Pag. 123. post sect. 235.

Vultur quidam.

BLOS.
    Beobachtung über den Geyer.
        Voigt's Magaz. 7 Band. 2 Stück, p. 43—45.
Pag. 128. post lin. 8 a fine.
    ——————— : Ueber die naturgeschichte des Kukuks.
        Voigt's Magaz. 6 Band. 4 Stück, p. 45—60.
Pag. 139. post sect. 305:

Sterna stolida.

Abraham Gotthelf KÆSTNER.
    Hat Linne mit recht den Teufel tumm genannt ?
        Voigt's Magaz. 7 Band. 2 Stück, p. 1—5.
Pag. 154. lin. ult. sectionis 376. lege :
    Fasc. 1—5. pag. 1—112. tab. æn. color. 1—25.
Pagg. 155. post lin. 16.
    ——————— Neu. Schrift. der Berlin. Ges. Naturf. Fr. 1
    Band, p. 360—374.
Pag. 155. ante sect. 378.
Johann Friedrich Wilhelm HERBST.
    Bemerkungen über eine ostindische Schildkröte. Neu.
    Schrift. der Berlin. Ges. Naturf. Fr. 1 Band, p. 314
    —320.
Pag. 163. ad calcem.
Franz Willibald SCHMIDT.
    Ueber die Böhmischen Schlangenarten.
        Abhandl. der Böhm. Gesellsch. 1788. p. 81—106.

Pag. 172. post lin. 6.

ANON.

Von der zubereitung der Fische für die cabinette.

(Schröter's) Beytr. zur Naturgesch. 1 Theil, p. 1—7.

ibid. ad calcem sectionis 424.

Johann Gottlob SCHNEIDER.

Index auctorum, qui de Piscibus eorumque vario usu
scripserunt, ad Seculum 13. deductus. in ejus Historia
piscium naturali et literaria, p. 227—246.

Pag. 173. post lin. 14.

LACEPEDE.

Introduction au cours d'Ichthyologie, donné dans les ga-
leries du Museum d'Histoire naturelle.

Magazin encyclopedique, Tome 1. p. 448—457.

Pag. 176. post lin. 1.

Ueber zwey merkwürdige Fischarten.

Abhandl. der Böhm. Gesellsch. 1787. p. 278—282.

Pag. 180. post lin. 4.

————— Neu. Schr. der Berlin. Ges. Naturf. Fr. 1
Band, p. 153—155.

Adolph Christian SIEMSSEN.

Die fische *Meklenburgs.*

Pagg. 111.   Rostok und Leipzig, 1794.   8.

Pag. 188. ante sect. 482.

Scari varii.

Marcus Elieser BLOCH.

Charactere und beschreibung des geschlechts der Papa-
geyfische, Callyodon.

Abhandl. der Böhm. Gesellsch. 1788. p. 242—248.

Pag. 205. post lin. 11 a fine.

————— germanice, in Schneider's Entomol. Magaz. 1
Band, p. 14—35.

Pag. 206. post lin. 26.

————— Schneider's Entomol. Magaz. 1 Band, p. 222
—225.

Joh. Christ. Ludw. HELLWIG.

Neue gattungen im entomologischen system. ibid. p.
385—408.

David Heinrich SCHNEIDER.

Fromme wünsche betreffend die einstimmigkeit in der
nomenklatur. ibid. p. 458—470.

Pag. 207. post lin. 20.

Mantissa specierum nuper detectarum. impr. cum ejus
Generibus Insectorum ; p. 209—310.

Pag 207. post lin. 27.

Entomologia systematica emendata et aucta.

    Tom. 1. pagg. 330, et 538.   Hafniæ, 1792. 8.

        2. pagg. 519.   1793.

        3. Pars 1. pagg. 487.

            2. pagg. 349.   1794.

        4. pagg. 472.

David Heinrich SCHNEIDER.

Anfrage wegen einziehung einiger überflüssig scheinender gattungen des Fabrizischen systems. in sein. Entomolog. Magaz. 1 Band, p. 227—232.

Bemerkungen über einige von den Hrn. Prof. Fabrizius aus der Schulzeschen sammlung ehemals aufgenommene insekten. ibid. p. 244—252.

Beyträge zur synonymie, nebst sonstigen bemerkungen über die von dem H. Pr. Fabricius in seiner Entomologia systematica angeführten europäischen insektenarten. ib. p. 339—383.

Pag. 216. ad calcem.

David Heinrich SCHNEIDER.

Neuestes Magazin für die liebhaber der Entomologie.

                      Stralsund, 1791—94. 8.

    1 Bandes 1—5 Heft. pag. 1—640.

Pag 217. post lin. 5.

——————: A relation of a kind of Worms that eat stones. Philosoph. Transact. Vol. 1. n. 18. p. 321—323.

Pag. 225. lin. 25. lege: fasciculi 25—33.

Pag. 228. ante sect. 558.

Indiæ Orientalis.

JOHN.

Beschreibung einiger Ostindischen insekten Neu. Schrift. der Berlin. Ges. Naturf. Fr. 1 Band, p. 347—352.

Pag. 229. post lin 1.

Georgius Wolfgangus Franciscus PANZER.

Faunæ Insectorum Americes borealis prodromus.

    Pag. 1—8. tab. ænea color. 1. Norimbergæ, 1794. 4.

Pag. 230. ante sect. 561.

Sam. Conr. REHN.

Bemerkungen über einige seltene Käfer, besonders solche deren gattungsrechte etwas zweifelhaft zu seyn scheinen. Schneider's Entomol. Magaz. 1 Band. p. 233—244.

J. C. W. ILLIGER.

Beschreibung einiger neuen Käferarten aus der sammlung des Hrn. Prof. Hellwig. ibid. p. 593—620.

Pag. 231. ad calcem sect. 562.
Nikolaus Joseph B RAHM.
  Versuch einer Fauna entomologica der gegend um *Mainz.*
    Rheinisch. Magaz. 1 Band, p. 652—722.
ibid. ante sect. 565.

Borussiæ.

Johann Gottlieb K UGELANN.
  Verzeichniss der in einigen gegenden Preussens bis jezt
    entdeckten Käfer-arten.
  Schneider's Entomol. Magaz. 1 Band, p. 252—306, et
    p. 477—582.
Pag. 235. ante sect. 579.

Coccinellæ variæ.

David Heinrich S CHNEIDER.
  Verzeichniss und beschreibung der in seiner sammlung
    befindlichen zur gattung Coccinella gehörigen europäi-
    schen käfer. in sein. Entomolog. Magaz. 1 Band, p.
    129—185.
Pag. 236. ante sect. 583.

Cryptocephali varii.

David Heinrich S CHNEIDER.
  Verzeichniss und beschreibung der in seiner sammlung
    befindlichen zur gattung Cryptocephalus Fabr. gehöri-
    gen europäischen käfer. in sein. Entomolog. Magaz.
    1 Band, p. 186—220, & p. 384.
Pag. 243. post lin. 14.
  Relazione delle devozioni ed opere di pieta, che si son fatte
    nell' anno 1716. per ottenere da Dio la grazia di dis-
    cacciare le Cavallette, che infestavano le maremme di
    Pisa, di Siena, e di Volterra.
    Pagg. 55.   Firenze, 1717. 4.
ibid. post lin. 29.
  A true representation of the Locusts that fell in England
    the 4th of Aug. 1748.
  De la Cour delin. et exc. R. White sculp.
  Tab. ænea, long. 8 unc. latit. 10 unc.
Pag. 248. post lin. 27.
(Louis B OSC D'ANTIC.)
  Description de' l'Orthezia-characias.
  Journal de Physique, Tome 24. p. 171—173.

(Dorthes.)
 Observations sur le Coccus-characias.
  Journal de Physique, Tome 26. p. 207—211.
Pag. 252. ante sect. 635.
David Heinrich Schneider.
 Lepidopterologische bemerkungen. in sein. Entomolog.
  Magaz. 1 Band, p. 471—477.
Moriz Balthasar Borkhausen.
 Entomologische bemerkungen und berichtigungen.
  Rheinisch. Magaz. 1 Band, p. 625—651.
Pag. 254. lin. 8. seqq. lege: 2 Stück. pag. 1—6. tab. 1 ;
 - - - 6 Stuk. pag. 1—38 & 47—62. tab. 1—9 et 12
 —15.
 Tab. 10 et 11 ad 5tam partem pertinent, ubi textus eas
 describens, pag. 15—22.
ibid. ad calcem paginæ.
F. I. A. D.
 Oberhessische Lepidopterologie, mit anmerkungen von
  M. B. Borkhausen.
  Rheinisch. Magaz. 1 Band, p. 226—392.
Pag. 255. ante sect. 640.

Sveciæ.

David Heinrich Schneider.
 Lappländische (Schwedische) Schmetterlinge. in sein.
  Entomolog. Magaz. 1 Band, p. 409—440, et p. 583
 —593.
Pag. 257. ad calcem.
Moriz Balthasar Borkhausen.
 Etwas über die fleckigten Schwärmer.
  Rheinisch. Magaz. 1 Band, p. 625—648.
Pag. 267. ante sect. 686.

De Hymenopteris Scriptores.

Johann Ludwig Christ.
 Naturgeschichte, klassification und nomenclatur der in-
  sekten vom Bienen, Wespen und Ameisengeschlecht.
        Frankf. am Main, 1791. 4.
  Pagg. 535. tabb. æneæ color. 60.
Pag. 273. ante lin. 11 a fine.
 The Termes fatale. F. Foljambe f.
  Tab. ænea, long. 6 unc. lat. 10 unc.
Pag. 287. lin. 8. lege :
 2 Band. pagg. 225. tab. 22—46.   1796.

Pag. 298. post lin. 6.

* * *

The claw of a non-descript echinated Crab, with ungu-
lar ends dentated. The liver-wort or Agaric Coral.
The Tree Oyster with serrated edges. Ex museo no-
bilis D. Ducissa de Portland. 1747. G. Vertue sc.
Tab. ænea, long. 7 unc. lat. 10½ unc.

Pagg. 300. lin. 24. lege :

Pagg 80. tabb. æneæ 93,   Senis, 1789. fol.

Pars 2. pag. 81—200. tab. 94—142.   1791.

Pars 3. pag. 201—289. tab. 143—179.   1795.

Pag. 339. lin. 6. lege.

Fortsezungen. 1 Theil. pag. 1—148. tab. Madrep. 32—
83. Millep. 18—27.

ib. lin. seqq. lege: Isis tab. 9, 10. Gorg. 40—47. Spong.
50—52. Alcyon. 1—20. Tubul. 1—17. Corallin. 1—
11. Sertular. 1—29.

Pag. 348. post lin. 3.

ANON.

Nachricht von einem blutrothen Deichwasser,
Voigt's Magaz. 7 Band. 1 Stuck, p. 121—125.

Pag. 349. ad calcem sect. 926.

Georg PROCHASKA.

Mikroskopische beobachtungen über einige Räderthiere.
Abhandl. der Böhm. Gesellsch. 1786. p. 227—234.

Pag. 366. ad calcem sect. 953.

Aus einem schreiben an den Hrn. Pallas.
Pallas neue Nord. Beyträge, 5 Band, p. 318, 319.

Pag. 374. ad calcem.

————— : Ueber vergleichende Physiologie zwischen
warm-und kaltblütigen thieren.
Meyer's Magaz. für Thiergeschichte, 1 Band, p. 88—97.

Pag. 377. ante sect. 8.

Musea Anatomica.

Anatomisches Museum, gesammelt von *Johann Gottlieb*
WALTER, beschreiben von *Friedrich August* WAL-
TER.

1 Theil. pagg. 176. tabb. æneæ color. 5.

2 Theil. pagg. 192.   Berlin, 1796. 4.

Pag. 390. ante lin. 7 a fine.

Johann Melchior Gottlieb BESEKE.

Ueber die augenkapseln der *Vögel.* impr. cum ejus Naturgeschichte der vögel Kurlands; p. 86—92.

Pag. 416. post lin. 6.

Moriz Balthasar BORKHAUSEN.

Beschreibung eines merkwürdigen Schaafzwitters.
Rheinisch. Magaz. 1 Band, p. 608—624.

Pag. 425. post lin. 4. a fine.

Balthasar HACQUET.

Beytrag zu den neuen beobachtungen vom Hrn. Blumenbach, über Menschen-racen, und Schweine-racen. ibid.
4 Stück, p. 28—32.

Fernerer beytrag zu Hrn. Hofr. Blumenbachs aufsaz,
über Künsteleyen. ib. p. 33—45.

Pag. 426. post lin. 15 a fine.

Friedrich Albert Anton MEYER.

Ueber die Bastarde der warmblütigen thiere. in sein.
Magaz. für die Thiergeschichte, 1 Band, p. 9—18.

Pag. 443. ante lin. 3. a fine.

Joseph MAYER.

Beobachtungen über das leuchten des Adriatischen meeres.
Abhandl. der Böhm. Gesellsch. 1785. p. 3—13.

Pag. 448. ante sect. 97.

Ulrich Jasper SEETZEN.

Von den verwandlungs-hülsen der Phryganäen und einiger verwandten Insecten der Göttingischen gewässer.
Meyer's Magaz. für Thiergeschichte, 1 Band, p. 56—
80.

Pag. 453. ad calcem.

Christian SCHWARTZ.

Neuer Raupenkalender, nach anleitung des Mader-und
Kleemannischen raupenkalenders, mit neuen beobachtungen.   Nürnberg, 1791. 8.
1 Abtheilung. Pagg. 336. 2 Abtheil. pagg. lxxx et
337—798. tab. ænea 1.

Pag. 471. post lin. 8.

Strickland FREEMAN.

Observations on the mechanism of the Horse's Foot.
Pagg. 107. tabb. æneæ 16.   London, 1796. 4.

Pagg. 572. ad calcem.

Patrick RUSSELL.

An account of Indian Serpents, collected on the Coast of
Coromandel, together with experiments and remarks
on their several poisons.   London, 1796. fol.
Pagg. 91. tabb. æneæ 46, quarum 44 priores color.

INDEX.

Index.

Index.

Index.

Index.

Index.

Index.

Index.

Index.

Index.

Index.

Index.

Index.

Index.

Index.

Index.

Printed in the United States
By Bookmasters